D1690299

Rieg / Hackenschmidt · Finite Elemente Analyse für Ingenieure

Alle in diesem Buch enthaltenen Programme und Verfahren wurden nach bestem Wissen erstellt und mit Sorgfalt getestet. Dennoch sind Fehler nicht ganz auszuschließen.
Aus diesem Grund ist das in diesem Buch enthaltene Programm-Material mit keiner Verpflichtung oder Garantie irgeneiner Art verbunden. Autor und Verlag übernehmen infolgedessen keine Verantwortung und werden keine daraus folgende oder sonstige Haftung übernehmen, die auf irgend eine Art aus der Benutzung dieses Programm-Materials oder Teilen davon entsteht.

Die Wiedergabe von Gebrauchsnamen, Handelsnamen, Warenbezeichnungen usw. in diesem Werk berechtigt auch ohne besondere Kennzeichnung nicht zu der Annahme, daß solche Namen im Sinne der Warenzeichen- und Markenschutzgesetzgebung als frei zu betrachten wären und daher von jedermann benutzt werden dürften.

Die Deutsche Bibliothek – CIP-Einheitsaufnahme

Ein Titeldatensatz für diese Publikation ist bei der Deutschen Bibliothek (CIP-Zentrale, Adickesallee 1, 60322 Frankfurt) erhältlich.

ISBN 3-446-21315-5

Dieses Werk ist urheberrechtlich geschützt.
Alle Rechte, auch die der Übersetzung, des Nachdruckes und der Vervielfältigung des Buches oder Teilen daraus, vorbehalten. Kein Teil des Werkes darf ohne schriftliche Genehmigung des Verlages in irgendeiner Form (Fotokopie, Mikrofilm oder einem anderen Verfahren), auch nicht für Zwecke der Unterrichtsgestaltung – mit Ausnahme der in den §§ 53, 54 URG genannten Sonderfälle –, reproduziert oder unter Verwendung elektronischer Systeme verarbeitet, vervielfältigt oder verbreitet werden.

© 2000 Carl Hanser Verlag München Wien
http://www.hanser.de
Druck und Bindung: Druckhaus „Thomas Müntzer" GmbH, Bad Langensalza
Umschlaggestaltung: MCP · Susanne Kraus GbR, Holzkirchen
Printed in Germany

Dieses Buch ist unserem verehrten Lehrer

Prof. Dr. h.c. Dr.-Ing. E.h. Dr.-Ing. Gerhard Pahl

gewidmet.

Vorwort

Unser Ziel mit diesem Buch ist einfach:

Einem Studenten der Ingenieurwissenschaften ab dem 3. Semester und dem schon im Beruf stehenden Ingenieur ausgewählte Aspekte der Finite Elemente so zu vermitteln, daß er dieses Wissen sofort zur Lösung praktischer Probleme umsetzen kann.

Deshalb sprechen wir schon im Buchtitel von Finite Elemente *Analyse* und nicht von der Finite Elemente Methode – weil dieses riesige Fachgebiet schon lange den etwas zweifelhaften Touch einer Methode hinter sich gelassen hat und heute *das* Ingenieurtool ist, um statische Tragwerke zu *analysieren*. Natürlich kann man mit diesem Verfahren viel mehr unternehmen, als nur Statik zu betreiben – Wärmeflüsse, Elektro- und Magnetfelder, ja eigentlich allgemein Differentialgleichungen und Randwertaufgaben für verschiedene Felder – das alles kann man heute damit lösen.

Aber begonnen hat alles mit der Berechnung von Tragwerken und wir wollen uns in diesem Werk auch darauf beschränken. Sehr wesentlich scheint uns der Ingenieuraspekt zu sein – er steht nicht umsonst im Buchtitel: Das Vorgehen wurde in den fünfziger Jahren einigermaßen „intuitiv" von den Flugzeug-Ingenieuren für statische Berechnungen von Flugzeugstrukturen entwickelt. Es ist ein Verfahren von Ingenieuren für Ingenieure! Aber viele FE-Bücher heute sind auf derart hochtheoretischem Niveau, daß der „normale" Student und Ingenieur in einer Firma, der sich dieses Wissen aneignen möchte, sehr bald „abschaltet". Damit hat man der Sache keinen Gefallen getan! Auf der anderen Seite gibt es nicht wenige Bücher, die versprechen, wenig mathematischen Hintergrund zu verlangen, um den typischen Praktiker zu bedienen. Häufig sind sie von Autoren geschrieben, die niemals selbst ein größeres FE-Programm verfaßt haben. Damit hat man dem Finite Elemente Gedanken einen noch geringeren Gefallen getan! Und eine dritte Kategorie Bücher ist um kommerzielle Großprogramme herum geschrieben, wobei mitunter Demoversionen dieser Großprogramme beigefügt werden. Die vierte Richtung von verfügbaren Büchern sind die Standardwerke der „Großmeister". Deren Lektüre allerdings ist unverzichtbar, wenn der Leser selbst ein Programm entwerfen möchte, ein vorhandenes Programm um vielleicht einen neuen Elementtyp erweitern möchte oder einfach nur den Dingen richtig auf den Grund gehen will: Bei *O.C.Zienkiewicz* /1/, /2/, *J.Argyris* /3/, *K.J.Bathe* /4/, /5/ und *H.R.Schwarz* /6/, /7/ werden Sie wirklich alles Wissenswerte finden.

Wir wollen den Anspruch nicht so hoch wie die gerade genannten, sehr guten Standardwerke stellen:

Nach einer wirklich einfachen Darstellung des grundlegenden Vorgehens werden wir die wichtigsten Punkte der Elastizitätstheorie und der Technischen Mechanik, soweit sie die FEA mit linearer Statik betrifft, abhandeln, um mit diesem Wissen an die Herleitung der Elementsteifigkeitsmatrizen zu gehen. Dieses theoretische Wissen ist tatsächlich unabdingbar, um FE-Rechenprogramme gezielt und gekonnt einsetzen zu können. Sodann betrachten wir den Compilationsprozeß, die Speicherverfahren und das Lösen der Gleichungsysteme, um die Unbekannten, nämlich die Verschiebungen zu berechnen. Aus den Verschiebungen erhalten wir die Spannungen und Knotenkräfte. Ein separates Kapitel ist dem Aufbau von FE-Netzen gewidmet.

Was nun folgt, ist einzigartig: Das dem Buch beigefügte Finite Elemente Programm Z88® /32/. Das ist eine Programm-Vollversion, mit der beliebig große Strukturen gerechnet werden können – die Grenzen werden nur durch Ihren Computer hinsichtlich Hauptspeicher und Plattenplatz und Ihr Vorstellungsvermögen gezogen. Z88® kommt lauffertig als Windows-Version für Windows NT/95/98 und als LINUX bzw. UNIX-Version. Bei der UNIX-Version liefern wir sogar darüber hinaus alle Programmquellen mit, denn *Z88® für UNIX ist Freeware und unterliegt der GNU General Public License*. Der Wortlaut der *GNU General Public License* ist als Datei *COPYING* auf der CD-ROM niedergelegt. Sie können also die theoretischen Aspekte im Programmcode studieren und gegebenenfalls erweitern. Natürlich können Sie so auch nachvollziehen, wie Speicherverfahren, Gleichungslöser usw. in der Rechenpraxis arbeiten. Die Windows-Version hat den gleichen Leistungsumfang, aber hier liefern wir keine Quellen mit, weil das ganze Handling des Compilierens bei Windows viel zu viel Fachkenntnisse vom Leser erfordern würde. Auch die mitgelieferte Windows-Version von Z88® dürfen Sie beliebig für eigene Berechnungen benutzen – ohne irgendwelche Laufzeitbeschränkungen, Lizenzgebühren und Schlimmeres.

Im Gegensatz zu vielen Büchern, die entweder nur praxisuntaugliche Miniprogramme als FORTRAN-Quellen oder Demoversionen kommerzieller Großprogramme mitbringen, ist Z88® ein über die Jahre gewachsenes und bewährtes, vom Erstautor programmiertes Finite Elemente Programm für statische Berechnungen ohne irgendwelche Einschränkungen! Z88® ist kompakt und schnell. Ursprünglich für PCs entwickelt, läuft es heute sauber auf Windows-PCs, LINUX-PCs, UNIX-Workstations und großen Maschinen. Es ist einfach zu compilieren (für LINUX bzw. UNIX), zu installieren und vor allen Dingen einfach zu handhaben. Daneben hat es kontextsensitive OnLine-Hilfe. Z88® ist inzwischen tausendfach in der Praxis bewährt.

Was das Besondere dieses FEA-Programms ist, gerade für ein Finite Elemente Buch: Es ist für den Anwender absolut transparent durch Ein- und Ausgabe mit Textdateien. Es ist also ein FEA-Programm im ganz klassischen und ursprünglichen Sinne. Und wir meinen: Nur mit einem solchen Programm, bei dem Sie jeden Zahlenwert noch selbst kontrollieren können und müssen, können Sie das Grundlegende lernen. Bei der Beschreibung von Z88® gehen wir auch auf die Hintergründe der Computertechnik und der Matrizenmathematik ein. Wir halten das für ganz wichtig: Die „moderne" Einstellung, daß Computersoftware nur noch eine Blackbox ist und daß Kenntnisse der Hintergründe nicht mehr nötig seien, kommt oft von Autoren, die in Wirklichkeit nichts von Computern und Programmiertechnik verstehen!

Aber das Programm soll nicht nur für sich allein sprechen – im späteren Buchteil kommen eine Reihe von Beispielen, die Sie alle mit Z88® nachrechnen können. Die CD-ROM enthält natürlich auch die Eingabedateien für alle Beispiele. Die Beispiele sind so gewählt, daß sie schrittweise die verschiedenen Aspekte der statischen Berechnung von Tragwerken, d.h. Fachwerken und Kontinua erläutern. Falls Sie Zugang zu AutoCAD oder Pro/ENGINEER haben, können Sie mit diesen CAD-Programmen Ihre eigenen Strukturen zunächst entwerfen und dann an Z88 übergeben. Für die Beispiele des Buchs brauchen Sie diese CAD-Programme natürlich nicht. Es ist ja gerade unser Ziel, daß Sie auf freie und nicht-kommerzielle Software zugreifen können.

Wir glauben, daß wir gerade durch diese Kombination aus kompaktem theoretischem Teil, mitgelieferter Programm-Vollversion und einfach nachvollziehbaren Beispielen, die der Leser eben selbst an seinem eigenen Computer nachrechnen und variieren kann, eine Lücke am Buchmarkt schließen können.

Zum Schluß möchten wir uns aufrichtig bedanken: Professor Dr. rer. nat. Nuri Aksel für seine wertvollen Anregungen, den wissenschaftlichen Assistenten am Lehrstuhl für Konstruktionslehre und CAD Dipl.-Ing. Frank Koch, Dipl.-Ing. Thomas Meyer und Dipl.-Ing. Michael Schmid für die Korrekturdurchsicht, unserem Laboringenieur Dipl.-Ing. (FH) Frank Soldner, der uns bei der Computertechnik unterstützte und Frau Manuela Lackner, die beim Schreiben des Manuskripts mitarbeitete.

Frank Rieg und *Reinhard Hackenschmidt*   Bayreuth, im November 1999

Inhaltsverzeichnis

1 Einleitung	1
2 Das grundsätzliche Vorgehen	6
3 Etwas Elastizitätstheorie	24
3.1 Verschiebungen und Verzerrungen	24
3.2 Spannungs-Dehnungs-Relationen	35
4 Finite Elemente und Elementsteifigkeitsmatrizen	55
5 Compilation, Speicherverfahren und Randbedingungen	82
6 Gleichungslöser	110
7 Spannungen und Knotenkräfte	122
7.1 Spannungen	122
7.2 Knotenkräfte	130
8 Netzgenerierung krummlinig berandeter Finiter Elemente	131
8.1 Vorgehensweise	131
8.2 Mathematische Grundlagen	133
8.3 Beschreibung eines einfachen Netzgenerators	137
9 Z88: Grundlagen und Installation	147
9.1 Grundlagen des FE-Programmes Z88	147
9.2 So installieren Sie Z88 in Windows NT/95/98	163
9.3 So installieren Sie Z88 in UNIX	166
9.4 Dynamischer Speicher Z88	169
10 Die Z88-Module	174
10.1 Z88F – Der FE-Prozessor	174
10.2 Z88D – Der Spannungs- Prozessor	177
10.3 Z88E – Der Knotenkraft- Prozessor	177
10.4 Z88N – Der Netzgenerator	177
10.5 Z88P – Das Plotprogramm	180
10.6 Z88X – Der CAD-Konverter	188
10.7 Z88G – Der Cosmos-Konverter	203
10.8 Z88H – Das CUTHILL-McKee Programm	204
10.9 Z88V – Der Filechecker	206

11 Eingabedateien erzeugen 207
    11.1   Allgemeines 207
    11.2   Allgemeine Strukturdaten Z88I1.TXT 210
    11.3   Netzgeneratordatei Z88NI.TXT 213
    11.4   Randbedingungen Z88I2.TXT 218
    11.5   Spannungsparameter-File Z88I3.TXT 221

12 Beschreibung der Finiten Elemente... 223
    12.1   Hexaeder Nr. 1 mit 8 Knoten.. 223
    12.2   Balken Nr. 2 mit 2 Knoten im Raum....................................... 224
    12.3   Scheibe Nr. 3 mit 6 Knoten 226
    12.4   Stab Nr. 4 im Raum 227
    12.5   Welle Nr. 5 mit 2 Knoten 228
    12.6   Torus Nr. 6 mit 3 Knoten 230
    12.7   Scheibe Nr. 7 mit 8 Knoten 231
    12.8   Torus Nr. 8 mit 8 Knoten 233
    12.9   Stab Nr. 9 in der Ebene... 234
    12.10 Hexaeder Nr. 10 mit 20 Knoten 235
    12.11 Scheibe Nr. 11 mit 12 Knoten 237
    12.12 Torus Nr. 12 mit 12 Knoten... 238
    12.13 Balken Nr. 13 in der Ebene 240
    12.14 Scheibe Nr. 14 mit 6 Knoten 241
    12.15 Torus Nr. 15 mit 6 Knoten... 243
    12.16 Tetraeder Nr. 16 mit 10 Knoten... 245
    12.17 Tetraeder Nr. 17 mit 4 Knoten 247

13 Beispiele.. 250
    13.0   Allgemeines 250
    13.1   Schraubenschlüssel aus Scheiben Nr. 7................................. 253
    13.2   Kranträger aus Stäben Nr. 4 262
    13.3   Getriebewelle mit Welle Nr. 5... 268
    13.4   Biegeträger mit Balken Nr. 13.. 274
    13.5   Plattensegment aus Hexaedern Nr. 1 278
    13.6   Rohr unter Innendruck, Scheibe Nr. 7................................... 284
    13.7   Rohr unter Innendruck, Tori Nr. 8... 290
    13.8   Motorkolben 296
    13.9   RINGSPANN-Scheibe 300
    13.10 Druckkessel... 303
    13.11 Motorrad-Kurbelwelle 308
    13.12 Drehmoment-Meßnabe 313
    13.13 Ebener Rahmen... 316

13.14 Aufgepreßtes Zahnrad 318
13.15 3D-Schraubenschlüssel 326
13.16 Kraftmeßelement, Scheiben Nr. 7 340

Quellen und weiterführende Literatur 353

Abbildungsverzeichnis 355

Tabellenverzeichnis 361

Stichwortverzeichnis 362

1 Einleitung

Während viele Vorgehensweisen in der Technik oft jahrhundertealt sind, und beispielsweise die Elastizitätstheorie praktisch geschlossen im 19. Jahrhundert entwickelt wurde, entstand die sog. Methode der Finiten Elemente erst mit dem Aufkommen der ersten Digitalrechner in Deutschland, in den Vereinigten Staaten und in England während des zweiten Weltkriegs. Diese ersten Computer, der deutsche *Zuse Z3* von 1941, aber besonders der amerikanische *Havard Mark 1*, dienten zum Berechnen von Geschoßbahnen für die Artillerie, vgl. /33/. Gleichzeitig entstand ein neuer Typ von Flugzeug, der düsengetriebene Jet. Dessen bisher nicht gekannten Geschwindigkeiten sorgten für ganz neue Probleme – neuartige Tragflügelkonzepte wie den Pfeilflügel, extrem leichte und dennoch sehr stabile Zellen, die auch in großen Höhen nicht versagen und die Strahltriebwerke selbst.

Es kam daher nicht von ungefähr, daß in den 50er Jahren bei *Boeing* in Seattle die Ingenieure *J.Turner* und *R.Clough* die Matrizenkraftmethode und die Matrizenverschiebungsmethode für die statische Berechnung von Zellen und Flügeln entwickelten. Schon Ende der 40er Jahre hatte *J.Argyris* (der später an der TU Stuttgart wirkte und einer der Väter der Finite Elemente Methode ist) in England nachgewiesen, daß man Kontinua durch Zerlegen in kleinere Teilbereiche in vereinfachter Form beschreiben kann. Dem gingen die Überlegungen von u.a. *Hrenikoff* voraus, Kontinua in eine Anordnung von Stäben bzw. Balken zu zerlegen, um damit ebene Spannungszustände und Plattenprobleme abzubilden – in der Literatur „Framework method" oder „Gitterrost-Verfahren" genannt. Der erste, der den Begriff *Finite Elemente Methode* auf einer Konferenz öffentlich benutzte, scheint *R.Clough* in 1960 gewesen zu sein.

Wir deuteten schon oben an, daß es ursprünglich ein *Matrizenkraftverfahren* und ein *Matrizenverschiebungsverfahren* gegeben hat. Während bei dem Ersten die gesuchten Unbekannten die Kräfte sind – eigentlich das Vorgehen, das auch in der klassischen Technischen Mechanik üblich ist – sind die Unbekannten beim zweiten Vorgehen die Verschiebungen des Systems – auf den ersten Blick eher ungewöhnlich. Lange wurde in Praxis und Wissenschaft darüber gestritten, welche von beiden Vorgehensweisen nun die bessere sei. Heute ist diese Frage entschieden: Alle Großprogrammsysteme arbeiten ausschließlich nach dem Verschiebungsverfahren, weil es sich viel einfacher und geradliniger schematisieren und programmieren läßt.

In der Anfangszeit konnten nur wenige „Privilegierte" überhaupt Finite Elemente Berechnungen ausführen, denn nur sie hatten Zugang zu einem Großcomputer, der damals für die meisten Universitäten und Firmen vollkommen unbezahlbar war. Aber selbst in den 70er Jahren, als der Erstautor eine 2-semestrige Vorlesung mit 6 bzw. 4 Wochenstunden bei *Wissmann /2/* über die Finite Elemente Methode hörte, wurden keine praktischen Übungen angeboten. Denn worauf hätten wir Studenten sie denn rechnen sollen? Es gab im Fachbereich Maschinenbau der damaligen *Technischen Hochschule Darmstadt* (heute Technische Universität Darmstadt) zwar einen sogenannten Fachbereichsrechner, eine *DEC PDP 10*, aber kein passendes FE-Programm.

Als der Erstautor 1978 seine Diplomarbeit, die Berechnung einer Rennwagenkarosserie für die Fa. Porsche mit der Finite Elemente Methode, anfertigte (und der Zweitautor kräftig beim Auswerten mithalf), da stand wenigstens ein brauchbares FE-Programm, das *SAP IV* von *Wilson* und *Bathe*, zur Verfügung. Es lief im Batchmode auf der für die damalige Zeit sehr großen Computeranlage der TH Darmstadt, einer IBM 370/168, die einen ganzen Saal mit blauen Schränken füllte. Die Eingabedaten wurden nicht etwa an einem Terminal eingegeben, sondern auf Lochkarten, die man mit einem IBM-Lochkartenstanzer Modell 026 oder 029 selbst lochen mußte – mit ohrenbetäubendem Getöse. Bei nur einem falschen Tastendruck – „verlocht" – Karte auswerfen, frische Karte laden und noch einmal von vorn. Irgendwann war der Eingabedatensatz fertig gelocht, und man konnte ihn im Rechenzentrum abgeben. Nachts – und zwar nur nachts wegen der enormen Kernspeicheranforderung von rd. 700 KByte – wurde dann *SAP IV* („Structural Analysis Program") gestartet und man konnte vielleicht am nächsten Tag die Ergebnisse auf zentimeterdicken Papierstapeln per Schnelldrucker angedruckt, abholen. Wenn nicht irgend etwas bei Eingabe oder an der IBM selbst wieder schiefgegangen war. Interaktive Grafik? Völlig unbekannt. Plotten auf Papier konnte man, immerhin, aber dazu war ein weiteres Programm *SAPOST* nötig, das seine Plotanweisungen über Lochkarten bekam.

Längst ist es anders geworden, und wenn man heute Bilder von Mainframes selbst der frühen 80er Jahre betrachtet, dann meint man, diese Bilder wären auf einem anderen Stern aufgenommen. Gerade der *Personal Computer* hat hier in den 80er Jahren Bahnbrechendes geleistet. Schon in der Mitte der 80er Jahre konnte man ganz beachtliche FE-Strukturen mit PCs /27/ berechnen, wobei die Grenze damals bei einem nutzbaren Hauptspeicher von ungefähr 500 KByte lag – diktiert durch das mehr als dumme *DOS*. In 1985 startete der Erstautor mit der Entwicklung seines FE-Programms Z88® auf einem IBM AT (640 KByte Hauptspeicher und 20 MByte Plattenplatz), damals noch als *FORTRAN*-Version /28/.

Aber Ende der 80er Jahre wurden PCs mit dem Intel 80386 Prozessor erschwinglich – wenngleich ein solcher PC von IBM in 1989 mit 6 MByte Hauptspeicher und 120 MByte Plattenplatz ca. 20.000 DM kostete – das riß schon ein Loch in die Privatschatulle. Aber wir konnten den gesamten Hauptspeicher von 6 Mbyte des IBMs nutzen, weil die amerikanische Softwarefirma *Lahey* einen revolutionären

FORTRAN 77 Compiler /30/ entwickelt hatte, der zusammen mit einem sogenannten *DOS-Extender* den Intel 80386 von seinen 16-Bit-Realmode in seinen *32-Bit Protectedmode* schaltete und damit Zugriff auf bis zu 32 Mbyte virtuelles Memory erlaubte. Anfang der 90er Jahre zeichnete sich der Siegeszug von Windows mit der Version 3.0 ab, und der Erstautor schrieb in einer Gewaltaktion das bisher ausschließlich in FORTRAN 77 codierte Z88 komplett in C um /15/, weil man damals nur mit der Programmiersprache C vernünftig Windows-Programme erstellen konnte (und streng genommen ist das heute immer noch so – bitte, diese Aussage ist nicht von uns, sondern dem Windows-Guru *Charles Petzold /16/*). Auch hier wurde ein Compiler mit Extender (*Watcom C32*) benutzt, denn vor dem Erscheinen von Windows 95 bzw. Windows NT gab es ja nur 16-Bit Windows.

1996 entstand Z88 für LINUX und damit auch für UNIX /32/, was bedeutete, daß besonders die X-11 basierten Window- und Grafikprogramme völlig neu in C codiert werden mußten – zu groß sind die Unterschiede zu MS Windows /16/, /17/, /18/, /19/, /20/, /21/, /22/ und /23/. Dafür hatte man von Anfang an keinerlei Probleme mit Adreßräumen, Compilern und der Maschinenstabilität: UNIX oder das revolutionäre LINUX waren und sind erste Wahl für die Softwareentwicklung und für extrem stabile Computerprogramme. Die Situation heute kennt jeder: Jeder Billig-PC vom Lebensmittel-Discounter hat unendlich mehr Power – und zwar in Zehnerpotenzen gerechnet – als die IBM 370 Mainframe vor 20 Jahren, und jeder, wirklich jedermann, kann heute umfangreiche Finite Elemente Berechnung auf seinem PC zuhause durchführen – mit Windows oder LINUX, ganz nach persönlichem Geschmack.

Wie wir im zweiten Kapitel sehen werden, ist die Methode der Finiten Elemente – oder nach unserer Meinung besser *Finite Elemente Analyse*, denn man rechnet etwas nach, man analysiert – im Gegensatz zum methodischen Konstruieren, das eine Synthese ist – im Prinzip außerordentlich einfach! Das Besondere daran ist eigentlich nur das streng formalisierte Vorgehen, was so geeignet für den Computereinsatz ist. Wir kommen im zweiten Kapitel bei der Vorstellung des grundlegenden Vorgehens ganz bewußt von der Elastostatik her und arbeiten zunächst nur mit Stäben und Balken. Stäbe und Balken sind aber natürlich keine 2D– bzw 3D-Kontinua, und mancher Leser wird darüber die Nase rümpfen und den gezeigten Weg für dilettantisch halten.

Aber halt – um das grundlegende Vorgehen des *Matrizenverschiebungsverfahren* zu zeigen, sind diese einfachen (Struktur-) Elemente tatsächlich sehr geeignet. Denn Finite Elemente für den ebenen Spannungszustand, den ebenen Verzerrungszustand, den axialsymmetrischen Spannungszustand, für die Plattenbiegung und für den räumlichen Spannungszustand – um die wichtigsten zu nennen – werden ganz genauso ins Verfahren integriert! Tatsächlich sind auch alle Computerroutinen für das Aufstellen von Element-Steifigkeitsmarizen ganz ähnlich aufgebaut, wie der Leser jederzeit bei unserem Buch anhand der beigefügten Programmquellen in C nachprüfen kann. Vergleichen Sie beispielsweise die Subroutine *SHEI88.C* für krummlinige 8-Knoten-Serendipity-Scheiben und – Tori mit der Routine *HEXA88.C* für krummlinige 20-Knoten Serendipity Hexaeder für den allgemeinen räumlichen Spannungszustand.

An dem Wort Matrizenverschiebungs-Verfahren erkennt man übrigens alle relevanten Aspekte: Wir haben es mit (teilweise riesigen) *Matrizen* zu tun, es werden *Verschiebungen* berechnet, und zwar mit einem schematisierten *Verfahren*.

Sie ahnen es schon: Man kann sich diesem Verfahren entweder von der Ingenieursseite – wie wir es im zweiten Kapitel unternehmen – oder von der streng mathematischen Seite her nähern. Welchen Weg man wählt, hängt sicher vom eigenen Werdegang und den eigenen Vorkenntnissen ab, aber auch, welches Ziel man eigentlich verfolgen will. Da das Verfahren der Finiten Elemente von Ingenieuren für das Lösen von Ingenieursproblemen entwickelt wurde, halten wir es für angemessen, das Grundlegende ebenfalls aus Ingenieurssicht herzuleiten. Das hat außerdem den Vorteil, daß der Leser außer den üblichen Mathematikkenntnissen eines Abiturienten nur noch zusätzlich Grundkenntnisse der Matrizenrechnung haben sollte. Was allerdings unverzichtbar ist, ist solides Wissen auf dem Gebiet der („starren") Statik und der Elastostatik. Wer hier nicht sattelfest ist, wird am Arbeiten mit jedwedem FE-Programm – nicht nur mit Z88 – sehr bald auf die Nase fallen und sich auch gegebenfalls den Hals brechen. Warum? Weil es beim Arbeiten mit der Finite Elemente Analyse eigentlich zwei Hindernisse gibt – und die sind systemimmanent. Die erste Falle: Das eigentliche Erzeugen des Finite Elemente Netzes – wie grob oder wie fein, welche Elementtypen – das ist sehr viel Erfahrung (was für ein Glück – echtes Ingenieurwissen scheint damit auch in Zukunft gebraucht zu werden). Die zweite Falle: Die Wahl der Randbedingungen, also wie und wo Lager anbringen, Kräfte aufgeben und dergleichen. Auch hier ist Erfahrung im Spiel, aber zunächst sind solide Mechanikkenntnisse gefragt: Ein statisch unterbestimmtes Systems bricht auch beim teuersten Rechenprogramm in sich zusammen.

Aber auch für Ingenieure kann das Herangehen an die Finite Elemente Analyse aus streng mathematischer Sicht durchaus sehr spannend und sinnvoll sein. Tatsächlich sind elastostatische Probleme durch Extremalprinzipien darstellbar, z.B. durch das Prinzip vom Minimum der gesamten potientiellen Energie: Unter allen Verschiebungszuständen, die den kinematischen Randbedingungen genügen, minimiert der tatsächliche Gleichgewichtszustand die potientielle Energie. Diese Funktionale der potientiellen Energie, die sich für Stäbe, Balken, Torsionstäbe, Scheiben, Platten etc. aufstellen lassen, müssen also stationär werden. Das kann mit der Methode von *Ritz* erfolgen. Und die gewählten Funktionen des Ritz´schen Verfahrens sind durchaus mit den Ansatz- bzw. Formfunktionen der Finite Elemente Analyse gedanklich verwandt. Eine der herausragenden Quellen für die Herleitung der diversen Elementsteifigkeitsmatrizen über Funktionale ist das Buch von *Schwarz /6/*, das dem mathematisch interessierten Leser sehr empfohlen werden kann.

Allerdings möchten wir wieder daran erinnern, daß man sich die Finite Elemente Analyse nicht durch theoretische Betrachtungen allein erschließen kann. Nur durch umfangreiche Übung und Arbeiten am Computer wird man es auf diesem Gebiet zu einer gewissen Meisterschaft bringen. Es erscheint uns daher wichtig, daß Sie die Beispiele des Buches selbst nachvollziehen, sinnvoll abändern und ergänzen – und zwar am Computer. Daher haben wir die folgenden theoretischen Kapitel relativ kurz gehalten, damit Sie möglichst bald an die praktischen Aspekte kommen. Wo wir allerdings der Meinung waren, daß bei anderen Autoren bestimmte Fragen, z.B. die Elastizitätstheorie, eher etwas zu kurz kommen, haben wir bewußt keine Kürzungen in Kauf genommen.

2 Das grundsätzliche Vorgehen

Wir werden nun in ganz kurzer Form das Grundlegende der *Finite Elemente Analyse* zeigen und werden auch ganz bewußt eine Reihe von Sachverhalten einfach annehmen, ohne sie zunächst herzuleiten. So behält man den Überblick und sieht nach der Lektüre weniger Seiten, wie einfach an sich das Vorgehen ist. Daß dahinter oft anspruchsvolle Theorien und mathematische Verfahren lauern, sei nicht verschwiegen, aber das werden wir dann, nachdem wir den Gesamtüberblick gewonnen haben, ganz entspannt in den Kapiteln 3 bis 8 betrachten – wobei man diese Kapitel tatsächlich für eine erste Lektüre überspringen kann. Wenn Sie uns über die nächsten Seiten folgen, dann haben Sie in der Tat die *Finite Elemente Analyse* im Prinzip verstanden! Alles, was dann kommt, sind nur noch Verfeinerungen und streng genommen Spezialaspekte. Sagen Sie selbst: Ist das nicht hoch motivierend?

Betrachten wir zu Beginn eine ganz einfache Zugfeder aus Stahl, die wir am einen Ende einspannen und am anderen Ende belasten. Das Belasten können wir prinzipiell auf zwei Arten durchführen: Entweder wir geben eine bekannte Kraft von z.B. *100 N* auf oder wir ziehen die Feder um einen bestimmten Weg von z.B. *5 mm* länger.

Für eine Feder gilt das Hooke'sche Gesetz $F = K \cdot U$, das heißt, die Federkraft F ist das Produkt aus Federsteifigkeit K und des Federweges U.

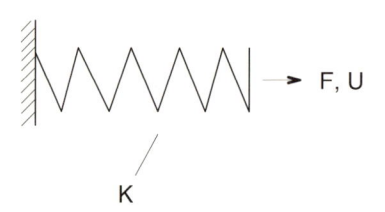

Bild 2-1: Das Hooke'sche Gesetz

Nun verhalten sich die allermeisten Gegenstände des täglichen Lebens wie diese Schraubenfeder, d.h. sie verformen sich linear-elastisch: Kraft F und Weg U sind einander proportional. Jede noch so kleine Kraft bedingt einen Weg bzw. eine Verschiebung bzw. eine Verformung. So hat ein Seil oder ein Zugstab die Kraft-Weg Beziehung:

$$F = \frac{E \cdot A}{\ell} \cdot U$$

E : Elastizitätsmodul

A : Querschnittsfläche

2 Das grundsätzliche Vorgehen

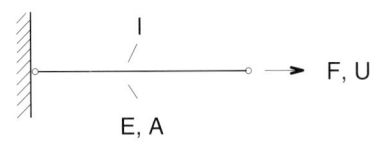

Bild 2-2: Der Zugstab

Wenn man setzt:

$$K = \frac{E \cdot A}{\ell}$$

dann erkennt man wieder das Hooke'sche Gesetz

$$\boxed{F = K \cdot U} \quad \text{mit} \quad K = \frac{E \cdot A}{\ell}$$

Jetzt definieren wir einen Stab ganz allgemein, indem wir an seinem linken Ende eine Verformung U_1 bzw. eine Kraft F_1 und an seinem rechten Ende eine Verformung U_2 bzw. eine Kraft F_2 aufgeben:

Bild 2-3: Der allgemein definierte Stab

Bilden wir das Kräftegleichgewicht, dann ist:

$$F_1 = K \cdot U_1 - K \cdot U_2$$
$$F_2 = K \cdot U_2 - K \cdot U_1$$

Dieser Gleichungssatz dargestellt in Matrizen-Schreibweise ergibt:

$$\begin{bmatrix} K & -K \\ -K & K \end{bmatrix} \begin{bmatrix} U_1 \\ U_2 \end{bmatrix} = \begin{bmatrix} F_1 \\ F_2 \end{bmatrix}$$

Beweis: Durch Ausmultiplizieren erhält man:

$$K \cdot U_1 - K \cdot U_2 = F_1$$
$$-K \cdot U_1 + K \cdot U_2 = F_2$$

Den Ausdruck

$$\begin{bmatrix} K & -K \\ -K & K \end{bmatrix} = \begin{bmatrix} EA/\ell & -EA/\ell \\ -EA/\ell & EA/\ell \end{bmatrix}$$

nennen wir die Element-Steifigkeitsmatrix. Sie gilt hier für einen waagrecht liegenden Stab in der Ebene. Das Gleichungssystem ist normale Matrix-Schreibweise. Dasselbe in symbolischer Matrix-Schreibweise (Matrizen und Vektoren in symbolischer Darstellung werden wir ab jetzt ***fett-kursiv*** schreiben):

K U = F

Das ist schon wieder das Hooke'sche Gesetz! Nur stehen statt der Skalare nun Matrizen!

Rechenbeispiel 1:

Wir geben auf einen Stab Kräfte F_1 und F_2:

Bild 2-4: Kräfte an einem Stab

mit

$F_1 = -1.000 \, \text{N}$
$F_2 = +1.000 \, \text{N}$

Der Stab habe folgende Kennwerte

Länge $\quad \ell = 1.000 \, \text{mm}$

Elastizitätsmodul $\quad E = 200.000 \, \text{N/mm}^2$

Querschnittsfläche $\quad A = 100 \, \text{mm}^2$

und

$$K = \frac{200.000 \cdot 100}{1.000} = 20.000 \, \text{N/mm}$$

Diese Zahlenwerte eingesetzt ergibt:

$$\begin{bmatrix} 20.000 & -20.000 \\ -20.000 & 20.000 \end{bmatrix} \begin{bmatrix} U_1 \\ U_2 \end{bmatrix} = \begin{bmatrix} -1.000 \\ +1.000 \end{bmatrix}$$

Ausmultiplizieren des Gleichungssystems:

$20.000 \cdot U_1 - 20.000 \cdot U_2 = -1.000 \quad$ (B1)
$-20.000 \cdot U_1 + 20.000 \cdot U_2 = +1.000 \quad$ (B2)

Um das 2 × 2 Gleichungssystem zu lösen, addieren wir die Gleichung (B1) und (B2), um eine der beiden Unbekannten zu eliminieren:

0 + 0 = 0

Das Ergebnis der Addition ist zwar richtig, es liefert aber keine Lösung. Warum? Weil die Gleichungen linear abhängig sind! Z.B. Gleichung (B2) mit –1 multiplizieren liefert (B1). Wann tritt so etwas auf? *Wenn ein System statisch unterbestimmt ist!*

> **1. Regel FEA:**
> Nie statisch unterbestimmt. Immer statisch bestimmt oder beliebig statisch überbestimmt!

Also Festlegen einer Randbedingung:

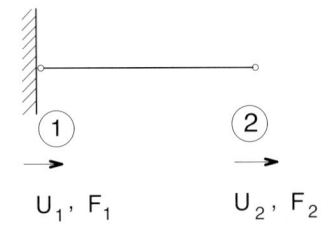

Bild 2-5: Wenn am Punkt 1 ein Festlager ist, dann ist die Verschiebung $U_1 = 0$

F_1 kann als <u>äußere Kraft</u> nicht mehr aufgegeben werden, denn das Lager fängt alles ab! Es kann also nur noch aufgegeben werden:

U_2 eine Verschiebung oder
F_2 eine äußere Kraft

Nun kommt eine sehr grundlegende Unterscheidung, wie wir die Aufgabe angehen: Welche Lösungen suchen wir... Kräfte oder Verschiebungen? Das uns schon bekannte Gleichungssystem

$$\begin{bmatrix} K & -K \\ -K & K \end{bmatrix} \begin{bmatrix} U_1 \\ U_2 \end{bmatrix} = \begin{bmatrix} F_1 \\ F_2 \end{bmatrix} \qquad \boldsymbol{K\,U = F}$$

würde in der Mathematik so lauten: $\boldsymbol{A\,x = b}$

Das ist die übliche Darstellung eines linearen Gleichungssystems: $\boldsymbol{A}$ ist die Koeffizientenmatrix, $\boldsymbol{x}$ der Lösungsvektor, also die Unbekannten, und $\boldsymbol{b}$ ist die rechte Seite.

Daher:

Vorgabe der äußeren Kräfte und Berechnen der Verschiebungen = Verschiebungsgrößen-Verfahren.

Es geht aber auch anders:

$$K^{-1} F = U$$
$$A^{-1} b = x$$

Dabei ist A^{-1} die Inverse von A. Daher:

Vorgabe der Verschiebungen und Berechnen der Kräfte = Kraftgrößen-Verfahren.

Heute arbeiten praktisch alle FEA-Systeme nach dem Verschiebungsgrößen-Verfahren:

---
2. Regel FEA:

FEA = Berechnen der Verschiebungen des Systems!

Unsere Aufgabe war:

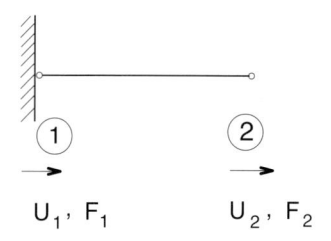

Bild 2-6: Festlagerung an Punkt 1

$$\begin{bmatrix} K & -K \\ -K & K \end{bmatrix} \begin{bmatrix} U_1 \\ U_2 \end{bmatrix} = \begin{bmatrix} F_1 \\ F_2 \end{bmatrix}$$

Dabei sind: K die Gesamtsteifigkeitsmatrix, U die Verschiebungen, d.h. die Unbekannten des Systems und F die äußeren Kräfte.

Die Gesamt-Steifigkeitsmatrix K entspricht, weil nur ein einziges Element, der Stab, vorhanden ist, dessen Element-Steifigkeitsmatrix K^{Stab}.

Die Randbedingung ist: $U_1 = 0$, eine sog. *homogene Randbedingung!* Diese homogenen Randbedingungen werden im Gleichungssystem wie folgt berücksichtigt:

Vorgehen 1: Einbau homogene Randbedingung $U_j = 0$

V1.1 : Setze in **K** Zeile j zu 0

V1.2 : Setze in **K** Spalte j zu 0

V1.3 : Setze Diagonalelement j in **K** zu 1

V1.4: Setze Kraft F_j in **F** zu 0

Also:

V1.1 und V1.2

$$\begin{bmatrix} 0 & 0 \\ 0 & K \end{bmatrix} \begin{bmatrix} U_1 \\ U_2 \end{bmatrix} = \begin{bmatrix} F_1 \\ F_2 \end{bmatrix}$$

V1.3

$$\begin{bmatrix} 1 & 0 \\ 0 & K \end{bmatrix} \begin{bmatrix} U_1 \\ U_2 \end{bmatrix} = \begin{bmatrix} F_1 \\ F_2 \end{bmatrix}$$

V1.4

$$\begin{bmatrix} 1 & 0 \\ 0 & K \end{bmatrix} \begin{bmatrix} U_1 \\ U_2 \end{bmatrix} = \begin{bmatrix} 0 \\ F_2 \end{bmatrix}$$

Ausrechnen ergibt:

$1 \cdot U_1 + 0 \cdot U_2 = 0 \Rightarrow U_1 = 0$

$0 \cdot U_1 + K \cdot U_2 = F_2 \Rightarrow U_2 = \dfrac{F_2}{K}$

Wie werden die eigentlichen Stabkräfte, also die inneren Kräfte berechnet? Bis jetzt wurden ja nur äußere Kräfte betrachtet!

Vorgehen 2: Knotenkräfte berechnen

V2: Multipliziere die jeweilige Element-Steifigkeitmatrix des gesuchten Elements mit den berechneten Verschiebungen!

Also:

$$\begin{bmatrix} K & -K \\ -K & K \end{bmatrix} \begin{bmatrix} 0 \\ F_2/K \end{bmatrix} = \begin{bmatrix} -F_2 \\ F_2 \end{bmatrix}$$

Das sind die Stabkräfte am Element, also innere Kräfte. Actio = Reactio!

Rechenbeispiel 2:

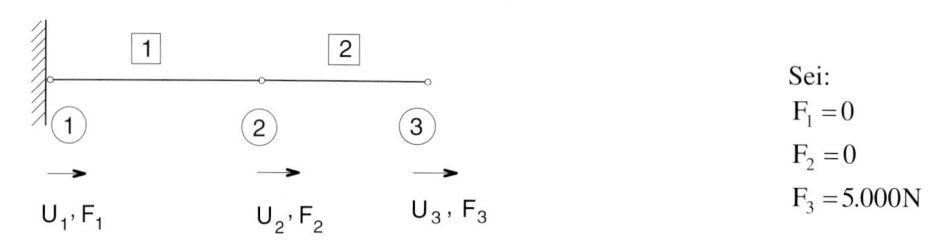

Sei:
$F_1 = 0$
$F_2 = 0$
$F_3 = 5.000 N$

Bild 2-7: Beispiel mit zwei Stäben

Stab 1

Länge = 500 mm
$E_1 = 206.000 \ N/mm^2$
$A_1 = 100 \ mm^2$
Damit wird
$K_1 = 41.200 \ N/mm$

Stab 2

Länge = 400 mm
$E_2 = 206.000 \ N/mm^2$
$A_2 = 40 \ mm^2$
damit wird
$K_2 = 20.600 \ N/mm$

Damit werden die Elemente-Steifigkeitsmatrizen:

Erster Stab = FE_1: $\begin{bmatrix} K_1 & -K_1 \\ -K_1 & K_1 \end{bmatrix} = \begin{bmatrix} 41.200 & -41.200 \\ -41.200 & 41.200 \end{bmatrix} = K_1^e$

Zweiter Stab = FE_2: $\begin{bmatrix} K_2 & -K_2 \\ -K_2 & K_2 \end{bmatrix} = \begin{bmatrix} 20.600 & -20.600 \\ -20.600 & 20.600 \end{bmatrix} = K_2^e$

Diese beiden Element-Steifigkeitsmatrizen müssen zur Gesamt-Steifigkeitsmatrix zusammengebaut werden. Diesen Vorgang nennt man *Compilation*.
Es gilt:

$$\boxed{K = \sum_i K_i^e}$$

3. Regel FEA:

Gesamtsteifigkeitsmatrix = Summe der Elementsteifigkeitsmatrizen

Hier:

Element 1 **Element 2**

$$\begin{bmatrix} K_1 & -K_1 \\ -K_1 & K_1 \end{bmatrix} \begin{bmatrix} U_1 \\ U_2 \end{bmatrix} \qquad \begin{bmatrix} K_2 & -K_2 \\ -K_2 & K_2 \end{bmatrix} \begin{bmatrix} U_2 \\ U_3 \end{bmatrix}$$

Damit wird die Gesamtsteifigkeitsmatrix:

$$\begin{bmatrix} K_1 & -K_1 & 0 \\ -K_1 & K_1+K_2 & -K_2 \\ 0 & -K_2 & K_2 \end{bmatrix} = \begin{bmatrix} 41.200 & -41.200 & 0 \\ -41.200 & 61.800 & -20.600 \\ 0 & -20.600 & 20.600 \end{bmatrix}$$

Also wird das Gleichungssystem zunächst:

$$\begin{bmatrix} 41.200 & -41.200 & 0 \\ -41.200 & 61.800 & -20.600 \\ 0 & -20.600 & 20.600 \end{bmatrix} \begin{bmatrix} U_1 \\ U_2 \\ U_3 \end{bmatrix} = \begin{bmatrix} 0 \\ 0 \\ 5.000 \end{bmatrix}$$

Einbau der Randbedingungen: $U_1 = 0$ nach Vorgehen 1:

$$\begin{bmatrix} 1 & 0 & 0 \\ 0 & 61.800 & -20.600 \\ 0 & -20.600 & 20.600 \end{bmatrix} \begin{bmatrix} U_1 \\ U_2 \\ U_3 \end{bmatrix} = \begin{bmatrix} 0 \\ 0 \\ 5.000 \end{bmatrix}$$

Die Lösung dieses Gleichungssystems ist dann:

$$\begin{bmatrix} U_1 \\ U_2 \\ U_3 \end{bmatrix} = \begin{bmatrix} 0 \\ 0,1214 \\ 0,3641 \end{bmatrix}$$

Nunmehr Rückrechnen der inneren Kräfte nach Vorgehen 2, um die Stabkräfte zu erhalten:

<u>Element 1</u>

$$\begin{bmatrix} 41.200 & -41.200 \\ -41.200 & 41.200 \end{bmatrix} \begin{bmatrix} 0 \\ 0,1214 \end{bmatrix} = \begin{bmatrix} -5.000 \\ +5.000 \end{bmatrix}$$

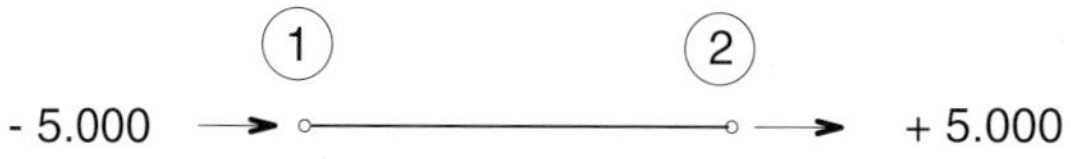

```
       ①              ②
- 5.000  →  o─────────────o  →  + 5.000
```

Bild 2-8: Kräfte an den Knoten von Stab 1

Element 2

$$\begin{bmatrix} 20.600 & -20.600 \\ -20.600 & 20.600 \end{bmatrix} \begin{bmatrix} 0,1214 \\ 0,3641 \end{bmatrix} = \begin{bmatrix} -5.000 \\ +5.000 \end{bmatrix}$$

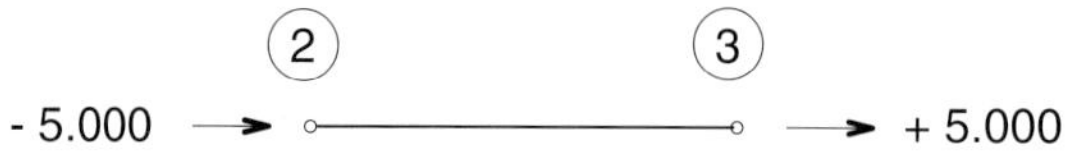

```
       ②              ③
- 5.000  →  o─────────────o  →  + 5.000
```

Bild 2-9: Kräfte an den Knoten von Stab 2

Im Beispiel war eine Kraft F_3 vorgegeben. Nun soll statt dessen eine definierte Verschiebung aufgegeben werden. Das Gleichungssystem sieht zunächst so aus:

$$\begin{bmatrix} 41.200 & -41.200 & 0 \\ -41.200 & 61.8002 & -20.600 \\ 0 & -20.600 & 20.600 \end{bmatrix} \begin{bmatrix} U_1 \\ U_2 \\ U_3 \end{bmatrix} = \begin{bmatrix} F_1 \\ F_2 \\ F_3 \end{bmatrix}$$

Als nächstes bringen wir die äußeren Kräfte an:

$$\begin{bmatrix} 41.200 & -41.200 & 0 \\ -41.200 & 61.800 & -20.600 \\ 0 & -20.600 & 20.600 \end{bmatrix} \begin{bmatrix} U_1 \\ U_2 \\ U_3 \end{bmatrix} = \begin{bmatrix} 0 \\ 0 \\ 0 \end{bmatrix}$$

Wenn wir keine äußeren Kräfte aufbringen, sind sie auch alle logischerweise 0. Es soll nun eine Verschiebung $U_3 = 0,3641$ mm aufgegeben werden. Da sie von 0 verschieden ist, nennt man sie eine *inhomogene Randbedingung*:

Vorgehen 3:

Einbau inhomogener Randbedingung: Die inhomogene RB habe den Wert C_j und gelte am Freiheitsgrad j

V3.1: Subtrahiere von Rechter Seite F den Spaltenvektor, der das Produkt aus C_j und Spalte j von K ist.

V3.2: Wende Vorgehen 1 an.

V3.3: Ersetze F_j durch C_j.

Das probieren wir gleich aus:

Schritt V3.1:

$U_3 = 0{,}3641 = C_j$ d.h. $j = 3$

$$\begin{bmatrix} 41.200 & -41.200 & 0 \\ -41.200 & 61.800 & -20.600 \\ 0 & -20.600 & 20.600 \end{bmatrix} \begin{bmatrix} U_1 \\ U_2 \\ U_3 \end{bmatrix} = \begin{bmatrix} 0 - 0{,}3641 \cdot 0 \\ 0 - 0{,}3641 \cdot (-20.600) \\ 0 - 0{,}3641 \cdot 20.600 \end{bmatrix} = \begin{bmatrix} 0 \\ +7.500{,}46 \\ -7.500{,}46 \end{bmatrix}$$

Schritt V3.2:

Vorgehen 1 anwenden, also Zeile 3 und Spalte 3 in K je 0, Diagonalelement K_{33} zu 1, F_3 zu 0:

$$\begin{bmatrix} 41.200 & -41.200 & 0 \\ -41.200 & 61.800 & 0 \\ 0 & 0 & 1 \end{bmatrix} \begin{bmatrix} U_1 \\ U_2 \\ U_3 \end{bmatrix} = \begin{bmatrix} 0 \\ +7.500{,}46 \\ 0 \end{bmatrix}$$

Es wäre aber so $U_3 = 0$. Eindeutig falsch! Daher müssen wir nun F_3 zu $C_3 = U_3 = 0{,}3641$ setzen.

Schritt V3.3:

$$\begin{bmatrix} 41.200 & -41.200 & 0 \\ 41.200 & 61.800 & 0 \\ 0 & 0 & 1 \end{bmatrix} \begin{bmatrix} U_1 \\ U_2 \\ U_3 \end{bmatrix} = \begin{bmatrix} 0 \\ 7.500{,}46 \\ 0{,}3641 \end{bmatrix}$$

Nun wird noch die Randbedingung $U_1 = 0$ also das linke Festlager, eingebaut gemäß Vorgehen 1:

$$\begin{bmatrix} 1 & 0 & 0 \\ 0 & 61.800 & 0 \\ 0 & 0 & 1 \end{bmatrix} \begin{bmatrix} U_1 \\ U_2 \\ U_3 \end{bmatrix} = \begin{bmatrix} 0 \\ 7.500{,}46 \\ 0{,}3641 \end{bmatrix}$$

Die Lösung des Gleichungssystems ist:

$$\begin{bmatrix} U_1 \\ U_2 \\ U_3 \end{bmatrix} = \begin{bmatrix} 0 \\ 0{,}1214 \\ 0{,}3641 \end{bmatrix} \quad \text{... und das stimmt!}$$

Rechenbeispiel 3:

Nun das Ganze mit einem <u>Balken</u> in der Ebene am Beispiel eines Trägers:

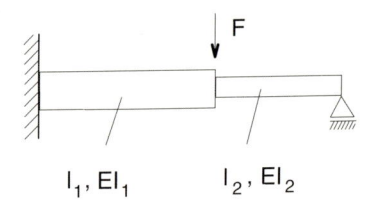

Bild 2-10: Kräfte am Balken

Das System ist statisch überbestimmt! Das stört uns aber gar nicht! Einer der großen Vorteile der FEA ist, daß man mit ihr beliebig statisch überbestimmte Systeme berechnen kann. Gegenüber der „Handrechnung" mit „0" und „1"- bzw. „2"- ... „n"-System der Technischen Mechanik, die mit jeder weiteren Überbestimmten sprunghaft aufwendiger wird, steigt der Rechenaufwand bei der FEA praktisch nicht. Daher ist die FEA auch außerordentlich geeignet, um beliebig statisch überbestimmte Stab- und Balkenfachwerke oder Durchlaufträger zu berechnen.

Dafür brauchen wir zunächst einen waagrecht in der Ebene liegenden Balken:

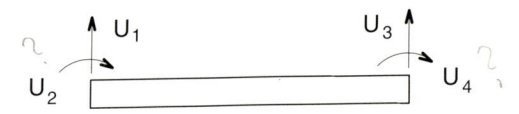

Bild 2-11: Die Kräfte am Balken

Dessen Element-Steifigkeitsmatrix (wir entnehmen sie momentan einfach der Literatur und glauben sie ohne Nachfragen) ist wie folgt:

$$EI \cdot \begin{bmatrix} \dfrac{12}{\ell^3} & \dfrac{-6}{\ell^2} & \dfrac{-12}{\ell^3} & \dfrac{-6}{\ell^2} \\ \dfrac{-6}{\ell^2} & \dfrac{4}{\ell} & \dfrac{6}{\ell^2} & \dfrac{2}{\ell} \\ \dfrac{-12}{\ell^3} & \dfrac{6}{\ell^2} & \dfrac{12}{\ell^3} & \dfrac{6}{\ell^2} \\ \dfrac{-6}{\ell^2} & \dfrac{2}{\ell} & \dfrac{6}{\ell^2} & \dfrac{4}{\ell} \end{bmatrix} \begin{bmatrix} U_1 \\ U_2 \\ U_3 \\ U_4 \end{bmatrix} = \begin{bmatrix} F_1 \\ F_2 \\ F_3 \\ F_4 \end{bmatrix}$$

oder

$KU = F$

oder

$$\sum_j K_{ij} U_j = F_i$$

Derartige Element-Steifigkeitsmatrizen entnimmt man der Literatur /1–7/ oder liest Kapitel 4.

Manche Autoren stellen den Sachverhalt wie folgt dar:

Bild 2-12: Alternative Darstellung der Stabkräfte

$$EI \cdot \begin{bmatrix} \dfrac{12}{\ell^3} & \dfrac{-6}{\ell^2} & \dfrac{-12}{\ell^3} & \dfrac{-6}{\ell^2} \\ \dfrac{-6}{\ell^2} & \dfrac{4}{\ell} & \dfrac{6}{\ell^2} & \dfrac{2}{\ell} \\ \dfrac{-12}{\ell^3} & \dfrac{6}{\ell^2} & \dfrac{12}{\ell^3} & \dfrac{6}{\ell^2} \\ \dfrac{-6}{\ell^2} & \dfrac{2}{\ell} & \dfrac{6}{\ell^2} & \dfrac{4}{\ell} \end{bmatrix} \begin{bmatrix} w_1 \\ \varphi_1 \\ w_2 \\ \varphi_2 \end{bmatrix} = \begin{bmatrix} F_1 \\ M_1 \\ F_2 \\ M_2 \end{bmatrix}$$

Hier wird zwar vordergründig deutlich, daß am Balken Verschiebungen w, Verdrehungen φ, Kräfte F und Momente M wirken, aber die sehr erwünschte schematische Behandlung wird erschwert. Vor allem für die Darstellung

$$\sum_j K_{ij} U_j = F_i$$

völlig ungeeignet! Und gerade die Indexform der Matrizen-Schreibweise braucht man zum Programmieren.

Zurück zu unserem Beispiel:

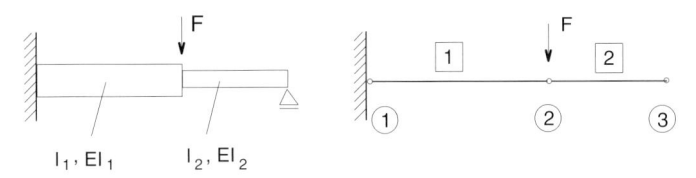

Bild 2-13: Darstellung des Rechenbeispiels 3

Natürlich könnten auch noch die E-Moduli unterschiedlich sein: $E_1 \neq E_2$.
Wir bleiben der Einfachheit halber bei

$E_1 = E_2 = E = 206.000 \text{ N/mm}^2 = 206 \cdot 10^9 \text{ N/m}^2$

Balken 1: IPB 100 : $\quad \ell_1 = 3 \text{ m}$
$\quad\quad\quad\quad\quad\quad\quad\quad\ I_1 = 450 \text{ cm}^4 = 450 \cdot 10^{-8} \text{ m}^4$

Balken 2: I 100: $\quad \ell_2 = 2 \text{ m}$
$\quad\quad\quad\quad\quad\quad\quad I_2 = 171 \text{ cm}^4 = 171 \cdot 10^{-8} \text{ m}^4$

$F = -5.000$ N (wirkt nach unten, siehe folgende Skizze).

---

4. Regel FEA:

Die FEA ist nicht an feste Maßsysteme gebunden. Die Einheiten können beliebig sein, müssen aber innerhalb der Struktur konsistent sein.

---

5. Regel FEA:

Es gibt keine genormten Koordinationssysteme und Vorzeichenregeln. Sie variieren von FEA-System zu FEA-System. Die Vorzeichen hängen allein von der Definition der Element-Steifigkeitsmatrizen bzw. der Gesamtstruktur ab!

Da wir hier definiert hatten:

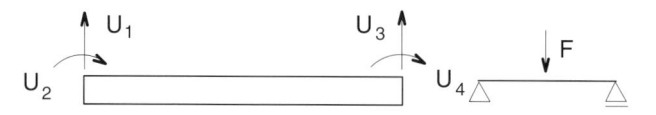

Bild 2-14: Darstellung der definierten Balkenkräfte

... ist hier die Kraft F negativ einzusetzen!

Mit den Zahlenwerten wird $\boldsymbol{K}_1^e$:

$$\begin{bmatrix} 412.000 & -618.000 & -412.000 & -618.000 \\ -618.000 & 1.236.000 & 618.000 & 618.000 \\ -412.000 & 618.000 & 412.000 & 618.000 \\ -618.000 & 618.000 & 618.000 & 1.236.000 \end{bmatrix}$$

und $\boldsymbol{K}_2^e$:

$$\begin{bmatrix} 528.390 & -528.390 & -528.390 & -528.390 \\ -528.390 & 704.520 & 528.390 & 352.260 \\ -528.390 & 528.390 & 528.390 & 528.390 \\ -528.390 & 352.260 & 528.390 & 704.520 \end{bmatrix}$$

Freiheitsgrade am Gesamtsystem:

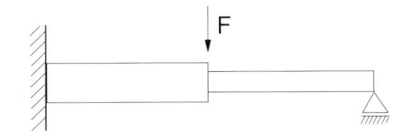

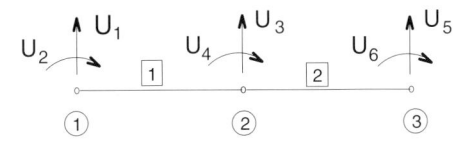

Bild 2-15: Darstellung der Freiheitsgrade im Rechenbeispiel 3

Um den Vorgang der Compilation zu verdeutlichen, legen wir uns erstmal ein leeres 6 x 6 Feld wegen der 6 Freiheitsgrade an. Jeder Knoten belegt zwei Zeilen und zwei Spalten, weil hier in diesem Fall ja jeder Knoten wieder jeweils zwei Freiheitsgrade *per definitionem* hat (bei einem „richtigen" Balken, z.B. Z88-Typ Balken Nr.2, hätte man 6 Freiheitsgrade pro Knoten: 3 Verschiebungen in X, Y und Z-Richtung und drei Rotationen um die X, Y und Z Achse):

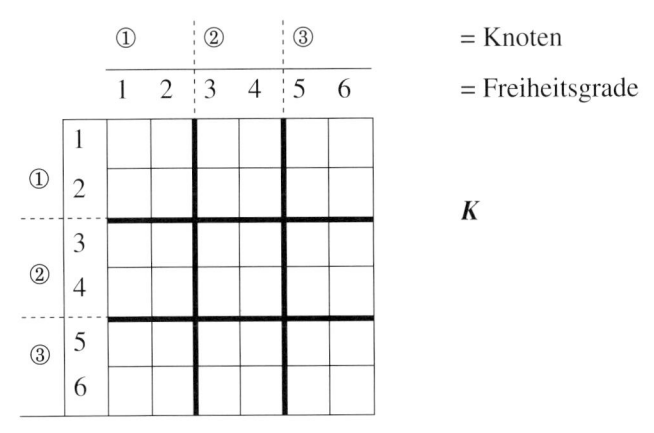

Bild 2-16: Hilfsraster zur Ermittlung der Steifigkeitsmatrizen

Und für die Element-Steifigkeitsmatrizen:

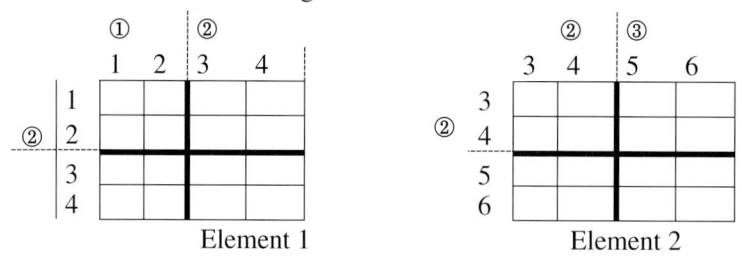

```
         ①    ②                              ②    ③
       1  2   3  4                         3  4   5  6
    ┌─┬──┬──┬──┐                         ┌─┬──┬──┬──┐
   1│ │  │  │  │                        3│ │  │  │  │
② 2│ │  │  │  │                      ② 4│ │  │  │  │
   3│ │  │  │  │                        5│ │  │  │  │
   4│ │  │  │  │                        6│ │  │  │  │
    └─┴──┴──┴──┘                         └─┴──┴──┴──┘
      Element 1                            Element 2
```

Bild 2-17: Hilfsraster zur Ermittlung der Element-Steifigkeitsmatrizen

Damit wird die Gesamtsteifigkeitsmatrix:

	1	2	3	4	5	6
1	412.000	−618.000	−412.000	−618.000	0	0
2	−618.000	1.236.000	618.000	618.000	0	0
3	−412.000	618.000	412.000 + 528.390 = 940.390	618.000 + −528.390 = 89.610	−528.390	−528.390
4	−618.000	618.000	618.000 + −528.390 = 89.610	1.236.000 + 704.520 = 1.940.520	528.390	352.260
5	0	0	−528.390	528.390	528.390	528.390
6 = FG	0	0	−528.390	352.260	528.390	704.520

6. Regel FEA

Die Element-Steifigkeitsmatrizen sind immer symmetrisch. Die Gesamt-Steifigkeitsmatrix ist immer symmetrisch. Ihre Ordnungen sind die Anzahl der Freiheitsgrade.

Damit können wir nun das Gleichungssystem mit den Kräften, aber noch ohne Lager aufstellen:

412.000	−618.000	−412.000	−618.000	0	0	U_1		0
−618.000	1.236.000	618.000	618.000	0	0	U_2		0
−412.000	618.000	940.390	89.610	−528.390	−528.390	U_3	=	−5.000
−618.000	618.000	89.610	1.940.520	528.390	352.260	U_4		0
0	0	−528.390	528.390	528.390	528.390	U_5		0
0	0	−528.390	352.260	528.390	704.520	U_6		0

Nun erfolgt der Einbau der Lager: $U_1 = 0, U_2 = 0, U_5 = 0$:

1	0	0	0	0	0	U_1		0
0	1	0	0	0	0	U_2		0
0	0	940.390	89.610	0	−528.390	U_3	=	−5.000
0	0	89.610	1.940.520	0	352.260	U_4		0
0	0	0	0	1	0	U_5		0
0	0	−528.390	352.260	0	704.520	U_6		0

Dieses Gleichungssystem rechnen Sie nun mit *MATHEMATICA* oder einem leistungsfähigen Taschenrechner wie z.B. *HP 48* (Sie können aber auch einen 20 Jahre alten HP 41 oder TI 59 nehmen; die konnten das auch schon) aus. Die Lösung ist:

$$U^T = (0;\ 0;\ -0{,}01056746;\ 0{,}00211904;\ 0;\ -0{,}0089851)$$

Schon an diesem kleinen und wirklich einfachen Beispiel erkennen Sie, daß FEA ohne Computereinsatz mehr oder weniger *useless* ist. Oder möchten Sie obiges 6x6 Gleichungssystem zu Fuß lösen? Tun Sie's einfach einmal und Sie verstehen, was wir meinen.

Aber: Es dürfte klar sein, daß wir selbst mit diesem Primitiv-Balkenelement beliebig komplizierte Durchlaufträger behandeln können, z.B.

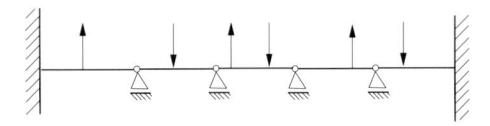

Bild 2-18: Beispiel eines komplexen Lastfalles

Die FEA nochmal zusammengefaßt:

Vorgehen 4:	Gesamtproblem:
V4.1:	Definiere eine FE-Struktur
V4.2:	Berechne die Element-Steifigkeitsmatrizen ESM
V4.3:	Compilation: Addiere die ESM zur Gesamt-Steifigkeitsmatrix
V4.4:	Füge die Randbedingungen ein – Kräfte – definierte Verschiebungen ungleich 0 – Lager, d.h. Verschiebungen = 0
V4.5:	Löse das Gleichungssystem. Das liefert U
V4.6:	Führe ggf. Rückrechnungen aus. Das ergibt: – innere Kräfte – Spannungen

---

7. Regel FEA: Die heutige FEA ist eine Verallgemeinerung des Verschiebungsgrößen-Verfahrens der Mechanik. Das Vorgehen ist streng formalisiert und daher sehr geeignet für einen Computer-Einsatz.

---

8. und oberste Regel der FEA:

Die lineare FEA ist nichts anderes als das Hooke'sche Federgesetz in Matrixform!

Wir haben damit die FEA in ihrem grundsätzlichen Verfahren abgehandelt. So läuft die FEA auch bei kompliziertesten, größten Strukturen der linearen Statik.

Alles weitere sind nur noch Verfeinerungen!! Was sind solche Verfeinerungen?

- Aufstellen von Elementssteifigkeitsmatrizen (ESM) für komplizierte Elemente, besonders Kontinuumselemente

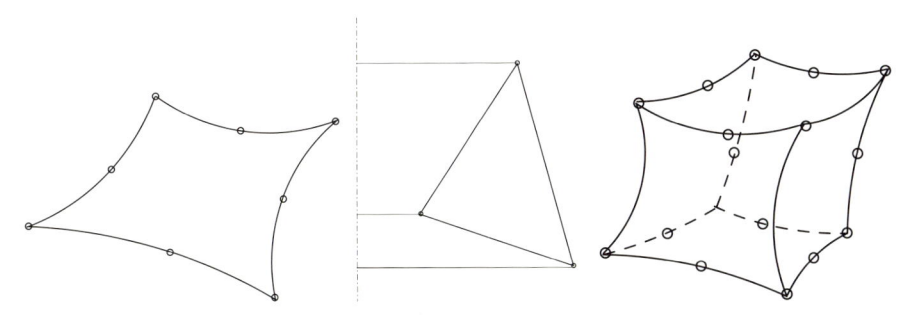

Bild 2-19: Beispiele für Kontinuumselemente

- Spannungsberechnung. Wie ESMs gibt es Spannungsmatrizen. Element-Spannungsmatrix · berechnete Verschiebungen = Spannungen
- Spezielle Speicherverfahren für die teilweise riesigen Gesamt-Steifigkeitsmatrizen.
- Konditionierungsverbesserungen für Gesamt-Steifigkeitsmatrizen, z.B. Skalierungen.
- Spezielle Gleichungslöser für die teilweise riesigen Gleichungssysteme.

Diese Fragen werden wir in den folgenden Kapiteln genau untersuchen.

3 Etwas Elastizitätstheorie

3.1 Verschiebungen und Verzerrungen

Ein Blick in viele Technische-Mechanik- oder auch FEM-Bücher zeigt uns, daß z.B. gilt:

$$\varepsilon_x = \frac{\partial u}{\partial x}$$

oft begleitet von der sinnreichen Bemerkung „wie man sofort einsieht" Wir fanden derartige Gleichungen noch nie „sofort einsichtig", und daher soll hier ausführlich die Herleitung der sog. Verzerrungs-Verschiebungsbeziehungen dargestellt werden. Sie sind die Basis für das Verständnis von Kontinuumselementen der FEA! Wir lehnen uns dabei an das ausgezeichnete Buch von *Bickford /10/* an, aber es wurden auch *Love /8/*, *Timoshenko /9/* und *Marguerre /11/* konsultiert.

Wir gehen von einem einfachen Gummiband aus (das natürlich auch ein Stahlband sein könnte) und ziehen mit einer Kraft F daran. Die Ursprungslänge des Gummibandes sei ℓ_0, das gedehnte Band habe die Länge ℓ_1. Die Verlängerung des Bandes heiße $\Delta\ell$.

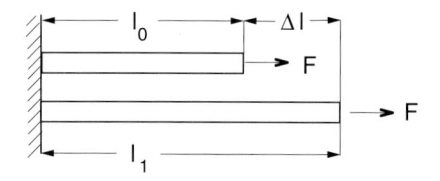

Bild 3.1-1: Längenänderung eines Stabes durch Krafteinwirkung

Dann definieren wir die Dehnung $\varepsilon = \dfrac{\Delta\ell}{\ell_0}$ *(rel. Längenänderung)*

mit $\Delta\ell = \ell_1 - \ell_0$ auch $\boxed{\varepsilon = \dfrac{\ell_1 - \ell_0}{\ell_0} = \dfrac{\Delta\ell}{\ell_0}}$.

Um die Dehnung an jedem Punkt betrachten zu können, wählen wir zwei Punkte A und B auf dem Band, die sehr nahe beieinanderliegen, sagen wir im Abstand Δx.

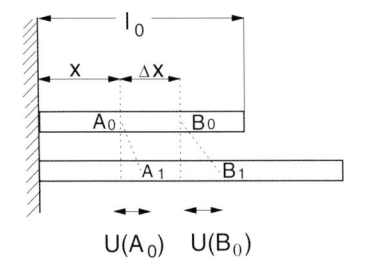

Bild 3.1-2: Punktuelle Betrachtung der Verschiebungen an A und B

mit u = Verschiebungen

Nach Definition war ja $\boxed{\varepsilon = \dfrac{\Delta \ell}{\ell} = \dfrac{\ell_1 - \ell_0}{\ell_0}}$.

Logischerweise ist dann die Dehnung am Punkt A_0

$$\varepsilon_x(A_0) = \lim_{A_0 B_0 \to 0} \frac{A_1 B_1 - A_0 B_0}{A_0 B_0}$$

dabei sind $\overline{A_1 B_1}$ die Längen zwischen den Punkten A_1 und B_1 bzw. $\overline{A_0 B_0}$ zwischen den Punkten A_0 und B_0.

Nun ist $\overline{A_0 B_0} = \Delta x$ und

$$\overline{A_1 B_1} = (x + \Delta x + u(B_0)) - (x + u(A_0)) = \Delta x + u(B_0) - u(A_0)$$

Damit wird

$$\varepsilon_x(A_0) = \lim_{A_0 B_0 \to 0} \frac{A_1 B_1 - A_0 B_0}{A_0 B_0} = \lim_{A_0 B_0 \to 0} \frac{\Delta x + u(B_0) - u(A_0) - \Delta x}{\Delta x}$$

Die Differenz $u(B_1) - u(A_1)$ können wir mit Δu bezeichnen und so entsteht:

$$\varepsilon_x(A_0) = \lim_{A_0 B_0 \to 0} \frac{\Delta x + \Delta u - \Delta x}{\Delta x} = \lim_{A_0 B_0 \to 0} \frac{\Delta u}{\Delta x} = \lim_{\Delta x \to 0} \frac{\Delta u}{\Delta x}$$

und im Grenzübergang:

$$\boxed{\varepsilon_x(A_0) = \frac{du}{dx}} \quad \text{am Punkt} \quad A_0$$

oder allgemein:

$\boxed{\varepsilon = u'}$ „Verzerrungs-Verschiebungs-Funktion"

Das bedeutet: Die Verzerrung (oder Dehnung) ε ist die Ableitung der Verschiebungsfunktion u(x). Also

$$\varepsilon_x = u' = \frac{du}{dx}.$$

Nachdem wir den eindimensionalen Fall erläutert haben, gehen wir nun zum 2-dimensionalen Fall über, wie er z.B. bei sog. Scheibenproblemen auftritt. Scheibenprobleme spielen in der Ingenieurspraxis – und damit auch in der FEA – eine sehr große Rolle, denn tatsächlich kann man viele Lastfälle auf Scheibenprobleme zurückführen. Hier liegen alle Beanspruchungen in der Scheibenebene – bei den ganz anders gearteten Plattenproblemen liegen die Beanspruchungen senkrecht zur Plattenebene. Hier einige typische Scheibenprobleme:

Bild 3.1-3: Rohr unter Innendruck, z.B. Nabe eines Pressverbandes

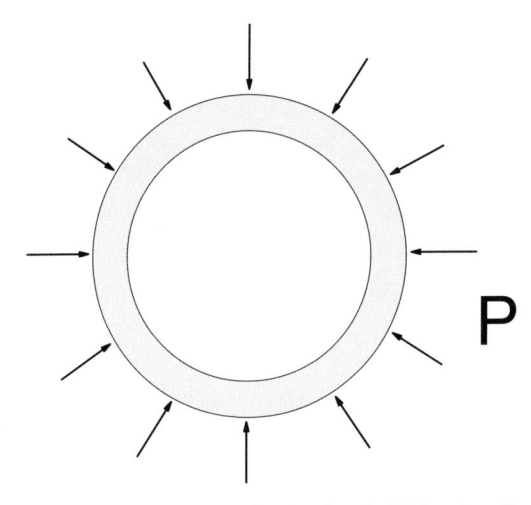

Bild 3.1-4: Rohr unter Außendruck, z.B. Welle eines Preßverbandes

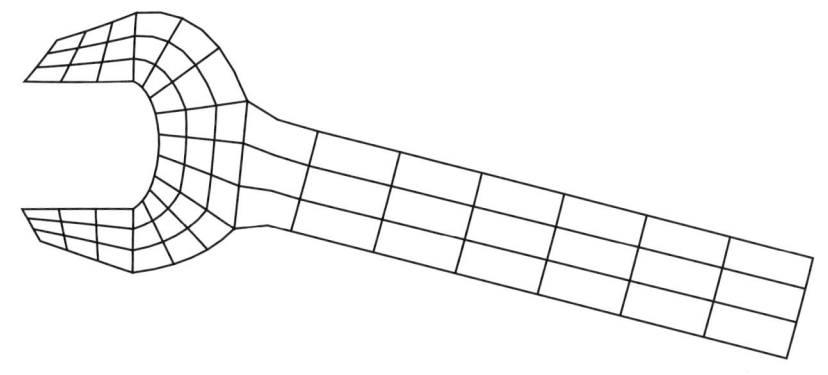

Bild 3.1-5: Schraubenschlüssel unter Last

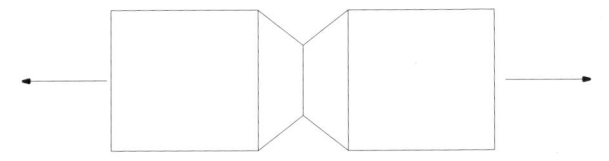

Bild 3.1-6: Kerbstäbe, z.B. zur Ermittlung der Formzahl α_K

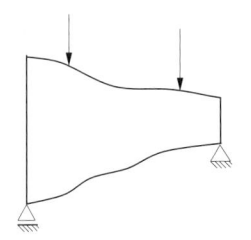

Bild 3.1-7: Kompliziert geformte ebene Balken und ebene Rahmen, die man nicht vernünftig mit Balkenelementen abbilden kann

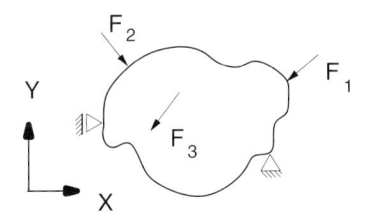

Bild 3.1-8: Ganz allgemeiner Fall

Die Dicke t der Scheibe ist oft konstant, aber sie kann ohne weiteres variieren, z.B. als $t = t(x, y)$. Man ordnet einfach jedem finiten Scheibenelement eine individuelle Dicke t zu. Aber das Besondere an Scheibenproblemen ist, daß keine Verschiebungen u, Spannungen σ und Verzerrungen ε in z-Richtung auftreten.

Wir leiten also nun die Verzerrungs-Verschiebungs-Beziehungen für den 2-dimensionalen Fall des Scheibenproblems her.

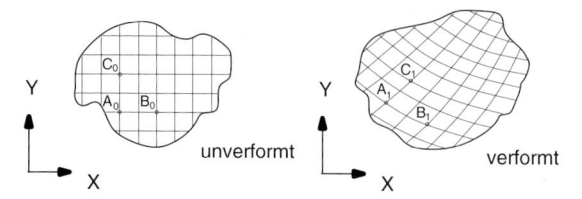

Bild 3.1-9: Der 2-dimensionale Fall des Scheibenproblems

Die Verschiebungen in der xy-Ebene seien:

u = u(x,y) in x-Richtung
v = v(x,y) in y-Richtung
w = 0   in z-Richtung

Wie wir schon wissen, sind die Verschiebungen u und v Funktionen und abhängig vom jeweiligen Ort x, y. Nur in einfachsten Fällen, z.B. bei einem Zugstab mit konstantem Querschnitt ist die Funktion u = u(x) konstant. Hier im allgemeinen Fall, der eben charakteristisch für FEA-Scheibenprobleme ist, müssen dann im Falle von Ableitungen die partiellen Ableitungen

$$\frac{\partial u}{\partial x}, \frac{\partial u}{\partial y} \text{ usw.}$$

verwendet werden, da ja u eine Funktion von zwei Veränderlichen ist.

Wir zeichnen nun einen Teilbereich der Scheibe heraus:

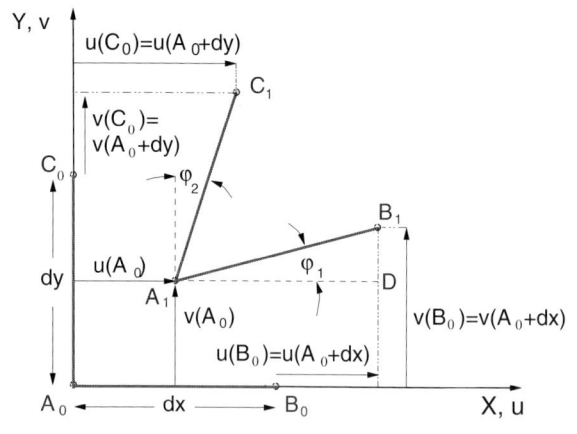

Bild 3.1-10: Ausschnitt aus der Scheibe

Zu diesem Bild sind einige Erläuterungen nötig. Der später verwendete Ausdruck

$$u(B_0) = u(A_0) + \frac{\partial u(A_0)}{\partial x} \cdot dx$$

entsteht wie folgt: Die Verschiebung u, d.h. in x-Richtung, an der Stelle B_0 entspricht auch der Stelle $A_0 + dx$ auf der x-Achse. Also ist:

$$u(B_0) = u(A_0 + dx)$$

Jetzt kommt der eigentliche Trick: Wir entwickeln $u(A_0 + dx)$ in eine Taylor-Reihe. Die Taylor-Reihenentwicklung ist wie folgt definiert:

$$f(x_0 + h) = f(x_0) + \frac{h}{1!} f'(x_0) + \frac{h^2}{2!} f''(x_0) + \ldots + \frac{h^n}{n!} f^{(n)}(x_0) + R_n$$

mit R_n = Restglied, vernachlässigen.

Auf unsere Bezeichnungen angewandt:

$$u(A_0 + dx) = u(A_0) + \frac{\partial u(A_0)}{\partial x} \cdot dx + \frac{\partial^2 u(A_0)}{\partial x^2} \cdot \frac{dx^2}{2} + \ldots + R_n$$

die höheren Terme können wir vernachlässigen, denn wenn wir mit dx gegen 0 gehen, ist

$$\frac{dx^2}{2} \approx 0$$

und es bleibt:

$$u(A_0 + dx) = u(A_0) + \frac{\partial u(A_0)}{\partial x} dx = u(B_0)$$

Genauso wird:

$$v(B_0) = v(A_0 + dx) = v(A_0) + \frac{\partial v(A_0)}{\partial x} dx + \frac{\partial^2 v}{\partial x^2} \cdot \frac{dx^2}{2} + \ldots =$$

$$= v(A_0) + \frac{\partial v(A_0)}{\partial x} \cdot dx$$

da $\frac{dx^2}{2} \approx 0$ ist.

Für die y-Achse ergibt sich:

$$u(C_0) = u(A_0 + dy)$$

als Taylor-Reihe:

$$u(A_0 + dy) = u(A_0) + \frac{\partial u(A_0)}{\partial y} dy + \frac{\partial^2 u}{\partial y^2} \cdot \frac{dy^2}{2} + ... + R_n$$

und da $\frac{dy^2}{2} \approx 0$:

$$u(A_0 + dy) = u(A_0) + \frac{\partial u(A_0)}{\partial y} dy = u(C_0)$$

und ebenso :

$$v(C_0) = v(A_0 + dy) = v(A_0) + \frac{\partial v(A_0)}{\partial y} dy$$

da die höheren Taylorterme schon ab

$$\frac{\partial^2 v}{\partial y^2} \cdot \frac{dy^2}{2} \approx 0 \text{ sind.}$$

Damit kann die Verzerrung ε am Punkt A_0 in x-Richtung $\varepsilon_x(A_0)$ wie folgt dargestellt werden:

$$\varepsilon_x(A_0) = \frac{A_1 B_1 - A_0 B_0}{A_0 B_0}$$

Die Strecke wird nach Pythagoras:

$$A_1 B_1 = \sqrt{(A_1 D)^2 + (B_1 D)^2} \quad \text{mit} \quad A_1 D = dx + \frac{\partial u}{\partial x} dx = (1 + \frac{\partial u}{\partial x}) dx$$

und $B_1 D = \frac{\partial v}{\partial x} \cdot dx$.

Damit wird die Strecke $A_1 B_1$

$$A_1 B_1 = \sqrt{\left(\left(1 + \frac{\partial u}{\partial x}\right) dx\right)^2 + \left(\frac{\partial v}{\partial x} dx\right)^2}$$

Umformen:

$$A_1 B_1 = \sqrt{dx^2 \left(1 + \frac{\partial u}{\partial x}\right)^2 + dx^2 \left(\frac{\partial v}{\partial x}\right)^2}$$

$$A_1 B_1 = dx \sqrt{\left(1 + \frac{\partial u}{\partial x}\right)^2 + \left(\frac{\partial v}{\partial x}\right)^2}$$

3.1 Verschiebungen und Verzerrungen

Wir gehen nun von den Annahmen aus, daß

1. die Verschiebungen klein sind
2. auch die Ableitungen der Verschiebungen klein sind und somit
3. die Quadrate der Ableitungen zu vernachlässigen sind (vgl. /3/, S. 63).

Unter diesen Annahmen können wir den 2. Summanden unter der Wurzel vernachlässigen:

$$\left(\frac{\partial v}{\partial x}\right)^2 \approx 0$$

und es bleibt

$$A_1 B_1 = dx \cdot \sqrt{\left(1+\frac{\partial u}{\partial x}\right)^2} = dx \cdot \left(1+\frac{\partial u}{\partial x}\right)$$

Damit wird nunmehr

$$\varepsilon_x(A_0) = \frac{dx\left(1+\frac{\partial u}{\partial x}\right)-dx}{dx} = \frac{dx+\frac{\partial u}{\partial x}\cdot dx - dx}{dx} = \frac{\frac{\partial u}{\partial x}\cdot dx}{dx} = \frac{\partial u}{\partial x}$$

Also: $\boxed{\varepsilon_x(A_0) = \frac{\partial u}{\partial x}}$

Für $\varepsilon_y(A_0)$ gilt ganz analog:

$$\varepsilon_y(A_0) = \frac{A_1 C_1 - A_0 C_0}{A_0 C_0}$$

mit Hilfe des Pythagoras ist wieder

$$A_1 C_1 = \sqrt{\left(\left(1+\frac{\partial u}{\partial y}\right)dy\right)^2 + \left(\frac{\partial u}{\partial y}dy\right)^2}$$

und genau demselben Vorgehen, d.h. $\left(\frac{\partial u}{\partial y}\right)^2 \approx 0$ entsteht

$$\boxed{\varepsilon_y(A_0) = \frac{\partial v}{\partial y}}$$

Nun fehlt noch die Schubverzerrung am Punkt A_0 in den Richtungen x und y:

$\gamma_{xy}(A_0) = \text{Winkel } B_0 A_0 C_0 - \text{Winkel } B_1 A_1 C_1$

Der Winkel $B_1 A_1 C_1$ ist $\frac{\pi}{2} - \varphi_1 - \varphi_2$

und dabei sind die Winkel φ_1 und φ_2 einfach

$$\tan \varphi_1 = \frac{\frac{\partial v}{\partial x} \cdot dx}{\left(1 + \frac{\partial u}{\partial x}\right) \cdot dx}$$

$$\tan \varphi_2 = \frac{\frac{\partial u}{\partial x} \cdot dy}{\left(1 + \frac{\partial v}{\partial y}\right) \cdot dy}$$

Nun müssen wieder ein paar mathematische Tricks angewendet werden:
- in beiden Gleichungen kann dx bzw. dy gekürzt werden
- für kleine Winkel φ gilt: $\tan \varphi \approx \varphi$
- Da die Ableitungen der Verschiebungen klein sind, sind die Nenner

$$\left(1 + \frac{\partial u}{\partial x}\right) \text{ bzw. } \left(1 + \frac{\partial v}{\partial y}\right)$$

nahezu 1, d.h. die Nenner werden zu 1 und entfallen.

So wird:

$$\varphi_1 = \frac{\partial v}{\partial x} \quad \text{und} \quad \varphi_2 = \frac{\partial u}{\partial y}$$

und in unsere Gleichung

$\gamma_{xy}(A_0) = \text{Winkel } B_0 A_0 C_0 - \text{Winkel } B_1 A_1 C_1$

eingesetzt:

$$\boxed{\gamma_{xy}(A_0) = \left(\frac{\pi}{2} - \left(\frac{\pi}{2} - \frac{\partial v}{\partial x} - \frac{\partial u}{\partial y}\right)\right)}$$

$$\boxed{\gamma_{xy}(A_0) = \frac{\partial v}{\partial x} + \frac{\partial u}{\partial y}}$$

Damit werden die Verzerrungs-Verschiebungs-Gesetze für den ebenen Spannungszustand, d.h. Scheibenprobleme:

$$\boxed{\begin{aligned}\varepsilon_x &= \frac{\partial u}{\partial x}\\ \varepsilon_y &= \frac{\partial v}{\partial y}\\ \gamma_{xy} &= \frac{\partial v}{\partial x}+\frac{\partial u}{\partial y}\end{aligned}}$$

Diese Verzerrungs-Verschiebungs-Beziehungen können ganz leicht auf den allgemeinen 3-dimensionalen Fall erweitert werden, indem man genau die gleichen Betrachtungen für die yz-Ebene und die zx-Ebene anstellt (Sie brauchen also nur die Indizes xy, x und y gegen z und yz, zx zu vertauschen). So entsteht:

$$\varepsilon_x = \frac{\partial u}{\partial x} \qquad \gamma_{xy} = \frac{\partial v}{\partial x}+\frac{\partial u}{\partial y}$$

$$\varepsilon_y = \frac{\partial v}{\partial y} \qquad \gamma_{yz} = \frac{\partial v}{\partial z}+\frac{\partial w}{\partial y}$$

$$\varepsilon_z = \frac{\partial w}{\partial z} \qquad \gamma_{xz} = \frac{\partial u}{\partial z}+\frac{\partial w}{\partial x}$$

Das sind die Verzerrungs-Verschiebungs-Beziehungen für den 3-dimensionalen Fall bei kleinen Verformungen (wir erinnern uns, daß wir die höheren Taylor-Glieder vernachlässigt haben, also linearisiert haben).

In der Elastizitätstheorie kann man die Deformationskomponenten in einer Deformationsmatrix, genauer sogar einem sog. Deformations- oder Verzerrungs-Tensor (das ist eine Matrix mit ganz speziellen Eigenschaften) zusammenfassen:

$$\boldsymbol{\varepsilon} = \begin{pmatrix} \varepsilon_x & \frac{1}{2}\gamma_{xy} & \frac{1}{2}\gamma_{xz} \\ \frac{1}{2}\gamma_{yx} & \varepsilon_y & \frac{1}{2}\gamma_{yz} \\ \frac{1}{2}\gamma_{zx} & \frac{1}{2}\gamma_{zy} & \varepsilon_z \end{pmatrix}$$

mit der <u>Definition:</u>

$$\varepsilon_{xy} \stackrel{!}{=} \frac{1}{2}\gamma_{xy}$$
$$\varepsilon_{xz} \stackrel{!}{=} \frac{1}{2}\gamma_{xz} \qquad \text{usw.}$$

entsteht rein formal

$$\boldsymbol{\varepsilon} = \begin{pmatrix} \varepsilon_x & \varepsilon_{xy} & \varepsilon_{xz} \\ \varepsilon_{yx} & \varepsilon_y & \varepsilon_{yz} \\ \varepsilon_{zx} & \varepsilon_{zy} & \varepsilon_z \end{pmatrix}$$

Das ist der sog. linearisierte Green'sche Verzerrungstensor.

An dieser Stelle soll die sog. Index-Schreibweise gezeigt werden, weil damit eine viel einfachere programmtechnische Umsetzung möglich ist. Wir schreiben nun

statt	auch	noch besser
ε_x	ε_{xx}	ε_{11}
ε_y	ε_{yy}	ε_{22}
ε_z	ε_{zz}	ε_{33}
ε_{xy}	ε_{xy}	ε_{12}
.	.	.
.	.	.
.	.	.
ε_{zy}	ε_{zy}	ε_{32}

Das Koordinatensystem heißt also nicht mehr x, y, z sondern 1, 2, 3.

Damit wird der Green'sche Verzerrungstensor:

$$\boldsymbol{\varepsilon} = \varepsilon_{ij} = \begin{pmatrix} \varepsilon_{11} & \varepsilon_{12} & \varepsilon_{13} \\ \varepsilon_{21} & \varepsilon_{22} & \varepsilon_{23} \\ \varepsilon_{31} & \varepsilon_{32} & \varepsilon_{33} \end{pmatrix}$$

mit

$$\boxed{\varepsilon_{ij} = \frac{1}{2}\left(\frac{\partial u_i}{\partial x_j} + \frac{\partial u_j}{\partial x_i}\right)}$$

Das ist offensichtlich mathematisch viel eleganter, aber für Ungeübte zunächst etwas verwirrend. Aber setzen Sie einfach mal ein paar Indizes in obige Gleichung ein, z.B. i = 1, j = 1 oder i = 2, j = 3 :

$$\varepsilon_{11} = \frac{1}{2}\left(\frac{\partial u_1}{\partial x_1} + \frac{\partial u_1}{\partial x_1}\right) = \frac{\partial u_1}{\partial x_1} = \frac{\partial u}{\partial x}$$

$$\varepsilon_{23} = \frac{1}{2}\left(\frac{\partial u_2}{\partial x_3} + \frac{\partial u_3}{\partial x_2}\right) = \frac{1}{2}\left(\frac{\partial v}{\partial z} + \frac{\partial w}{\partial y}\right) = \frac{1}{2}\gamma_{yz}$$

3.2 Spannungs-Dehnungs-Relationen

Wenn wir einen Zugversuch mit z.B. Stahl ausführen, dann ergibt sich aus Messungen das sog. Spannungs-Dehnungs-Schaubild:

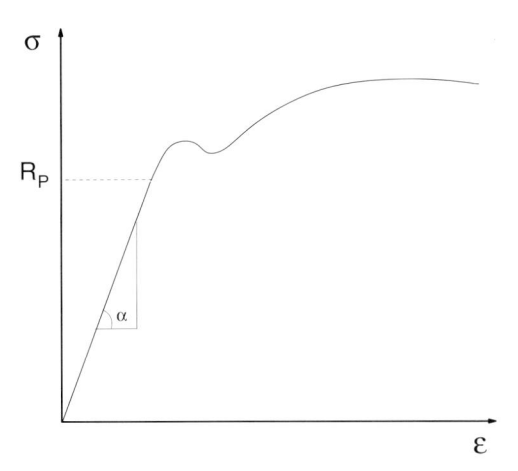

Bild 3.2-1: Spannungs-Dehnungs-Schaubild

mit R_p = Proportionalitätsgrenze

Zwischen σ und ε besteht also bis zur Proportionalitätsgrenze ein linearer Zusammenhang. Das gilt für die meisten metallischen Werkstoffe. Die Steigung der Kurve (hier eine Gerade) ist:

$$\tan \alpha = \frac{\sigma}{\varepsilon} \qquad \text{für lineares Materialverhalten}$$

und wird „Elastizitätsmodul" E genannt, im Englischen „Young's Modulus", d.h.

$$E = \tan \alpha = \frac{\sigma}{\varepsilon} \qquad \text{oder}$$

$$\sigma = E \cdot \varepsilon \quad \text{bzw.} \quad F = K \cdot U$$

Das entspricht genau dem Hooke'schen Federgesetz. Solche Werkstoffe heißen dann auch Hooke'sche Materialien. E ist sozusagen Federkonstante des Werkstoffs, und sie wird im Zugversuch ermittelt.

Nun ist ebenfalls aus Experimenten bekannt – aber dieses Experiment können Sie zu hause mit einem Einweckgummi ausprobieren – daß ein Zugstab sich quer zur Zugrichtung zusammenzieht. Das nennt man Querdehnung oder Querkontraktion. Einmal angenommen, der Querschnitt des Zugstabs sei rund mit Durchmesser d, dann kann man eine Querdehnung

$$\varepsilon_q = \frac{\Delta d}{d}$$

definieren. Das Verhältnis Querdehnung ε_q zu Längsdehnung ε_x nennt man die Querkontraktionszahl v

$$\boxed{v = -\frac{\varepsilon_q}{\varepsilon_x}}$$

Die Querkontraktionszahl v heißt im Englischen „Poisson's ratio", und man kann zeigen, daß gelten muß:

$-1 \leq v \leq 0,5$

Für alle bekannten homogenen Materialien ist

$0 \leq v \leq 0,5$

und für den technisch sehr wichtigen Stahl gilt

$v_{Stahl} = 0,3$

Diesen Wert kann man aber auch für viele andere „normale" Metalle wie Grauguß, Aluminium usw. anwenden, aber Experimente der Autoren zeigten, daß sich sogar eine Reihe von technischen Kunststoffen damit ganz brauchbar linear rechnen lassen, obwohl Kunststoffe eher gegen 0,5 tendieren.

Eine andere wichtige elastische Größe ist der sog. Schubmodul G, der das Pendant zum Elastizitätsmodul darstellt.

$$\boxed{\tau = G \cdot \gamma}$$

Zum Vergleich:

$\sigma = E \cdot \varepsilon$

Zwischen E und G gibt es eine definierte Beziehung:

$$\boxed{E = 2G(1+v)}$$

bzw. $G = \dfrac{E}{2(1+\nu)}$

woraus der „Praktikerwert" $G \approx \tfrac{3}{8} \cdot E$ entsteht, denn mit $\nu = 0{,}3$ für Stahl:

$G = \dfrac{E}{2{,}6}, \quad \dfrac{1}{2{,}6} \approx \dfrac{3}{8}$

Da sich G über o.g. Gleichung eindeutig aus E bestimmen läßt, müssen bei vielen FEA-Programmen lineare Berechnungen nur Elastizitätsmodul E und Querkontraktionszahl ν für isotrope (siehe unten) homogene Materialien eingegeben werden.

Wir weisen nochmals darauf hin, daß sich E-Modul und Querkontraktionszahl nur aus Versuchen, sozusagen phänomenologisch, ermitteln lassen, während die Verzerrungs-Verschiebungsbeziehungen „exakte" Mathematik sind (gleichwohl unter Zuhilfenahme von gewissen Tricks).

Und damit kommen wir zum dreidimensionalen Hooke'schen Gesetz:

Ein Hooke'sches Material liegt dann vor, wenn die folgenden drei Bedingungen zutreffen:

1. Vergrößert man alle Spannungskomponenten um einen gewissen Betrag, dann steigen die Dehnungskomponenten um den gleichen Betrag (Linearitätsprinzip).
2. Spannungen und Dehnungen können in den jeweiligen Koordinatenrichtungen addiert, d.h. überlagert werden (Superpositionsprinzip).
3. Das Material verhält sich in allen Richtungen gleich, ist also unabhängig von Drehungen des Koordinatensystems (Isotropie).

Im eindimensionalen Zugversuch hatten wir:

$\sigma_x = E \cdot \varepsilon_x$

oder

$\varepsilon_x = \dfrac{\sigma_x}{E}$

Da ja die Querkontraktionszahl definiert war als

$\nu = -\dfrac{\varepsilon_q}{\varepsilon_x}$

folgt durch Umformen der Gleichung und Einsetzen von $\varepsilon_x = \dfrac{\sigma_x}{E}$

$$\varepsilon_y = -\nu \cdot \dfrac{\sigma_x}{E}$$

$$\varepsilon_z = -\nu \cdot \dfrac{\sigma_x}{E}$$

Wenn wir nun einen Würfel unter die Spannungen σ_x, σ_y und σ_z setzen

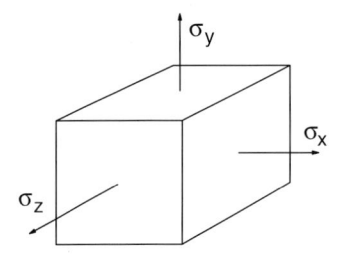

Bild 3.2-2: Spannungen an einem Würfel

dann ergibt das Superpositionsprinzip:

$$\varepsilon_x = \dfrac{\sigma_x}{E} - \nu \dfrac{\sigma_y}{E} - \nu \dfrac{\sigma_z}{E}$$

$$\varepsilon_y = \dfrac{\sigma_y}{E} - \nu \dfrac{\sigma_x}{E} - \nu \dfrac{\sigma_z}{E}$$

$$\varepsilon_z = \dfrac{\sigma_z}{E} - \nu \dfrac{\sigma_x}{E} - \nu \dfrac{\sigma_y}{E}$$

das heißt, alle drei Spannungskomponenten liefern einen Beitrag zur jeweiligen Verformung in x, y, und z-Richtung. Dies etwas griffiger geschrieben:

$$\varepsilon_x = \dfrac{1}{E}\left[\sigma_x - \nu(\sigma_y + \sigma_z)\right]$$

$$\varepsilon_y = \dfrac{1}{E}\left[\sigma_y - \nu(\sigma_x + \sigma_z)\right]$$

$$\varepsilon_z = \dfrac{1}{E}\left[\sigma_z - \nu(\sigma_x + \sigma_y)\right]$$

Die Schubanteile bleiben wie gedacht; hier gibt es keine Superposition, d.h. es gibt keine Kopplung weil es keine Schubkontraktionszahl gibt.

3.2 Spannungs-Dehnungs-Relationen

$$2\varepsilon_{xy} = \gamma_{xy} = \frac{1}{G} \cdot \tau_{xy} = \frac{2(1+\nu)}{E} \cdot \tau_{xy}$$

$$2\varepsilon_{yz} = \gamma_{yz} = \frac{1}{G} \cdot \tau_{yz} = \frac{2(1+\nu)}{E} \cdot \tau_{yz}$$

$$2\varepsilon_{xz} = \gamma_{xz} = \frac{1}{G} \cdot \tau_{xz} = \frac{2(1+\nu)}{E} \cdot \tau_{xz}$$

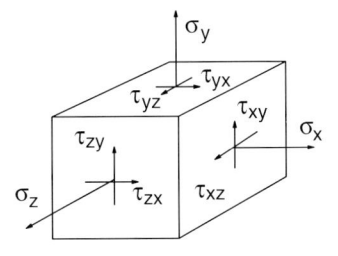

Bild 3.2-3: Spannungen im Raum in „üblicher" Benennung

Die Schubspannungen werden wie folgt bezeichnet: Der erste Index gibt die Ebene an, in der die Schubspannung wirkt, der zweite Index die Richtung. Die Fläche wird durch die Flächennormale definiert, die senkrecht auf der Fläche steht.

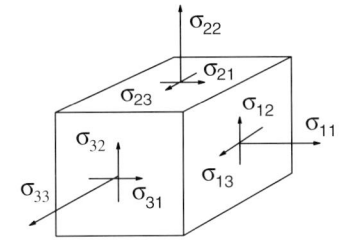

Bild 3.2-4: Spannungen im Raum in FEA-Benennung

Hier erkennt man sehr schön den Satz von der Gleichheit der Schubspannungen (vgl. /9/): $\sigma_{ij} = \sigma_{ji}$

Diese 6 Gleichungen schreiben wir nun in Matrizenform um, weil das für die FEA viel geeigneter ist und legen zugrunde, daß bei FEA-Betrachtungen <u>abweichend</u> von den oben aufgeführten Betrachtungen der Elastizitätstheorie rein formal gesetzt wird (der Faktor ½ wird weggelassen):

$\varepsilon_{ij} = \gamma_{ij}$

Also: Bei der FEA gilt: ε entspricht direkt der Gleitung und nicht der halben Gleitung. Das ist eine reine Definition, um die Gleichungssätze übersichtlicher schreiben und besser programmieren zu können!

Auch die Schubspannungen werden nun auch einfach brutal σ_{ij} genannt, wobei gilt:

$\sigma_{ij,\,i=j}$ Zugspannungen

$\sigma_{ij,\,i\neq j}$ Schubspannungen.

Fassen wir die 6 Gleichungen oben in Matrixform zusammen, ergibt sich in üblicher Notation:

$$\begin{bmatrix} \varepsilon_{xx} \\ \varepsilon_{yy} \\ \varepsilon_{zz} \\ \varepsilon_{xy} \\ \varepsilon_{yz} \\ \varepsilon_{zx} \end{bmatrix} = \frac{1}{E} \begin{pmatrix} 1 & -\nu & -\nu & 0 & 0 & 0 \\ -\nu & 1 & -\nu & 0 & 0 & 0 \\ -\nu & -\nu & 1 & 0 & 0 & 0 \\ 0 & 0 & 0 & 2(1+\nu) & 0 & 0 \\ 0 & 0 & 0 & 0 & 2(1+\nu) & 0 \\ 0 & 0 & 0 & 0 & 0 & 2(1+\nu) \end{pmatrix} \begin{pmatrix} \sigma_{xx} \\ \sigma_{yy} \\ \sigma_{zz} \\ \sigma_{xy} \\ \sigma_{yz} \\ \sigma_{zx} \end{pmatrix}$$

und dasselbe in der FEA-Indexnotation:

$$\begin{bmatrix} \varepsilon_{11} \\ \varepsilon_{22} \\ \varepsilon_{33} \\ \varepsilon_{12} \\ \varepsilon_{23} \\ \varepsilon_{31} \end{bmatrix} = \frac{1}{E} \begin{pmatrix} 1 & -\nu & -\nu & 0 & 0 & 0 \\ -\nu & 1 & -\nu & 0 & 0 & 0 \\ -\nu & -\nu & 1 & 0 & 0 & 0 \\ 0 & 0 & 0 & 2(1+\nu) & 0 & 0 \\ 0 & 0 & 0 & 0 & 2(1+\nu) & 0 \\ 0 & 0 & 0 & 0 & 0 & 2(1+\nu) \end{pmatrix} \begin{pmatrix} \sigma_{11} \\ \sigma_{22} \\ \sigma_{33} \\ \sigma_{12} \\ \sigma_{23} \\ \sigma_{31} \end{pmatrix}$$

oder in symbolischer Matrizenschreibweise:

$$\boldsymbol{\varepsilon} = \frac{1}{E} \boldsymbol{M\sigma}$$

oder in Indexnotation:

$$\varepsilon_{ik} = \frac{1}{E} \cdot \sum_j M_{ij}\,\sigma_{jk}$$

Um nun diesen Gleichungssatz nach σ aufzulösen, kann man ganz formal schreiben:

$$\boldsymbol{\sigma} = \boldsymbol{M}^{-1}\boldsymbol{\varepsilon}E$$

Es muß also die Inverse von $\boldsymbol{M}$ berechnet werden, was sehr mühsam ist. Heute müssen Sie das zum Glück nicht mehr zu Fuß machen, sondern mit Programmunterstützung. Nehmen Sie z.B. *MATHEMATICA* und schreiben Sie am Prompt:

$$
\begin{aligned}
m = \{ & \{1, -v, -v, 0, 0, 0\}, \\
& \{-v, 1, -v, 0, 0, 0\}, \\
& \{-v, -v, 1, 0, 0, 0\}, \\
& \{0, 0, 0, 2[1+v], 0, 0\}, \\
& \{0, 0, 0, 0, 2[1+v], 0\}, \\
& \{0, 0, 0, 0, 0, 2[1+v]\} \}
\end{aligned}
$$

bilden Sie:

im = Inverse [m]
imt = Together [im]

und lassen Sie mit

MatrixForm[%]

die Inverse anzeigen. Damit wird der Gleichungssatz nach σ aufgelöst

$$\boldsymbol{\sigma} = \boldsymbol{M}^{-1}\boldsymbol{\varepsilon} E$$

Den Ausdruck $\boldsymbol{M}^{-1} E$ nennt man die Materialmatrix $\boldsymbol{C}$ und so:

$$\boldsymbol{\sigma} = \boldsymbol{C}\boldsymbol{\varepsilon}$$

ausgeschrieben:

$$
\begin{pmatrix} \sigma_{xx} \\ \sigma_{yy} \\ \sigma_{zz} \\ \sigma_{xy} \\ \sigma_{yz} \\ \sigma_{zx} \end{pmatrix} = \frac{E}{(1+v)(1-2v)} \begin{pmatrix} (1-v) & v & v & 0 & 0 & 0 \\ v & (1-v) & v & 0 & 0 & 0 \\ v & v & (1-v) & 0 & 0 & 0 \\ 0 & 0 & 0 & \frac{1}{2}(1-2v) & 0 & 0 \\ 0 & 0 & 0 & 0 & \frac{1}{2}(1-2v) & 0 \\ 0 & 0 & 0 & 0 & 0 & \frac{1}{2}(1-2v) \end{pmatrix} \begin{pmatrix} \varepsilon_{xx} \\ \varepsilon_{yy} \\ \varepsilon_{zz} \\ \varepsilon_{xy} \\ \varepsilon_{yz} \\ \varepsilon_{zx} \end{pmatrix}
$$

oder:

$$
\begin{pmatrix} \sigma_{11} \\ \sigma_{22} \\ \sigma_{33} \\ \sigma_{12} \\ \sigma_{23} \\ \sigma_{31} \end{pmatrix} = \frac{E}{(1+v)(1-2v)} \begin{pmatrix} (1-v) & v & v & 0 & 0 & 0 \\ v & (1-v) & v & 0 & 0 & 0 \\ v & v & (1-v) & 0 & 0 & 0 \\ 0 & 0 & 0 & \frac{1}{2}(1-2v) & 0 & 0 \\ 0 & 0 & 0 & 0 & \frac{1}{2}(1-2v) & 0 \\ 0 & 0 & 0 & 0 & 0 & \frac{1}{2}(1-2v) \end{pmatrix} \begin{pmatrix} \varepsilon_{11} \\ \varepsilon_{22} \\ \varepsilon_{33} \\ \varepsilon_{12} \\ \varepsilon_{23} \\ \varepsilon_{31} \end{pmatrix}
$$

C für den allgemeinen, 3-dimensionalen Fall

oder

$$\sigma_{ik} = \sum_j C_{ij}\, \varepsilon_{jk}$$

Damit sind die Spannungs-Dehnungsbeziehungen für den allgemeinen, den 3-dimensionalen Fall hergeleitet. Für den Sonderfall des ebenen Spannungszustandes ergeben sich unter Einsetzen von

$$\sigma_{33} = 0 \quad (= \sigma_z)$$
$$\sigma_{31} = 0 \quad (= \tau_{zx})$$
$$\sigma_{23} = 0 \quad (= \tau_{yz})$$

dann

$$\begin{pmatrix} \sigma_{11} \\ \sigma_{22} \\ \sigma_{12} \end{pmatrix} = \frac{E}{1-v^2} \begin{pmatrix} 1 & v & 0 \\ v & 1 & 0 \\ 0 & 0 & \frac{1-v}{2} \end{pmatrix} \begin{pmatrix} \varepsilon_{11} \\ \varepsilon_{22} \\ \varepsilon_{12} \end{pmatrix}$$

Mit dem gleichen Vorgehen werden die anderen Spezialfälle wie

- axialsymmetrischer Spannungszustand
- ebener Verzerrungszustand
- Plattenbiegung

hergeleitet. Sie sind in Kapitel 4 tabelliert.

4 Finite Elemente und Elementsteifigkeitsmatrizen

Die Abbildung eines Stab- oder Balkenfachwerks ist einfach – weil hier sozusagen systemimmanent die Diskretisierung vorgegeben ist: Jeder Stab oder jeder Balken entspricht einem „finiten" Element. Jedes dieser finiten Elemente ist durch zwei Knoten definiert – obwohl man auch Balkenelemente mit 3 oder mehr Knoten konstruieren kann. Als angenehmer Nebeneffekt kommt hinzu, daß solche Stäbe, Biegebalken und Torsionsbalken exakt im Rahmen der Bernoulli'schen Balkentheorie bzw. der Saint-Venant'schen Theorie rechnen. Im strengen Sinne haben Stab- oder Balkenfachwerke absolut nichts mit der Finite Elemente Analyse zu tun, denn es sind Strukturberechnungen, die als Matrizenmethode den Bauingenieuren schon lange bekannt sind.

1. Die eigentliche Finite Elemente Analyse im streng orthodoxen Sinne fängt dort an, wo die oben erwähnte Strukturberechnung der Fachwerke aufhört – bei den Kontinua (wobei im strengen Sinne auch Balken und Stäbe Kontinua sind). Was bei den Fachwerken so leicht ist, nämlich die Diskretisierung, macht bei den Kontinua um so größere Probleme. Wir werden daher in Anlehnung an *Zienkiewicz* /1/ folgende Annahmen bezüglich des Vorgehens treffen:

2. Das Kontinuum wird durch gedachte Linien oder Flächen in kleinere Kontinua in an sich beliebiger Form (üblich sind gerad- oder krummlinig begrenzte Dreiecke, gerad- oder krummlinig begrenzte Vierecke oder höhere geometrische Figuren) zerlegt. Für jedes dieser kleinen „Sub"-Kontinua, die sog. finiten Elemente, werden Näherungsansätze getroffen.

3. Die Elemente selbst sind jeweils durch eine Anzahl Knoten definiert, und die Elemente sind durch die Knoten, die sich an den Elementrändern befinden, miteinander verbunden.

4. Die Verschiebungen der Knotenpunkte aus 3. sind die grundlegenden Unbekannten des Gesamtproblems.

5. Die Verschiebungen innerhalb von jedem finiten Element werden durch (willkürlich) gewählte Funktionen – die sog. Ansatz- bzw. Formfunktionen – in Abhängigkeit der Knotenpunktverschiebungen angenähert.

6. Da durch 4. die Verschiebungen im Element bekannt sind, werden aufgrund der Verschiebungs-Verzerrungsbeziehungen des Kapitels 3. auch die Verzerrungen im Element bekannt, und zwar in Abhängigkeit der Knotenverschiebungen.

7. Aus den Verzerrungen aus 5. können mit Hilfe der Materialgesetze die Spannungen nach Kapitel 3. im Element berechnet werden.

8. Linienlasten, Gleichstreckenlasten, Flächenlasten und Volumenkräfte werden durch diskrete Knotenkräfte abgebildet, die eine Ersatzbelastung darstellen.

Schon ein Allerweltsprodukt wie ein Schraubenschlüssel läßt sich mit der klassischen Theorie der Technischen Mechanik nur sehr unvollkommen berechnen.

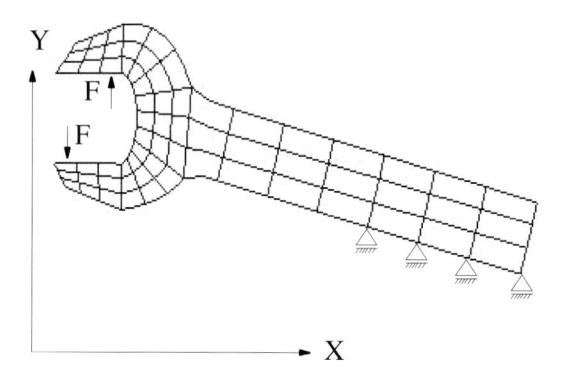

Bild 4-1: Schraubenschlüssel als FE-Struktur abgebildet

Jedoch in Finite Elemente zerlegt, die in diesem Fall 8 Knoten und krummlinige Berandung aufweisen, wird die Berechnung einfach und trotzdem präzise. Aber zielsicher eine Finite Elemente Analyse auszuführen bedeutet tatsächlich, auch entsprechende theoretische Kenntnisse über geeignete Elementtypen und den Grad der Feinheit der Diskretisierung zu haben.

Daher sollen nun beispielhaft verschiedene krummlinige Elemente für den ebenen Spannungszustand und den allgemein räumlichen Spannungszustand hergeleitet werden, weil diese Elementtypen für die Rechenpraxis außerordentlich geeignet sind. Zwar sind diese sog. isoparametrischen Serendipity-Elemente auf den ersten Blick mathematisch anspruchsvoll, aber es hat unserer Meinung nach keinen Wert, die Überlegungen an einem simplen 3-Knoten Dreieckselement durchzuführen. Dieser Weg wird zwar in vielen FE-Büchern beschritten, aber wozu sollen Sie sich mit einem Element auseinandersetzen, das für die Rechenpraxis unbrauchbar ist?

Im übrigen empfehlen wir gerade für dieses Thema, d.h. die Herleitung von Elementsteifigkeitsmatrizen, gegebenenfalls Sekundärliteratur zu konsultieren. Ausgezeichnete Werke gerade hierfür sind aus unserer Sicht die „Klassiker", d.h. *Zienkiewicz /1/, /2/, Bathe /4/, /5/, Agyris /3/* und *Schwarz /6/, /7/*. Falls Sie selbst ein FEA-Programm schreiben wollen oder die dem Buch beigefügten Z88® Elementtypen erweitern wollen, werden Sie um ein vertieftes Studium dieser Werke nicht herumkommen.

Zunächst sollte aber die Lektüre der folgenden Ausführungen genügen:

Berechnungen von Element-Steifigkeits-Matrizen ESM allgemein:

Für 2-dimensionale Elemente gilt allgemein:

$$K^e = \iint_A B^T C \, B \, \mathrm{d}A$$

Bild 4-2: Beispiele 2-dimensionaler Elemente

Und für 3-dimensionale Elemente wie

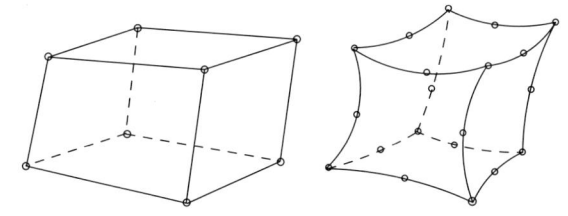

Bild 4-3: Beispiele 3-dimensionaler Elemente

gilt allgemein:

$$K^e = \iiint_V B^T C \, B \, \mathrm{d}V$$

Wie kommt man auf diese Gleichung?

Wir definieren nun einfach eine Beziehung, die das Verschiebungsfeld U(x,y) in einem Finiten Element an einer beliebigen Stelle (x,y) durch Verschiebungen U_i der Knoten i, die mit willkürlich gewählten Funktionen $N_i(x,y)$ multipliziert werden, annähert:

$$U(x,y) = \sum_i U_i \cdot N_i(x,y)$$

dabei hat **U**(x,y) die Komponenten

$$U(x,y) = \begin{pmatrix} u(x,y) \\ v(x,y) \end{pmatrix}$$

Genauso müssen wir die Verzerrungen ε_{ij} durch die Verschiebungen ausdrücken. Aber das ist leicht, denn aus Kapitel 3 wissen wir, daß für den ebenen Spannungszustand gilt:

$$\varepsilon_{ij} = \begin{pmatrix} \varepsilon_{xx} \\ \varepsilon_{yy} \\ \varepsilon_{xy} \end{pmatrix} = \begin{pmatrix} \dfrac{\partial u}{\partial x} \\ \dfrac{\partial v}{\partial y} \\ \dfrac{\partial u}{\partial y} + \dfrac{\partial v}{\partial x} \end{pmatrix}$$

das kann man richtig schön formal mit einem sog. Differentialoperator **L** schreiben:

$$\begin{pmatrix} \varepsilon_{xx} \\ \varepsilon_{yy} \\ \varepsilon_{xy} \end{pmatrix} = \begin{pmatrix} \dfrac{\partial}{\partial x} & 0 \\ 0 & \dfrac{\partial}{\partial y} \\ \dfrac{\partial}{\partial y} & \dfrac{\partial}{\partial x} \end{pmatrix} \begin{pmatrix} u \\ v \end{pmatrix}$$

$$\varepsilon = L\,U$$

Nun nehmen wir einmal an, daß unser herzuleitendes finites Element 4 Knoten habe. Es gibt also 4 Funktionen N_1 bis N_4 und es muß gelten:

$$\begin{pmatrix} u(x,y) \\ v(x,y) \end{pmatrix} = \begin{pmatrix} N_1 \cdot u_1 + N_2 \cdot u_2 + N_3 \cdot u_3 + N_4 \cdot u_4 \\ N_1 \cdot v_1 + N_2 \cdot v_2 + N_3 \cdot v_3 + N_4 \cdot v_4 \end{pmatrix}$$

in Matrizenschreibweise:

$$\begin{pmatrix} N_1, 0, N_2, 0, N_3, 0, N_4, 0 \\ 0, N_1, 0, N_2, 0, N_3, 0, N_4 \end{pmatrix} \begin{pmatrix} u_1 \\ v_1 \\ u_2 \\ v_2 \\ u_3 \\ v_3 \\ u_4 \\ v_4 \end{pmatrix}$$

damit können wir die Beziehung wie folgt schreiben:

$$\varepsilon_{ij} = \begin{pmatrix} \dfrac{\partial}{\partial x} & 0 \\ 0 & \dfrac{\partial}{\partial y} \\ \dfrac{\partial}{\partial y} & \dfrac{\partial}{\partial x} \end{pmatrix} \begin{pmatrix} N_1 & 0 & N_2 & 0 & N_3 & 0 & N_4 & 0 \\ 0 & N_1 & 0 & N_2 & 0 & N_3 & 0 & N_4 \end{pmatrix} \begin{pmatrix} u_1 \\ v_1 \\ u_2 \\ v_2 \\ u_3 \\ v_3 \\ u_4 \\ v_4 \end{pmatrix}$$

$\boldsymbol{\varepsilon = L N U}_{(i)}$

Die Matrix $\boldsymbol{L N}$ nennt man $\boldsymbol{B}$.

Es ist also

$\boldsymbol{\varepsilon = L N U}_{(i)}$

bzw. $\boldsymbol{\varepsilon = B U}_{(i)}$

Dabei ist zu beachten, daß $\boldsymbol{U}_{(i)}$ die Verschiebungen an den Knoten i sind. Das Ganze läßt sich ganz analog für den räumlichen Spannungszustand herleiten.

Um nun die Elementsteifigkeitsmatrix aufzustellen, verwenden wir das aus der Technischen Mechanik bekannte Prinzip der virtuellen Verrückungen. Wir gehen also von virtuellen Verschiebungen $\delta \boldsymbol{U}$ und virtuellen Verzerrungen $\delta \varepsilon$ aus, /1/.

Dann muß gelten: virtuelle innere Arbeit = virtuelle äußere Arbeit

$\delta W_i = \delta W_a$

Dabei ist die innere Arbeit die gespeicherte potentielle Energie, und die äußere Arbeit wird durch die äußeren Kräfte geleistet.

Die Zunahme der äußeren Arbeit aufgrund der äußeren Lasten stellt sich wie folgt dar:

$\delta W_a = \iiint \boldsymbol{P} \, \delta \boldsymbol{U} \, dV + \boldsymbol{F}_{(i)} \, \delta \boldsymbol{U}_{(i)}$

mit $\boldsymbol{P}$ = Volumenkräfte

$\boldsymbol{F}_{(i)}$ = äußere Knotenlasten

Die Zunahme der inneren Energie

$\delta W_i = \iiint\limits_V \boldsymbol{\sigma} \, \delta \boldsymbol{\varepsilon} \, dV$

wobei dies eine spezifische Formänderungsarbeit ist.

So entsteht:

$$\iiint_V \boldsymbol{\sigma}\,\delta\boldsymbol{\varepsilon}\,dV = \iiint \boldsymbol{P}\,\delta\boldsymbol{U}\,dV + \boldsymbol{F}_{(i)}\,\delta\boldsymbol{U}_{(i)}$$

Nun können wir wie folgt substituieren:

$$\delta\boldsymbol{\varepsilon} = \boldsymbol{B}\,\delta\boldsymbol{U}_{(i)}$$
$$\delta\boldsymbol{U} = \boldsymbol{N}\,\delta\boldsymbol{U}_{(i)}$$

Damit wird

$$\left(\iiint_V \boldsymbol{\sigma}\,\boldsymbol{B}\,dV\right)\cdot\delta\boldsymbol{U}_{(i)} = \left(\iiint_V \boldsymbol{P}\,\boldsymbol{N}\,dV + \boldsymbol{F}_{(i)}\right)\cdot\delta\boldsymbol{U}_{(i)}$$

Da diese Beziehung für jeden beliebigen Wert von $\delta\boldsymbol{U}_{(i)}$ gelten muß, können wir $\delta\boldsymbol{U}_{(i)}$ auf beiden Seiten weglassen und es entsteht:

$$\iiint_V \boldsymbol{B}\,\boldsymbol{\sigma}\,dV = \iiint_V \boldsymbol{N}\,\boldsymbol{P}\,dV + \boldsymbol{F}_{(i)}$$

Da schon früher festgestellt wurde, daß

$$\boldsymbol{\sigma} = \boldsymbol{C}\,\boldsymbol{\varepsilon}$$

wird die linke Seite:

$$\iiint_V \boldsymbol{B}\,\boldsymbol{C}\,\boldsymbol{\varepsilon}\,dV$$

und mit

$$\boldsymbol{\varepsilon} = \boldsymbol{B}\,\boldsymbol{U}_{(i)}$$

entsteht die neue linke Seite:

$$\iiint_V \boldsymbol{B}\,\boldsymbol{C}\,\boldsymbol{B}\,dV\cdot\boldsymbol{U}_{(i)}$$

und wenn wir nun auf der rechten Seite zunächst das Integral der Volumenkräfte weglassen, dann steht einfach da:

$$\boxed{\iiint_V \boldsymbol{B}\,\boldsymbol{C}\,\boldsymbol{B}\,dV\cdot\boldsymbol{U}_{(i)} = \boldsymbol{F}_{(i)}}$$

Damit sieht man es auf einen Blick: Das Hooke'sche Gesetz mit

$\iiint_V \boldsymbol{B}\boldsymbol{C}\boldsymbol{B}\, dV$ (Element-) Steifigkeitsmatrix

$\boldsymbol{U}_{(i)}$ Verschiebungen

$\boldsymbol{F}_{(i)}$ äußere Kräfte

oder

$$\boxed{\boldsymbol{K}\boldsymbol{U}_{(i)} = \boldsymbol{F}_{(i)}}$$

Erkenntnisse:

2- und 3-dimensionaler Fall können sinngemäß abgehandelt werden, da die Integranden $\boldsymbol{B}^T \boldsymbol{C} \boldsymbol{B}$ genauso aussehen.

Die Integration selbst, Doppel- bzw. Dreifach-Integral, wird im praktischen Fall numerisch durchgeführt! Insbesondere bei krummlinigen Elementen ist das der einzig gangbare Weg. Ausnahmen sind ganz einfache Elemente wie Balken und Stäbe.

Wie sehen die Matrizen $\boldsymbol{C}$ und $\boldsymbol{B}$ aus?

$\boldsymbol{C}$ ist die sog. Material-Matrix. Für den ebenen Spannungszustand:

$$\boldsymbol{C} = \frac{E}{1-\nu^2} \begin{bmatrix} 1 & \nu & 0 \\ \nu & 1 & 0 \\ 0 & 0 & \frac{1-\nu}{2} \end{bmatrix}, \quad \nu = \text{Querkontraktionszahl}$$

Sie erinnern sich: $\boldsymbol{C}$ für den ebenen Spannungszustand hatten wir bereits in Kapitel 3 genau hergeleitet. Ganz analog, d.h. nach den entsprechenden Gesetzen der Elastizitätstheorie ergeben sich nach *Bathe* weitere Materialmatrizen in tabellierter Form, wobei Sie den räumlichen Spannungszustand auch bereits aus dem vorigen Kapitel kennen.

Problem	Materialmatrix $\boldsymbol{C}$
Stab	E
Balken	EI
Ebener Spannungszustand	$\dfrac{E}{1-\nu^2} \begin{bmatrix} 1 & \nu & 0 \\ \nu & 1 & 0 \\ 0 & 0 & \frac{1-\nu}{2} \end{bmatrix}$

Ebener Verzerrungszustand $\quad \dfrac{E(1-\nu)}{(1+\nu)(1-2\nu)} \begin{bmatrix} 1 & \dfrac{\nu}{1-\nu} & 0 \\ \dfrac{\nu}{1-\nu} & 1 & 0 \\ 0 & 0 & \dfrac{1-2\nu}{2(1-\nu)} \end{bmatrix}$

Axialsymmetrie $\quad \dfrac{E(1-\nu)}{(1+\nu)(1-2\nu)} \begin{bmatrix} 1 & \dfrac{\nu}{1-\nu} & 0 & \dfrac{\nu}{1-\nu} \\ \dfrac{\nu}{1-\nu} & 1 & 0 & \dfrac{\nu}{1-\nu} \\ 0 & 0 & \dfrac{1-2\nu}{2(1-\nu)} & 0 \\ \dfrac{\nu}{1-\nu} & \dfrac{\nu}{1-\nu} & 0 & 1 \end{bmatrix}$

Dreidimensional

$$\dfrac{E(1-\nu)}{(1+\nu)(1-2\nu)} \begin{bmatrix} 1 & \dfrac{\nu}{1-\nu} & \dfrac{\nu}{1-\nu} & 0 & 0 & 0 \\ \dfrac{\nu}{1-\nu} & 1 & \dfrac{\nu}{1-\nu} & 0 & 0 & 0 \\ \dfrac{\nu}{1-\nu} & \dfrac{\nu}{1-\nu} & 1 & 0 & 0 & 0 \\ 0 & 0 & 0 & \dfrac{1-2\nu}{2(1-\nu)} & 0 & 0 \\ 0 & 0 & 0 & 0 & \dfrac{1-2\nu}{2(1-\nu)} & 0 \\ 0 & 0 & 0 & 0 & 0 & \dfrac{1-2\nu}{2(1-\nu)} \end{bmatrix}$$

Plattenbiegung $\quad \dfrac{Eh^3}{12(1-\nu^2)} \begin{bmatrix} 1 & \nu & 0 \\ \nu & 1 & 0 \\ 0 & 0 & \dfrac{1-\nu}{2} \end{bmatrix}$

Hierbei ist h die Dicke. Die Material-Matrizen machen uns, da tabelliert, keine Schwierigkeiten, vgl. /4/.

B ist die Verzerrungs-Verschiebungs-Transformationsmatrix. Wir wissen, daß die Verschiebungen die eigentlich gesuchten Unbekannten sind und daß sie nur an den

Knotenpunkten berechnet werden können. Um die Verzerrungen ε mit den Verschiebungen u zu „verheiraten", betrachten wir folgendes:

$$B_i = \begin{bmatrix} \dfrac{\partial N_i}{\partial x} & 0 \\ 0 & \dfrac{\partial N_i}{\partial y} \\ \dfrac{\partial N_i}{\partial y} & \dfrac{\partial N_i}{\partial x} \end{bmatrix}$$

Für jeden Knoten i des betrachteten Finiten Elements gibt es eine Untermatrix.

Für den ebenen Spannungszustand wird sie:

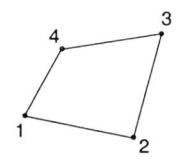

Bild 4-4: 4 Knoten Element

Für ein Element mit 4 Knoten wird B:

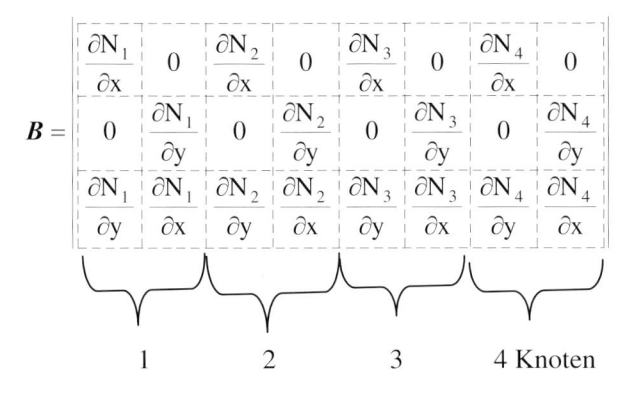

$$B = \begin{bmatrix} \dfrac{\partial N_1}{\partial x} & 0 & \dfrac{\partial N_2}{\partial x} & 0 & \dfrac{\partial N_3}{\partial x} & 0 & \dfrac{\partial N_4}{\partial x} & 0 \\ 0 & \dfrac{\partial N_1}{\partial y} & 0 & \dfrac{\partial N_2}{\partial y} & 0 & \dfrac{\partial N_3}{\partial y} & 0 & \dfrac{\partial N_4}{\partial y} \\ \dfrac{\partial N_1}{\partial y} & \dfrac{\partial N_1}{\partial x} & \dfrac{\partial N_2}{\partial y} & \dfrac{\partial N_2}{\partial x} & \dfrac{\partial N_3}{\partial y} & \dfrac{\partial N_3}{\partial x} & \dfrac{\partial N_4}{\partial y} & \dfrac{\partial N_4}{\partial x} \end{bmatrix}$$

$$\underbrace{\hphantom{xxxx}}_{1} \quad \underbrace{\hphantom{xxxx}}_{2} \quad \underbrace{\hphantom{xxxx}}_{3} \quad \underbrace{\hphantom{xxxx}}_{4 \text{ Knoten}}$$

Was sind die N_i, also bei 4-Knoten-Element N_1, N_2, N_3 und N_4?

Das sind die sog. *Ansatzfunktionen* oder *Formfunktionen*!

Die Formfunktionen sind i.A. Polynome. Z.B.:

$c_1 + c_2 \cdot x + c_3 \cdot y$ „linear"

$c_1 + c_2 \cdot x + c_3 \cdot y + c_4 \cdot x^2 + c_5 \cdot x \cdot y + c_6 \cdot y^2$ „quadratisch"

$c_1 + c_2 \cdot x + c_3 \cdot y + c_4 \cdot x \cdot y$ „bilinear"

Was sollen die Formfunktionen tun?

Sie sollen das Verschiebungsfeld U(x,y) in einem finiten Element durch die Verschiebungen seiner Knoten beschreiben:

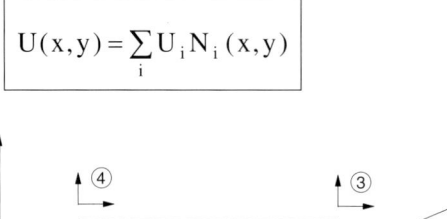

$$U(x,y) = \sum_i U_i N_i(x,y)$$

mit U_i = Verschiebung des Knotens i
N_i = Formfunktion des Knotens i

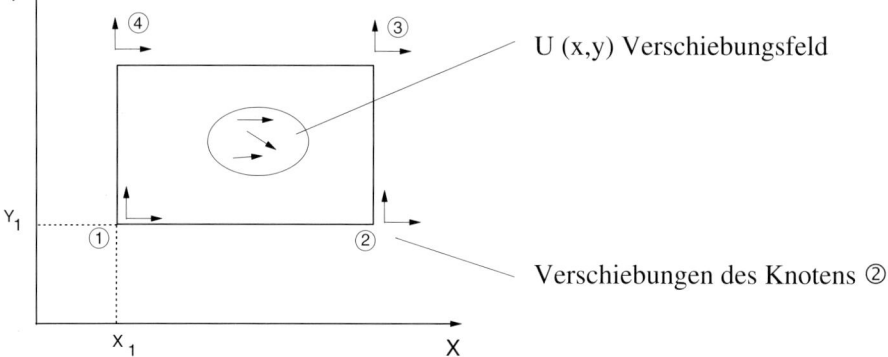

Bild 4-5: Verschiebungsfeld in einem Finiten Element

Nochmals: $U(x,y) = \sum_i U_i \cdot N_i(x,y)$

Am Knoten ① muß gelten:

$U(x_1,y_1) = U_1 \cdot N_1(x_1,y_1) + U_2 \cdot N_2(x_1,y_1) + U_3 \cdot N_3(x_1,y_1) + U_4 \cdot N_4(x_1,y_1) = U_1$

Ist dann erfüllt, wenn $N_1(x_1,y_1) = 1$ ist und $N_2(x_1,y_1)$ bis $N_4(x_1,y_1) = 0$!

---

9. Regel FEA:

Eine Formfunktion N_i hat die Fundamentaleigenschaft, daß sie am Knoten i zu 1 wird und an allen anderen Knoten 0.

Wie sieht es mit dem Polynomgrad der Formfunktionen aus?

Durch die Fundamentaleigenschaft, an „ihrem" Knoten 1 zu werden und an allen anderen Knoten 0, müssen sie Interpolierende sein:

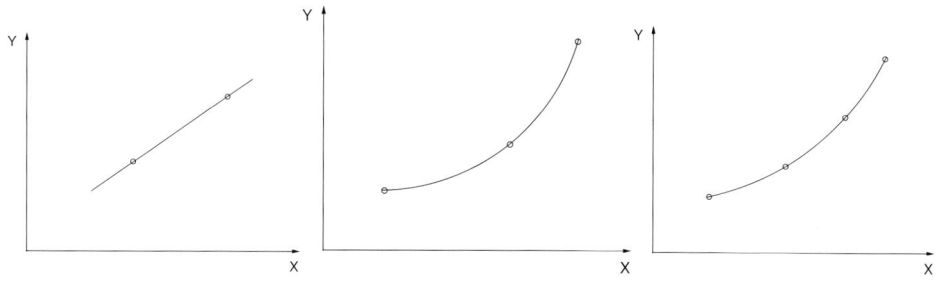

Bild 4-6: Polynomgrad der Formfunktionen

2 Punkte:
$y = c_1 \cdot x + c_2$
$[y = a \cdot x + b]$
„linear"

3 Punkte:
$y = c_1 \cdot x^2 + c_2 \cdot x + c_3$
„quadratisch"

4 Punkte:
$y = c_1 \cdot x^3 + c_2 \cdot x^2 + c_3 \cdot x + c_4$
„kubisch"

Übertragen auf die FEA heißt das:

Bei 2 Knoten je Elementseite können die Formfunktionen = Verschiebungsansätze max. linear sein! Bei 3 Knoten je Elementseite max. quadratisch, bei 4 Knoten je Elementseite max. kubisch.

Beispiele

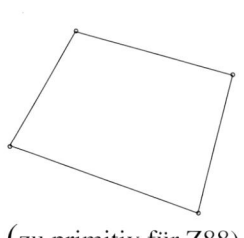

(zu primitiv für Z88)   Torus Nr. 6   Hexaeder Nr. 1

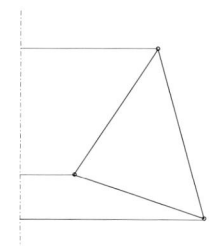

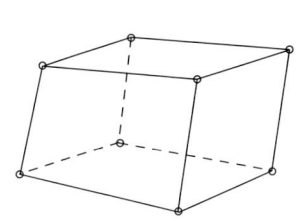

Bild 4-7: Beispiele für <u>lineare</u> Formfunktionen in Z88

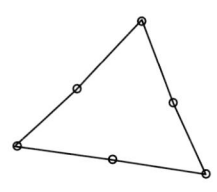

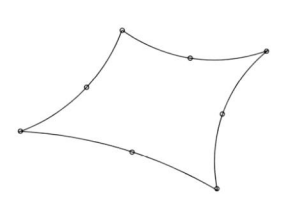

Scheibe Nr. 3   Scheibe Nr. 7   Hexaeder Nr. 10

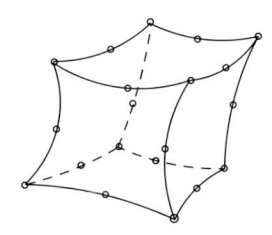

Bild 4-8: Beispiele für <u>quadratische</u> Formfunktionen in Z88

54 4 Finite Elemente und Elementsteifigkeitsmatrizen

Scheibe Nr. 11   Torus Nr. 12

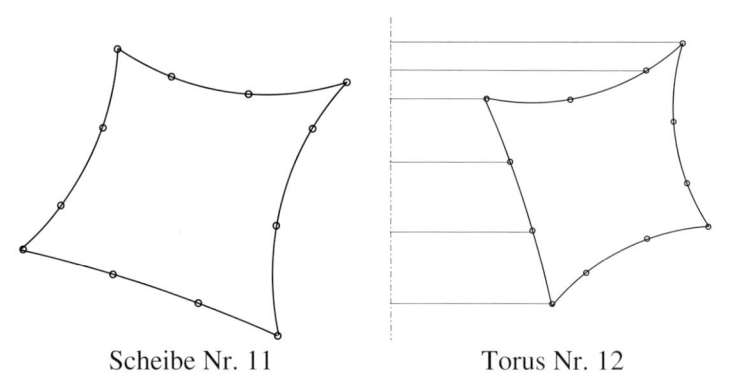

Bild 4-9: Beispiele für kubische Formfunktionen in Z88

Die genaue Wahl der Formfunktionen (die der Fundamentaleigenschaft genügen müssen) ist Spezialistensache! Es werden t.w. vollständige Polynome, aber auch unvollständige Polynome, aus denen bestimmte Terme gestrichen werden, benutzt. Es spielen Erfahrung, numerische Stabilität und Rechenaufwand eine große Rolle. Hier sollte man keinen großen Ehrgeiz entwickeln und dieses Feld den Mathematikern und den auf FE-Anwendungen spezialisierten Statikern überlassen. Einen guten Einstieg in die Problematik gibt *Schwarz /6/*.

Ein besonderer Elementtyp sind Elemente der Serendipity-Klasse. Hierbei werden unvollständige Polynomansätze verwendet, die mathematisch eigentlich eine „Kriminalität" darstellen. Überraschenderweise arbeiten diese Elemente in der Praxis jedoch ausgezeichnet. Sie sind benannt nach dem Märchen „Die drei Prinzen von Serendip" eines gewissen Horace Walpole. Diese Prinzen hatten die Eigenschaft, unverhoffte und glückliche Entdeckungen durch Zufall zu machen, vgl. *Schwarz /6/*. Nachfolgend sollen hier die Serendipity-Formfunktionen und deren partielle Ableitungen für ausgewählte Finite Elemente angebenen werden. Sie sind im Grundsatz *Zienkiewicz /1/* und *Bathe /5/* entnommen, wobei wir sie fertig entwickelt und partiell differenziert haben:

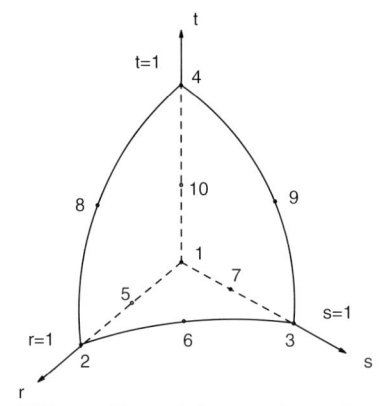

Bild 4-10: Krummliniger 10-Knoten Serendipity-Tetraeder mit quadratischem Ansatz

$$H_1 = 2r^2 + 2s^2 + 2t^2 + 4rs + 4rt + 4st - 3r - 3s - 3t + 1$$

$$\frac{\partial H_1}{\partial r} = 4r + 4s + 4t - 3$$

$$\frac{\partial H_1}{\partial s} = 4s + 4r + 4t - 3$$

$$\frac{\partial H_1}{\partial t} = 4t + 4r + 4s - 3$$

$$H_2 = 2r^2 - r$$

$$\frac{\partial H_2}{\partial r} = 4r - 1$$

$$\frac{\partial H_2}{\partial s} = 0$$

$$\frac{\partial H_2}{\partial t} = 0$$

$$H_3 = 2s^2 - s$$

$$\frac{\partial H_3}{\partial r} = 0$$

$$\frac{\partial H_3}{\partial s} = 4s - 1$$

$$\frac{\partial H_3}{\partial t} = 0$$

$$H_4 = 2t^2 - t$$

$$\frac{\partial H_4}{\partial r} = 0$$

$$\frac{\partial H_4}{\partial s} = 0$$

$$\frac{\partial H_4}{\partial t} = 4t - 1$$

$$H_5 = 4r - 4r^2 - 4rs - 4rt$$

$$\frac{\partial H_5}{\partial r} = 4 - 8r - 4s - 4t$$

$$\frac{\partial H_5}{\partial s} = -4r$$

$$\frac{\partial H_5}{\partial t} = -4r$$

$$H_6 = 4rs \qquad H_8 = 4rt \qquad H_9 = 4st$$

$$\frac{\partial H_6}{\partial r} = 4s \qquad \frac{\partial H_8}{\partial r} = 4t \qquad \frac{\partial H_9}{\partial r} = 0$$

$$\frac{\partial H_6}{\partial s} = 4r \qquad \frac{\partial H_8}{\partial s} = 0 \qquad \frac{\partial H_9}{\partial s} = 4t$$

$$\frac{\partial H_6}{\partial t} = 0 \qquad \frac{\partial H_8}{\partial t} = 4r \qquad \frac{\partial H_9}{\partial t} = 4s$$

$$H_7 = 4s - 4sr - 4s^2 - 4st$$

$$\frac{\partial H_7}{\partial r} = -4s$$

$$\frac{\partial H_7}{\partial s} = 4 - 4r - 8s - 4t$$

$$\frac{\partial H_7}{\partial t} = -4s$$

$$H_{10} = 4t - 4tr - 4ts - 4t^2$$

$$\frac{\partial H_{10}}{\partial r} = -4t$$

$$\frac{\partial H_{10}}{\partial s} = -4t$$

$$\frac{\partial H_{10}}{\partial t} = 4 - 4r - 4s - 8t$$

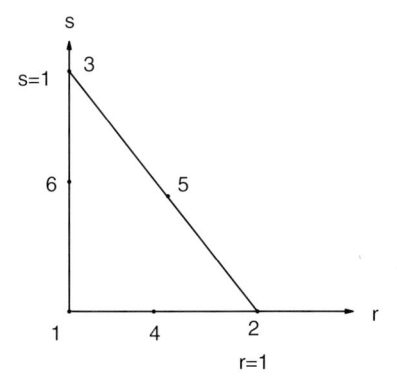

Bild 4-11: Krummliniges 6-Knoten Serendipity Scheibendreieck

$$H_1 = 2r^2 + 2s^2 + 4rs - 3r - 3s + 1$$

$$\frac{\partial H_1}{\partial r} = 4r + 4s - 3$$

$$\frac{\partial H_1}{\partial s} = 4s + 4r - 3$$

$$H_2 = 2r^2 - r$$

$$\frac{\partial H_2}{\partial r} = 4r - 1$$

$$\frac{\partial H_2}{\partial s} = 0$$

$$H_3 = 2s^2 - s$$

$$\frac{\partial H_3}{\partial r} = 0$$

$$\frac{\partial H_3}{\partial s} = 4s - 1$$

$$H_4 = 4r - 4r^2 - 4rs$$

$$\frac{\partial H_4}{\partial r} = 4 - 8r - 4s$$

$$\frac{\partial H_4}{\partial s} = -4r$$

$$H_5 = 4rs$$

$$\frac{\partial H_5}{\partial r} = 4s$$

$$\frac{\partial H_5}{\partial s} = 4r$$

$$H_6 = 4s - 4rs - 4s^2$$

$$\frac{\partial H_6}{\partial r} = -4s$$

$$\frac{\partial H_6}{\partial s} = 4 - 4r - 8s$$

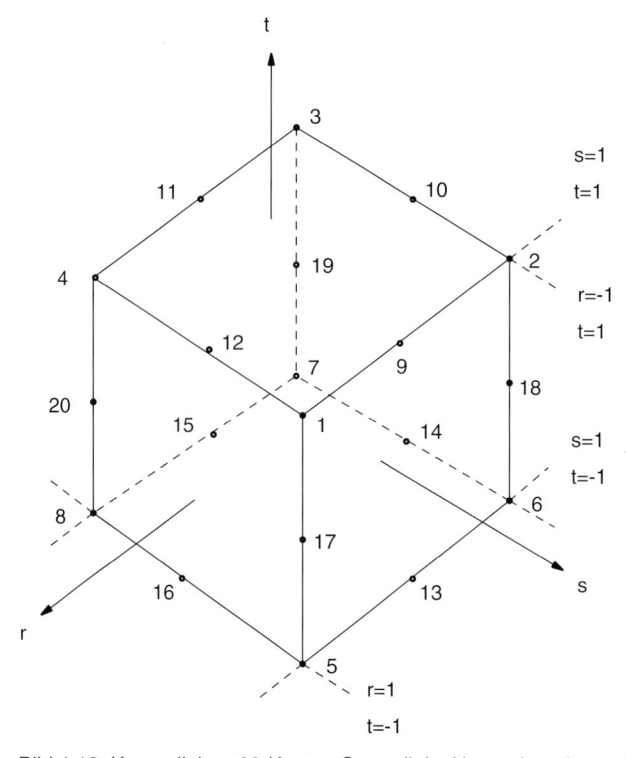

Bild 4-12: Krummliniger 20-Knoten Serendipity Hexaeder mit quadratischem Ansatz

Es werden hier, um Schreib- und Übertragungsfehler zu vermeiden, direkt die Ansätze aus der Function *SHEX88.C* abgebildet. Es sind:

h[i] :   Die Formfunktionen
p[1] – p[20]:   Die partiellen Ableitungen der Formfunktionen nach r
p[21] – p[40]:   Die partiellen Ableitungen der Formfunktionen nach s
p[41] – p[60]:   Die partiellen Ableitungen der Formfunktionen nach t

```
/* Faktoren der Formfunktionen belegen */

epr = 1. + (*r);

emr = 1. - (*r);

eps = 1. + (*s);

ems = 1. - (*s);

ept = 1. + (*t);

emt = 1. - (*t);

emrr= 1. - (*r) * (*r);

emss= 1. - (*s) * (*s);

emtt= 1. - (*t) * (*t);

zrm = -2. * (*r);

zsm = -2. * (*s);

ztm = -2. * (*t);

/* Partielle Ableitung der Formfunktionen nach s */

h[1 ]= .125*( epr*eps*ept    -emrr*eps*ept    -epr*emss*ept - epr*eps*emtt);

h[2 ]= .125*( emr*eps*ept    -emrr*eps*ept    -emr*emss*ept - emr*eps*emtt);

h[3 ]= .125*( emr*ems*ept    -emr*emss*ept    -emrr*ems*ept - emr*ems*emtt);

h[4 ]= .125*( epr*ems*ept    -emrr*ems*ept    -epr*emss*ept - epr*ems*emtt);

h[5 ]= .125*( epr*eps*emt    -emrr*eps*emt    -epr*emss*emt - epr*eps*emtt);

h[6 ]= .125*( emr*eps*emt    -emrr*eps*emt    -emr*emss*emt - emr*eps*emtt);

h[7 ]= .125*( emr*ems*emt    -emr*emss*emt   -emrr*ems*emt - emr*ems*emtt);

h[8 ]= .125*( epr*ems*emt    -emrr*ems*emt   -epr*emss*emt - epr*ems*emtt);

h[9 ]= .25 * emrr* eps * ept;

h[10]= .25 * emr * emss* ept;

h[11]= .25 * emrr* ems * ept;

h[12]= .25 * epr * emss* ept;

h[13]= .25 * emrr* eps * emt;
```

60   4 Finite Elemente und Elementsteifigkeitsmatrizen

```
h[14]=  .25 *  emr  * emss* emt;
h[15]=  .25 *  emrr* ems  * emt;
h[16]=  .25 *  epr  * emss* emt;
h[17]=  .25 *  epr  * eps  * emtt;
h[18]=  .25 *  emr  * eps  * emtt;
h[19]=  .25 *  emr  * ems  * emtt;
h[20]=  .25 *  epr  * ems  * emtt;

/* Partielle Ableitung der Formfunktionen nach r */

p[1]=   .125 *( eps*ept-  zrm*eps*ept- emss*ept    - eps*emtt);
p[2]=   .125 *(-eps*ept-  zrm*eps*ept+ emss*ept    + eps*emtt);
p[3]=   .125 *(-ems*ept+  emss*ept    - zrm*ems*ept+ ems*emtt);
p[4]=   .125 *( ems*ept-  zrm*ems*ept- emss*ept    - ems*emtt);
p[5]=   .125 *( eps*emt-  zrm*eps*emt- emss*emt    - eps*emtt);
p[6]=   .125 *(-eps*emt-  zrm*eps*emt+ emss*emt    + eps*emtt);
p[7]=   .125 *(-ems*emt+  emss*emt    - zrm*ems*emt+ ems*emtt);
p[8]=   .125 *( ems*emt-  zrm*ems*emt- emss*emt    - ems*emtt);
p[9]=   .250 *( zrm*eps*ept);
p[10]=  .250 *(-emss*ept    );
p[11]=  .250 *( zrm*ems*ept);
p[12]=  .250 *( emss*ept    );
p[13]=  .250 *( zrm*eps*emt);
p[14]=  .250 *(-emss*emt    );
p[15]=  .250 *( zrm*ems*emt);
p[16]=  .250 *( emss*emt    );
p[17]=  .250 *( eps*emtt    );
p[18]=  .250 *(-eps*emtt    );
p[19]=  .250 *(-ems*emtt    );
p[20]=  .250 *( ems*emtt    );

/* Partielle Ableitung der Formfunktionen nach s */

p[21]=  .125 *( epr*ept -emrr*ept    -epr*zsm*ept -epr*emtt);
p[22]=  .125 *( emr*ept -emrr*ept    -emr*zsm*ept -emr*emtt);
p[23]=  .125 *(-emr*ept -emr*zsm*ept +emrr*ept    +emr*emtt);
```

```
p[24]=  .125 *(-epr*ept  +emrr*ept    -epr*zsm*ept +epr*emtt);
p[25]=  .125 *( epr*emt  -emrr*emt    -epr*zsm*emt -epr*emtt);
p[26]=  .125 *( emr*emt  -emrr*emt    -emr*zsm*emt -emr*emtt);
p[27]=  .125 *(-emr*emt  -emr*zsm*emt +emrr*emt    +emr*emtt);
p[28]=  .125 *(-epr*emt  +emrr*emt    -epr*zsm*emt +epr*emtt);
p[29]=  .250 *( emrr*ept     );
p[30]=  .250 *( emr*zsm*ept);
p[31]=  .250 *(-emrr*ept     );
p[32]=  .250 *( epr*zsm*ept);
p[33]=  .250 *( emrr*emt     );
p[34]=  .250 *( emr*zsm*emt);
p[35]=  .250 *(-emrr*emt     );
p[36]=  .250 *( epr*zsm*emt);
p[37]=  .250 *( epr*emtt    );
p[38]=  .250 *( emr*emtt    );
p[39]=  .250 *(-emr*emtt    );
p[40]=  .250 *(-epr*emtt    );

/* Partielle Ableitung der Formfunktionen nach t */

p[41]=  .125 *( epr*eps  -emrr*eps  -epr*emss  -epr*eps*ztm);
p[42]=  .125 *( emr*eps  -emrr*eps  -emr*emss  -emr*eps*ztm);
p[43]=  .125 *( emr*ems  -emr*emss  -emrr*ems  -emr*ems*ztm);
p[44]=  .125 *( epr*ems  -emrr*ems  -epr*emss  -epr*ems*ztm);
p[45]=  .125 *(-epr*eps  +emrr*eps  +epr*emss  -epr*eps*ztm);
p[46]=  .125 *(-emr*eps  +emrr*eps  +emr*emss  -emr*eps*ztm);
p[47]=  .125 *(-emr*ems  +emr*emss  +emrr*ems  -emr*ems*ztm);
p[48]=  .125 *(-epr*ems  +emrr*ems  +epr*emss  -epr*ems*ztm);
p[49]=  .250 *( emrr*eps    );
p[50]=  .250 *( emr*emss    );
p[51]=  .250 *( emrr*ems    );
p[52]=  .250 *( epr*emss    );
p[53]=  .250 *(-emrr*eps    );
p[54]=  .250 *(-emr*emss    );
p[55]=  .250 *(-emrr*ems    );
p[56]=  .250 *(-epr*emss    );
```

```
p[57]= .250 *( epr*eps*ztm);
p[58]= .250 *( emr*eps*ztm);
p[59]= .250 *( emr*ems*ztm);
p[60]= .250 *( epr*ems*ztm);
```

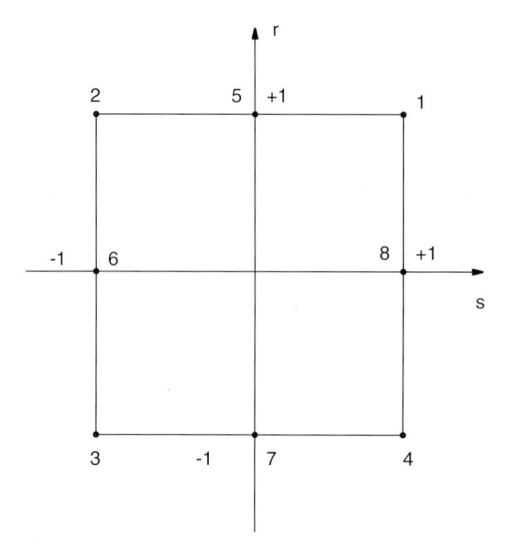

Bild 4-13: Krummlinige 8-Knoten Serendipity Scheibe mit quadratischem Ansatz (Z88- Typ Nr.10)

$$N_1 = \frac{1}{4}(1+r)(1+s) - \frac{1}{4}(1-r^2)(1+s) - \frac{1}{4}(1-s^2)(1+r)$$

$$N_2 = \frac{1}{4}(1-r)(1+s) - \frac{1}{4}(1-r^2)(1+s) - \frac{1}{4}(1-s^2)(1-r)$$

$$N_3 = \frac{1}{4}(1-r)(1-s) - \frac{1}{4}(1-s^2)(1-r) - \frac{1}{4}(1-r^2)(1-s)$$

$$N_4 = \frac{1}{4}(1+r)(1-s) - \frac{1}{4}(1-r^2)(1-s) - \frac{1}{4}(1-s^2)(1+r)$$

$$N_5 = \frac{1}{2}(1-r^2)(1+s)$$

$$N_6 = \frac{1}{2}(1-s^2)(1-r)$$

$$N_7 = \frac{1}{2}(1-r^2)(1-s)$$

$$N_8 = \frac{1}{2}(1-s^2)(1+r)$$

4 Finite Elemente und Elementsteifigkeitsmatrizen

Es werden hier zusätzlich, um Schreib- und Übertragungsfehler zu vermeiden, direkt die Ansätze aus der Function **SQSH88.C** abgebildet. Diese Funktionen gelten auch für 8-Knoten Toruselemente (Z88-Typ Nr.8) Es sind:

h[i] :   Die Formfunktionen
p[1] – p[8]:   Die partiellen Ableitungen der Formfunktionen nach r
p[9] – p[16]:   Die partiellen Ableitungen der Formfunktionen nach s

```
/* Klammern der Formfunktionen belegen */

rp= 1. + (*r);
sp= 1. + (*s);
rm= 1. - (*r);
sm= 1. - (*s);
rqm= 1. - (*r)*(*r);
sqm= 1. - (*s)*(*s);
r2= 2. * (*r);
s2= 2. * (*s);

/* Formfunktionen */

h[1]= .25 *(rp*sp - rqm*sp - sqm*rp);
h[2]= .25 *(rm*sp - rqm*sp - sqm*rm);
h[3]= .25 *(rm*sm - sqm*rm - rqm*sm);
h[4]= .25 *(rp*sm - rqm*sm - sqm*rp);
h[5]= .5 *rqm*sp;
h[6]= .5 *sqm*rm;
h[7]= .5 *rqm*sm;
h[8]= .5 *sqm*rp;

/* Partielle Ableitung der Formfunktionen nach r */

p[1]= .25 *(sp + r2*sp -sqm);
p[2]= .25 *((-sp) + r2*sp + sqm);
p[3]= .25 *((-sm) + sqm + r2*sm);
p[4]= .25 *(sm + r2*sm - sqm);
p[5]= .5 *(-r2)*sp;
```

```
p[6]= (-.5 )*sqm;
p[7]= .5 *(-r2)*sm;
p[8]= .5 *sqm;

/* Partielle Ableitung der Formfunktionen nach s */

p[9] = .25 *(rp - rqm + s2*rp);
p[10]= .25 *(rm - rqm + s2*rm);
p[11]= .25 *((-rm) + s2*rm + rqm);
p[12]= .25 *((-rp) + rqm + s2*rp);
p[13]= .5 *rqm;
p[14]= .5 *(-s2)*rm;
p[15]= (-.5 )*rqm;
p[16]= .5 *(-s2)*rp;
```

Bleibt nur noch die Frage nach der numerischen Integration. Das macht man im Allgemeinen mit einer sog. Gauß-Legendre-Quadratur. Es gibt auch andere numerische Integrationsverfahren, wobei sicher die sog. Newton-Cotes Formeln recht bekannt sind: Trapezregel und Simpsonregel. Weitere numerische Verfahren sind die Laguerre-Integration und die Hermite-Integration. Wer sich dafür näher interessiert, möge *Abramowitz / Stegun /12/* konsultieren.

Für isoparametrische Elemente hat sich die Gauß-Legendre-Quadratur gut bewährt. Dazu wird folgender Trick gemacht: Das finite Element wird programmintern auf ein Koordinationssystem r,s transformiert.

$$r = (x - x_c)/a$$
$$dr = \frac{dx}{a}$$
$$s = (y - y_c)/b$$
$$ds = \frac{dy}{b}$$

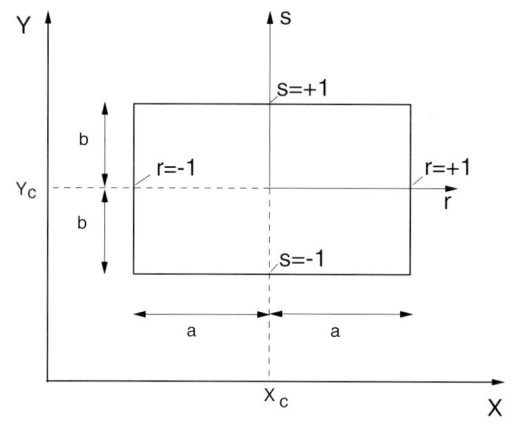

Bild 4-14: Transformation des Finiten Elementes

Dann gilt die Gauß-Legendre-Quadraturformel, weil sie nur im Intervall $[-1,+1]$ definiert sind:

$$I = \int_{-1}^{+1} F(r)\,dr = \sum_{1}^{n} \alpha_i \cdot F(r_i)$$

mit
α_i = Gauß – Gewichte
r_i = Stützstellen = Gaußpunkte

Tabelle 4-1: Tabelle für Gauß-Legendre-Integration von 1 bis 4 Stützpunkte je Achse

Stützpunkte	Abstände r_i bzw s_i bzw. t_i	Gauß-Gewichte α_i
1	+0,00000.00000.00000	+2,00000.00000.00000
2	+0,57735.02691.89626	+1,00000.00000.00000
	−0,57735.02691.89626	+1,00000.00000.00000
3	+0,77459.66692.41483	+0,55555.55555.55556
	+0,00000.00000.00000	+0,88888.88888.88889
	−0,77459.66692.41483	+0,55555.55555.55556
4	+0.86113.63115.94053	+0.34785.48451.37454
	+0.33998.10435.84856	+0.65214.51548.62546
	−0.33998.10435.84856	+0.65214.51548.62546
	−0.86113.63115.94053	+0.34785.48451.37454

Die Zahlenwerte können für krummlinige Vierecke (Z88-Typen Nr.7, 8, 11 und 12) und für krummlinige Hexaeder (Z88-Typen Nr. 10 und 1) genutzt werden. Die Werte sind *Bathe* /5/ entnommen.

Für den 2-dimensionalen Fall:

$$I = \int_{-1}^{+1}\int_{-1}^{+1} F(r,s)\,dr\,ds = \sum_i \sum_j \alpha_i\,\alpha_j\,F(r_i,s_j)$$

Für den 3-dimensionalen Fall:

$$I = \int_{-1}^{+1}\int_{-1}^{+1}\int_{-1}^{+1} F(r,s,t)\,dr\,ds\,dt = \sum_i \sum_j \sum_k \alpha_i\,\alpha_j\,\alpha_k\,F(r_i,s_j,t_k)$$

Für Dreiecke gilt Sinngemäßes, wobei

$$I = \int_0^{+1}\int_0^{+1} F(r,s)\,dr\,ds = \frac{1}{2}\sum_i \alpha_i F(r_i, s_i)$$

Tabelle 4-2: Für Gauß-Legendre-Integration von Stützpunkten 3, 7 und 13

Stützpunkte	r_i	s_i	α_i
3	+0,16666.66666.667	+0,16666.66666.667	+0,33333.33333.333
	+0,66666.66666.667	+0,16666.66666.667	+0,33333.33333.333
	+0,16666.66666.667	+0,66666.66666.667	+0,33333.33333.333
7	+0,10128.65073.235	+0,10128.65073.235	+0,12593.91805.448
	+0,79742.69853.531	+0,10128.65073.235	+0,12593.91805.448
	+0,10128.65073.235	+0,79742.69853.531	+0,12593.91805.448
	+0,47014.20641.051	+0,05971.58717.898	+0,13239.41527.885
	+0,47014.20641.051	+0,47014.20641.051	+0,13239.41527.885
	+0.05971.58717.898	+0,47014.20641.051	+0,13239.41527.885
	+0,33333.33333.333	+0,33333.33333.333	+0,22500.00000.000
13	+0,06513.01029.022	+0,06513.01029.022	+0,05334.72356.088
	+0,86973.97941.956	+0,06513.01029.022	+0,05334.72356.088
	+0,06513.01029.022	+0,86973.97941.956	+0,05334.72356.088
	+0,31286.54960.049	+0,04869.03154.253	+0,07711.37608.903
	+0,63844.41885.698	+0,31286.54960.049	+0,07711.37608.903
	+0,04869.03154.253	+0,63844.41885.698	+0,07711.37608.903
	+0,63844.41885.698	+0,04869.03154.253	+0,07711.37608.903
	+0,31286.54960.049	+0,63844.41885.698	+0,07711.37608.903
	+0,04869.03154.253	+0,31286.54960.049	+0,07711.37608.903
	+0,26034.59660.790	+0,26034.59660.790	+0,17561.52574.332
	+0,47930.80678.419	+0,26034.59660.790	+0,17561.52574.332
	+0,26034.59660.790	+0,47930.80678.419	+0,17561.52574.332
	+0,33333.33333.333	+0,33333.33333.333	−0,14957.00444.677

Die Zahlenwerte können für krummlinige Dreiecke (Z88-Typen Nr.14 und 15) genutzt werden. Die Werte sind sinngemäß *Bathe* /5/ entnommen.

Für Tetraeder werden in der Literatur /1/, /4/ die Gleichungen und Zahlenwerte gerne in sog. Tetraederkoordinaten angegeben. Leichter geht's wie folgt:

$$I = \int_0^{+1}\int_0^{+1}\int_0^{+1} F(r,s,t)\,dr\,ds\,dt = \frac{1}{6}\sum_i \alpha_i F(r_i, s_i, t_i)$$

Tabelle 4-3: Für Gauß-Legendre-Integration von Stützpunkten 1, 4 und 5

Stützp.	r_i	s_i	t_i	α_i
1	+0,25000.000	+0,25000.000	+0,25000.000	+1,00000.000
4	+0,58541.020	+0,13819.660	+0,13819.660	+0,25000.000
	+0,13819.660	+0,58541.020	+0,13819.660	+0,25000.000
	+0,13819.660	+0,13819.660	+0,58541.020	+0,25000.000
	+0,13819.660	+0,13819.660	+0,13819.660	+0,25000.000
5	+0,25000.000	+0,25000.000	+0,25000.000	−0,80000.000
	+0,50000.000	+0,16666.667	+0,16666.667	+0,45000.000
	+0,16666.667	+0,50000.000	+0,16666.667	+0,45000.000
	+0,16666.667	+0,16666.667	+0,50000.000	+0,45000.000
	+0,16666.667	+0,16666.667	+0,16666.667	+0,45000.000

Die Zahlenwerte können für krummlinige Tetraeder (Z88-Typen Nr.16 und 17) genutzt werden. Die Werte sind sinngemäß *Zienciewicz* /1/ entnommen.

Um nun die Elementsteifigkeitsmatrix endgültig aufstellen zu können, müssen wir bekanntlich die Verzerrungs-Verschiebungs-Transformationsmatrix **B** aufstellen. Da wir durch die Gauß-Legendre-Quadratur gezwungen sind, in sog. „natürlichen" Koordinaten r, s, t zu arbeiten, müssen wir geeignet umrechnen. Genauso wie gilt:

$$u = \sum_i N_i u_i$$
$$v = \sum_i N_i v_i$$
$$w = \sum_i N_i w_i$$

können auch alle Koordinaten an jedem Punkt eines Elements interpoliert werden:

$$x = \sum_i N_i x_i$$
$$y = \sum_i N_i y_i$$
$$z = \sum_i N_i z_i$$

mit i = Knotenindex.

Das bedeutet: x, y und z sind Funktion von r, s und t:

$x = f_1(r,s,t)$
$y = f_2(r,s,t)$
$z = f_3(r,s,t)$

Für **B** brauchen wir die partiellen Ableitungen

$\partial N_i / \partial x, \partial N_i / \partial y$ und $\partial N_i / \partial z$.

Die Kettenregel der Differentialrechnung ergibt:

$$\frac{\partial}{\partial x} = \frac{\partial}{\partial r}\frac{\partial r}{\partial x} + \frac{\partial}{\partial s}\frac{\partial s}{\partial x} + \frac{\partial}{\partial t}\frac{\partial t}{\partial x}$$

$$\frac{\partial}{\partial y} = \frac{\partial}{\partial r}\frac{\partial r}{\partial y} + \frac{\partial}{\partial s}\frac{\partial s}{\partial y} + \frac{\partial}{\partial t}\frac{\partial t}{\partial y}$$

$$\frac{\partial}{\partial z} = \frac{\partial}{\partial r}\frac{\partial r}{\partial z} + \frac{\partial}{\partial s}\frac{\partial s}{\partial z} + \frac{\partial}{\partial t}\frac{\partial t}{\partial z}$$

Wenn wir diesen Gleichungssatz in Matrixform schreiben, entsteht:

$$\begin{pmatrix} \dfrac{\partial}{\partial r} \\ \dfrac{\partial}{\partial s} \\ \dfrac{\partial}{\partial t} \end{pmatrix} = \begin{pmatrix} \dfrac{\partial x}{\partial r} & \dfrac{\partial y}{\partial r} & \dfrac{\partial z}{\partial r} \\ \dfrac{\partial x}{\partial s} & \dfrac{\partial y}{\partial s} & \dfrac{\partial z}{\partial s} \\ \dfrac{\partial x}{\partial t} & \dfrac{\partial y}{\partial t} & \dfrac{\partial z}{\partial t} \end{pmatrix} \begin{pmatrix} \dfrac{\partial}{\partial x} \\ \dfrac{\partial}{\partial y} \\ \dfrac{\partial}{\partial z} \end{pmatrix}$$

oder in symbolischer Matrixschreibweise:

$$\frac{\partial}{\partial \mathbf{r}} = J \cdot \frac{\partial}{\partial \mathbf{x}}$$

Dabei ist **J** die sog. Jacobi-Matrix. Sie bildet die Beziehung natürliche Koordinaten/kartesische Koordinaten ab.

Konkret ergibt sich für die Jacobi-Matrix:

$$\mathbf{J} = \begin{pmatrix} \sum \dfrac{\partial N_i}{\partial r} x_i & \sum \dfrac{\partial N_i}{\partial r} y_i & \sum \dfrac{\partial N_i}{\partial r} z_i \\ \sum \dfrac{\partial N_i}{\partial s} x_i & \sum \dfrac{\partial N_i}{\partial s} y_i & \sum \dfrac{\partial N_i}{\partial s} z_i \\ \sum \dfrac{\partial N_i}{\partial t} x_i & \sum \dfrac{\partial N_i}{\partial t} y_i & \sum \dfrac{\partial N_i}{\partial t} z_i \end{pmatrix}$$

Da wir aber $\partial N_i / \partial x$, $\partial N_i / \partial y$ und $\partial N_i / \partial z$ für $\boldsymbol{B}$ brauchen, entsteht:

$$\frac{\partial}{\partial \mathbf{x}} = \boldsymbol{J}^{-1} \cdot \frac{\partial}{\partial \mathbf{r}}$$

Wir brauchen also für die Umrechnung die inverse Jacobi-Matrix. Im Normalfall existiert sie, wenn es eine ein-eindeutige Beziehung zwischen den natürlichen Koordinaten r, s, t und den kartesischen Koordinaten x, y, z gibt. Das ist immer dann der Fall, wenn die Elemente richtig numeriert sind, d. h., folgend der jeweiligen Elementdefinition, und wenn sie nicht zu sehr verzerrt sind. Man spricht auch von degenerierten Elementen. Um solche Mißlichkeiten zu vermeiden (denn praktisch alle FE-Programme brechen ab, wenn sie eine singuläre Jacobi-Matrix feststellen), gibt es eine praxisbewährte Faustregel: Viereckselemente sollten möglichst quadratisch sein und Dreieckselemente sollten möglichst gleichseitig sein. Natürlich ist das nicht immer zu machen, und es ist ja in der Tat ungeheuer praktisch, daß z.B. 8-Knoten-Serendipity-Vierecke (Z88-Typ Scheibe Nr. 7) eine so schöne krummlinige Form annehmen können.

Aber so etwas muß vermieden werden:

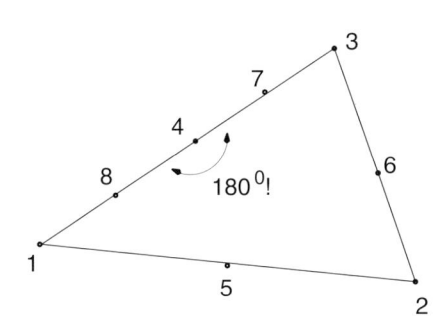

Bild 4-15: Winkel zwischen zwei Seiten muß < 180° sein

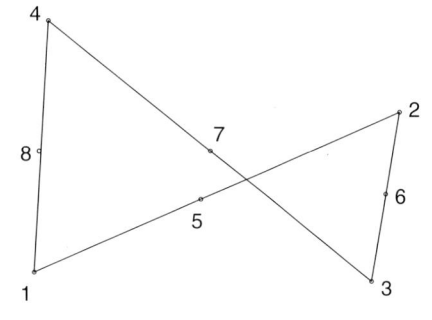

Bild 4-16: „gefaltetes" Element

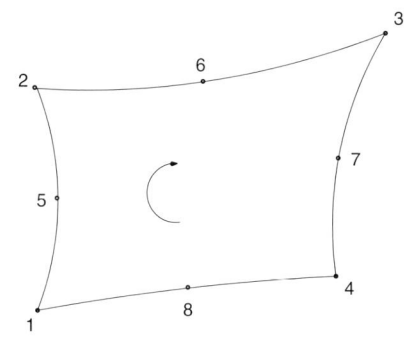

Bild 4-17: Falscher Numerierungssinn – im Uhrzeiger. Z88 Scheibe Nr. 7 muß gegen Uhrzeiger numeriert werden.

Da ja bestimmt werden soll:

$$K = \iiint_V B^T C B \, dV$$

muß noch beachtet werden, daß die Koeffizienten von B Funktionen von r, s und t sind. Daher:

$$dV = det\ J \, dr\, ds\, dt$$

Dabei ist *det* J die Jacobi-Determinante. Dies ist die aus der Höheren Mathematik bekannte Substitutionsregel für Mehrfachintegrale. Sie gilt für die Berechnung eines Integrals in beliebigen Koordinaten r, s und t, die durch

$$x = x(r,s,t)$$
$$y = y(r,s,t)$$
$$z = z(r,s,t)$$

definiert sind. Die Zerlegung des Integrationsgebiets in Volumenelemente durch die Koordinatenflächen

r = const
s = const
t = const

führt zu:

$$dV = det\ J \, dr\, ds\, dt$$

Näheres siehe einschlägige mathematische Literatur, z.B. *Stöcker /13/*.

Das Aufbringen von Lasten

Die Elementsteifigkeitsmatrix ist

$$K = \iiint_V B^T C B \, dV$$

und ganz sinngemäß ist die Massenmatrix:

$$M = \iiint_V \varrho\, N^T\, N\, dV$$

und die verschiedenen Lasten:

$$R_B = \iiint_V N^T \cdot f_B \cdot dV \quad \text{„Volumenkräfte"}$$

$$R_S = \iint_S N^T \cdot q \cdot dS \quad \text{„Oberflächenkräfte"}$$

$$R_I = \iiint_V B^T \cdot \sigma_I \cdot dV \quad \text{„Anfangsspannungen"}$$

Nun sollen einmal stellvertretend die Oberflächenkräfte, genauer die Streckenlasten beispielhaft betrachtet werden:

$$R_S = \iint_S N^T \cdot q \, dS = \iint_S N^T \cdot q \cdot dx\,dy$$

mit $q = \begin{pmatrix} q_x \\ q_y \end{pmatrix}$ Streckenlasten

Wenn nun mal folgender Belastungsfall angenommen werden soll:

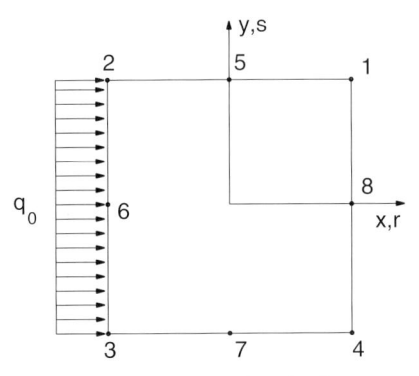

Bild 4-18: Beispiel einer Streckenlast

Wir legen beide Koordinalsysteme, d.h. die kartesischen Koordinaten x, y und die natürlichen Koordinaten r, s aufeinander, d.h.

x = r $\qquad$ y = s

das macht die Betrachtung etwas einfacher, da wir uns damit die Berechnng der Jacobi-Determinante sparen können.

Ferner sei

$$q = \begin{pmatrix} q_x \\ q_y \end{pmatrix} = \begin{pmatrix} q_0 \\ 0 \end{pmatrix}, \text{ mit } q_0 = \text{const.}$$

4 Finite Elemente und Elementsteifigkeitsmatrizen

Daher:

$$R_S = q \iint_A N^T \, dx\, dy$$

und ausgeschrieben:

$$R_S = \begin{pmatrix} q_0 \\ 0 \end{pmatrix} \cdot \int_{-1}^{+1}\int_{-1}^{+1} \begin{pmatrix} 0 & 0 & N_2 & 0 & N_3 & 0 & 0 & 0 & 0 & 0 & N_6 & 0 & 0 & 0 & 0 & 0 \\ 0 & 0 & 0 & N_2 & 0 & N_3 & 0 & 0 & 0 & 0 & 0 & N_6 & 0 & 0 & 0 & 0 \end{pmatrix}^T dx\, dy$$

wobei hier dx dy = dr ds.

Die Formfunktionen für das ebene Scheibenelement mit 8 Knoten sind:

$$N_2 = \frac{1}{4}(1-r)(1+s) - \frac{1}{4}(1-r^2)(1+s) - \frac{1}{4}(1-s^2)(1-r)$$

$$N_3 = \frac{1}{4}(1-r)(1-s) - \frac{1}{4}(1-s^2)(1-r) - \frac{1}{4}(1-r^2)(1-s)$$

$$N_6 = \frac{1}{2}(1-s^2)(1-r)$$

da beide Koordinatensysteme kongruent sind:

Knoten 2:

$$N_2 = \frac{1}{4}(1-x)(1+y) - \frac{1}{4}(1-x^2)(1+y) - \frac{1}{4}(1-y^2)(1-x)$$

mit x = −1:

$$N_2 = \frac{1}{2}(y+y^2)$$

Die Lastkomponente am Knoten 2 ist daher:

$$F_2 = q_0 \int_{-1}^{+1} N_2 \, dy = q_0 \frac{1}{2} \int_{-1}^{+1}(y+y^2)\, dy =$$

$$= q_0 \frac{1}{2}\left[\frac{y^2}{2} + \frac{y^3}{3}\right]_{-1}^{+1} = q_0 \frac{1}{2}(\frac{1}{2}+\frac{1}{3}-(\frac{1}{2}-\frac{1}{3})) = q_0 \frac{1}{3}$$

Knoten 6:

$$N_6 = \frac{1}{2}(1-y^2)(1-x)$$

mit $x = -1$

$N_6 = 1 - y^2$

Die Lastkomponente am Knoten 6 ist daher:

$$F_6 = q_0 \int_{-1}^{+1} N_6 \, dy = q_0 \int_{-1}^{+1} (1 - y^2) \, dy =$$

$$= q_0 \left[y - \frac{y^3}{3} \right]_{-1}^{+1} = q_0 (1 - \frac{1}{3} - (-1 + \frac{1}{3})) = q_0 \frac{4}{3}$$

Und am Knoten 3 gilt:

$$N_3 = \frac{1}{4}(1-x)(1-y) - \frac{1}{4}(1-y^2)(1-x) - \frac{1}{4}(1-x^2)(1-y)$$

mit $x = -1$:

$$N_3 = \frac{1}{2}(y^2 - y)$$

Die Lastkomponente am Knoten 3 ist daher:

$$F_3 = q_0 \int_{-1}^{+1} N_3 \, dy = q_0 \frac{1}{2} \int_{-1}^{+1} (y^2 - y) \, dy =$$

$$= q_0 \frac{1}{2} \left[\frac{y^3}{3} - \frac{y^2}{2} \right]_{-1}^{+1} = q_0 \frac{1}{2} (\frac{1}{3} - \frac{1}{2} - (-\frac{1}{3} - \frac{1}{2})) = q_0 \frac{1}{3}$$

Da das Element von –1 bis +1 für y läuft, ist seine Seitenlänge dort, wo die Gleichstreckenlast q_0 aufgebracht wird, 2 und es entsteht:

Endgültige Lastkomponenten:

Knoten 2: $\quad q_0 \cdot \frac{1}{3} : 2 \quad = \quad q_0 \cdot \frac{1}{6} = F_2$

Knoten 6: $\quad q_0 \cdot \frac{4}{3} : 2 \quad = \quad q_0 \cdot \frac{2}{3} = F_6$

Knoten 3: $\quad q_0 \cdot \frac{1}{3} : 2 \quad = \quad q_0 \cdot \frac{1}{6} = F_3$

Damit ist die Regel hergeleitet, daß bei ebenen Elementen mit quadratischem Ansatz bei Gleichstreckenlast q_0 die Eckknoten je 1/6 der Last und der Mittenknoten 2/3 der Last bekommt. In der Tat ist: 1/6 + 2/3 + 1/6 = 1.

Auf die gleiche Weise werden Gleichstreckenlast-Verteilung, Flächenlast-Verteilung usw. für Elemente mit quadratischem Ansatz, mit kubischem Ansatz etc. hergeleitet. Aber auch Dreieckslasten oder ganz allgemein q = f (x, y) sind möglich. Dann muß q beim Integranden bleiben, und es muß wie bei der Elementsteifigkeitsmatrix numerisch integriert und die Jacobi-Determinante gemäß

dA = dx dy = det J dr ds

berücksichtigt werden.

Hier soll zum zum Abschluß der Betrachtungen über Elementsteifigkeitsmatrizen eine vollständige C-Function zur Berechnung einer Element-Steifigkeitsmatrix für krummlinige 8-Knoten Serendipity Scheiben und Tori gezeigt werden, und zwar **QSHE88.C** („quadratische Scheibe") Hier finden sich alle Gedanken, die bislang theoretisch abgehandelt wurden. Beachten Sie, daß die eigentlichen Formfunktionen hier nicht gebraucht werden, sondern nur die partiellen Ableitungen. Die Formfunktionen werden bei der Spannungsberechnung benötigt, vgl. Function **SQSH88.C** („Spannungen quadratische Scheibe") auf der CD-ROM. Die unten stehende C-Function basiert gedanklich auf einem alten FORTRAN IV-Programm, das *Bathe* und *Wilson* in /5/ veröffentlicht haben, allerdings nur für 4-Knoten Scheiben (obwohl das untenstehende C-Programm nicht mehr viel mit dem ursprünglichen Quellcode zu tun hat):

Beachten Sie bei den nachfolgenden Quellen, daß gilt:

```
#define FR_DOUBLEAY double *    /* Pointer auf double */
#define FR_INT4 long            /* 4 Bytes Integer    */
```

Das wurde als eigener Datentyp definiert, damit eine Anpassung auf verschiedene Betriebssysteme leicht möglich ist – was sich sehr bewährt hat.

```
/*******************************************************************
*
*              *****    ***      ***
*                *     *   *    *   *
*                *        ***    ***
*                *     *   *    *   *
*              *****    ***      ***
*
* A FREE Finite Elements Analysis Program in ANSI C for the UNIX OS.
*
* Composed and edited and copyright by
* Professor Dr.-Ing. Frank Rieg, University of Bayreuth, Germany
*
```

```
*  eMail:
*  frank.rieg@uni-bayreuth.de
*  dr.frank.rieg@t-online.de
*
*  V9.0  November 9, 1998
*
*  Z88 should compile and run under any UNIX OS and Motif 2.0.
*
*  This program is free software; you can redistribute it and/or modify
*  it under the terms of the GNU General Public License as published by
*  the Free Software Foundation; either version 2, or (at your option)
*  any later version.
*
*  This program is distributed in the hope that it will be useful,
*  but WITHOUT ANY WARRANTY; without even the implied warranty of
*  MERCHANTABILITY or FITNESS FOR A PARTICULAR PURPOSE.  See the
*  GNU General Public License for more details.
*
*  You should have received a copy of the GNU General Public License
*  along with this program; see the file COPYING.  If not, write to
*  the Free Software Foundation, 675 Mass Ave, Cambridge, MA 02139, USA.
***********************************************************************/
/***********************************************************************
*  diese Compilerunit umfasst: qshe88 - Elementsteifigkeitsroutine
*                              qb88   - Berechnung der Matrix b
*  diese Compilerunit enthaelt Routinen, die gedanklich an FORTRAN-
*  Quellen von H.J.Bathe, MIT, Cambridge, MA, USA angelehnt sind.
*  21.11.96
***********************************************************************/

/***********************************************************************
*  Fuer UNIX
***********************************************************************/
#ifdef FR_UNIX
#include <z88f.h>
#endif

/***********************************************************************
*  Fuer Windows 95
***********************************************************************/
#ifdef FR_WIN95
#include <z88f.h>
#endif

/***********************************************************************
*   Functions
***********************************************************************/
int qb88(double *det,double *r,double *s,double *xbar,FR_INT4 *ktyp);

/***********************************************************************
*  hier beginnt Function qshe88
***********************************************************************/
int qshe88(void)
{
extern FR_DOUBLEAY se;

extern double xk[],yk[];
extern double b[],xx[],d[];

extern double emode,rnuee,qparae;

extern FR_INT4 ktyp,intore;
```

```
double db[5];

double pi2= 6.283185307;
double facesz,facasz,r,s,det,xbar,wt,stiff;

FR_INT4 ne= 16L,i,ist,lx,ly,j,k,l;

int iret;

/*-----------------------------------------------------------------
 * Gauss-Legendre Stuetzstellen
 *---------------------------------------------------------------*/
static double xg[17]= { 0.,
   0., -.5773502691896, -.7745966692415, -.8611363115941,
   0., +.5773502691896,              0., -.3399810435849,
   0.,              0., +.7745966692415, +.3399810435849,
   0.,              0.,              0., +.8611363115941 };

/*-----------------------------------------------------------------
 * Gauss-Legendre Integrationsgewichte
 *---------------------------------------------------------------*/
static double wgt[17]= { 0.,
   2.,              1., +.5555555555556, +.3478548451375,
   0.,              1., +.8888888888889, +.6521451548625,
   0.,              0., +.5555555555556, +.6521451548625,
   0.,              0.,              0., +.3478548451375 };

/*-----------------------------------------------------------------
 * xk und yk umspeichern
 *---------------------------------------------------------------*/
for(i = 1;i <= 8;i++)
   {
   xx[i]  = xk[i];
   xx[8+i]= yk[i];
   }

/*-----------------------------------------------------------------
 * Materialkonstanten
 * Es ist:
 * emode: E-Modul fuer das jeweilige Element
 * rnuee: Querkontraktionszahl fuer das jeweilige Element
 *---------------------------------------------------------------*/
facesz= emode/(1. - rnuee*rnuee);
facasz= emode*(1. - rnuee)/( (1. + rnuee)*(1. - 2*rnuee) );

/*-----------------------------------------------------------------
 * Elastizitaetsmatrix aufstellen: ebener Spannungszustand
 *---------------------------------------------------------------*/
if (ktyp == 2)
   {
   d[1] = facesz;
   d[5] = facesz * rnuee;
   d[9] = 0.;
   d[2] = d[5];
   d[6] = facesz;
   d[10]= 0.;
   d[3] = 0.;
   d[7] = 0.;
   d[11]= facesz * .5 * (1. - rnuee);
   }
```

```
/*----------------------------------------------------------------
 * Elastizitaetsmatrix aufstellen: ebener Verzerrungszustand
 *---------------------------------------------------------------*/
if (ktyp == 1)
   {
   d[1] = facasz;
   d[5] = facasz * rnuee / (1. - rnuee);
   d[9] = 0.;
   d[2] = d[5];
   d[6] = facasz;
   d[10]= 0.;
   d[3] = 0.;
   d[7] = 0.;
   d[11]= emode / (2.*(1. + rnuee));
   qparae= 1.;
   }
/*----------------------------------------------------------------
 * Elastizitaetsmatrix aufstellen: axialsymmetrischer Spannungszustand
 *---------------------------------------------------------------*/
if (ktyp == 0)
   {
   d[1] = facasz;
   d[5] = facasz * rnuee / (1. - rnuee);
   d[9] = 0.;
   d[13]= d[5];
   d[2] = d[5];
   d[6] = facasz;
   d[10]= 0.;
   d[14]= d[5];
   d[3] = 0.;
   d[7] = 0.;
   d[11]= emode / (2.*(1. + rnuee));
   d[15]= 0.;
   d[4]= d[5];
   d[8]= d[5];
   d[12]= 0.;
   d[16]= facasz;
   }

/*----------------------------------------------------------------
 * Elementsteifigkeitsmatrix aufstellen
 *---------------------------------------------------------------*/
for(i = 1;i <= 256;i++)
   se[i]= 0.;

ist= 3;
if(ktyp == 0) ist= 4;

for(lx = 1;lx <= intore;lx++)
   {
   r= xg[(lx-1)*4 + intore];
   for(ly = 1;ly <= intore;ly++)
      {
      s= xg[(ly-1)*4 + intore];

/*================================================================
 * Matrix b der partiellen Ableitungen & Jacobi Determinante holen
 *===============================================================*/
      iret= qb88(&det,&r,&s,&xbar,&ktyp);
      if(iret != 0) return(iret);
```

```
        if(ktyp >  0) xbar= qparae;
        if(ktyp == 0) xbar= xbar*pi2;

        wt= wgt[(lx-1)*4 + intore] * wgt[(ly-1)*4 + intore] * xbar * det;
        for(j = 1;j <= 16;j++)
           {
           for(k = 1;k <= ist;k++)
              {
              db[k]= 0.;
              for(l = 1;l <= ist;l++)
                 {
                 db[k]= db[k] + d[(k-1)*4 + l] * b[(l-1)*16 + j];
                 }
              }

           for(i = j;i <= 16;i++)
              {
              stiff= 0.;
              for(l = 1;l <= ist;l++)
                 {
                 stiff+= b[(l-1)*16 + i] * db[l];
                 }
              se[i+ne*(j-1)]= se[i+ne*(j-1)] + stiff * wt;
              }
           }
        }

for(j = 1;j <= 16;j++)
   {
   for(i = j;i <= 16;i++)
      {
      se[j+ne*(i-1)]= se[i+ne*(j-1)];
      }
   }

return(0);
}

/*************************************************************
* hier beginnt Function qb88
*************************************************************/
int qb88(double *det,double *r,double *s,double *xbar,FR_INT4 *ktyp)
{
/*-----------------------------------------------------------------
* xx geht rein, unveraendert (ex)
* b  geht raus, neu (ex)
* det geht raus, neu
* r,s gehen rein, unveraendert
* xbar geht raus, neu
* ktyp geht rein, unveraendert
*-----------------------------------------------------------------*/
extern double h[];
extern double b[],xx[],p[];

double xj[5], xji[5];          /* ist 2x2 +1 */

double rp,sp,rm,sm,rqm,sqm,r2,s2,dum;

FR_INT4 i,j,k,k2;
```

```
/*-----------------------------------------------------------------
 * Klammern der Formfunktionen belegen
 *----------------------------------------------------------------*/
rp= 1. + (*r);
sp= 1. + (*s);
rm= 1. - (*r);
sm= 1. - (*s);
rqm= 1. - (*r)*(*r);
sqm= 1. - (*s)*(*s);
r2= 2. * (*r);
s2= 2. * (*s);

/*-----------------------------------------------------------------
 * Formfunktionen
 *----------------------------------------------------------------*/
h[1]= .25 *(rp*sp - rqm*sp - sqm*rp);
h[2]= .25 *(rm*sp - rqm*sp - sqm*rm);
h[3]= .25 *(rm*sm - sqm*rm - rqm*sm);
h[4]= .25 *(rp*sm - rqm*sm - sqm*rp);
h[5]= .5 *rqm*sp;
h[6]= .5 *sqm*rm;
h[7]= .5 *rqm*sm;
h[8]= .5 *sqm*rp;

/*-----------------------------------------------------------------
 * Partielle Ableitung der Formfunktionen nach r
 *----------------------------------------------------------------*/
p[1]= .25 *(sp + r2*sp -sqm);
p[2]= .25 *((-sp) + r2*sp + sqm);
p[3]= .25 *((-sm) + sqm + r2*sm);
p[4]= .25 *(sm + r2*sm - sqm);
p[5]= .5 *(-r2)*sp;
p[6]= (-.5 )*sqm;
p[7]= .5 *(-r2)*sm;
p[8]= .5 *sqm;

/*-----------------------------------------------------------------
 * Partielle Ableitung der Formfunktionen nach s
 *----------------------------------------------------------------*/
p[9] = .25 *(rp - rqm + s2*rp);
p[10]= .25 *(rm - rqm + s2*rm);
p[11]= .25 *((-rm) + s2*rm + rqm);
p[12]= .25 *((-rp) + rqm + s2*rp);
p[13]= .5 *rqm;
p[14]= .5 *(-s2)*rm;
p[15]= (-.5 )*rqm;
p[16]= .5 *(-s2)*rp;

/*-----------------------------------------------------------------
 * Jacobi-Matrix am Punkt (r,s) entwickeln
 *----------------------------------------------------------------*/
for(i = 1;i <= 2;i++)
   {
   for(j = 1;j <= 2;j++)
      {
      dum= 0.;
      for(k = 1;k <= 8;k++)
         {
         dum+= p[(i-1)*8 + k] * xx[(j-1)*8 + k];
         }
      xj[(i-1)*2 + j]= dum;
```

```c
      }
   }
/*-------------------------------------------------------------------
 * Jacobi-Determinante am Punkt (r,s) entwickeln
 *-----------------------------------------------------------------*/
(*det)= xj[1] * xj[4] - xj[3] * xj[2];

if((*det) < 0.00000001)
   return(AL_JACNEG);

/*-------------------------------------------------------------------
 * Berechnung der inversen Jacobi-Matrix
 *-----------------------------------------------------------------*/
dum= 1./(*det);

xji[1]= xj[4]   * dum;
xji[2]= (-xj[2]) * dum;
xji[3]= (-xj[3]) * dum;
xji[4]= xj[1]   * dum;

/*-------------------------------------------------------------------
 * Entwickeln der Matrix b
 *-----------------------------------------------------------------*/
for(i = 1;i <= 64;i++)
   b[i]= 0.;

k2= 0;

for(k = 1;k <= 8;k++)
   {
   k2+= 2;
   b[k2-1]= 0.;
   b[k2  ]= 0.;
   b[16 + k2-1]= 0.;
   b[16 + k2  ]= 0.;

   for(i = 1;i <= 2;i++)
      {
      b[     k2-1]= b[     k2-1] + xji[   i] * p[(i-1)*8 + k];
      b[16 + k2  ]= b[16 + k2  ] + xji[2 +i] * p[(i-1)*8 + k];
      }
   b[32 + k2  ]= b[     k2-1];
   b[32 + k2-1]= b[16 +k2  ];
   }

if((*ktyp) > 0) return(0);

/*-------------------------------------------------------------------
 * im Falle des axialsymmetrischen Toruselementes
 * die folgende Normalspannungskomponente einfuegen
 *-----------------------------------------------------------------*/
/*===================================================================
 * Radius am Punkt (r,s) berechnen
 *=================================================================*/
(*xbar)= 0.;

for(k = 1;k <= 8;k++)
   (*xbar)= (*xbar) + h[k] * xx[k];

if((*xbar) <= 0.00000001)
```

```
    {
/*====================================================================
 * Radius ist null
 *===================================================================*/
  for(k = 1;k <= 16;k++)
    b[48 + k]= b[k];

  return(0);

  }
else
  {
/*====================================================================
 * Radius ist nicht null
 *===================================================================*/
  dum=1./(*xbar);
  k2= 0;

  for(k = 1;k <= 8;k++)
    {
    k2+= 2;
    b[48 + k2  ]= 0.;
    b[48 + k2-1]= h[k] * dum;
    }

  }
/********************************************************************/
return(0);
}
```

Dieses Programm ist recht trickreich und kann sehr leicht für den 3D-Fall (vergleiche Z88-Functions **LQUA88.C** (8-Knoten Hexaeder) und **HEXA88.C** (20-Knoten Hexaeder) erweitert oder für andere Formfunktionen, z.B. der *Lagrange*-Klasse umgebaut werden.

5 Compilation, Speicherverfahren und Randbedingungen

Wir erinnern uns an die 3. Regel der Finite Elemente Analyse:

Gesamtsteifigkeitsmatrix = Summe der Elementsteifigkeitsmatrizen

Oder etwas mathematischer geschrieben:

$$K = \sum_i K_i^e$$

Wie wir im Kapitel 2 gesehen haben, ist dies das aus der Technischen Mechanik bekannte Superpositionsprinzip, d.h. es werden sämtliche Steifigkeitskomponenten, die die jeweils beteiligten finiten Elemente, die an einen gemeinsamen Knoten anschließen, beisteuern, für alle betreffenden Freiheitsgrade aufsummiert.

In Kapitel 2, solange nur zwei bis drei Balken oder Stäbe vorliegen, konnte man das schön intuitiv mit einer Art Tabelle bzw. Schachbrett machen. Wenn aber, wie bei richtigen Strukturen üblich, tausende oder zehntausende von finiten Elementen und zehn- oder hunderttausende von Freiheitsgraden auftreten, muß die Compilation selbstverständlich

- vollautomatisch erfolgen
- verschiedene Elementtypen mit unterschiedlichen Knotenanzahlen einbauen können
- unterschiedliche Anzahlen von Freiheitsgraden an den Knoten einer Struktur berücksichtigen
- die Gesamtsteifigkeitsmatrix möglichst speichersparend aufbauen

Unserer Meinung nach kann diese relativ komplexe Problematik nur im Zusammenhang mit realen Computer-Programmstrukturen betrachtet werden, denn mit rein beschreibenden Ausführungen wird man diese Materie nicht abhandeln können: Die Finite Elemente Analyse lebt von ihrer Umsetzung in Computerprogramme. Man kann FEA nicht mit Papier und Bleistift betreiben – gleichwohl wird es immer wieder gerne in der Literatur versucht!

Die erste Forderung erscheint an sich trivial. Ernsthafte Finite Elemente Analyse ist, wie bereits öfter erwähnt, nur mit Unterstützung leistungsfähiger Computerprogramme zu machen und Programme haben es so an sich, in weiten Teilen automatisch abzulaufen. Aber halt – es geht darum, wie unser Rechenprogramm überhaupt zu den erforderlichen Angaben wie Knotenkoordinaten und Koinzidenzliste, um die wichtigsten zu nennen, kommt.

Die klassischen Finite Elemente Programme arbeiteten im Batchmode, d.h. es wurden alle nötigen Zahleneingaben auf Lochkarten übertragen, und dieser Lochkartenstapel wurde vom Programm eingelesen. Darüber haben wir schon in Kapitel 1 berichtet. Das sieht veraltet aus und das ist es auch. Was aber nicht veraltet ist, ist der oben genannte Batchmode: Das Programm bekommt seine ganzen Daten sozusagen „in einem Rutsch", rechnet dann mehr oder weniger lang und gibt die Ergebnisse wieder aus. Gerade FEA-Programme folgen wie selten eine andere Programmgattung dem *EVA*-Prinzip: Eingabe-Verarbeitung-Ausgabe. Bekannte Großprogramme wie *MARC* oder *NASTRAN* sorgen mit ihren Pre- und Postprozessorprogrammen *MENTAT* bzw. *PATRAN* für die Mensch-Maschine-Schnittstelle, während *MARC* und *NASTRAN* die eigentlichen Solver darstellen, die sozusagen interaktionlos die Eingabedateien ihrer Preprozessoren übernehmen, dann die Elementsteifigkeitsmatrizen berechnen, die Compilation ausführen und nach Einbau der Randbedingungen das (mitunter gigantische) Gleichungssystem lösen. Die Rechenergebnisse werden in Dateien geschrieben, die von den jeweiligen Postprozessoren (das können grafische Anzeigeprogramme, Plot- oder Druckprogramme sein) eingelesen und verarbeitet werden.

Auch alle unsere Ausführungen und das FEA-Programm Z88 folgen diesem geradezu klassischen Muster des *EVA*-Prinzips. Wir gehen also für die nun folgenden Betrachtungen davon aus, daß die Eingabedaten in einer Datei gespeichert und wie folgt strukturiert sind:

1. Datensatz: Allgemeine Angaben zur Struktur wie
- Dimension des Problems (d.h. 2D oder 3D)
- Anzahl der Knoten
- Anzahl der finiten Elemente
- Anzahl der Freiheitsgrade

2. Datensatz: Knotenkoordinaten wie
- Knotennummer
- Anzahl der Freiheitsgrade an diesem Knoten
- X-Koordinate
- Y-Koordinate
- Z-Koordinate

3. Datensatz: Koinzidenzliste, besteht aus zwei Zeilen und enthält:
- Zeile 1: Elementnummer und Elementtyp
- Zeile 2: Die Knotennummern

Der an sich nötige vierte Datensatz (Materialgesetze) kann zunächst entfallen, da er für die folgenden Betrachtungen nicht wichtig ist.

Diesem „Strickmuster" folgen eigentlich alle klassischen FEA-Programme – auch in der Reihenfolge. Der erste Datensatz liefert in der Hauptsache die Zähler für die Schleifen, die für den zweiten und dritten Datensatz ablaufen. Man kann den ersten Datensatz auch weglassen und statt dessen den folgenden Datensätzen Schlüsselworte wie sinngemäß KOOR und KOIN voranstellen, damit das Programm erkennt, was mit dieser Datenzeile zu tun ist. Aber weitaus schneller geht es beim Einlesen, wenn man im ersten Datensatz z.B. 1000 Knoten vorgibt und daraus dann folgend in der Sektion 2.Datensatz 1000-mal eine Zeile einliest. Das ist ganz FORTRAN-gemäß, aber auch Sprachen wie C profitieren von einem derartigen Aufbau, denn gerade das Dekodieren von Schlüsselworten (sprich Characterverarbeitung) dauert relativ lange.

Das Abspeicher der Knotenkoordinaten ist einfach und geradlinig: Hier können wir einfach drei Vektoren mit z.B. 1.000 Speicherplätzen definieren, also

```
x[1000], y[1000], z[1000]
```

und man könnte damit 1.000 Koordinatentripel abspeichern. Bekanntlich beginnen in der Programmiersprache C die Vektor- bzw. Pointerindizes bei 0 und nicht wie bei FORTRAN 77 bei 1 (wie es an sich logisch ist; bei FORTRAN 90 können die Indizes sogar an beliebigen Stellen anfangen, auch mit negativen Indizes!). Es empfiehlt sich wärmstens, bei komplizierteren C-Programmen für die Finite Elemente Analyse, bei 1 den ersten Index zu starten, weil man dann besser die Übersicht behält. Das ist ab jetzt durchgängig der Fall:

Eintausend Koordinatentripel würden also entweder statisch wie folgt definiert:

```
x[1001], y[1001], z[1001]
```

Oder dynamisch:

```
double *x, *y, *z;
x= (double *) calloc (1001, sizeof(double));
y= (double *) calloc (1001, sizeof(double));
z= (double *) calloc (1001, sizeof(double));
```

Bei Sprachen wie C kann man die Koordinatentripel auch als `struct` zusammenfassen. Schneller wird das Programm davon nicht.

Zu jedem Knoten sollte die Anzahl der Freiheitsgrade mitgespeichert werden. Dieser Vektor bzw. Pointer (Sie wissen, daß in C Vektoren Pointer sind und daß Pointer umgekehrt Vektoren sind ? Und daß das in FORTRAN prinzipiell genauso ist ? Sonst noch mal bei *Kernighan und Ritchie* /15/ nachschauen) möge `ifrei` heißen:

```
ifrei[1001]
```

Wir haben hier generell die an sich sehr gute FORTRAN-Regel übernommen, daß alle Variable, die mit I, J, K, M, und N beginnen, also die typischen Zähler in der Mathematik, Ganzzahlen sind und alle anderen dann Gleitkommazahlen definieren. Als Ausnahme: Alle Variable, die mit C beginnen, sollen von Typ `char` sein. Auch in der Sprache C profitiert man bei großen Programmen sehr von einer solchen (freiwilligen) Konvention (die andere verbreitete Konvention, die sog. „ungarische" Konvention /16/ halten wir für zu umständlich in reinen Rechenprogrammen).

Beim Abspeichern der Koinzidenz wird es schon etwas schwieriger, denn zu jedem Finiten Element gehören einerseits immer mehrere Knoten und ferner weisen unterschiedliche Finite Elementetypen unterschiedliche Knotenanzahlen auf. Es ist daher geschickt, zwei Vektoren zu definieren. Der erste Vektor `koi` enthält die Koinzidenzliste und der zweite Vektor `koffs` ist ein Pointer darauf, um die Adressberechnung durchführen zu können.

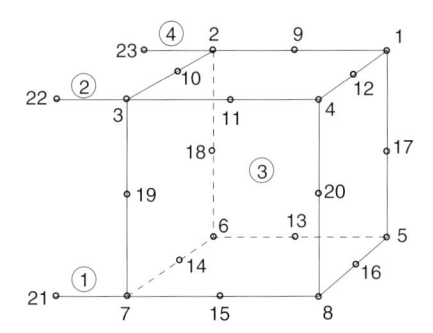

Bild 5-1: Beispiel einer räumlichen FE-Struktur

Mal angenommen, wir würden in unserer Struktur mit zwei Stäben beginnen, d.h. pro Element zwei Knoten. Dann enthält der Vektor `koi` als erstes Vektorelement eine Null, weil wir ja beim Index 1 beginnen wollen. Vektorelemente 2 und 3 enthalten die beiden Knotennummern des ersten Stabes, Vektorelemente 4 und 5 die beiden Knotennummern des zweiten Stabes und so fort. Bis dahin bräuchten wir noch keinen Offsetvektor. Was wäre aber, wenn als drittes finites Element kein Stab folgen würde, sondern ein Hexaeder mit 20 Knoten – was ohne weiteres zulässig wäre? Hier setzt unser Offsetvektor `koffs` ein: Sein erstes Element ist 0, sein zweites Element immer 1, das dritte Element zeigt auf den Startpunkt des zweiten finiten Elements im Koinzidenzvektor `koi`, das vierte Vektorelement zeigt auf den Startpunkt des dritten finiten Elements im Koinzidenzvektor `koi` und so fort. Nehmen wir nun noch an, daß unser viertes finites Element wieder ein Stab sei. Dann wird:

```
koi={0,21,7,22,3,1,2,3,4,5,6,7,8,9,10,11,12,13,14,15,16,
17,18,19,20,   23,2...}
koffs = {0, 1, 3, 5, 25, ....}
```

Zugriff auf einen Knoten `j` des finiten Elements `i`:

```
koi[koffs[i] + j -1]
```

Ein weiteres Beispiel:

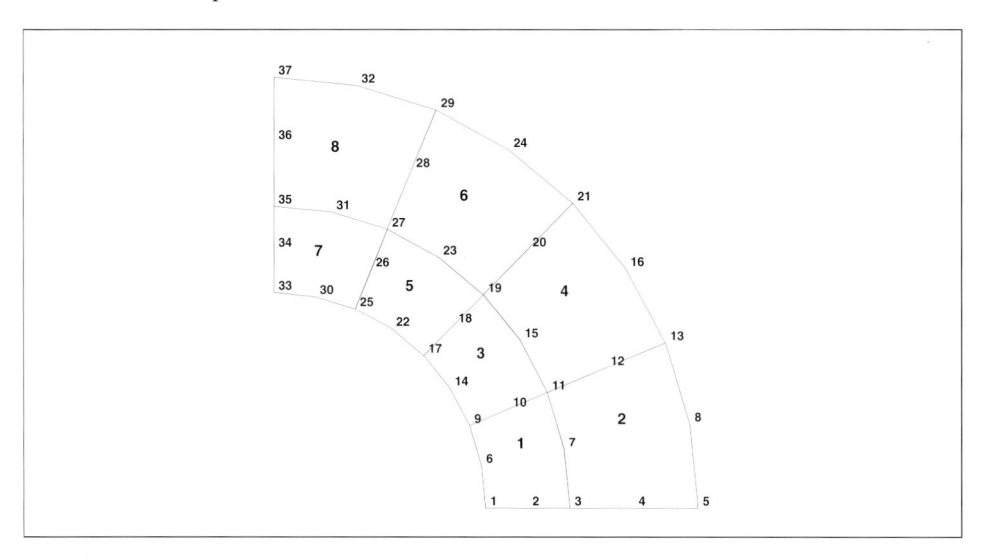

Bild 5-2: Eine ebene FE-Struktur mit krummlinigen 8-Knoten Serendipity-Elementen (vgl. Kapitel 13, Beispiel 6)

Bei dieser Struktur würde der Koinzidenzvektor `koi` wie folgt aussehen:

```
koi=  {0,   1,3,11,9,2,7,10,6,   3,5,13,11,4,8,12,7,   .....,
35,27,29,37,31,28,32,36}
```

Und der Offsetvektor des Koinzidenzvektors:

```
koffs= {0, 1, 9, ..., 57}
```

Es gilt: Zugriff auf einen Knoten j des finiten Elements i:

```
koi[koffs[i] + j -1]
```

Auf den 5. Knoten des zweiten Elements wird man also wie folgt zugreifen können:

```
koi[koffs[2] + 5 - 1] = koi[13]= 4
```

Um diesen Sachverhalt zu erhellen, ist nachfolgend die Leseroutine RI188.C von Z88® wiedergegeben, welche die allgemeinen Strukturdaten (Datei Z88I1.TXT) einliest.

Dabei sind folgende Definitionen zu beachten:

```
#define FR_DOUBLEAY   double *        /* Pointer auf double */
#define FR_INT4AY     long *          /* Pointer auf long */
#define FR_INT4       long            /* 4 Bytes Integer */
```

```
/********************************************************************
*
*              *****    ***     ***
*                 *    *   *   *   *
*                 *      ***     ***
*                 *    *   *   *   *
*              *****    ***     ***
*
* A FREE Finite Elements Analysis Program in ANSI C for the UNIX OS.
*
* Composed and edited and copyright by
* Professor Dr.-Ing. Frank Rieg, University of Bayreuth, Germany
*
* eMail:
* frank.rieg@uni-bayreuth.de
* dr.frank.rieg@t-online.de
*
* V9.0  November 9, 1998
*
* Z88 should compile and run under any UNIX OS and Motif 2.0.
*
* This program is free software; you can redistribute it and/or modify
* it under the terms of the GNU General Public License as published by
* the Free Software Foundation; either version 2, or (at your option)
* any later version.
*
* This program is distributed in the hope that it will be useful,
* but WITHOUT ANY WARRANTY; without even the implied warranty of
* MERCHANTABILITY or FITNESS FOR A PARTICULAR PURPOSE.  See the
* GNU General Public License for more details.
*
```

```
 * You should have received a copy of the GNU General Public License
 * along with this program; see the file COPYING.  If not, write to
 * the Free Software Foundation, 675 Mass Ave, Cambridge, MA 02139, USA.
 ***************************************************************************/
/***************************************************************************
 * ri188 (stark vereinfacht, nur fuer Elemente 4 und 10 fuer FEA- Buch)
 * 5.10.99
 ***************************************************************************/

/***************************************************************************
 * Fuer UNIX
 ***************************************************************************/
#ifdef FR_UNIX
#include <z88f.h>
#include <stdio.h>      /* fopen,fclose,fprintf,fgets,sscanf */
                        /* FILE,rewind,NULL                  */
#include <math.h>       /* sin,cos */
#endif

/***************************************************************************
 * Fuer Windows 95
 ***************************************************************************/
#ifdef FR_WIN95
#include <z88f.h>
#include <stdio.h>      /* fopen,fclose,fprintf,fgets,sscanf */
                        /* FILE,rewind,NULL                  */
#include <math.h>       /* sin,cos */
#endif

/***************************************************************************
 *   Functions
 ***************************************************************************/
int wrim88f(FR_INT4,int);
int wlog88f(FR_INT4,int);

/***************************************************************************
 * hier beginnt Function ri188
 * ri188.c liest z88i1.txt ein
 * hier wird File z88i1.txt geoeffnet
 ***************************************************************************/
int ri188(void)
{
extern FILE *fi1,*fwlo;
extern char ci1[];

extern FR_DOUBLEAY x;
extern FR_DOUBLEAY y;
extern FR_DOUBLEAY z;

extern FR_INT4AY koi;
extern FR_INT4AY ifrei;
extern FR_INT4AY koffs;
extern FR_INT4AY ityp;

extern FR_INT4 ndim,nkp,ne,nfg;

FR_INT4 i,idummy,kofold= 0;

char cline[256];

/*------------------------------------------------------------------
```

```
* Start Function
*-----------------------------------------------------------------*/

/*------------------------------------------------------------------
* Oeffnen Z88I1.TXT
*-----------------------------------------------------------------*/
fi1= fopen(ci1,"r");
rewind(fi1);

/*------------------------------------------------------------------
* Einlesen der allgemeinen Strukturdaten
*-----------------------------------------------------------------*/
fgets(cline,256,fi1);
sscanf(cline,"%ld %ld %ld %ld",&ndim,&nkp,&ne,&nfg);

/*******************************************************************
* Einlesen der Koordinaten
*******************************************************************/
for(i= 1; i <= nkp; i++)
   {
   fgets(cline,256,fi1);
   sscanf(cline,"%ld %ld %lg %lg %lg",
   &idummy,&ifrei[i],&x[i],&y[i],&z[i]);
   }

/*******************************************************************
* einlesen der koinzidenz
*******************************************************************/
for(i= 1; i <= ne; i++)
   {
   fgets(cline,256,fi1);
   sscanf(cline,"%ld %ld",&idummy,&ityp[i]);

/*------------------------------------------------------------------
* den koinzidenzvektor koi & den zugehoerigen pointervektor koffs
* auffuellen
*-----------------------------------------------------------------*/

/*==================================================================
* elementtyp 4
*================================================================*/
   if(ityp[i]== 4)
      {
      if(i== 1) koffs[1]= 1;
      else      koffs[i]= koffs[i-1] + kofold;

      fgets(cline,256,fi1);
      sscanf(cline,"%ld %ld",
      &koi[koffs[i]   ], &koi[koffs[i] +1]);

      kofold= 2;
      }
/*==================================================================
* elementtypen 10
*================================================================*/
   if(ityp[i]== 10)
      {
      if(i== 1) koffs[1]= 1;
      else      koffs[i]= koffs[i-1] + kofold;

      fgets(cline,256,fi1);
```

```
      sscanf(cline,"%ld %ld %ld %ld %ld %ld %ld %ld %ld %ld\
%ld %ld %ld %ld %ld %ld %ld %ld %ld %ld",
      &koi[koffs[i]    ], &koi[koffs[i] + 1],
      &koi[koffs[i] + 2], &koi[koffs[i] + 3],
      &koi[koffs[i] + 4], &koi[koffs[i] + 5],
      &koi[koffs[i] + 6], &koi[koffs[i] + 7],
      &koi[koffs[i] + 8], &koi[koffs[i] + 9],
      &koi[koffs[i] +10], &koi[koffs[i] +11],
      &koi[koffs[i] +12], &koi[koffs[i] +13],
      &koi[koffs[i] +14], &koi[koffs[i] +15],
      &koi[koffs[i] +16], &koi[koffs[i] +17],
      &koi[koffs[i] +18], &koi[koffs[i] +19]);

      kofold= 20;
      }

   }
/*----------------------------------------------------------------
* Z88I1.TXT schliessen
*---------------------------------------------------------------*/
fclose(fi1);
return (0);
}
```

In diesem Programmteil fällt auf, daß alle Vektoren dynamisch als Pointer definiert wurden. Das ist ein großer Vorteil der Sprache C (mit FORTRAN90 geht das auch). C-Programme können also während der Laufzeit des Programms Speicher für Vektoren und Matrizen anfordern. Gerade bei FEA-Programmen, bei denen man beim Programmentwurf nicht weiß, wie groß die zu berechnenden Strukturen werden, kann man so nach Einlesen einiger Informationen zur Struktur dann den Speicher genau passend anfordern. Dieses Anfordern des Speichers zur Laufzeit ist allerdings nicht ganz ohne Probleme. Bei UNIX-Betriebssystemen funktioniert das eigentlich immer sehr sicher; bei älteren Windows-Versionen ist das recht fragwürdig. In jedem Fall ist man bei kritischen Programmsektionen sehr gut beraten, wenn man den Speicher so bald wie möglich nach dem Programmstart anfordert und während des Programmlaufs nicht mit `free`, `realloc` und dgl. arbeitet

Dies ist in bezug auf Stabilität ein Vorteil von FORTRAN77-Programmen: Hier werden Vektoren ausschließlich statisch angefordert, d.h. bereits zur Übersetzungszeit. Wird das Programm gestartet, erkennt der Programloader sofort aus dem Programheader, welche Mengen an Speicher benötigt werden und ob das Betriebssystem ihn bereitstellen kann. Können die Speicherbedarfe nicht befriedigt werden, beendet der Programloader sofort wieder das Userprogram.

Aber auch in FORTRAN77-Programmen kann man mit quasi-dynamischem Speicher arbeiten: Man hat den größten Teil seines FEA-Programms im Objectcode vorliegen. Lediglich eine kleine FORTRAN77-Subroutine liegt im Quellcode vor. Hier trägt der Preprozessor die Speicherbedarfe für den aktuellen Berechnungsfall ein; anschließend wird diese kleine Subroutine automatisch und für den Benutzer unsichtbar übersetzt und mit dem Programmrest, der schon compiliert vorliegt, gelinkt. Sehr raffiniert. Mit diesem Trick arbeitet z.B. das Großprogramm *MARC*.

Doch zurück zur dynamischen Speicheranforderung. Am einfachsten ist es, wenn man eine kleine Datei bereitstellt, welche in Form von Schlüsselworten den Speicher definiert:

```
DYNAMIC START
      COMMON START
            MAXGS  1000000
            MAXKOI 20000
            MAXK   4000
            MAXE   2000
            MAXNFG 10000
      COMMON END
DYNAMIC END
```

Diese kleine Datei möge momentan für die Gesamtsteifigkeitsmatrix 1000000 Speicherplätze definieren, im Koinzidenzvektor mögen 20000 Speicherplätze angemeldet sein und für Knoten und Elemente sind jeweils 4000 bzw. 2000 Plätze vorgesehen. 10000 Speicherplätze für alle Freiheitsgrade. Diese Datei soll **Z88.DYN** heißen.

Eine hier stark vereinfachte Funktion **DYN88F.C** (aber die richtige und ausführliche ist auf der CD-ROM enthalten), welche den Speicher für sämtliche Vektoren für den Z88®-Solver **Z88F** bereitstellt, soll demonstrieren, wie man dynamisch über die oben gezeigt kleine Datei Speicher anfordert:

Dabei sind folgende Definitionen zu beachten:

```c
#define FR_DOUBLEAY  double *  /* Pointer auf double */
#define FR_INT4AY    long *    /* Pointer auf long   */
#define FR_INT4      long      /* 4 Bytes Integer    */
#define FR_CALLOC    calloc    /* calloc             */
```

```
/***********************************************************************
*
*                    *****       ***         ***
*                        *      *   *       *   *
*                        *       ***         ***
*                        *      *   *       *   *
*                    *****       ***         ***
*
* A FREE Finite Elements Analysis Program in ANSI C for the UNIX OS.
*
* Composed and edited and copyright by
* Professor Dr.-Ing. Frank Rieg, University of Bayreuth, Germany
*
* eMail:
* frank.rieg@uni-bayreuth.de
* dr.frank.rieg@t-online.de
*
* V9.0  November 9, 1998
*
* Z88 should compile and run under any UNIX OS and Motif 2.0.
*
* This program is free software; you can redistribute it and/or modify
* it under the terms of the GNU General Public License as published by
* the Free Software Foundation; either version 2, or (at your option)
* any later version.
*
* This program is distributed in the hope that it will be useful,
* but WITHOUT ANY WARRANTY; without even the implied warranty of
* MERCHANTABILITY or FITNESS FOR A PARTICULAR PURPOSE.  See the
* GNU General Public License for more details.
*
* You should have received a copy of the GNU General Public License
* along with this program; see the file COPYING.  If not, write to
* the Free Software Foundation, 675 Mass Ave, Cambridge, MA 02139, USA.
***********************************************************************/
/***********************************************************************
*   function dyn88f liest z88.dyn aus und laesst memory kommen
*   hier wird File Z88.DYN erneut geoeffnet (vorher schon in lan88f)
*   5.10.99 - stark vereinfacht fuer FEA- Buch
***********************************************************************/

/***********************************************************************
* Fuer UNIX
***********************************************************************/
#ifdef FR_UNIX
#include <z88f.h>
#include <stdio.h>    /* FILE,NULL,fopen,fclose,fgets,sscanf */
                      /* rewind                              */
#include <string.h>   /* strstr */
#include <stdlib.h>   /* FR_CALLOC */
#endif

/***********************************************************************
* Fuer Windows 95
***********************************************************************/
#ifdef FR_WIN95
#include <z88f.h>
#include <stdio.h>    /* FILE,NULL,fopen,fclose,fgets,sscanf */
                      /* rewind                              */
#include <string.h>   /* strstr */
#include <stdlib.h>   /* FR_CALLOC */
#endif
```

```
/********************************************************************
*   Functions
********************************************************************/
int wlog88f(FR_INT4,int);

/********************************************************************
*   hier beginnt Function dyn88f
********************************************************************/
int dyn88f(void)
{
extern FR_DOUBLEAY gs;
extern FR_DOUBLEAY x;
extern FR_DOUBLEAY y;
extern FR_DOUBLEAY z;

extern FR_INT4AY ip;
extern FR_INT4AY koi;
extern FR_INT4AY ifrei;
extern FR_INT4AY ioffs;
extern FR_INT4AY koffs;

extern FILE *fdyn, *fwlo;

extern FR_INT4 MAXGS,MAXNFG,MAXK,MAXE,MAXKOI;

char cline[256], cdummy[80];

/*-------------------------------------------------------------------
*   dyn- datei z88.dyn oeffnen
*------------------------------------------------------------------*/
fdyn= fopen("z88.dyn","r");
if(fdyn == NULL)return(AL_NODYN);
rewind(fdyn);

/*-------------------------------------------------------------------
*   dyn- datei z88.dyn lesen
*------------------------------------------------------------------*/
fgets(cline,256,fdyn);

if( (strstr(cline,"DYNAMIC START"))!= NULL)            /* Lesen File */
   {
   do
     {
     fgets(cline,256,fdyn);

     if( (strstr(cline,"COMMON START"))!= NULL)        /* Lesen COMMON */
        {
        do
          {
          fgets(cline,256,fdyn);
          if( (strstr(cline,"MAXGS"))!= NULL)          /* Lesen MAXGS */
             sscanf(cline,"%s %ld",cdummy,&MAXGS);
          if( (strstr(cline,"MAXKOI"))!= NULL)         /* Lesen MAXKOI */
             sscanf(cline,"%s %ld",cdummy,&MAXKOI);
          if( (strstr(cline,"MAXK"))!= NULL)           /* Lesen MAXK */
             sscanf(cline,"%s %ld",cdummy,&MAXK);
          if( (strstr(cline,"MAXE"))!= NULL)           /* Lesen MAXE */
             sscanf(cline,"%s %ld",cdummy,&MAXE);
          if( (strstr(cline,"MAXNFG"))!= NULL)         /* Lesen MAXNFG */
             sscanf(cline,"%s %ld",cdummy,&MAXNFG);
```

5 Compilation, Speicherverfahren und Randbedingungen

```
         }
       while( (strstr(cline,"COMMON END"))== NULL);
         }                                                    /* end if COMMON START
*/

    }
  while( (strstr(cline,"DYNAMIC END"))== NULL);

  }                                                           /* end if DYNAMIC
START */
else
  {
  return(AL_WRONGDYN);
  }
/*------------------------------------------------------------------
* file fdyn schliessen
*------------------------------------------------------------------*/
fclose(fdyn);

/*------------------------------------------------------------------
*  memory kommen lassen ..
*------------------------------------------------------------------*/

/*==================================================================
*  memory fuer gs
*==================================================================*/
gs= (FR_DOUBLEAY) FR_CALLOC((MAXGS+1L),sizeof(double));
if(gs == NULL) return(AL_NOMEMY);

/*==================================================================
* memory fuer x, y, z
*==================================================================*/
x= (FR_DOUBLEAY) FR_CALLOC((MAXK+1L),sizeof(double));
if(x == NULL) return(AL_NOMEMY);

y= (FR_DOUBLEAY) FR_CALLOC((MAXK+1L),sizeof(double));
if(y == NULL) return(AL_NOMEMY);

z= (FR_DOUBLEAY) FR_CALLOC((MAXK+1L),sizeof(double));
if(z == NULL) return(AL_NOMEMY);

/*==================================================================
*  memory fuer ip, koi
*==================================================================*/
ip= (FR_INT4AY) FR_CALLOC((MAXNFG+1L),sizeof(long));
if(ip == NULL) return(AL_NOMEMY);

koi= (FR_INT4AY) FR_CALLOC((MAXKOI+1L),sizeof(long));
if(koi == NULL) return(AL_NOMEMY);

/*==================================================================
*  memory fuer ifrei, ioffs, koffs
*==================================================================*/
ifrei= (FR_INT4AY) FR_CALLOC((MAXK+1L),sizeof(long));
if(ifrei == NULL) return(AL_NOMEMY);

ioffs= (FR_INT4AY) FR_CALLOC((MAXK+1L),sizeof(long));
if(ioffs == NULL) return(AL_NOMEMY);

koffs= (FR_INT4AY) FR_CALLOC((MAXE+1L),sizeof(long));
if(koffs == NULL) return(AL_NOMEMY);
```

```
/****************************************************************
 * alles o.k.
 ****************************************************************/
return(0);
}
```

Damit sind die wesentlichen Vorarbeiten erledigt und wir müssen uns nun der Frage nach dem eigentlichen Speicherverfahren zuwenden. Es ist inzwischen dem Leser klargeworden, daß rein theoretisch die Speicherbedarfe besonders für die Gesamtsteifigkeitsmatrizen ganz enorm sind. Wenn wir von unseren oben ausgeführten Annahmen ausgehen, d.h. 1.000 Koordinatentripel, dann bedeutet dies, daß im Falle des allgemeinen räumlichen Spannungszustands 1.000 Knoten * 3 Freiheitsgrade je Knoten = 3.000 Freiheitsgrade vorliegen. Die Gesamtsteifigkeitsmatrix hat also die (theoretische) Größe 3.000 * 3.000 = 9.000.000 Speicherplätze. Sehen wir `double` Zahlen mit jeweils 8 Byte vor, dann braucht diese Matrix einen Speicher von 9.000.000 * 8 Bytes = 72.000.000 Bytes = 72 Mbytes! Und eine Raumstruktur mit 1.000 Knoten ist wirklich nichts Besonderes. Bei einer mittelgroßen Raumstruktur mit, sagen wir 20.000 Knoten, wäre der theoretische Speicherbedarf 20.000 * 20.000 * 3 Freiheitsgrade * 8 Bytes = 9,6 Gbyte.

Damit ist ersichtlich, daß die üblichen Matrizenmethoden, wie sie in den mathematischen Lehrbüchern zu finden sind, völlig ungeeignet für Finite Elemente Analysen sind. Man muß die Eigenheiten der FEA-Gleichungsysteme kennen und ausnutzen, um Speicherplatz im großen Stil zu sparen. Es sind für FEA-Anwendungen im wesentlichen drei grundlegend unterschiedliche Verfahren (es gibt weitere und Abwandlungen, aber für dieses Spezialgebiet würden wir auf die FEA-Standardwerke verweisen wollen) bekannt geworden:

- Die Bandspeicherung
- Das Skyline-Verfahren
- Speichern der Nicht-Null Elemente

Ganz grob kann man zunächst sagen, daß von Bandspeicherung über Skyline-Verfahren bis Speichern der Nicht-Null Elemente der Speicherbedarf jeweils ganz spürbar abnimmt, aber dafür die Programmkomplexität ganz merklich zunimmt – und damit auch die Rechenzeit. Das bedeutet: Die Bandspeicherung ist relativ einfach zu programmieren und ist daher auch sehr schnell, aber sie braucht meist (natürlich gibt es Ausnahmen von dieser Faustregel...) den größten Speicher. Umgekehrt benötigt man bei Einsatz des „Speichern der Nicht-Null Elemente"-Verfahrens meist extrem wenig Speicher, aber die programmtechnische Realisierung ist sehr diffizil. Das Skyline-Verfahren ist ein guter Kompromiß und wird daher in der Praxis gerne verwendet.

Für alle drei Verfahren gibt es folgende Gemeinsamkeiten:

a) Bei der FEA von elastostatischen Strukturen liegen immer *symmetrische* und *positiv definite* Gesamtsteifigkeitsmatrizen vor. Es genügt daher, entweder nur das untere Dreieck oder das obere Dreieck zu speichern. Dies kommt der in Kapitel 6 näher erläuterten LU-Zerlegung sehr entgegen.

b) Die Gesamtsteifigkeitsmatrizen sind grundsätzlich *dünn besetzt*, d.h. sie enthalten sehr viele Nullen.

c) Oft sind die Gesamtsteifigkeitsmatrizen *schlecht konditioniert*.

Aus der Feststellung c) resultiert, daß die Matrixelemente grundsätzlich mindestens mit 8 Byte Genauigkeit abgespeichert werden sollten. Das entspricht den C- bzw. FORTRAN-Datentypen `double` bzw. `double precision` bzw. `real*8`. Auch sämtliche Berechnungen sollten immer mit mindestens 8 Byte Genauigkeit ausgeführt werden. Man kann also die Datentypen `float` bzw. `real*4` gleich vergessen.

Die folgenden Beispiele für Gesamtsteifigkeitsmatrizen mögen die gemeinsamen Punkte näher erläutern:

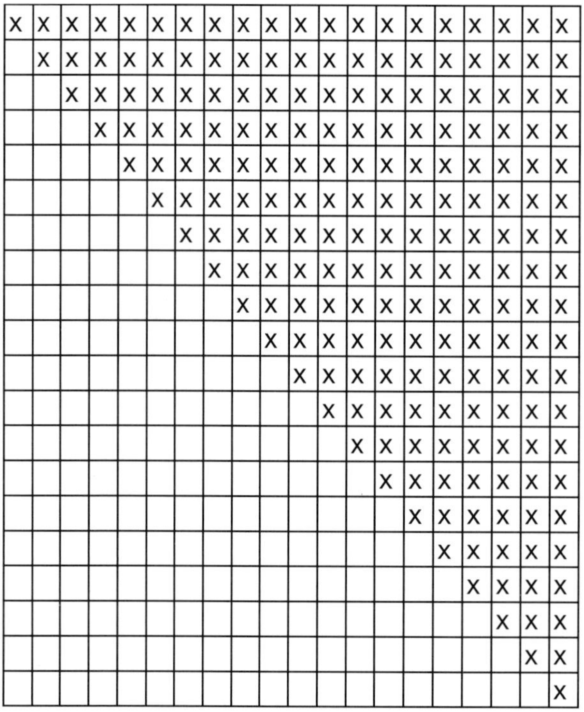

Bild 5-3: Beispiel einer Elementsteifigkeitsmatrix: Nur oberes Dreieck braucht gespeichert zu werden

X																	X		
	X	X	X		X									X					
		X									X	X							
			X	X		X	X	X			X							X	
				X	X								X		X			X	
					X		X	X		X	X								
						X	X		X				X	X	X				
							X				X								
								X	X			X							
									X	X		X							
										X						X			
											X		X	X					X
												X	X						
													X						
														X	X				
															X	X	X	X	X
																X			
																	X		X
																		X	
																			X

Bild 5-4: Beispiel einer dünn besetzten Gesamtsteifigkeitsmatrix, nur oberes Dreieck ***U***

1									
	10								
		100							
			1000						
				10000					
					1				
						1000			
							0,1		
								$1 \cdot 10^5$	
									100

Bild 5-5: Beispiel einer schlecht konditionierten Matrix: Starke Größenordnungsunterschiede auf der Hauptdiagonalen

Es soll nun kurz die Bandspeicherung betrachtet werden. Die Bandbreite einer Bandmatrix $\boldsymbol{A}$ soll m heißen und es gilt:

$a_{ij} = 0$ für alle i,j mit $|i - j| > m$

Damit ist die Bandbreite einfach die Anzahl der Nebendiagonalen oberhalb (bei einer unteren Dreiecksmatrix $\boldsymbol{L}$ dann unterhalb) der Hauptdiagonalen, die Nicht-Null Elemente enthalten. So ist die Bandbreite in der unten gezeigten Matrix dann 7.

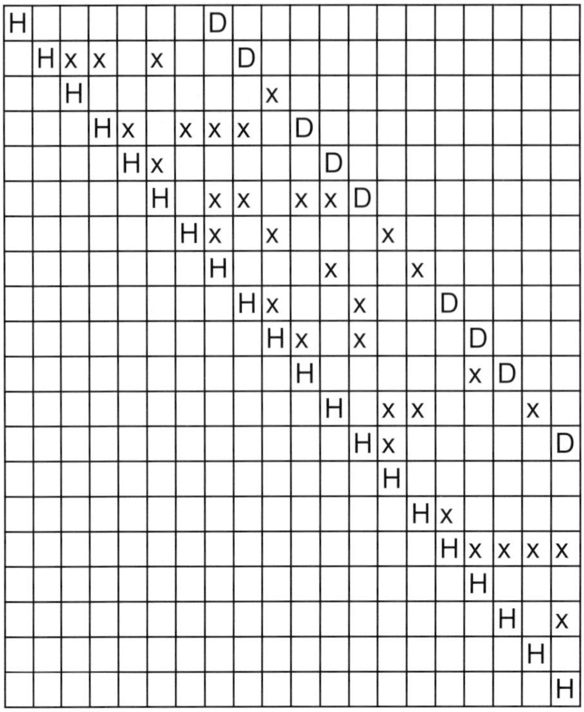

Bild 5-6: Beispiel für eine Bandmatrix

Das Band wird durch die beiden Diagonalen H (die Hauptdiagonale) und D gebildet. Auf der Linie D liegen noch Matrixelemente, darüber nicht mehr. Zwischen beiden Diagonalen und direkt auf ihnen kommen Nicht-Null Elemente (x) und Null-Elemente ( ) vor.

Das Ziel muß offensichtlich sein, die Bandbreite m möglichst klein zu halten. Sie wird bestimmt durch die größte Indexdifferenz der Knotennummern, die innerhalb der jeweiligen finiten Elemente auftauchen. Mal angenommen, wir hätten eine ganze Reihe von 8-Knoten Serendipity Scheiben, die eine FE-Struktur bilden. Wir betrachten zwei beliebige und fiktive Elemente:

Element Nr. 815: 31 – 34 – 67 – 55 – 89 – 63 – 40 – 48

Element Nr.4711: 10 – 19 – 123 – 56 – 99 – 1010 – 777 – 613

Bei Element Nr.815 wäre die maximale Knotenzahldifferenz 89 – 31 = 58

Bei Element Nr.4711 ist die maximale Knotenzahldifferenz 1010 – 10 = 1000

Wenn Element Nr.4711 mit der Knotenzahldifferenz von 1000 den größten Wert innerhalb aller finiten Elemente der Struktur stellen würde, dann wäre hier die Bandbreite $m = 1000$. Es läßt sich leicht denken, daß die Elementnumerierung direkt verantwortlich für die Bandbreite und damit den Speicherbedarf ist. Betrachten wir eine FEA-Struktur aus 8-Knoten Serendipity Scheiben, die wir auf zwei verschiedene Arten numerieren:

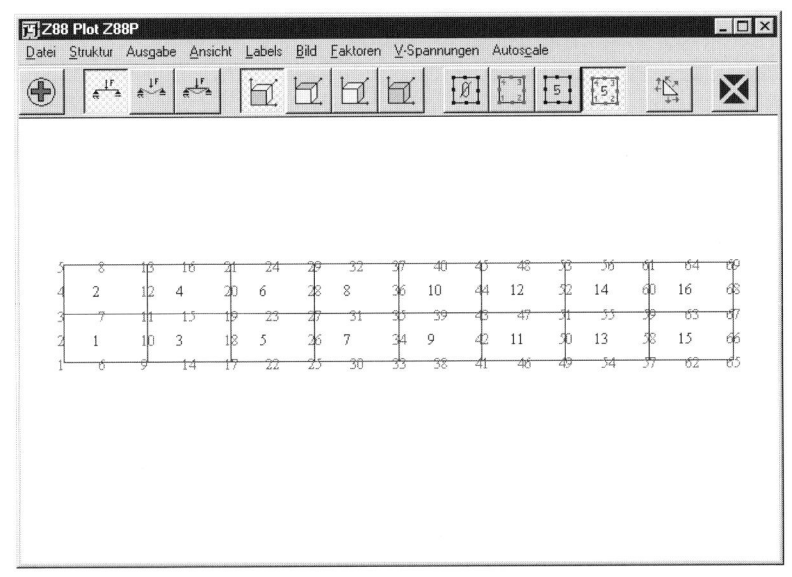

Bild 5-7: Beispiel für die richtige Numerierung von Finit Elementen

Ungewöhnlich auf den ersten Blick, aber richtig numeriert: Die kurzen Seiten müssen am schnellsten durchlaufen werden. Maximale Knotenzahldifferenz ist 10, und zwar trifft das für alle Elemente zu.

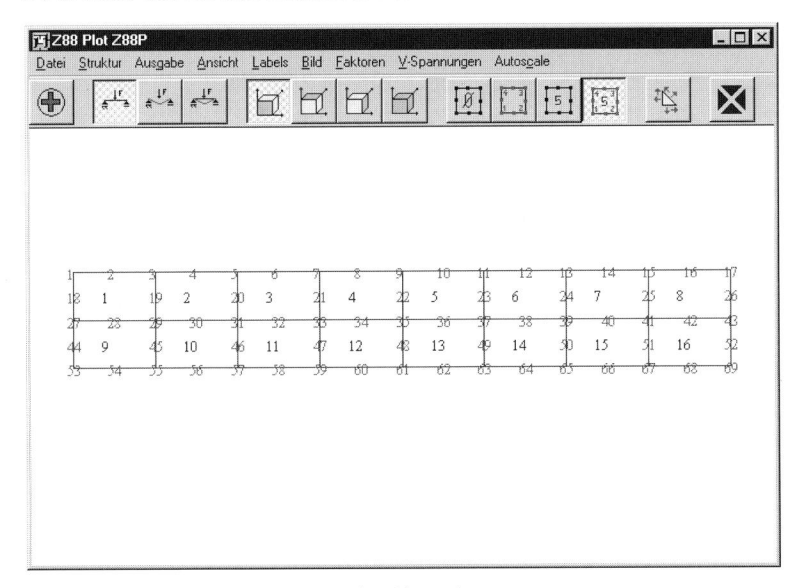

Bild 5-8: Beispiel einer sehr ungünstige Numerierung

Naheliegend, aber anfängerhaft. Der Speicherbedarf ist ungefähr dreimal so hoch wie oben. Maximale Knotenzahldifferenz ist 28; das trifft hier für alle Elemente zu. Nun kommt ein besonders unangenehmer Fall: Ringförmige Strukturen.

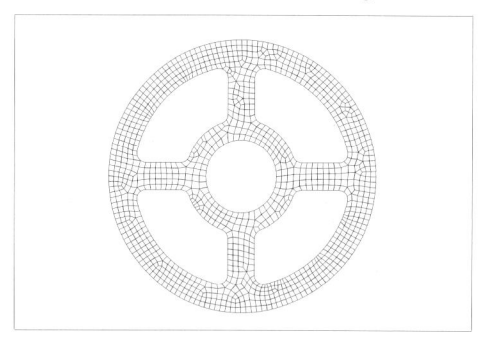

Bild 5-9: Beispiel einer ringförmigen FE-Struktur

Man kann sich noch so anstrengen: Wenn man bei 12 Uhr zu numerieren beginnt und schreitet im Uhrzeigersinn über 3 Uhr, 6 Uhr und 9 Uhr fort, dann wird man irgendwann unweigerlich wieder bei 12 Uhr landen. Und genau die finiten Elemente an diesen Nahtstellen haben extrem hohe Knotenzahldifferenzen. Die Gesamtsteifigkeitsmatrix sieht dann in etwa so aus:

x			D													x	x	
	x	x	x		x											x	x	
		x			D													
		x	x		x	x												
			x	x			D											
				x		x	x	D										
				x	x		x	D										
					x			x										
						x	x		x									
							x		x	x	D							
									x			D						
									x		x	x	D					
											x	x		D				
												x			D			
												x	x			D		
													x	x	x	x	x	
														x				
																x		x
																x		x

Bild 5-10: Gesamtsteifigkeitsmatrix einer ringförmigenStruktur

An sich könnte man eine schöne geringe Bandbreite haben, was mit der Nebendiagonalen D (die aber nicht die äußerste Grenze ist!) angedeutet ist. Aber die Stoßstellen bei 12 Uhr, d.h. wenn die letzten vergebenen Knotennummern wieder auf die Startnumerierung treffen, sorgen für Nicht-Null Elemente weit außerhalb (d.h. rechts oben in der Ecke), und das Bandspeicherverfahren wird extrem ineffektiv.

Das Bandspeicherverfahren ist zwar sehr einfach, aber bei gewissen Strukturtypen sehr speicherunökonomisch. Es ist extrem abhängig von einer sinnvollen Knotennumerierung. Eine gute Knotennumerierung kann entweder von Hand oder durch halbautomatische Netzgeneratoren, wie sie in Kapitel 8 beschrieben sind, ausgeführt werden. Dagegen neigen vollautomatische Netzgeneratoren z.B. in CAD-Programmen, sog. Automesher, oft zu zwar sehr schnell erzeugten Netzen, die aber katastrophal numeriert sind, also sehr große Knotenzahldifferenzen aufweisen.

Abhilfe können hier, wenn das Kind bereits in den Brunnen gefallen ist, also schon ein schlecht numeriertes Netz von einem Automesher vorliegt, nur noch Verfahren zur optimalen Numerierung der Knotenvariablen schaffen. Es wird also im nachhinein umnumeriert. Hier ist der *Algorithmus von Cuthill-McKee* bekannt geworden. Das FEA-Programm Z88® enthält ebenfalls ein solches Umnumerierungsprogramm, Kapitel 10. Der Algotithmus ist ausführlich bei *Schwarz* /6/ beschrieben, der auch dahingehend ein FORTRAN77 Programm veröffentlicht hat /7/, das Ausgangspunkt für das Cuthill-McKee Programm **Z88H** war.

Wesentlich ökonomischer in Bezug auf den erforderlichen Speicher ist die sog. Skyline-Speicherung:

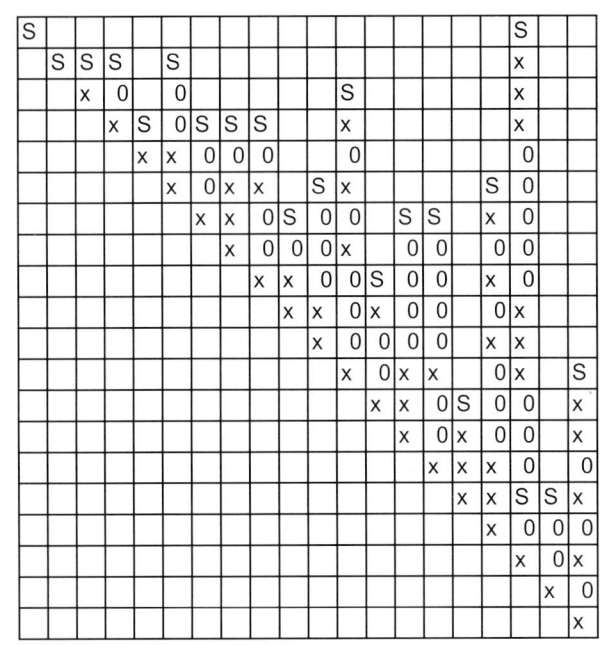

Bild 5-11: Beispiel einer Skyline-Speicherung

Die Speicherplätze mit (S) gekennzeichnet, sind die letzten Nicht-Null Elemente in einer Spalte und stellen sozusagen die Dächer der Skyline dar. Eine andere Bezeichnung für Skyline-Verfahren ist Hüllenspeicherung. Beachten Sie, daß innerhalb der Skyline sehr wohl Nullelemente (0) auftreten können. Diese Speicherplätze, die anfänglich Nullelemente enthalten, werden später vom LU-Zerlegungsprozeß *in-situ* überspeichert, siehe Kapitel 6. Dieser Speicherplatz muß also vorgehalten werden.

Dieses Skyline-Speicherverfahren ist programmtechnisch weitaus anspruchsvoller als die einfache Bandspeicherung, aber schon deutlich unempfindlicher gegenüber schlechten Knotennumerierungen als das Bandverfahren – ideal ist es dahingehend noch lange nicht. Im Falle der oben gezeigten rechteckigen Strukturen mit sechzehn 8-Knoten Serendipity Scheiben werden bei günstiger Numerierung 2.216 Matrixelemente und bei ungünstiger Numerierung aber 5.096 Speicherplätze benötigt.

Da aber das Skyline-Verfahren ein guter Kompromiß hinsichtlich Speicherökonomie, Programmieraufwand und Solvereignung darstellt, soll es nun näher erläutert werden. Wir beginnen mit einem praktischen Beispiel, also einer Gesamtsteifigkeitsmatrix, die hier nur ein 8 * 8 System abbilden soll:

	j=1	j=2	j=3	j=4	j=5	j=6	j=7	j=8
i=1	1	X			X			
i=2		2	X	X	0			
i=3				4	0	0	X	X
i=4					6	0	0	0
i=5					9	X	0	X
i=6						14	0	0
i=7							18	0
i=8								23	27

Bild 5-12: Beispiel Skylineverfahren

Diese Gesamtsteifigkeitsmatrix möge `gs` heißen, und sie wird programmintern als Vektor gespeichert. Zusätzlich wird ein Pointervektor `ip` angelegt, der die Lage der Hauptdiagonalelemente speichert. Wir beginnen auch hier wieder erst bei Index 1 wegen der besseren Übersicht:

```
ip = {0, 1, 2, 4, 6, 9, 14, 18, 23, 27}

gs = {0,   a₁₁,  a₂₂,  a₁₂,  a₃₃,  a₂₃,  a₄₄,  a₃₄,  a₂₄,  a₅₅,  ...,
aₙ,ₙ₊₁}
```

Damit wird:

gs_{ij} = gs[ip[j] + j - i]

Beispiele

gs_{15} = gs[9 + 5 - 1] = 13. Vektorelement
gs_{11} = gs[1 + 1 - 1] = 1. Vektorelement
gs_{58} = gs[23+ 8 - 5] = 26. Vektorelement

Im Programmablauf muß noch getestet werden, ob das angefragte Element überhaupt vorhanden ist:

ianz = ip[j+1] - ip[j]
if(ianz >= j - i + 1)   dann Element vorhanden

Beispiel

gs_{58} vorhanden? ianz = 27 - 23 = 4, 4 >= 8 - 5 + 1, das stimmt.

Um die ggf. unterschiedlichen Freiheitsgrade am jeweiligen Knoten zu berücksichtigen, wird noch ein Vektor ioffs eingeführt:

ioffs[1]= 1;

for(i= 2; i <= nkp; i++)
   ioffs[i]= ioffs[i-1] + ifrei[i-1];

Damit kann untenstehend eine Funktion gezeigt werden, die eine Gesamtsteifigkeitsmatrix (noch ohne konkrete Zahlenwerte – das braucht erst in einem späteren Schritt erfolgen) in Skyline-Speichertechnik aufbaut. Es geht also nur um den Vektor ip:

Dabei sind folgende Definitionen zu beachten:

```
#define FR_INT4AY    long *        /* Pointer auf long */
#define FR_INT4      long          /* 4 Bytes Integer */
```

```c
/*****************************************************************
*                  *****      ***       ***
*                  *   *     *   *     *   *
*                  *         ***       ***
*                  *         *   *     *   *
*                  *****     ***       ***
*
* A FREE Finite Elements Analysis Program in ANSI C for the UNIX OS.
*
* Composed and edited and copyright by
* Professor Dr.-Ing. Frank Rieg, University of Bayreuth, Germany
*
* V9.0  November 9, 1998
*
* Z88 should compile and run under any UNIX OS and Motif 2.0.
*
* This program is free software; you can redistribute it and/or modify
* it under the terms of the GNU General Public License as published by
* the Free Software Foundation; either version 2, or (at your option)
* any later version.
*
* This program is distributed in the hope that it will be useful,
* but WITHOUT ANY WARRANTY; without even the implied warranty of
* MERCHANTABILITY or FITNESS FOR A PARTICULAR PURPOSE.  See the
* GNU General Public License for more details.
*
* You should have received a copy of the GNU General Public License
* along with this program; see the file COPYING.  If not, write to
* the Free Software Foundation, 675 Mass Ave, Cambridge, MA 02139, USA.
*****************************************************************/
/*****************************************************************
* z88a.c (nur Z88-Elementtypen 4 und 10 fuer FEA- Buch)
* 5.10.99
*****************************************************************/

/*****************************************************************
* Fuer UNIX
*****************************************************************/
#ifdef FR_UNIX
#include <z88f.h>
#include <stdio.h>
#endif

/*****************************************************************
* Fuer Windows 95
*****************************************************************/
#ifdef FR_WIN95
#include <z88f.h>
#endif

/*****************************************************************
* hier beginnt Function z88a
*****************************************************************/
int z88a(void)
{
extern FR_INT4AY ip;
extern FR_INT4AY koi;
extern FR_INT4AY ioffs;
extern FR_INT4AY ifrei;
extern FR_INT4AY koffs;
extern FR_INT4AY ityp;
```

```
extern FR_INT4 mcomp[];

extern FR_INT4 nkp,ne,nfg;

FR_INT4 i,i2,j,j2,is,k,mxknot,mxfrei,mcompi,mcompj;
FR_INT4 ianz,idiff;

/*--------------------------------------------------------------------
 * Start Function
 *------------------------------------------------------------------*/

/********************************************************************
 * Berechnung des Offsetvektors ioffs
 ********************************************************************/
ioffs[1]= 1;

for(i= 2;i <= nkp;i++)
   ioffs[i]= ioffs[i-1]+ifrei[i-1];

/********************************************************************
 * Aufbau der Skyline fuer gs,obere Haelfte
 ********************************************************************/
/*--------------------------------------------------------------------
 * ip auf Startwerte setzen
 *------------------------------------------------------------------*/
for(i= 1;i <= (nfg+1);i++)
   ip[i]= i;

/*--------------------------------------------------------------------
 * grosse Formatierungsschleife
 *------------------------------------------------------------------*/
for(k= 1;k <= ne;k++)
    {
/*--------------------------------------------------------------------
 * Start Stabelement
 *------------------------------------------------------------------*/
    if(ityp[k]== 4)
       {

/*--------------------------------------------------------------------
 *   Formatieren fuer stab88
 *------------------------------------------------------------------*/
      mcomp[1]= ioffs[ koi[koffs[k]   ]] -1;
      mcomp[2]= ioffs[ koi[koffs[k]+1]] -1;

      mxknot= 2;
      mxfrei= 3;

      goto L7000;

/*--------------------------------------------------------------------
 *   Ende Stabelement
 *------------------------------------------------------------------*/
      }

/*--------------------------------------------------------------------
 * Start 20-Knoten Quader, isoparametrischer quadratischer Ansatz
 *------------------------------------------------------------------*/
    else if(ityp[k]== 10)
       {
```

```
/*-----------------------------------------------------------------
 *   Formatieren fuer hexa88
 *----------------------------------------------------------------*/
    for(i= 1;i <= 20;i++)
      mcomp[i]= ioffs[ koi[koffs[k]+i-1]] -1;

    mxknot= 20;
    mxfrei= 3;

    goto L7000;

/*-----------------------------------------------------------------
 *   Ende isopara-20-Knoten Quader
 *----------------------------------------------------------------*/
    }

/*-----------------------------------------------------------------
 * nun Aufbau der Skyline
 *----------------------------------------------------------------*/
  L7000:;
  for(j= 1;j <= mxknot;j++)
    {
    for(j2= 1;j2 <= mxfrei;j2++)
      {
      for(i= 1;i <= mxknot;i++)
        {
        for(i2= 1;i2 <= mxfrei;i2++)
          {
          mcompi= mcomp[i]+i2;
          mcompj= mcomp[j]+j2;
          if(mcompi > mcompj) goto L210;
          ianz= ip[mcompj+1]-ip[mcompj];
          if(ianz >= (mcompj-mcompi+1)) goto L210;
          idiff= (mcompj-mcompi)-(ianz-1);
          for(is= (nfg+1);is >= (mcompj+1);is--)
            {
            ip[is]= ip[is] + idiff;
            }
          L210:;
          }
        }
      }
    }

/*******************************************************************
* Ende der Schleife ueber alle Elemente
*******************************************************************/
    }

/*******************************************************************
* Ende Z88A
*******************************************************************/
return(0);
}
```

Der eigentliche Compilationsprozeß läuft sinngemäß, nur werden jeweils die Elementsteifigkeitsmatrizen se berechnet und dann in die Gesamtsteifigkeitsmatrix gs addiert. Zwei Programmbruchstücke mögen das Wesentliche zeigen; die ausführliche Funktion heißt **Z88B.C** auf der CD-ROM:

5 Compilation, Speicherverfahren und Randbedingungen

Einbau einer Elementsteifigkeitsmatrix für einen 20-Knoten Serendipity Hexaeder:

```
/*----------------------------------------------------------------
 * Start 20-Knoten Hexaeder, isoparametrischer quadratischer Ansatz
 *---------------------------------------------------------------*/
   else if(ityp[k]== 10)
     {

/*----------------------------------------------------------------
 * isopara 20-Knoten Hexaeder: zutreffende Koordinaten bestimmen
 *---------------------------------------------------------------*/
     for(i = 1;i <= 20;i++)
        {
        xk[i] = x [koi[koffs[k]+i-1]];
        yk[i] = y [koi[koffs[k]+i-1]];
        zk[i] = z [koi[koffs[k]+i-1]];
        }
/*----------------------------------------------------------------
 * nun Elementsteifigkeitsmatrix fuer iso-20-Knoten Hexaeder berechen
 *---------------------------------------------------------------*/
     iret= hexa88();
     if(iret != 0) return(iret);


/*----------------------------------------------------------------
 * Compilation fuer hexa88, kompakte Speicherung mit Pointervektor
 *---------------------------------------------------------------*/
     for(i = 1;i <= 20;i++)
       mcomp[i]= ioffs[ koi[koffs[k]+i-1]] -1;

     mxknot= 20;
     mxfrei= 3;

     goto L7000;

/*----------------------------------------------------------------
 * Ende isopara-20-Knoten Hexaeder
 *---------------------------------------------------------------*/
     }
```

Und hier der eigentliche Compilationsschritt:

```
/*----------------------------------------------------------------
 * nun Compilation ausfuehren
 *---------------------------------------------------------------*/
L7000:;
        ise= 0;

        for(j = 1;j <= mxknot;j++)
           {
           for(j2 = 1;j2 <= mxfrei;j2++)
              {
              for(i = 1;i <= mxknot;i++)
                 {
                 for(i2 = 1;i2 <= mxfrei;i2++)
                    {
                    mcompi= mcomp[i]+i2;
                    mcompj= mcomp[j]+j2;
```

```
                    ise++;
                    if(mcompj >= mcompi)
                      {
                        index= ip[mcompj]+mcompj-mcompi;
                        gs[index]= gs[index]+se[ise];
                      }
                  }
                }
              }
            }
          }
/****************************************************************
* Ende der Schleife ueber alle Elemente
****************************************************************/
    }
```

Es soll erwähnt werden, daß sowohl die Bandspeicherung als auch das Skyline-Speicherverfahren mit allen Solvern arbeiten können, d.h. mit den direkten Solvern wie Gauß, Cholesky o.a., aber auch mit Iterationssolvern wie Jacobi-Verfahren oder der Methode der konjugierten Gradienten. Das Verfahren der Speicherung der Nicht-Nullelemente kann eigentlich nur vernünftig mit Iterationssolvern arbeiten, weil die direkten Solver während der LU-Zerlegung Elemente, die überhaupt nicht gespeichert sind, überspeichern wollten.

Verfahren der Speicherung der Nicht-Nullelemente soll hier nicht weiter abgehandelt werden; wer sich dafür interessiert, findet Näheres bei *Saad /14/*. Abschließend sollen die drei wesentlichen Speicherverfahren einander gegenüber gestellt werden:

Tabelle 5-1: Übersicht der wichtigsten Speicherverfahren

	Speicher-anforderung	Empfindlichkeit auf Knoten-numerierung	Gleichungs-löser	Programmier-aufwand
Band-speicherung	i.a.groß	hoch	alle	minimal
Skyline-Speicherung	besser als Band	mittel	alle	mittel
Nicht-Null-elemente	minimal	unempfindlich	Nur iterative	hoch

Der Einbau der Randbedingungen erfolgt wie schon in Kapitel 2 dargestellt. Unter Randbedingungen sollen hier verstanden werden:

- Kräfte
- Verschiebungen = 0
- Verschiebungen ≠ 0

5 Compilation, Speicherverfahren und Randbedingungen

In manchen kommerziellen FEA-Programmen werden nur Verschiebungen als Randbedingungen definiert und Kräfte als separate Gruppe ausgewiesen, was an sich nicht korrekt ist

Der Einbau von Einzel-Kräften ist prinzipiell trivial: Sie werden einfach an der passenden Stelle im Vektor der Rechten Seite eingetragen. Gleichstreckenlasten müssen vorher in passender Weise „von Hand" verteilt werden, vgl. Kapitel 11,

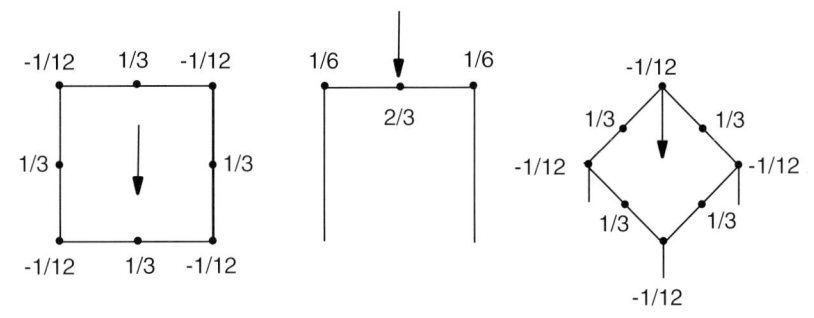

Bild 5-13: Verteilung von Gleichstreckenlasten auf FE-Strukturen

oder im FEA-Programm entsprechend der Gleichung

$$R_S = \iint_S N^T q \, ds = \iint_S N^T q \, dxdy$$

eingebaut werden, vgl. Kapitel 4.

Die Randbedingungen, die durch Verschiebungen definiert sind, sind:

Einbau homogene Randbedingung:

$$U_j = 0$$

V1.1 : Setze in K Zeile j zu 0
V1.2 : Setze in K Spalte j zu 0
V1.3 : Setze Diagonalelement j in K zu 1
V1.4: Setze Kraft F_j in F zu 0

Einbau inhomogene Randbedingung:

Die inhomogene RB habe den Wert C_j und gelte am Freiheitsgrad j

V3.1: Subtrahiere von Rechter Seite F den Spaltenvektor, der das Produkt aus C_j und Spalte j von K ist.
V3.2: Wende das Vorgehen zum Einbau homogener RB an.
V3.3: Ersetze F_j durch C_j.

6 Gleichungslöser

Den Gleichungslösern oder Solvern, wie sie im Englischen genannt werden, kommt bei der Finite Elemente Analyse eine ganz besondere Bedeutung zu. Denn wenn wir eine für heutige Verhältnisse kleine FE-Struktur mit 1.000 Freiheitsgraden vorliegen haben, dann bedeutet das, daß ein Gleichungssystem 1.000 × 1.000 gelöst werden muß. Damit ist vermutlich auch dem größten Anhänger der zu-Fuß-Rechnungen klar, daß solche Gleichungssysteme nur und ausschließlich von Computern gelöst werden können. Es wäre interessant zu wissen, wie lange ein sehr guter Mathematiker brauchen würde, um ein 1.000 × 1.000 Gleichungssystem von Hand, und das obendrein fehlerfrei, zu lösen – Wochen, Monate oder Jahre? Da der Aufwand zum Lösen der FEA-Gleichungssysteme, wie man aufgrund theoretischer Betrachtungen zeigen kann, nicht nur quadratisch (wie man meinen sollte), sondern sogar zur 3. Potenz der Anzahl der Freiheitsgrade steigt, kommt man mit den üblichen Verfahren nicht weit.

Im Gegenteil: FEA-Solver müssen auf höchste Effizienz getrimmt sein, dabei aber gleichzeitig hohe numerische Stabilität aufweisen. Tatsächlich steckt viel Know-How in den Solvern kommerzieller Großsysteme, das dann den entscheidenden Vorsprung bringt. Insbesondere die Lastverteilung auf mehrere Prozessoren ist programmtechnisch alles andere als einfach. Man muß sich darüber im Klaren sein, daß man in Eigenregie niemals so schnelle Gleichungslöser programmieren wird, wie sie eben in MARC, Pro/MECHANICA und anderen eingebaut sind. Wir verweisen gerade bei diesem Kapitel auf die Spezialliteratur; hier nennen insbesondere /6/ und /14/ eine Reihe interessanter Quellen. Dennoch müssen wir etwas Licht in dieses Dunkel bringen und uns zumindest einen Überblick verschaffen:

Grundsätzlich unterscheidet man

- direkte Verfahren
- iterative Verfahren.

Hier sollen lediglich die direkten Verfahren besprochen werden; der an Iterationssolvern interessierte Leser möge das entsprechende Kapitel bei *Schwarz* /6/ studieren, besonders die sog. Methode der konjugierten Gradienten.

Die direkten Verfahren fußen alle auf den sog. Gauß-Verfahren.

Das Gleichungssystem

$A\,x = b$

bzw.

$$\begin{pmatrix} a_{11} & a_{12} & \cdots & a_{1n} \\ a_{21} & a_{22} & \cdots & a_{2n} \\ \vdots & & & \\ a_{n1} & a_{ns} & \cdots & a_{nn} \end{pmatrix} \begin{pmatrix} x_1 \\ x_2 \\ \vdots \\ x_n \end{pmatrix} = \begin{pmatrix} b_1 \\ b_2 \\ \vdots \\ b_n \end{pmatrix}$$

bzw.

$$\sum_j a_{ij} x_j = b_i$$

wird durch elementare Umformungen wie

- Multiplikationen einer Matrixzeile mit einem Faktor.
- Addition oder Subtraktion von Vielfachen einer Matrixzeile
- Vertauschen von Zeilen

auf ein Gleichungssystem in Dreiecksform gebracht, vgl. *Stöcker /13/* und *Finck von Finkenstein /25/*:

$$\begin{pmatrix} a'_{11} & a'_{12} & \cdots & a'_{1n} \\ & a'_{22} & \cdots & a'_{2n} \\ & & \ddots & \vdots \\ & & & a'_{nn} \end{pmatrix} \begin{pmatrix} x_1 \\ x_2 \\ \vdots \\ x_n \end{pmatrix} = \begin{pmatrix} b'_1 \\ b'_2 \\ \vdots \\ b'_n \end{pmatrix}$$

Damit kann durch Rückrechnung, beginnend mit der n-ten Zeile, das System aufgelöst und der Lösungsvektor *x* bestimmt werden, d.h.

$$x_n = \frac{b'_n}{a'_{nn}} \qquad \text{aus Zeile n}$$

$$a'_{n-1,n-1} \cdot x_{n-1} + a'_{n-1,n} \cdot x_n = b'_{n-1} \qquad \text{aus Zeile n-1}$$

und

$$x_{n-1} = \frac{b'_{n-1} - x_n \cdot a'_{n-1,n}}{a'_{n-1,n-1}}$$

usw.

Es soll hier erwähnt werden, daß der an sich naheliegende Weg

$$x = A^{-1} b$$

also Multiplikation der Inversen von **A** mit der Rechten Seite **b** in der Praxis nicht genutzt wird. Und zwar ist das Invertieren von sehr großen Matrizen, die obendrein dünn besetzt und häufig schlecht konditioniert sind, sehr aufwendig, vgl. /25/. Das direkte Lösen mit einem Gauß-ähnlichen Verfahren braucht weniger Rechenoperationen.

Bei den Solvern vom Gauß-Typ wird zunächst eine Dreieckszerlegung vorgenommen:

A = L R

$$\begin{pmatrix} \cdot & \cdot & \cdot & \cdot & \cdot \\ \cdot & \cdot & \cdot & \cdot & \cdot \\ \cdot & \cdot & \cdot & \cdot & \cdot \\ \cdot & \cdot & \cdot & \cdot & \cdot \\ \cdot & \cdot & \cdot & \cdot & \cdot \end{pmatrix} = \begin{pmatrix} \cdot & & & & \\ \cdot & \cdot & & 0 & \\ \cdot & \cdot & \cdot & & \\ \cdot & \cdot & \cdot & \cdot & \\ \cdot & \cdot & \cdot & \cdot & \cdot \end{pmatrix} \begin{pmatrix} \cdot & \cdot & \cdot & \cdot & \cdot \\ & \cdot & \cdot & \cdot & \cdot \\ & & \cdot & \cdot & \cdot \\ & 0 & & \cdot & \cdot \\ & & & & \cdot \end{pmatrix}$$

bzw.

$$\begin{pmatrix} a_{11} & a_{12} & \cdots & a_{ab} \\ a_{21} & a_{22} & & \vdots \\ \vdots & \vdots & & \vdots \\ a_{na} & a_{n2} & & a_{nn} \end{pmatrix} = \begin{pmatrix} \ell_{11} & & & 0 \\ \ell_{21} & \ell_{22} & & \\ \vdots & & & \\ \ell_{n1} & \ell_{n2} & & \ell_{nn} \end{pmatrix} \begin{pmatrix} r_{11} & r_{12} & \cdots & r_{1n} \\ & r_{22} & \cdots & \vdots \\ \vdots & & & \vdots \\ 0 & & & r_{nn} \end{pmatrix}$$

d.h.

$$a_{ij} = \sum_k \ell_{ik} r_{kj}$$

mit ℓ_{ik} eine untere („Lower") oder linke Dreiecksmatrix:

$\ell_{ik} = 0$ für $i < k$

und r_{kj} eine obere („Upper") oder rechte Dreiecksmatrix:

$r_{kj} = 0$ für $k > j$

Diese Zerlegung nennt man daher auch LU-Zerlegung (Lower-Upper-decomposition) im Englischen bzw. LR (Links-Rechts-Zerlegung) im Deutschen.

Das Lösen des Gleichungssystems

A x = b

erfolgt nunmehr in drei Schritten:

1. Schritt: LR-Zerlegung der Matrix **A**, d.h.

A x = L R x = b

2. Schritt: Lösen des Gleichungssystems

L y = b

wobei **y** ein Hilfsvektor ist.

3. Schritt: Lösen des Gleichungssystems

$R\,x = y$

Dabei ist es in der FEA-Rechenpraxis so, daß vielleicht 90% des Aufwands auf Schritt 1 entfallen und nur jeweils 5% auf die Schritte 2 und 3.

Ganz allgemein kann man die LR-Zerlegung wie folgt definieren:

$$\ell_{ij} = \frac{1}{r_{jj}}\left(a_{ij} - \sum_k \ell_{ik} r_{kj}\right) \qquad \text{für} \qquad k < j < i$$

$$\ell_{ii} r_{ii} = a_{ii} - \sum_k \ell_{ik} r_{ki} \qquad \text{für} \qquad k < i$$

$$r_{ij} = \frac{1}{\ell_{ii}}\left(a_{ij} - \sum_k \ell_{ik} r_{kj}\right) \qquad \text{für} \qquad k < i < j$$

wobei hier drei konkrete Unterscheidungen möglich sind /13/:

- $\ell_{ii} = 1$ „Doolittle-Zerlegung"
- $r_{ii} = 1$ „Crout-Zerlegung"
- $\ell_{ii} = r_{ii}$ „Cholesky-Zerlegung"

Die dritte Variante, die sog. Cholesky-Zerlegung mit

$A = L\,L^T$

ist in der Praxis sehr beliebt, und viele FEA-Programme arbeiten damit (auch das später näher beschriebene Z88 /32/).

Die Cholesky-Zerlegung im Einzelnen:

$\ell_{ij} = r_{ji}$ Cholesky-Verfahren

$$r_{ii} = \sqrt{a_{ii} - \sum_k r_{ki}^2}\;,\;\text{für}\quad k < i$$

$$r_{ij} = \frac{1}{r_{ii}}\left(a_{ij} - \sum_k r_{ki} r_{kj}\right),\;\text{für}\quad k < i < j$$

und auflösen:

$$y_i = \frac{1}{r_{ii}}\left(b_i - \sum_k r_{ki} y_k\right),\;\text{für}\quad k < i$$

mit i, k = 1, 2, ... n

$$x_i = \frac{1}{r_{ii}}\left(y_i - \sum_k r_{ik} x_k\right), \text{ für } k > i$$

mit i, k = n, n-1, ... 1

Das Cholesky-Verfahren hat den Vorteil, daß es numerisch sehr stabil ist, weil durch das Radizieren eine stabilisierende Wirkung eintritt: Große Zahlen werden kleiner und kleine Zahlen (zwischen 0 und 1) werden größer. Das ist ein sehr erwünschter Effekt, weil die Gleichungssysteme bei der Finite Elemente Analyse nicht selten schlecht konditioniert sind. Von Nachteil ist, daß es nur für symmetrische, positiv definite Matrizen **A** funktioniert. Wobei das letzte mit dem „positiv definit" nicht ganz stimmt, obwohl es immer in der Literatur steht.

Beispiel

für ein kleines Gleichungssystem. Cholesky-Verfahren, **A** nicht positiv definit:

$$\begin{pmatrix} 1 & 2 & 3 \\ 2 & 1 & 0 \\ 3 & 0 & 1 \end{pmatrix} \begin{pmatrix} x_1 \\ x_2 \\ x_3 \end{pmatrix} = \begin{pmatrix} -1 \\ 4 \\ 1 \end{pmatrix}$$

Schritt 1: Cholesky-Zerlegung:

$$r_{11} = \sqrt{a_{11}} = 1, \; r_{13} = \frac{1}{r_{11}} \cdot a_{13} = 3$$

$$r_{12} = \frac{1}{r_{11}} a_{12} = 2, \; r_{21} = 0, \; r_{31} = r_{32} = 0$$

$$r_{22} = \sqrt{a_{22} - r_{12}^2} = \sqrt{1-4} = i\sqrt{3}$$

$$r_{23} = \frac{1}{r_{22}}(a_{23} - r_{12} \cdot r_{13}) = \frac{1}{i\sqrt{3}}(0 - 2 \cdot 3) = \frac{-6}{i\sqrt{3}}$$

$$r_{33} = \sqrt{a_{33} - r_{13}^2 - r_{23}^2} = \sqrt{1 - 3^2 \left(\frac{-6}{i\sqrt{3}}\right)^2} = 2$$

damit ist **R** :

$$\boldsymbol{R} = \begin{pmatrix} 1 & 2 & 3 \\ 0 & i\sqrt{3} & \dfrac{-6}{i\sqrt{3}} \\ 0 & 0 & 2 \end{pmatrix}$$

da $\quad \boldsymbol{L} = \boldsymbol{R}^T$

oder $\quad \ell_{ij} = r_{ji}$

ist

$$L = \begin{pmatrix} 1 & 0 & 0 \\ 2 & i\sqrt{3} & 0 \\ 3 & \dfrac{-6}{i\sqrt{3}} & 2 \end{pmatrix}$$

Schritt 2: Berechnen des Hilfsvektors y

$$y_1 = \frac{1}{r_{11}}(b_1) = -1$$

$$y_2 = \frac{1}{r_{22}}(b_2 - r_{12} - y_1) = \frac{6}{i\sqrt{3}}$$

$$y_3 = \frac{1}{r_{33}}(b_3 - r_{13} \cdot y_1 - r_{23} \cdot y_2) = -4$$

Schritt 3: Berechnen des Lösungsvektors x

$$x_3 = \frac{1}{r_{33}} \cdot y_3 = -2$$

$$x_2 = \frac{1}{r_{22}}(y_2 - r_{23} - x_3) = 2$$

$$x_1 = \frac{1}{r_{11}}(y_1 - r_{12} \cdot x_2 - r_{13} \cdot x_3) = 1$$

daraus folgt:

$$x = \begin{pmatrix} 1 \\ 2 \\ -2 \end{pmatrix}$$

Auf den ersten Blick sieht es so aus, als ob man Speicher für A und R vorhalten müsse. Aber tatsächlich kann man A Zug um Zug durch R überspeichern, so daß kein Zusatzspeicher nötig ist. Das folgende, dahingehend modifizierte Cholesky-Verfahren mit *in-situ* Speicherung ist *Argyris* /3/ entnommen:

$$\left. \begin{array}{l} r_{11} = \sqrt{a_{11}} \\ r_{ij} = \dfrac{a_{ij}}{r_{ii}} \\ a_{kj} = a_{kj} - r_{ik} \cdot r_{ij} \;,\; k = i+1, j \\ r_{jj} = \sqrt{a_{jj}} \end{array} \right\} i = 1, j-1 \;\; \Bigg\} \; j = 2, n$$

Das Cholesky-Verfahren ist durch eingebaute Wurzelziehen zwar an sich schon numerisch sehr stabil, aber die Gleichungssysteme bei der Finite Elemente Analyse sind oft sehr schlecht konditioniert. Das sieht man am besten an einem Beispiel. Wir nehmen die Elementsteifigkeitsmatrix des sehr einfachen Balkens mit 4 Freiheitsgraden aus Kapitel 2:

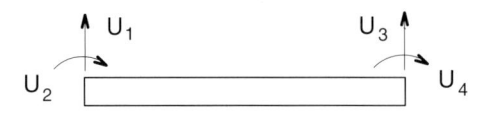

Bild 6-1: Kräfte am Balken

$$EI \cdot \begin{bmatrix} \frac{12}{\ell^3} & \frac{-6}{\ell^2} & \frac{-12}{\ell^3} & \frac{-6}{\ell^2} \\ \frac{-6}{\ell^2} & \frac{4}{\ell} & \frac{6}{\ell^2} & \frac{2}{\ell} \\ \frac{-12}{\ell^3} & \frac{6}{\ell^2} & \frac{12}{\ell^3} & \frac{6}{\ell^2} \\ \frac{-6}{\ell^2} & \frac{2}{\ell} & \frac{6}{\ell^2} & \frac{4}{\ell} \end{bmatrix}$$

Setzen Sie nun für die Balkenlänge ℓ einmal 1.000 mm an. Was passiert? Auf der Hauptdiagonalen ergeben sich

$$a_{11} = \frac{12}{10^9} = a_{33}$$

$$a_{22} = \frac{4}{10^3} = a_{44}$$

Es liegen also extreme Größenordnungsunterschiede ausgerechnet auf der Hauptdiagonalen vor, und jeder, der sich schon mit Numerischer (Computer-) Mathematik befaßt hat, erkennt, daß hier ein schlecht konditioniertes Gleichungssystem zu erwarten sein wird. Das heißt, kleine Veränderungen der Koeffizienten von *A* bedingen große Änderungen des Lösungsvektors *x*. Näheres siehe z.B. *Finck von Finkenstein /25/*.

Um die Situation zu verbessern, kann man die Koeffizientenmatrix *A* skalieren. Damit kann die Konditionszahl oft merklich verbessert werden.

Ein einfaches Skalierungsverfahren nach *Schwarz /6/* ist:

$$d_i = \frac{1}{\sqrt{a_{ii}}}$$

und die skalierte Matrix $\hat{A}$ wird:

$$\hat{A} = D\,A\,D \qquad \text{bzw.}$$

$$\hat{a}_{ij} = d_i\,a_{ij}\,d_j$$

Mit diesem Trick werden die Diagonalelemente

$$\hat{a}_{ii} = 1$$

Die Rechte Seite b wird zu $\hat{b}$ modifiziert:

$$\hat{b} = D\,b \qquad \text{bzw.}$$

$$\hat{b}_i = d_i\,b_i$$

Nach Lösen des Gleichungssystems, das den Lösungsvektor $\hat{x}$ liefern möge, muß die Skalierung wieder rückgängig gemacht werden:

$$x = D\,\hat{x}$$

$$x_i = d_i\,\hat{x}_i$$

Abschließend sollen Skalierungsvorgang und Cholesky-Verfahren mit *in-situ* Speicherung in der C-Routine **CHOY88.C** /32/ dargestellt werden. Die Skalierung wird später in der (hier nicht gezeigten) Funktion **Z88CC.C** /32/ rückgängig gemacht.

Dabei ist:

gs[i]   : Gesamtsteifigkeitsmatrix

ip[i]   : Pointervektor für die Skyline-Speicherung

rs[i]   : die Rechte Seite

```
/******************************************************************
*
*               *****    ***      ***
*                   *   *   *    *   *
*                  *     ***      ***
*                 *     *   *    *   *
*               *****    ***      ***
*
* A FREE Finite Elements Analysis Program in ANSI C for the UNIX OS.
*
* Composed and edited and copyright by
* Professor Dr.-Ing. Frank Rieg, University of Bayreuth, Germany
*
* eMail:
* frank.rieg@uni-bayreuth.de
* dr.frank.rieg@t-online.de
*
* V9.0  November 9, 1998
```

```
*
* Z88 should compile and run under any UNIX OS and Motif 2.0.
*
* This program is free software; you can redistribute it and/or modify
* it under the terms of the GNU General Public License as published by
* the Free Software Foundation; either version 2, or (at your option)
* any later version.
*
* This program is distributed in the hope that it will be useful,
* but WITHOUT ANY WARRANTY; without even the implied warranty of
* MERCHANTABILITY or FITNESS FOR A PARTICULAR PURPOSE.  See the
* GNU General Public License for more details.
*
* You should have received a copy of the GNU General Public License
* along with this program; see the file COPYING.  If not, write to
* the Free Software Foundation, 675 Mass Ave, Cambridge, MA 02139, USA.
***************************************************************/
/***************************************************************
* Diese Compilerunit enthaelt:
* scal88
* choy88
* 21.11.96
***************************************************************/

/***************************************************************
* Fuer UNIX
***************************************************************/
#ifdef FR_UNIX
#include <z88f.h>
#include <math.h>      /* sqrt */
#endif

/***************************************************************
* Fuer Windows 95
***************************************************************/
#ifdef FR_WIN95
#include <z88f.h>
#include <math.h>      /* sqrt */
#endif

/***************************************************************
*   Functions
***************************************************************/
int wrim88f(FR_INT4,int);
int wlog88f(FR_INT4,int);

/***************************************************************
* hier beginnt Function scal88
***************************************************************/
int scal88(void)
{
extern FR_DOUBLEAY gs;
extern FR_DOUBLEAY rs;
extern FR_DOUBLEAY fak;

extern FR_INT4AY ip;

extern FR_INT4 nfg;

FR_INT4 i,j,ianz,index;
```

```
/*----------------------------------------------------------------------
 * Start Function
 *---------------------------------------------------------------------*/

/***********************************************************************
 * Scalierungsfaktoren berechnen und rechte Seite umrechnen
 ***********************************************************************/
for(i = 1L;i <= nfg;i++)
   {
   if(gs[ip[i]] <= 0.)
      {
      wlog88f((ip[i]),LOG_DIAGNULL);
      return(AL_DIAGNULL);
      }
   fak[i]= 1. / sqrt( gs[ip[i]] );
   rs[i]= rs[i] * fak[i];
   }
/***********************************************************************
 * Matrixelemente scalieren
 ***********************************************************************/
for(i = 1L;i <= nfg;i++)
   {    for(j = 1L;j <= nfg;j++)
      {

/*----------------------------------------------------------------------
 * nur upper Skyline
 *---------------------------------------------------------------------*/
      if(i > j) goto L20;

/*----------------------------------------------------------------------
 * ist Element ueberhaupt vorhanden ?
 *---------------------------------------------------------------------*/
      ianz= ip[j+1] - ip[j];
      if(ianz < (j-i+1L)) goto L20;

/*----------------------------------------------------------------------
 * nun scalieren
 *---------------------------------------------------------------------*/
      index= ip[j]+j-i;
      gs[index]= fak[i] * gs[index] * fak[j];
L20:;
      }
   }
/***********************************************************************/
return(0);
}

/***********************************************************************
 * Function choy88 loest Gleichungssysteme nach der Methode von
 * Cholesky mit in-situ Speicherung
 ***********************************************************************/
/***********************************************************************
 * hier beginnt Function choy88
 ***********************************************************************/
int choy88(void)
{
extern FR_DOUBLEAY gs;
extern FR_DOUBLEAY rs;
```

120   6 Gleichungslöser

```c
extern FR_INT4AY ip;

extern FR_INT4 nfg;

FR_INT4 j,i,ianz,k,kanz;

/*------------------------------------------------------------------
 * Start Function
 *----------------------------------------------------------------*/

/*******************************************************************
 * Cholesky-Zerlegung
 ******************************************************************/
gs[1]= sqrt(gs[1]);

for(j = 2L;j <= nfg;j++)
   {
   wrim88f(j,TX_CHOJ);
   for(i = 1L;i <= (j-1);i++)
      {
      ianz= ip[j+1] - ip[j];
      if(ianz < (j-i+1L)) goto L20;
      gs[ip[j]+j-i]= gs[ip[j]+j-i] / gs[ip[i]];
      for(k = (i+1L);k <= j;k++)
         {
         if(ianz < (j-k+1L)) goto L10;
         kanz= ip[k+1] - ip[k];
         if(kanz < (k-i+1L)) goto L10;
         gs[ip[j]+j-k]= gs[ip[j]+j-k] - gs[ip[k]+k-i] * gs[ip[j]+j-i];
L10:;
         }
L20:;
      }
   gs[ip[j]]= sqrt(gs[ip[j]]);
   }

/*******************************************************************
 * Vorwaertseinsetzen
 ******************************************************************/
wrim88f(0L,TX_VORW);
wlog88f(0L,LOG_VORW);

for(i = 1L;i <= nfg;i++)
   {
   rs[i]= rs[i] / gs[ip[i]];
   for(k = i+1L;k <= nfg;k++)
      {
      kanz= ip[k+1] - ip[k];
      if(kanz < (k-i+1L)) goto L40;
      rs[k]= rs[k] - gs[ip[k]+k-i] * rs[i];
L40:;
      }
   }

/*******************************************************************
 * Ruechwaertseinsetzen
 ******************************************************************/
wrim88f(0L,TX_RUECKW);
wlog88f(0L,LOG_RUECKW);

for(i = nfg;i >= 1L;i--)
```

```
        {
        rs[i]= rs[i] / gs[ip[i]];
        for(k = 1L;k <= (i-1L);k++)
          {
          ianz= ip[i+1] - ip[i];
          if(ianz < (i-k+1L)) goto L60;
          rs[k]= rs[k] - gs[ip[i]+i-k] * rs[i];
L60:;
          }
        }

return(0);
}
```

7 Spannungen und Knotenkräfte

Wie wir schon aus dem Übersichtskapitel 2 wissen, gewinnen wir sowohl die Spannungen als auch die Knotenkräfte durch Rückrechnung aus den Verschiebungen. Es müssen also immer erst die Verschiebungen des Systems berechnet werden; das ist die eigentliche Lösung der FEA-Aufgabe.

7.1 Spannungen

Betrachten wir zunächst die Spannungen. Bekannt sind folgende Beziehungen aus Kapitel 4:

Das Hooke'sche Gesetz in symbolischer Matrixform:

$\boldsymbol{\sigma} = \boldsymbol{C}\,\boldsymbol{\varepsilon}$

Die Dehnungen für den ebenen Spannungszustand aus der Elastizitätstheorie:

$$\varepsilon_{ij} = \begin{pmatrix} \varepsilon_{xx} \\ \varepsilon_{yy} \\ \varepsilon_{xy} \end{pmatrix} = \begin{pmatrix} \dfrac{\partial u}{\partial x} \\ \dfrac{\partial v}{\partial y} \\ \dfrac{\partial u}{\partial y} + \dfrac{\partial v}{\partial x} \end{pmatrix}$$

Die Abbildung des Verschiebungsfeldes durch die Formfunktionen N_i und Knotenverschiebungen U_i, hier im Falle eines ebenen Elements mit 4 Knoten:

$$\begin{pmatrix} u(x,y) \\ v(x,y) \end{pmatrix} = \begin{pmatrix} N_1 \cdot u_1 + N_2 \cdot u_2 + N_3 \cdot u_3 + N_4 \cdot u_4 \\ N_1 \cdot v_1 + N_2 \cdot v_2 + N_3 \cdot v_3 + N_4 \cdot v_4 \end{pmatrix}$$

und so wurde in Kapitel 4:

$$\varepsilon_{ij} = \begin{pmatrix} \dfrac{\partial}{\partial x} & 0 \\ 0 & \dfrac{\partial}{\partial y} \\ \dfrac{\partial}{\partial y} & \dfrac{\partial}{\partial x} \end{pmatrix} \begin{pmatrix} N_1 & 0 & N_2 & 0 & N_3 & 0 & N_4 & 0 \\ 0 & N_1 & 0 & N_2 & 0 & N_3 & 0 & N_4 \end{pmatrix} \begin{pmatrix} u_1 \\ v_1 \\ u_2 \\ v_2 \\ u_3 \\ v_3 \\ u_4 \\ v_4 \end{pmatrix}$$

oder in symbolischer Matrixform:

$\varepsilon = LNU_i$

Die Matrix **LN** heißt **B** und so:

$\varepsilon = BU_i$

Damit werden die Spannungen also wie folgt berechnet:

$\sigma = C\,B\,U_i$

Das sind für uns alles alte Bekannte: **C** ist die Materialmatrix, **B** ist die Verzerrungs-Verschiebungs-Transformationsmatrix und U_i sind die berechneten Verschiebungen am Element. Die Spannungen werden also elementweise berechnet.

Sehr wichtig ist die Frage nach dem Ort der Spannungsberechnung.. Naheliegend wäre zunächst, die Spannungen an den Knoten zu berechnen. Das ist auch ohne weiteres möglich, aber nicht sauber und eindeutig, weil die Spannungen ja elementweise berechnet werden und normalerweise mehrere Elemente an einen Knoten anstoßen. Unter Umständen muß in geeigneter Weise gemittelt werden. Bei primitiven Elementen, z.B. Scheibendreiecken mit 3 Knoten, also linearer Ansatz, ist die Spannungsberechnung ohnehin ungenau. Hier wird man die Spannungen in den 3 Knoten berechnen und damit einen Mittelwert je Element bilden.

Bei hochwertigen Elementen muß man präzise vorgehen: Die einzig saubere Methode der Spannungsberechnung in krummlinig berandeten finiten Elementen kann nur die Berechnung der Spannungen in den Gaußpunkten sein. Das sind sozusagen die „natürlichen" Stützstellen im Element, denn sie wurden schon während der Verschiebungsrechnung für die numerische Integration verwendet. Allerdings kann man ohne weiteres unterschiedliche Stützpunkte für Integration und Spannunngsberechnung vorsehen, z.B. zum Integrieren bei der Bestimmung der jeweiligen Elementsteifigkeits-Matrix 3 × 3 Gaußpunkte und für die Punkte der Spannungsberechnung dann 4 × 4 Gaußpunkte oder sogar nur einen einzigen Gaußpunkt (d.h. den in der Mitte des Elements).

Wenn man die Spannungsplots der großen kommerziellen FEA-Programme betrachtet, dann fallen dem Betrachter meist sehr ästhetische Farbübergänge über der ganzen FE-Struktur auf und wirklich jede Stelle der Struktur weist offensichtlich eine Spannung auf. In der Realität ist das natürlich so, aber die Finite Elemente Analyse berechnet alle Werte *diskret* an Punkten und nicht kontinuierlich, wie das die Differentialgleichungen der Technischen Mechanik tun. Wie kann das also sein, wenn man die Spannungen in Wirklichkeit nur punktweise berechnen kann, entweder in den Knoten (nicht so gut) oder in den Gaußpunkten (vernünftig)? Antwort: Überhaupt nicht! Hier werden einfach durch mehr oder weniger gute Interpolations- oder

Approximationsfunktionen Mittelwerte aus mehreren punktweise gerechneten Spannungen gebildet und dem Betrachter als exakte Mathematik verkauft. Sieht gut aus, verkauft sich gut und wird gerne geglaubt. Den Autoren sind allerdings mehrere Fälle von FEA-Berechnungen bekannt, bei denen sehr namhafte kommerzielle Programme definitiv *sehr falsche* Ergebnisse für die Spannungen „interpoliert" haben, während die Verschiebungen noch richtig berechnet wurden (sic!). Daher rechnet das dem Buch beigefügte FEA-Programm Z88 grundsätzlich nur Spannungen in den Gaußpunkten oder den Knoten. Diese Spannungsplots sehen dann bei weitem nicht so „schön" aus wie die der kommerziellen Anbieter, aber die Ergebnisse sind zumindest vom mathematischen Vorgehen her verläßlich.

Folgendes Programmsegment, das in vereinfachter Form der Z88-Funktion **SHEX88.C** /32/ entnommen ist und die Spannungen für 20-Knoten-Serendipity-Hexaeder berechnet, zeigt, wie's gemacht wird. Beachten Sie die beiden fettgedruckten Zeilen für die Berechnung von ε und σ. Dabei sind ul[] die Verschiebungen der 20 Knoten * 3 Freiheitsgrade je Knoten = 60 Freiheitsgrade je Element. ul[] wird in geeigneter Weise für jedes finite Element aus dem Vektor u[] bestimmt, der vom eigentlichen FEA-Solver berechnet wurde und die Verschiebungen *aller* Freiheitsgrade enthält:

Dabei wissen wir schon aus Kapitel 4, daß gilt:

koi[] ist der Koinzidenzvektor

koffs[] ist der Offsetvektor darauf

koi[koffs[i]+j-1] ist der Zugriff auf einen Knoten j des finiten Elements i

ioffs[] berücksichtigt die ggf. unterschiedlichen Freiheitsgrade je Knoten

Damit kann dann ul[] wie folgt bestimmt werden:

In der Hauptroutine Z88D.C:

```
for(i = 1;i <= 20;i++)
  mspan[i]= ioffs[ koi[koffs[k]+i-1]] -1;

mxknot= 20;
mxfrei= 3;
```

In der Funktion SPAN88.C:

```
for(j = 1;j <= mxknot;j++)
  {
  for(j2 = 1;j2 <= mxfrei;j2++)
    {
    mspanj= mspan[j] + j2;
    l= mxfrei*(j-1) + j2;
    ul[l]= u[mspanj];
    }
  }
```

7.1 Spannungen

Spannungsberechnung in der Funktion SHEX88.C:

Folgende Arrays werden verwendet:

u[]   Vektor der Verschiebungen aller Freiheitsgrade der Struktur
ul[]   „Verschiebungen lokal", d.h. Verschiebungen je Element
xg[]   Gaußpunkte
sig[]   die 3 Normalspannungen und die 3 Schubspannungen

```
/*-----------------------------------------------------------------
 * Spannungen in den Gauss-Punkten berechnen
 *----------------------------------------------------------------*/
for(lx = 1;lx <= nint;lx++)
    {
    r= xg[(lx-1)*4 + nint];
    for(ly = 1;ly <= nint;ly++)
        {
        s= xg[(ly-1)*4 + nint];
        for(lz = 1;lz <= nint;lz++)
            {
            t= xg[(lz-1)*4 + nint];

/*=================================================================
 * Matrix b der partiellen Ableitungen & Formfunktionen holen
 *================================================================*/
            iret= sh88(&r,&s,&t);
            if(iret != 0) return(iret);

            for(k = 1;k <= 6;k++)
                {
                eps[k]= 0.;
                for(j = 1;j <= 60;j++)
                    {
                    eps[k]= eps[k] + b[(k-1)*60 + j] * ul[j];
                    }
                }

            for(k = 1;k <= 6;k++)
                {
                sig[k]= 0.;
                for(j = 1;j <= 6;j++)
                    {
                    sig[k]= sig[k] + d[(k-1)*6 + j] * eps[j];
                    }
                }
/*.................................................................
 * Spannungen ausschreiben
 *................................................................*/
            fprintf(fo3,"\n\
 %+#11.31E %+#11.31E %+#11.31E %+#11.31E %+#11.31E %+#11.31E",
            sig[1],sig[2],sig[3],sig[4],sig[5],sig[6]);
            }
        }
    }
```

Diese Spannungsroutine ist ganz ähnlich aufgebaut wie die Routine für die Element-Steifigkeitsmatrix-Berechnung **HEXA88.C**. Hier allerdings entfällt das numerische Integrieren. Derartige Routinen, wie oben gezeigt, lassen sich sehr leicht an andere Elementtypen anpassen.

Wie gehen wir vor, wenn gar keine Formfunktionen vorliegen (müssen), wie im Falle von Stäben oder Balken? Dann ist es noch viel einfacher, denn grundsätzlich gilt:

$\sigma = E \cdot \varepsilon$ das Hook'sche Gesetz in skalarer Form

und $\varepsilon = (l_1 - l_0) / l_0$

Damit wird die Zugspannung (bei negativem Vorzeichen wird sie zur Druckspannung) in einem Stab im Raum.

Memo: Dabei sind `ul[1]` bis `ul[3]` die Verschiebungen am lokalen Knoten 1 in x, y und z und `ul[4]` bis `ul[6]` die Verschiebungen am lokalen Knoten 2 in x, y und z.

```
/******************************************************************
* gedehnte Laenge bestimmen
******************************************************************/
xv= xk[1]+ul[1] - xk[2]-ul[4];
yv= yk[1]+ul[2] - yk[2]-ul[5];
zv= zk[1]+ul[3] - zk[2]-ul[6];

dlv= sqrt( xv * xv + yv * yv + zv * zv);

/******************************************************************
* unverformte Laenge bestimmen
******************************************************************/
xu= xk[1]-xk[2];
yu= yk[1]-yk[2];
zu= zk[1]-zk[2];

dlunv= sqrt( xu * xu + yu * yu + zu * zu);

/******************************************************************
* Spannung berechnen
******************************************************************/
zug= emode * (dlv/dlunv - 1.);

fprintf(fo3,"\n\nElement # = %5ld     Typ = Stab im Raum\
     SIG = %+#11.3lE",k,zug);
```

Das war nun außerordentlich einfach, und bei einem Balken ist es auch nicht viel komplizierter. Als Beispiel wählen wir ein sog. Wellenelement (in Z88 Typ Nr.5), das nicht nur einem Durchlaufträger entspricht, sondern auch Zug/Druck und Torsion aufnehmen kann. Wir gehen nun von den Bernoulli'schen Gleichungen für die Balkentheorie der Technischen Mechanik aus /11/:

$$Q = -\int q\, dx \quad \text{oder} \quad Q' = -q$$
$$M_b = \int Q\, dx \quad \text{oder} \quad M_b' = Q$$
$$\psi = \int \frac{M_b}{E \cdot I}\, dx \quad \text{oder} \quad \psi' = \frac{M_b}{E \cdot I}$$
$$w = -\int \psi\, dx \quad \text{oder} \quad w' = -\psi$$

Die Biegespannung selbst ist wie folgt definiert:

$$\sigma_b = \frac{M_b}{I} \cdot z$$

mit I = Biege-Trägheitsmoment und z = Randfaserabstand

und für das Biegemoment folgt aus dem obigen Gleichungssatz:

$$M_b = \psi' \cdot E \cdot I$$

und damit wird

$$\sigma_b = -w'' \cdot E \cdot z$$

Für das Wellenelement bzw. den Durchlaufträger machen wir nun ganz formal einen kubischen Verschiebungsansatz u(x) als Biegeansatz und differenzieren ihn zweimal:

$$u(x) = c_1 + c_2 \frac{x}{L} + c_3 \frac{x^2}{L^2} + c_4 \frac{x^3}{L^3}$$
$$\psi(x) = u'(x) = \frac{c_2}{L} + \frac{2 \cdot c_3}{L^2} x + \frac{3 \cdot c_4}{L^3} x^2$$
$$\psi'(x) = u''(x) = \frac{2 \cdot c_3}{L^2} + \frac{6 \cdot c_4}{L^3} x$$

Nun müssen wir, um die Koeffizienten c_i zu bestimmen, die Randbedingungen betrachten, wobei die Indizes bei u für die lokalen Knotennummern 1 und 2 stehen:

x = 0:

$$u_1 = c_1 \quad \rightarrow \quad c_1 = u_1$$
$$u_1' = \frac{c_2}{L} \quad \rightarrow \quad c_2 = L \cdot u_1'$$

$x = L$:

$$u_2 = c_1 + c_2 + c_3 + c_4$$
$$u_2' = \frac{c_2}{L} + \frac{c_3 2}{L} + \frac{3c_4}{L}$$

Nach etwas längerem Rechnen erhält man:

$$c_4 = -2u_2 + 2u_1 + L(u_2' + u_1')$$
$$c_3 = 3(u_2 - u_1) - L(2u_1' + u_2')$$

Diese vier Koeffizienten werden eingesetzt und wir erhalten:

$$\psi'(x) = u''(x) = \frac{(3(u_2 - u_1) - L(2u_1' + u_2'))2}{L^2} + \frac{(2(u_1 - u_2) + L(u_2' + u_1'))6}{L^3} x$$

Das können wir nun sofort in eine Rechenroutine umsetzen. Wir wissen, daß für den lokalen Knoten 1 x = 0 und für den lokalen Knoten 2 x = L gilt. Ferner müssen wir bedenken, daß ein derartiger Balken, auch wenn er nur längs der x-Achse laufen soll, also nicht beliebig im Raum liegen darf, dann 12 Freiheitsgrade haben muß:

Tabelle 7-1: Knoten, Freiheitsgrade und Verschiebungen

Knoten	FG	Verschiebung u
1	1	Verschiebung in x-Richtung
1	2	Verschiebung in y-Richtung
1	3	Verschiebung in z-Richtung
1	4	Verdrehung um x-Achse
1	5	Verdrehung um y-Achse
1	6	Verdrehung um z-Achse
2	7	Verschiebung in x-Richtung
2	8	Verschiebung in y-Richtung
2	9	Verschiebung in z-Richtung
2	10	Verdrehung um x-Achse
2	11	Verdrehung um y-Achse
2	12	Verdrehung um z-Achse

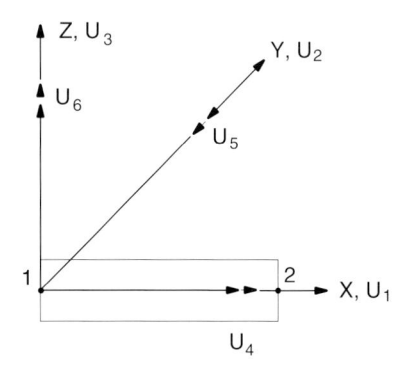

Bild 7.1-1: Spannungsberechnung am Balken

Damit können nun die Normalspannung `sigxx` und die Torsionsspannung `tauxx` leicht bestimmt werden. Die Biegespannungen müssen jeweils am Knoten 1 und am Knoten 2 berechnet werden und zwar jeweils noch in der XY-Ebene und der XZ-Ebene. Die nachstehende kleine Rechenroutine, die ein Ausschnitt aus der Z88-Funktion **M3.C** ist, faßt das oben Gesagte in C zusammen:

Dabei sind:

`emode`	der Elastizitätsmodul
`rnuee`	die Querkontraktionszahl
`qparae`	der Durchmesser des Wellenstücks

```
/**********************************************************************
* gedehnte Laenge & unverformte Laenge berechnen
**********************************************************************/
rlv= xk[2]+ul[7] - xk[1]-ul[1];
rlu= xk[2]-xk[1];

/**********************************************************************
* Spannungen berechnen
**********************************************************************/
sigxx= emode * (rlv/rlu - 1.);
tauxx= (ul[10] - ul[4])/rlu * emode /(4.*(1.+rnuee))*qparae;

fac= emode * 0.5 * qparae;
qrlu= rlu * rlu;

sigxy1= fac* 2. * (3. * (ul[8] - ul[2]) -
        rlu * (2. * ul[6] + ul[12]))/qrlu;
sigxy2= sigxy1 + fac * 6. * (2. * (ul[2] - ul[8]) +
        rlu * (ul[12] + ul[6]))/qrlu;

sigxz1= fac * 2. * (3. *(ul[9] - ul[3]) -
        rlu * (2. * ul[5] + ul[11]))/qrlu;
sigxz2= sigxz1 + fac * 6. * (2. * (ul[3] - ul[9]) +
        rlu * (ul[11] + ul[5]))/qrlu;

fprintf(fo3,"\n%+#11.31E %+#11.31E %+#11.31E %+#11.31E %+#11.31E
%+#11.31E",
sigxx,tauxx,sigxy1,sigxz1,sigxy2,sigxz2);
```

7.2 Knotenkräfte

Das Berechnen der Knotenkräfte ist fast noch einfacher:

$$F^e = K^e U_i$$

Auch hier wird elementweise vorgegangen. Zu einem jeweiligen Element wird die Elementsteifigkeits-Matrix berechnet und mit dem Vektor der Verschiebungen am Element multipliziert. Zwei Programmsegmente zeigen alles Wesentliche:

In der Funktion FORC88.C:

```
for(j = 1;j <= mxknot;j++)
  {
  for(j2 = 1;j2 <= mxfrei;j2++)
    {
    mcompj= mcomp[j] + j2;
    l= mxfrei*(j-1) + j2;
    ul[l]= u[mcompj];
    }
  }

for(i = 1;i <= mxfe;i++)
  {
  f[i]= 0.;
  for(j = 1;j <= mxfe;j++)
    f[i]= f[i] + se[i+ mxfe*(j-1)] * ul[j];
  }
```

In der Hauptroutine Z88D.C:

```
/*---------------------------------------------------------------
* Compilation fuer hexa88, kompakte Speicherung mit Pointervektor
*---------------------------------------------------------------*/
    for(i = 1;i <= 20;i++)
       mcomp[i]= ioffs[ koi[koffs[k]+i-1]] -1;

    mxknot= 20;
    mxfrei= 3;
    mxfe  = 60;

    forc88();

    fprintf(fo4,"\nElement # = %5ld     Typ = 20-K Hexaeder",k);
    fprintf(fo4,"\nKnoten       F(1)           F(2)           F(3)");

    j= 1;

    for(i = 1;i <= 20;i++)
       {
       fprintf(fo4,"\n%5ld   %+#13.5lE  %+#13.5lE  %+#13.5lE",
       koi[koffs[k]+i-1],f[j],f[j+1],f[j+2]);
       j+= 3;
       }
```

Wenn man dann an einem bestimmten Knoten z.B. Reaktionskräfte wissen will, müssen die Knotenkräfte sämtlicher an diesen Knoten anschließenden Elemente berechnet und aufsummiert werden.

8 Netzgenerierung krummlinig berandeter Finiter Elemente

Um die Geometrie einer Finite-Elemente Struktur zu beschreiben, müssen die Koordinaten aller Knotenpunkte sowie die sog. Koinzidenzliste, d.h. durch welche Knoten das jeweilige Elemente definiert ist, bereitgestellt werden. Bei kleinen Strukturen, d.h. bis etwa 200 Freiheitsgrade kann dies noch problemlos von Hand erfolgen. Werden die Strukturen umfangreicher, so ist das Eingeben sehr zeitaufwendig, fehleranfällig und mühsam. Man geht dazu über, die Aufbereitung der Geometrie zumindest teilweise zu automatisieren. Dazu können sog. Netzgeneratoren dienen, die ausgehend von wenigen beschreibenden Angaben eine komplette Struktur und die Eingabedatei für das Finite-Elemente Programm aufstellen. Handelt es sich um Strukturen, die Symmetrien aufweisen, ist oft ein Bildungsgesetz für Koordinaten und Koinzidenz erkennbar. Dann kann ein kleines Rechenprogramm die gesamte Struktur hinsichtlich der Geometriedaten aufbereiten. Programme, die spezielle Symmetrieeigenschaften oder Regelmäßigkeiten einer Struktur ausnutzen, können als problemorientierte Netzgeneratoren angesehen werden. Dies wurde in der Vergangenheit häufig in Industriefirmen, die stets wiederkehrende Produkte aus Baureihen oder Baukästen herstellen, praktiziert, d.h. sie haben sich einen „Netzgenerator" für ihre speziellen Produkte geschrieben. Oft ist aber für Berechnungsaufgaben das Schreiben eines problemorientierten Netzgenerators zu aufwendig oder aufgrund der Geometrie nicht möglich. Im Folgenden sollen universell einsetzbare Netzgeneratoren betrachtet werden.

8.1 Vorgehensweise

Die Struktur wird in wenige Elemente, sog. Superelemente eingeteilt, d.h., es wird eine ganz grobe FE-Struktur aufgestellt. Dafür werden wie für eine „echte" FE-Struktur Koordinatenwerte und Koinzidenz eingegeben. Diese grobe Struktur wird dann durch das Generatorprogramm automatisch feiner unterteilt. Die dazu erforderlichen Angaben, d.h. wie in den jeweiligen Achsrichtungen zu unterteilen ist, ob die Unterteilung äquidistant oder z.B. logarithmisch erfolgen soll, stellt der Benutzer bei. Die Superstruktur kann aus einem einzigen Superelement mit 20 Knoten bestehen oder auch aus zwei Superelementen:

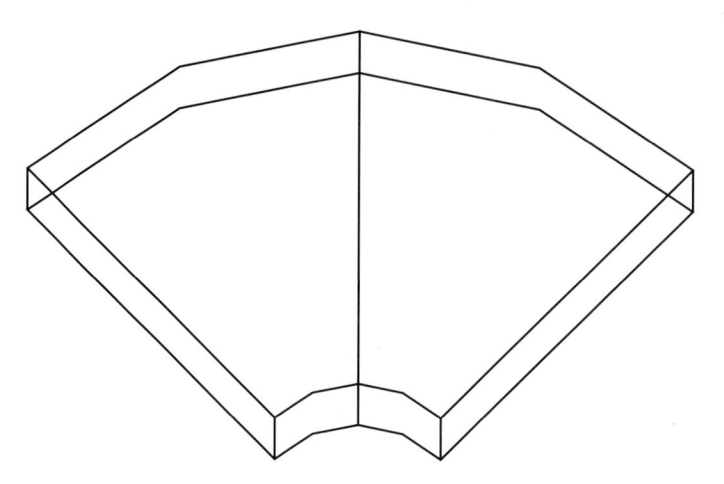

Bild 8.1-1: Mögliche Superstruktur eines Plattensegments aus zwei Hexaedern mit je 20 Knoten

Die Koordinaten der je 20 Knoten und die Koinzidenz sind bereitzustellen. Zusätzlich wird beispielsweise angegeben, daß die Superelemente in radialer Richtung acht mal geometrisch zunehmend und in tangentialer Richtung dreimal gleichabständig zu unterteilen sei. In Dickenrichtung möge keine weitere Unterteilung erfolgen. Hier wird bereits implizit ausgesagt, daß Superelemente und zu erzeugende Finite Elemente durchaus nicht vom gleichen Typ sein müssen. Während die Finiten Elemente der fertigen Struktur Hexaeder mit linearem Ansatz (acht Knoten) sind, sind die beiden Superelemente Hexaeder mit quadratischem Ansatz der Serendipity-Klasse mit 20 Knoten.

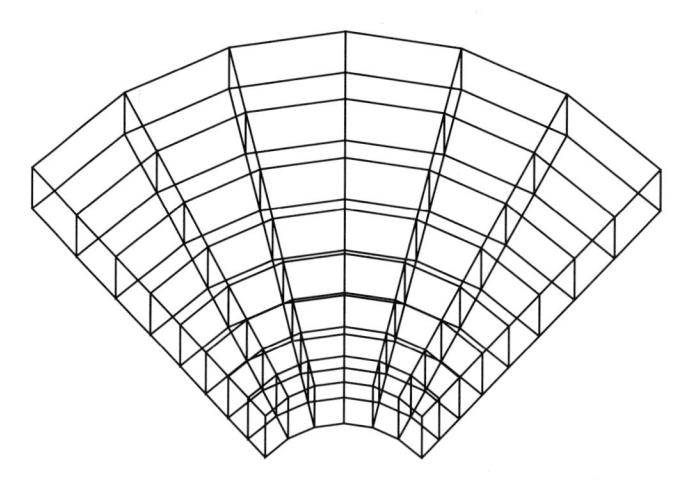

Bild 8.1-2: Finite Elemente Struktur, aus der oben gezeigten Superstruktur mit einem Netzgenerator erzeugt

Der Aufwand zum Eingeben ist spürbar gesunken: Zwei Elemente gegenüber 48, 32 Knoten gegenüber 126. Daher sind derartige universelle Netzgeneratoren unverzichtbarer Bestandteil eines FE-Programms. Oben gezeigte Super- bzw. FE-Struktur kann in Kapitel 13, 5. Beispiel nachvollzogen werden.

Bemerkenswert ist, daß die Standardliteratur nur sehr allgemeine Angaben zu diesem Thema macht. Nur sehr wenige Autoren gehen auf die Problematik der automatischen Netzerzeugung näher ein, wobei jedoch ein direktes Umsetzen in ein arbeitsfähiges Computerprogramm kaum möglich ist. Tatsächlich ist es so, daß dieses riesige Feld der FE-Netz-Erzeugung zu den Know-How-trächtigen Forschungsgebieten zählt. Es befassen sich weltweit unglaublich viele Forschergruppen damit, und man wird erstaunt sein, wie schwer es nicht selten ist, brauchbare Unterlagen oder Programmcodes zu bekommen!

8.2 Mathematische Grundlagen

Die Entwicklung der Finite-Elemente-Methode ging ursprünglich von geradlinig berandeten Elementen mit meist einfachen, d.h. linearen Verschiebungsansätzen aus. Daraus wurden die Verschiebungsansätze in Richtung höherer Ordnungen entwickelt. Die geraden Berandungen erforderten relativ feine Gitter. Erst später wurden krummlinig berandete Elemente aufgestellt. Heute betrachtet *Agyris* /3/ (und wir auch) die geradlinigen Berandungen als Sonderfall der krummlinigen Berandungen.

Krummlinige Berandungen werden durch Abbilden aus Elementen mit geraden Berandungen aufgestellt. Allgemein bekannte krummlinige Koordinaten sind Polarkoordinaten, Zylinder- und Kugelkoordinaten, die leicht durch Transformation aus orthogonal cartesischen Koordinaten abgeleitet werden können.

Elementtypen, die direkt durch Transformationen gewonnen werden können, sind z.B. Sektorelemente, die durch Polarkoordinaten beschrieben werden, vgl. z.B. *Schwarz* /6/, S.125. Allgemein werden krummlinig berandete Elemente in Anlehnung an die Terminologie von *Bathe* und *Wilson* /5/ wie folgende gebildet: Das geradlinig berandete Mutterelement wird durch sog. Natürliche Koordinaten r, s für den ebenen bzw. axialsymmetrischen Fall und r, s, t für Volumenelemente beschrieben. Dabei laufen die natürlichen Koordinaten von –1 bis +1. Der Übergang auf den realen Raum x, y, z erfolgt durch die Abbildung

$$x = \sum_i N_i \cdot x_i$$
$$y = \sum_i N_i \cdot y_i$$
$$z = \sum_i N_i \cdot z_i$$

8 Netzgenerierung krummlinig berandeter Finiter Elemente

Die Abwandlung dessen, d.h. das Abbilden des Verschiebungsfeldes auf Knotenverschiebungen ist uns seit Kapitel 4 geläufig:

$$u = \sum_i N_i \cdot u_i$$

$$v = \sum_i N_i \cdot v_i$$

$$w = \sum_i N_i \cdot w_i$$

mit

x, y, z reale Koordinaten und u, v, w reale Verschiebungen,

N_i Formfunktionen

Dabei haben die Interpolations-Funktionen N_i, oft auch Formfunktionen genannt, eine zentrale Bedeutung. Sie seien momentan noch unbekannt. Sie gelten zunächst nur für die Beschreibung der Geometrie. Oft werden krummlinig berandete Elemente in Zusammenhang mit automatischer Netzgenerierung als isopara-metrische Elemente bezeichnet. Dies trifft jedoch eigentlich nur dann zu, wenn zum Interpolieren auch der Verschiebungen dieselben Funktionen N_i verwendet werden. Hier soll die einfache Bezeichnung krummlinige Elemente verwendet werden.

Die Interpolations-Funktionen der Geometrie sind der Schlüssel zum automatischen Generieren krummliniger Netze. Denn die Unterteilung der Superelemente in die eigentlichen Finiten Elemente wird in den natürlichen Koordinaten r, s bzw. r, s, t vorgenommen, also bei geraden Begrenzungslinien! Dann erst erfolgt die Transformation auf den realen Raum:

A) Superelement in realen Koordinaten,
B) Superelement in natürlichen Koordinaten,
C) Unterteilen des Superelements im natürlichen Koordinatensystem,
D) Transformation auf reale Koordinaten.

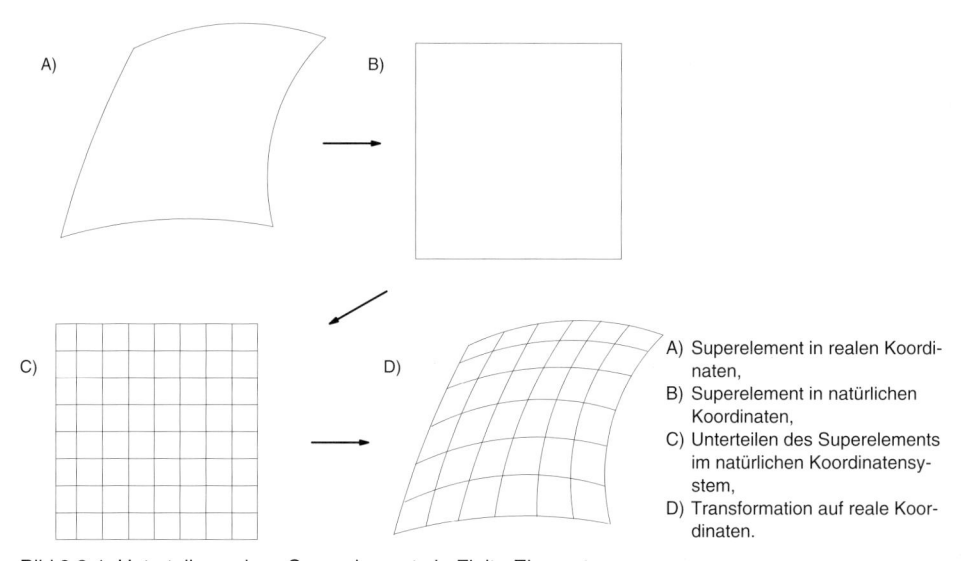

Bild 8.2-1: Unterteilung eines Superelements in Finite Elemente

Die Interpolationsfunktionen werden durch sog. Stützpunkte gebildet. In den meisten Fällen werden als Interpolierende Polynome gewählt. Nach /25/ gilt: Seien n+1 verschiedene Punkte $x_0, x_1, ... x_n$ und zugehörige Werte $f_0, f_1, ... f_n$ vorgegeben. Dann existiert ein eindeutiges bestimmtes Polynom $P_n(x)$, das höchstens den Grad n hat:

$P_n(x_k) = f_k$, k = 0, 1, ..., n

Zum Beschreiben eines linearen Polynoms (Geradengleichung) sind zwei Stützpunkte erforderlich, für ein quadratisches Polynom drei Stützpunkte und so fort. Für eine krummlinige Berandung sind also mindestens drei Stützpunkte auf dem jeweiligen Rand nötig. In der Tat werden meist quadratische und kubische Ansätze gewählt, und mit kubischen Interpolationsfunktionen lassen sich in der Praxis bereits sehr schön z.B. Viertelkreise annähern. Höhere Funktionen sind an sich unüblich und auch selten nötig.

Die Interpolations-Funktionen N_i weisen folgende Fundamentaleigenschaft auf: Für den Knoten i nehmen sie den Wert 1 an und verschwinden für alle anderen Knoten j, was ja schon aus Kapitel 4 bekannt ist.

Die Formfunktionen der Elemente werden durch Lagrange-Polynome erzeugt (Lagrange-Elemente). Das Aufstellen der Formfunktionen ist sehr schön einfach und gesetzmäßig und daher aus methodischer Sicht sehr vorteilhaft. In der eigentlichen Rechenpraxis werden sie jedoch weniger verwendet, da durch die inneren Knoten zusätzlicher Eingabeaufwand und im eigentlichen FE-Rechenvorgang erhöhter Rechenaufwand entsteht.

Beliebt dagegen sind Elemente, die nur Knoten längs der Berandung führen. Hierzu werden unvollständige Polynomansätze verwendet, die aus Produktformeln gewonnen werden: Die berüchtigten Serendipity-Elemente, vgl. Kapitel 4. *Zienciewicz* /1/ und *Bathe* /4/ empfehlen, Serendipity-Formfunktionen durch unmittelbare Betrachtung bzw. auf anschaulichem Wege zu erzeugen. *Schwarz* /6/ gibt Formfunktionen ohne Herleitung direkt an. *Wissmann* /26/ leitet Formfunktionen durch Auswahl eines sog. Basisvektors und dann durch Aufstellen und Inversion der sog. *Vandermonde-Matrix* her. Wie wir schon in Kapitel 4 feststellten, sind dies sehr spezielle Themen, und dem „normalen" Leser sei empfohlen, derartige Formfunktionen fertig zu übernehmen, z.B. aus /1/–/7/.

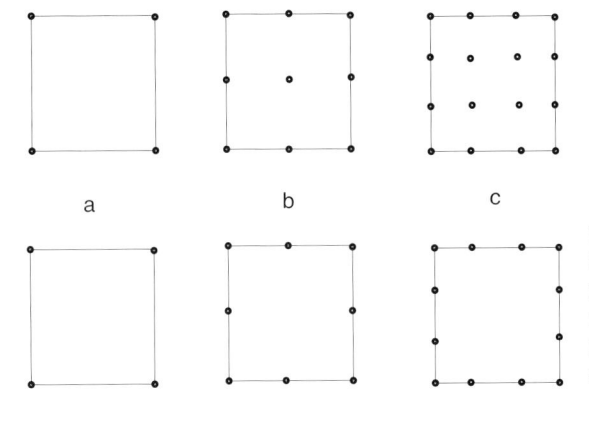

Bild 8.2-2: Gitter zum Berechnen einer Lagrange-Interpolationsfunktion. Obere Reihe Elemente der Lagrange-Klasse, untere Reihe Elemente der Serendipity-Klasse. Ansätze: a linear, b quadratisch c kubisch.

8 Netzgenerierung krummlinig berandeter Finiter Elemente

Hier sollen für die unmittelbare Anwendung Serendipity-Formfunktionen für ebene (Scheiben) bzw. axialsymmetrische (sog. Toruselemente) Elemente mit acht Knoten angegeben werden, die durch Aufbereiten der Basisfunktionen nach *Zienciewicz* /1/ und *Bathe* /5/ erzeugt wurden. Formfunktionen für andere Elementtypen können ebenda entnommen werden.

Formfunktionen für ein ebenes Serendipity-Element mit acht Knoten (vgl. Kapitel 4) sind danach:

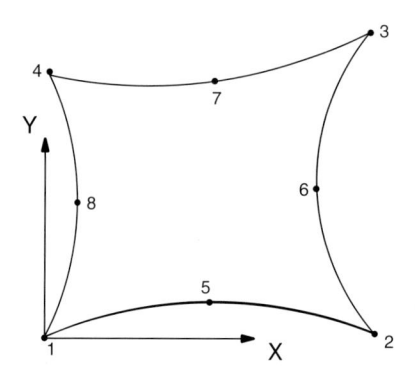

Bild 8.2-3: Ebenes Serendipity-Element mit acht Knoten

$$N_1 = \frac{1}{4}(1+r)(1+s) - \frac{1}{4}(1-r^2)(1+s) - \frac{1}{4}(1-s^2)(1+r)$$

$$N_2 = \frac{1}{4}(1-r)(1+s) - \frac{1}{4}(1-r^2)(1+s) - \frac{1}{4}(1-s^2)(1-r)$$

$$N_3 = \frac{1}{4}(1-r)(1-s) - \frac{1}{4}(1-s^2)(1-r) - \frac{1}{4}(1-r^2)(1-s)$$

$$N_4 = \frac{1}{4}(1+r)(1-s) - \frac{1}{4}(1-r^2)(1-s) - \frac{1}{4}(1-s^2)(1+r)$$

$$N_5 = \frac{1}{2}(1-r^2)(1+s)$$

$$N_6 = \frac{1}{2}(1-s^2)(1-r)$$

$$N_7 = \frac{1}{2}(1-r^2)(1-s)$$

$$N_8 = \frac{1}{2}(1-s^2)(1+r)$$

Die Ansätze sind bei den ebenen Elementen quadratisch. Damit die Abbildung in den Gleichungen

$$x = \sum_i N_i \cdot x_i$$
$$y = \sum_i N_i \cdot y_i$$
$$z = \sum_i N_i \cdot z_i$$

eineindeutig bleibt, muß über den ganzen Bereich die Determinante der sog. *Jacobi-Matrix*

$$J = \begin{pmatrix} \sum \frac{\partial N_i}{\partial r} x_i & \sum \frac{\partial N_i}{\partial r} y_i & \sum \frac{\partial N_i}{\partial r} z_i \\ \sum \frac{\partial N_i}{\partial s} x_i & \sum \frac{\partial N_i}{\partial s} y_i & \sum \frac{\partial N_i}{\partial s} z_i \\ \sum \frac{\partial N_i}{\partial t} x_i & \sum \frac{\partial N_i}{\partial t} y_i & \sum \frac{\partial N_i}{\partial t} z_i \end{pmatrix}$$

streng positiv sein. Die Determinante muß laufend im Computerprogramm ausgerechnet werden, damit eine wirksame Kontrolle der Eineindeutigkeit der Abbildung von natürlichen in reale Koordinaten gegeben ist. Diese Eineindeutigkeit wird verletzt durch z.B.

- Stark verzerrte Elemente
- „gefaltete Elemente"
- falsch numerierte Elemente

vgl. dazu die Ausführungen in Kapitel 4.

8.3 Beschreibung eines einfachen Netzgenerators

Um das Vorgehen prinzipiell zu verdeutlichen, werden einige Einschränkungen gemacht, die beispielhaften Charakter haben:

1. Es werden ebene Serendipity-Elemente mit acht Knoten vorgesehen
2. Superelemente und Finite Elemente sollen vom gleichen Typ sein

Das Verfahren kann unmittelbar auf den dreidimensionalen Fall (Hexaeder mit acht bzw. 20 Knoten) ausgedehnt werden. Das Vorsehen von Lagrange-Elementen und unterschiedlichen Typen für Superelemente und Finite Elemente ist ebenfalls sofort ableitbar.

Das grundsätzliche Vorgehen ist folgendermaßen:

Schritt 1: Einlesen der Geometriedaten und Koinzidenz der Superstruktur.

Schritt 2: Einlesen der Art und Anzahl der jeweiligen Unterteilungen der Superelemente,

Schritt 3: Feststellen der jeweiligen „Nachbarelemente" eines jeden Superelements,

Schritt 4: Für alle Superelemente anhand der Vorgaben aus Schritt 2 die Gitterkoordinaten mit den Formfunktionen berechnen, transformieren und Superelementeweise abspeichern,

Schritt 5: Koinzidenzvektor berechnen,

Schritt 6: Berechnen der Koordinaten und Koinzidenz der Fertigstruktur und Abspeichern in eine direkte, vom FE-Programm einlesbare Datei.

Zu Schritt 1: Einlesen der Geometriedaten und Koinzidenz der Superstruktur

Der Netzgenerator sollte das gleiche Eingabeschema wie die FE-Programme verwenden. So können Pre- und Postprozessoren des FE-Programms, beispielsweise Grafikprogramme, direkt auch zur Kontrolle sowohl der Superstruktur als auch des generierten Netzes genutzt werden. Kleine Superstrukturen können interaktiv eingegeben werden, sinnvoll ist jedoch grundsätzlich die Eingabe mit einer Datei. Die Eingabedaten können wie folgt gegliedert werden:

- Allgemeine Angaben zur Struktur (Anzahl der Knoten, Elemente, Elastizitätsgesetze u.a.),
- Koordinaten der Struktur,
- Elementtyp und Koinzidenz, elementweise,
- Elastizitätsgesetze und Querschnittsparameter.

Für den Netzgenerator beziehen sich die Angaben auf die Superelemente.

Zu Schritt 2: Einlesen der Art und Anzahl der jeweiligen Unterteilungen

Die Eingabe wird direkt angehängt:

- Art und Anzahl der Unterteilungen

Es werden 2 Eingabezeilen pro Superelement vorgesehen. Die erste Zeile enthalte die Nummer und den Typ des Superelements, die zweite dann:

- Anzahl der Unterteilungen in r-Richtung (Integer),
- Art der Unterteilung für r (Charakter z.B. E, e, L, l),

- Anzahl der Unterteilungen in s-Richtung (Integer),
- Art der Einteilung für s (Charakter z.B. E, e, L, l).

Dabei stehen E und e für äquidistante Einteilung, L für aufsteigende geometrische Reihe und l (kleines L) für fallende geometrische Reihe.

Zu Schritt 3: Feststellen der jeweiligen Nachbarelemente

Der grundlegende Gedanke des hier erläuterten Netzgenerators ist, die endgültige Knotennumerierung superelementweise aufsteigend vorzunehmen, d.h. Superelement 1 liefere die Knoten 1 bis i, Superelement 2 dann die Knoten i+1 bis j, Superelement 3 sodann die Knoten j+1 bis k und so fort. Dabei laufe die Numerierung zunächst in s-Richtung, bzw. wenn man das mit einem Gitter überzogene Superelement als eine Knotenmatrix betrachtet, schneller in i-Richtung. Dies wird direkt programmtechnisch genutzt, denn eine Matrix A_{ij} vom Grade n kann genauso durch einen Vektor v beschrieben werden:

```
v[n*(i-1) + j] ⇔ a[i,j] ⇔ A_ij
```

Wie ersichtlich, werden r- und s-Achse durch die Lage der Superknoten 2 und 1 (liefert positive r-Richtung) bzw. 4 und 1 (liefert positive s-Richtung) festgelegt.

Möge beispielsweise das erste Superelement in vier Finite Elemente unterteilt werden, so ergeben sich 21 Knoten. Dies möge die Knoten 1 bis 21 der fertigen Struktur liefern. Das zweite Superelement soll an das erste Superelement anschließen, direkt oben an die Superknoten 4, 7, 3 und ebenfalls vier Unterteilungen haben. Damit beginnt die Weiternumerierung mit Knoten 22 am Matrixpunkt a_{21} des zweiten Superelements (Superknoten 13), da die Linie der Superknoten 4, 7, 3 beiden Superelementen gemeinsam ist.

Durch diese Vorgehensweise kann man die Knotennumerierung der fertigen FE-Struktur in jede beliebige Richtung laufen lassen, da wie ersichtlich, die Weiternumerierung immer von Superknoten 1 eines Superelements zum Superknoten 4 läuft. Was Superknoten 1 und 4 de facto sind, wird allein durch die Vorgabe der Koinzidenzliste bestimmt. Zwar ist durch die Formfunktionen die Lage der Knoten innerhalb des natürlichen Koordinatensystems festgelegt, im realen System kann dagegen Superknoten 1 z.B. an der Stelle des Superknotens 2 liegen, so daß nunmehr die Numerierung nicht von unten nach oben liefe, sondern von rechts nach links. Lediglich der Umfahrungssinn gegen den Uhrzeiger (mathematisch positiv) muß generell eingehalten werden.

Um zu erkennen, welche Knoten bereits mit Fertignumerierung versehen sind, müssen zu einem Superelement `j` alle Superelemente `k` mit `k < j` gefunden werden. Im ungünstigsten Falle sind dies acht Nachbarelemente. Dazu wird ein Vektor `join[i]` wie folgt definiert:

join[i]= (acht Elemente für mögliche Nachbarelemente des ersten Superelements, acht Elemente für mögliche Nachbarelemente des zweiten Superelements, ... acht Elemente für mögliche Nachbarelemente des n. Superelements). Zum Berechnen von join werden die Eckknoten eines Superelements j jeweils mit den Eckknoten der Superelemente 1 bis j-1 verglichen.

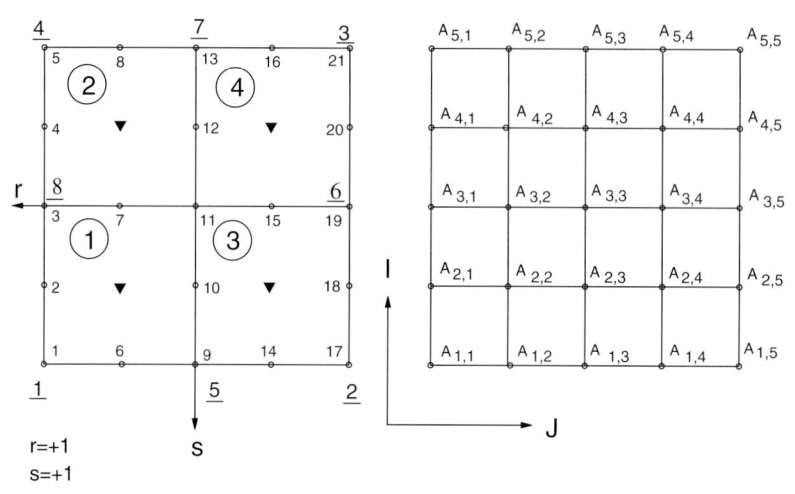

Bild 8.3-1: Schema zum Numerieren der Knoten für einen Netzgenerator

Ziffer unterstrichen = Knotennummer eines Superelements, normale Ziffer = Knotennummer finites Element, Dreiecksymbol = „toter" Knoten, Ziffer mit Kreis = finites Element, A_{ij} = Knotenmatrix

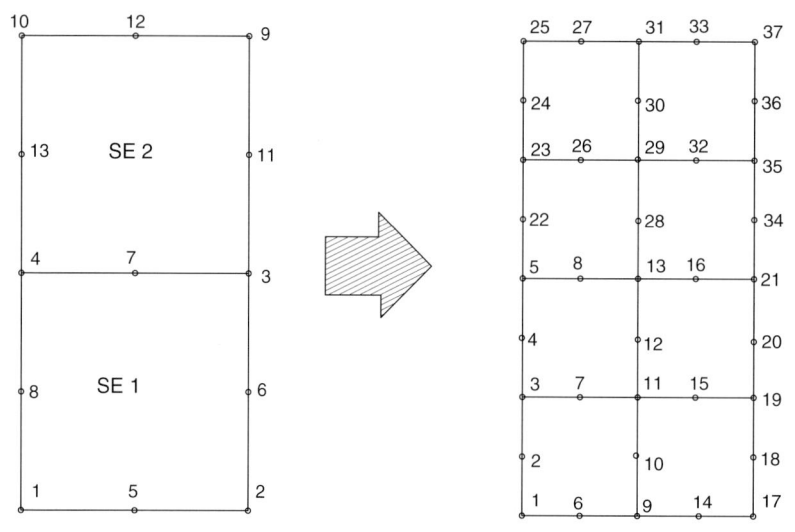

Bild 8.3-2: Zerlegen einer Superstruktur in acht Finite Elemente

Koinzidenz erstes Superelement 1 – 2 – 3 –4 – 5 – 6 – 7 – 8, Koinzidenz zweites Superelement 4 – 3 –9 – 10 – 7 – 11 – 12 – 13

Zu Schritt 4: Gitterkoordinaten mit Formfunktionen berechnen und transformieren

Die Unterteilung eines Superelements in Finite Elemente werde in natürlichen Koordinaten vorgenommen, d.h. im Bereich –1 bis +1 für r und s. Dabei ist zu unterscheiden, auf welche Weise zu unterteilen ist. Naheliegend sind drei Möglichkeiten: linear ('E' oder 'e'), aufsteigende geometrische Reihe ('L'), fallende geometrische Reihe ('l'). Für jedes Superelement werden die Koordinaten der Gitterpunkte A_{ij} berechnet und in Vektoren xss und yss gegeben. Sie enthalten zunächst auch die Koordinaten sog. „toter Knoten". Dadurch ist das Vorgehen sehr geradlinig. Seien dabei jel und iel Vektoren, die für jedes Superelement m die Anzahl der Finiten Elemente in r- bzw. s-Richtung enthalten mögen. Das folgende Programmsegment zeigt die Möglichkeiten der Unterteilung:

Inkremente xinc für Superelement m berechnen:

```
if(cmode == 'E' || cmode == 'e')
  xinc= 2./(jel[m]*2);
else if(cmode == 'L' || cmode == 'l')
  xinc= pow(3.,(1./jel[m]));
```

Natürliche Koordinaten r berechnen:

```
if(cmode == 'E' || cmode == 'e')
  r= 1. - xinc * (j-1);

else if(cmode == 'L')
  {
  jteil= j/2;
  jgerad= j+1-((j+1)/2)*2;
  if(jgerad == 0)
    r= 2.- pow(xinc,(double)jteil);
  else
    r= ((2.-pow(xinc,(double)jteil) )
       +(2.-pow(xinc,(double)(jteil-1) ) ) )/2.;
  }
```

```
else if(cmode == 'l')
 {
  jteil= (jmax-j)/2;
  jgerad= j+1-((j+1)/2)*2;
  if(jgerad == 0)
    r= pow(xinc,(double)jteil) -2.;
  else
    r= ((pow(xinc,(double)jteil) -2.)
       +(pow(xinc,(double)(jteil+1)) -2.) )/2.;
 }
```

Dort ist `jmax = 2*jel[m]+1` die Anzahl der Koordinaten längs der Linie `j`. Analog wäre für `yinc` und `s` vorzugehen.

Zu Schritt 5: Koinzidenzvektor berechnen

Es möge nun ein Vektor `koima` aufgebaut werde, der unmittelbar den Koordinaten-Vektoren `xss` und `yss` zugeordnet werden kann, so daß für einen Knoten `k` der Fertigstruktur, der die Koordinaten x und y aufweise, gelte:

```
k = koima[i];
x[k] = xss[i];
y[k] = yss[i]
```

Wobei gelte: k < = i .

Um die sog. toten Knoten auszufiltern, werde folgende Funktion definiert:

```
jgerad= j+1-((j+1)/2)*2;
```

Sie nimmt für gerade `j` den Wert 1 und für ungerade `j` den Wert 0 an. Offensichtlich liegt dann ein toter Knoten vor, der zu überspringen ist, wenn `i` und `j` gleichzeitig gerade sind.

Die Zähler `icount` und `macoun` werden definiert. Dabei zählt `icount` einfach von Gitterpunkt zu Gitterpunkt unter Einbeziehung der toten Knoten, der Zähler `macoun` dagegen wird nur inkrementiert, wenn es sich um einen Gitterpunkt handelt, der bisher nicht betrachtet wurde und nicht toter Knoten ist. Der Koinzidenzvektor `koima` erhält dann den Wert von `macoun`, wenn es sich um einen weiteren Gitterpunkt handelt, andernfalls den Index des bereits bekannten, früher aufgetretenen Knotens.

Programmtechnisch wird festgestellt, ob ein Knoten neu bzw. bekannt ist, indem seine Koordinaten mit denen eines zu vergleichenden Knotens unter Einbeziehung eines Fangbereichs (Vergleiche von `double`-Zahlen wegen endlicher Maschinengenauigkeit nicht auf Gleichheit durchführen) verglichen werden.

Der Zähler `macoun` enthält nach diesem Schritt die Knotenanzahl der fertigen FE-Struktur.

Zu Schritt 6: Berechnen der Koordinaten und Koinzidenz der Fertigstruktur

Die Koordinaten müssen mit Hilfe des Vektors `koima` nach folgendem Schema ausgelesen werden:

Erster Knoten: `xss[1], yss[1]`

Zweiter und alle folgenden Knoten bis Knoten `macoun`:

```
koimax = 1;
for(i = 2; i <= icount; i++)
  {
  if(koima[i] > koimax)
    {
    koimax = koima[i];
    /* zu Knotennummer koimax gehören nun */
    /* xss[i] und yss[i] */
    }
  }
```

Die Koinzidenzliste wird wie folgt berechnet: Zunächst werden zwei Vektoren `icssta` und `jcssta` definiert, die dem Umstand Rechnung tragen, daß im ersten Finiten Element gilt: A_{11} entspricht dem lokalen Elementknoten 1, A_{13} dem Elementknoten 2, A_{33} dem Elementknoten 3 und so fort (hier, damit Zählung bei 1 starten kann `icssta[0]= jcssta[0]= 0`):

```
int icssta[9] = {0,1,1,3,3,1,2,3,2};
int jcssta[9] = {0,1,3,3,1,2,3,2,1};
```

Das zweite finite Element hat folgende Entsprechungen: A_{31} zu lokalem Elementknoten 1, A_{33} zu Elementknoten 2, A_{53} zu Elementknoten 3 usw. Daher wird die Koinzidenzliste wie folgt erzeugt:

144 8 Netzgenerierung krummlinig berandeter Finiter Elemente

```
/*----------------------------------------------------------------
 * Elementdaten & Koinzidenzliste
 *----------------------------------------------------------------*/
k= 0;

for(iss = 1;iss <= ness;iss++)
  {
  jmax= jel[iss]*2+1;
  imax= iel[iss]*2+1;

  for(je = 1;je <= jel[iss];je++)
    {
    for(ie = 1;ie <= iel[iss];ie++)
      {
      k++;
      for(le = 1;le <= 8;le++)
        {
        j= jcssta[le] + 2*(je-1);
        i= icssta[le] + 2*(ie-1);
        index= (ioffss[iss]-1) + i+imax*(j-1);
        koilo[le]= koima[index];
        }
      fprintf(fi1," %5ld %5ld    Element Nr.%ld\n",k,ityp,k);
      fprintf(fi1," %5ld %5ld %5ld %5ld %5ld %5ld %5ld %5ld\n",
      koilo[1],koilo[2],koilo[3],koilo[4],
      koilo[5],koilo[6],koilo[7],koilo[8]);
      }
    }
  }
```

Diese Werte werden in eine Datei gegeben, die als Eingabe für das eigentliche FE-Programm dient. Bei Z88 ist das dann die Datei **Z88I1.TXT**.

<u>Beispiel</u>

Der unten dargestellte Schraubenschlüssel wird aus sieben Superelementen (Serendipity) mit 38 Knoten gebildet. Er findet sich in ausführlicher Form in Kapitel 13 als dort erstes Beispiel.

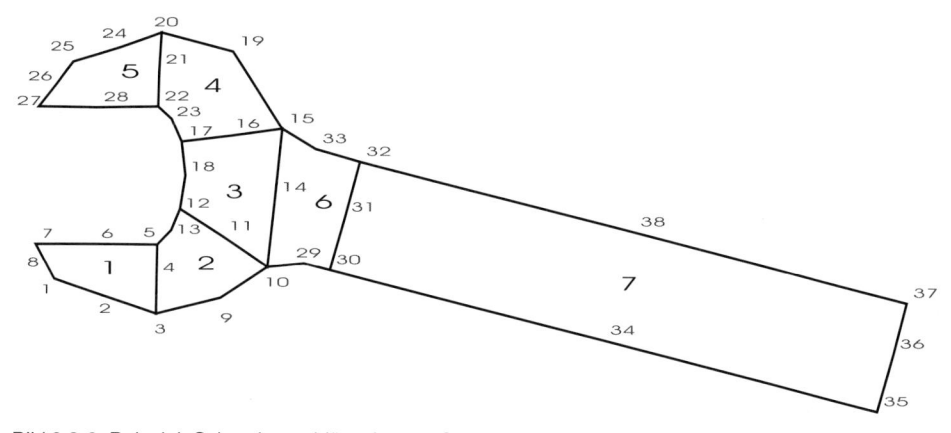

Bild 8.3-3: Beispiel: Schraubenschlüssel aus 7 Superelementen bestehend

8.3 Beschreibung eines einfachen Netzgenerators

Dabei sind die kleinen Ziffern die Knotennummern und die größeren Ziffern die Elementnummern.

Der Vektor `join`, der die vorhergehenden Nachbarelemente eines jeweiligen Superelements beschreibt, ist (das allererste Vektorelement ist 0, d.h. `join[0] = 0`, damit die Zählung immer bei 1 beginnen kann):

(0,0,0,0,0,0,0,0,0,
1,0,0,0,0,0,0,0,
2,0,0,0,0,0,0,0,
3,0,0,0,0,0,0,0,
4,0,0,0,0,0,0,0,
2,3,4,0,0,0,0,0,
6,0,0,0,0,0,0,0).

Das bedeutet: Das Superelement 1 hat logischerweise keinen Vorgänger, die Elemente 2 bis 5 haben jeweils die direkt angrenzenden Vorgänger 1 bzw. 2 bzw. 3 bzw. 4. Das Superelement 6 schließt an die schon behandelten Vorgängerelemente 2, 3 und 4 an, und Superelement 7 hat als direkten, schon abgehandelten Partner das Superelement 6.

Die Elemente 1 bis 5 sollen in beiden Richtungen je dreimal unterteilt werden, Element 6 in r zweimal und in s dreimal äquidistant, Element 7 in r-Richtung aufsteigend geometrisch und in s-Richtung dreimal äquidistant. Dies ergibt für die fertige Struktur dann 69 Finite Elemente (Serendipity-Elemente mit acht Knoten) und 260 Knoten.

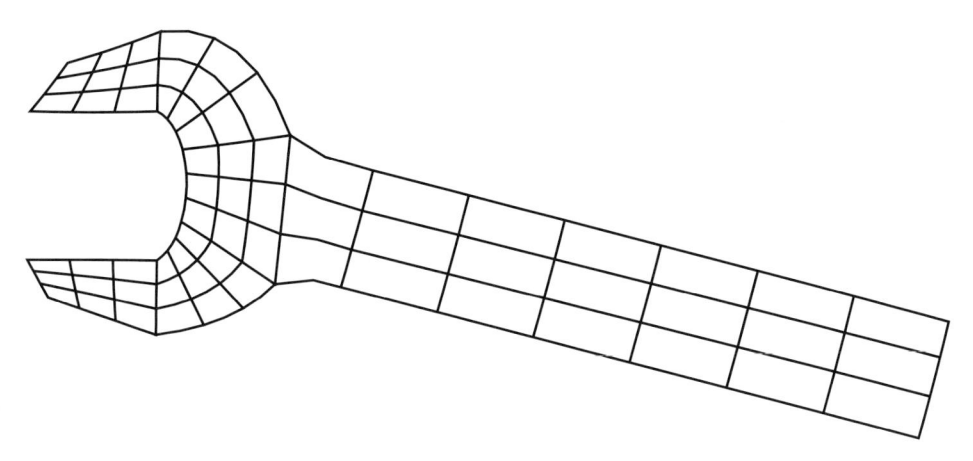

Bild 8.3-4: Generierte Netzstruktur

Der programmiererfahrene Leser dürfte bemerkt haben, daß bei dem oben erläuterten Vorgehen vordergründig recht großzügig mit dem Computerspeicher umgegangen wird. So enthält der Vektor `join` hauptsächlich Nullen. Tatsächlich belegt `join` für beispielsweise 200 Superelemente dann 200·8·4 Bytes = 6,4 KByte, was bei den heute nutzbaren Hauptspeichern völlig unbedeutend ist. Ähnliche Betrachtungen gelten für die Vektoren `xss` und `yss`, die ja als überflüssige Informationen die toten Knoten und teilweise doppelt Berandungsknoten enthalten. Dafür wird der Programmablauf weitgehend linear, d.h. mit wenig Sprüngen und Fallunterscheidungen, was meist auch der Rechengeschwindigkeit zugute kommt.

Das erläuterte Vorgehen läßt sich unmittelbar auf räumliche Serendipity Elemente mit 20 Knoten ausdehnen:

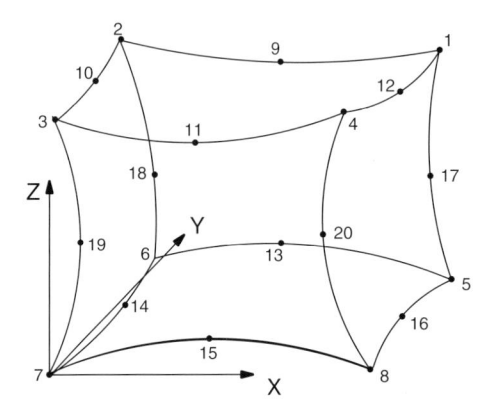

Bild 8.3-5: Räumliches Serendipity Element mit 20 Knoten

Es wird eine Koordinate t zusätzlich eingeführt. Ein toter Knoten liegt dann vor, wenn von den drei Laufrichtungen I, J, K, jeweils zwei Laufrichtungen gerade Indizes annehmen. Hexaeder mit acht Knoten sind noch einfacher zu generieren, da diese Unterscheidung völlig entfällt. Dies gilt auch für Lagrange-Elemente.

Der hier beschriebene Netzgenerator wird als **Z88N** im Z88-System genutzt. Er ist in Kapitel 10 weiter beschrieben, besonders die praktische Handhabung. Mehrere Beispiele in Kapitel 13 setzen auf diesen Netzgenerator auf. Die C-Quellen sind auf der CD-ROM ausgeführt. Dieser hier beschriebene Netzgenerator, der vom Erstautor entwickelt wurde und über den in /29/ berichtet wurde, hat sich in der Praxis außerordentlich bewährt. Im Gegensatz zu den vollautomatischen Meshern moderner FEA-Großsysteme verlangt er zwar mitunter deutlich mehr Eingabeaufwand, erzeugt aber Netze ganz nach Wunsch des Bedieners, was fortgeschrittene Anwender der FEA sehr zu schätzen wissen.

9 Z88: Grundlagen und Installation

9.1 Grundlagen des FE-Programmes Z88

9.1.1 Die Z88-Philosophie

+ Schnell und kompakt: für PCs entwickelt, kein portiertes Großsystem
+ Flexibel und transparent: Steuerung über Textdateien
+ Voller Datenaustausch von und zu CAD-Systemen mit DXF-Schnittstelle
+ kontextsensitive OnLine-Hilfe
+ Kein Kopierschutz, keine lästigen Passwort-Abfragen
+ Einfachste Installation: Keine Subdirectories, kein Verändern der Systemdateien
+ Bei UNIX: automatische Steuerung und kumulative Läufe möglich

Hinweise:

Immer ohne Ausnahme FE-Berechnungen mit analytischen Überschlagsrechnungen, Versuchsergebnissen, Plausibilitätsbetrachtungen und anderen Überprüfungen kontrollieren!

Beachten Sie ferner, daß bei Z88 (und auch anderen FEM-Programmen) mitunter Vorzeichendefinitionen gelten, die von den üblichen Definitionen der analytischen Technischen Mechanik abweichen.

Z88 ist ein komplexes Computerprogramm. Inwieweit Z88 sich mit anderen Programmen und Utilities usw. verträgt, ist nicht vorhersagbar. Wir können hier keine Beratung und Unterstützung geben! Sie sollten zunächst sämtliche anderen Programme und Utilities deaktivieren. Fahren Sie Z88 „pur" und nehmen dann Zug um Zug weitere Programme hinzu. Z88 selbst verwendet nur dokumentierte Betriebssystem-Aufrufe von Windows NT/95 bzw. UNIX!

Die genaue Beschreibung der Element-Bibliothek finden Sie im Kapitel 12.

9.1.2 Die Z88-Element-Bibliothek im Überblick

Ebene Probleme

Scheibe Nr. 3

– quadratischer Ansatz, aber geradlinig
– Güte der Verschiebungen sehr gut

– Güte der Spannungen im Schwerpunkt gut
– Rechenaufwand: mittel
– Größe der Elementsteifigkeitsmatrix: 12 * 12

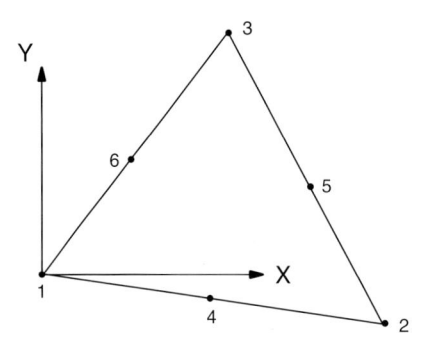

Bild 9.1-1: Scheibe Nr. 3

Scheibe Nr. 7

– quadratisches isoparametrisches Serendipity-Element
– Güte der Verschiebungen sehr gut
– Güte der Spannungen in den Gaußpunkten sehr gut
– Güte der Spannungen in den Eckknoten gut
– Rechenaufwand: hoch
– Größe der Elementsteifigkeitsmatrix: 16 * 16

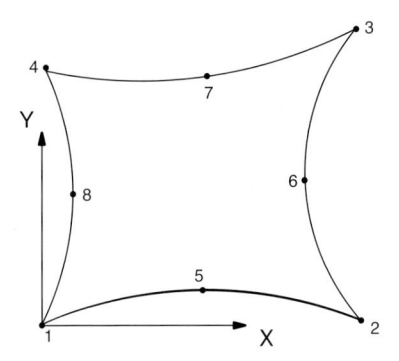

Bild 9.1-2: Scheibe Nr. 7

Stab Nr. 9

– linearer Ansatz
– Güte der Verschiebungen exakt im Rahmen des Hooke'schen Gesetzes
– Güte der Spannungen exakt im Rahmen des Hooke'schen Gesetzes

- Rechenaufwand: minimal
- Größe der Elementsteifigkeitsmatrix: 4 * 4

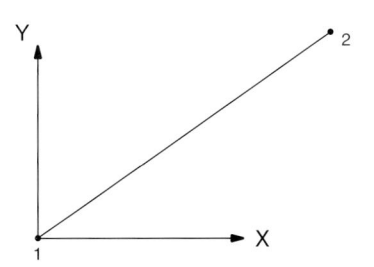

Bild 9.1-3: Stab Nr. 9

Scheibe Nr. 11

- kubisches isoparametrisches Serendipity-Element
- Güte der Verschiebungen ausgezeichnet
- Güte der Spannungen in den Gaußpunkten ausgezeichnet
- Güte der Spannungen in den Eckknoten gut
- Rechenaufwand: sehr hoch
- Größe der Elementsteifigkeitsmatrix: 24 * 24

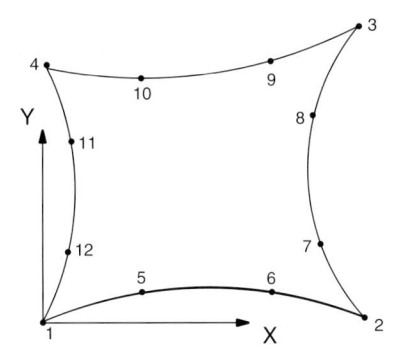

Bild 9.1-4: Scheibe Nr. 11

Balken Nr. 13

- linearer Ansatz für Zug, kubischer Ansatz für Biegung
- Güte der Verschiebungen exakt im Rahmen des Hooke'schen Gesetzes
- Güte der Spannungen exakt im Rahmen des Hooke'schen Gesetzes
- Rechenaufwand: gering
- Größe der Elementsteifigkeitsmatrix: 8 * 8

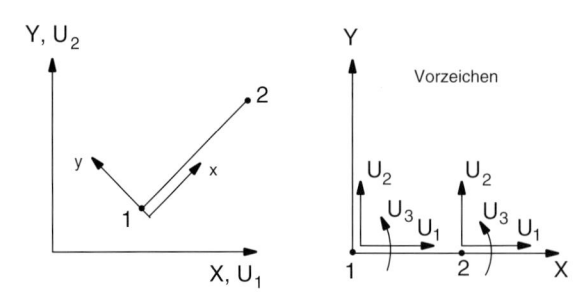

Bild 9.1-5: Balken Nr. 13

Scheibe Nr. 14

– quadratisches isoparametrisches Serendipity-Element
– Güte der Verschiebungen sehr gut
– Güte der Spannungen in den Gaußpunkten sehr gut
– Güte der Spannungen in den Eckknoten gut
– Rechenaufwand: mittel
– Größe der Elementsteifigkeitsmatrix: 12 * 12

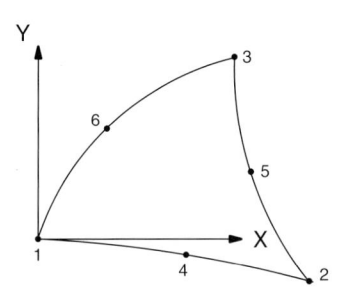

Bild 9.1-6: Scheibe Nr. 14

Axialsymmetrische Probleme

Torus Nr. 6

– linearer Ansatz
– Güte der Verschiebungen mittel
– Güte der Spannungen in den Eckknoten ungenau
– Rechenaufwand: gering
– Größe der Elementsteifigkeitsmatrix: 6 * 6

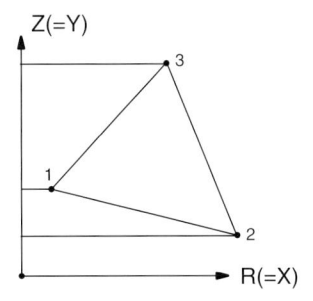

Bild 9.1-7: Torus Nr. 6

Torus Nr. 8

– quadratisches isoparametrisches Serendipity-Element
– Güte der Verschiebungen sehr gut
– Güte der Spannungen in den Gaußpunkten sehr gut
– Güte der Spannungen in den Eckknoten gut
– Rechenaufwand: hoch
– Größe der Elementsteifigkeitsmatrix: 16 * 16

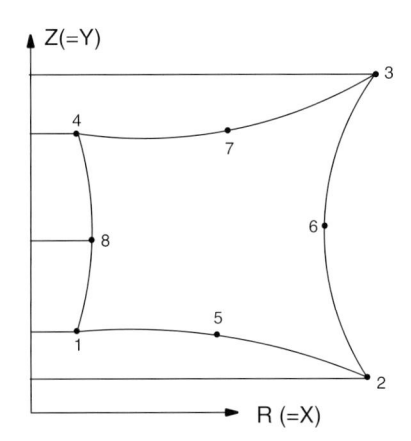

Bild 9.1-8: Torus Nr. 8

Torus Nr. 12

– kubisches isoparametrisches Serendipity-Element
– Güte der Verschiebungen ausgezeichnet
– Güte der Spannungen in den Gaußpunkten ausgezeichnet
– Güte der Spannungen in den Eckknoten gut
– Rechenaufwand: sehr hoch
– Größe der Elementsteifigkeitsmatrix: 24 * 24

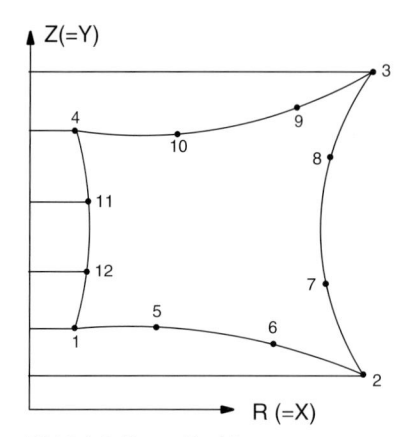

Bild 9.1-9: Torus Nr. 12

Torus Nr. 15

– quadratisches isoparametrisches Serendipity-Element
– Güte der Verschiebungen sehr gut
– Güte der Spannungen in den Gaußpunkten sehr gut
– Güte der Spannungen in den Eckknoten gut
– Rechenaufwand: mittel
– Größe der Elementsteifigkeitsmatrix: 12 * 12

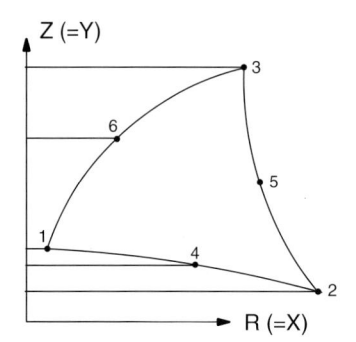

Bild 9.1-10: Torus Nr. 15

Welle Nr. 5

– linearer Ansatz für Zug und Torsion, kubischer Ansatz für Biegung
– Güte der Verschiebungen exakt im Rahmen des Hooke'schen Gesetzes
– Güte der Spannungen exakt im Rahmen des Hooke'schen Gesetzes
– Rechenaufwand: gering
– Größe der Elementsteifigkeitsmatrix: 12 * 12

9.1 Grundlagen des FE-Programmes Z88   153

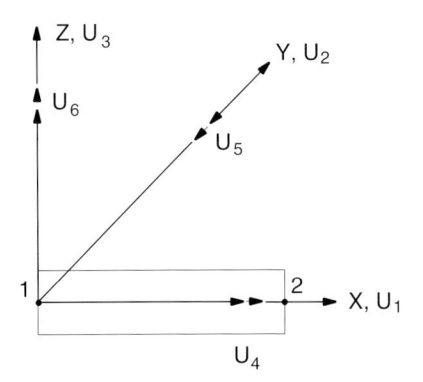

Bild 9.1-11: Welle Nr. 5

Räumliche Probleme

Stab Nr. 4

– linearer Ansatz
– Güte der Verschiebungen exakt im Rahmen des Hooke'schen Gesetzes
– Güte der Spannungen exakt im Rahmen des Hooke'schen Gesetzes
– Rechenaufwand: minimal
– Größe der Elementsteifigkeitsmatrix: 6 * 6

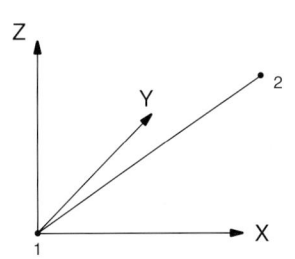

Bild 9.1-12: Stab Nr. 4

Balken Nr. 2

– linearer Ansatz für Zug und Torsion, kubischer Ansatz für Biegung
– Güte der Verschiebungen exakt im Rahmen des Hooke'schen Gesetzes
– Güte der Spannungen exakt im Rahmen des Hooke'schen Gesetzes
– Rechenaufwand: gering
– Größe der Elementsteifigkeitsmatrix: 12 * 12

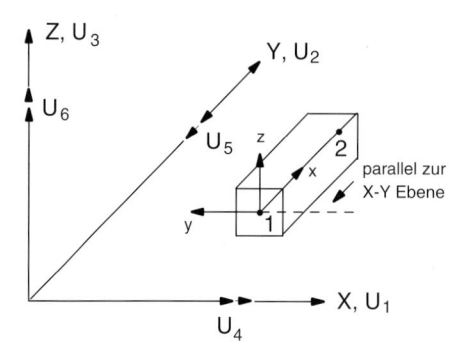

Bild 9.1-13: Balken Nr. 2

Hexaeder Nr. 1

– linearer Ansatz
– Güte der Verschiebungen mittel
– Spannungen an den Gaußpunkten brauchbar
– Spannungen an den Eckknoten ungenau
– Rechenaufwand sehr hoch
– Größe der Elementsteifigkeitsmatrix: 24 * 24

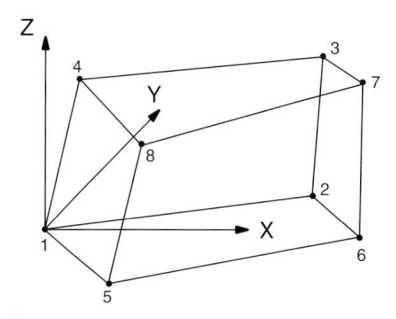

Bild 9.1-14: Hexaeder Nr. 1

Hexaeder Nr. 10

– quadratisches isoparametrisches Serendipity-Element
– Güte der Verschiebungen sehr gut
– Spannungen an den Gaußpunkten sehr gut
– Spannungen an den Eckknoten gut
– Rechenaufwand extrem hoch
– Größe der Elementsteifigkeitsmatrix: 60 * 60

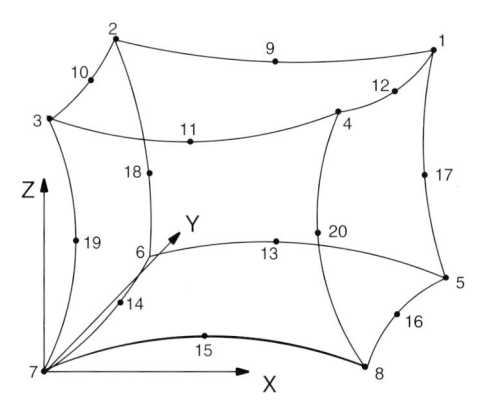

Bild 9.1-15: Hexaeder Nr. 10

Tetraeder Nr. 17

- linearer Ansatz
- Güte der Verschiebungen schlecht
- Spannungen an den Gaußpunkten ungenau
- Spannungen an den Eckknoten sehr ungenau
- Rechenaufwand mittel
- Größe der Elementsteifigkeitsmatrix: 12 * 12

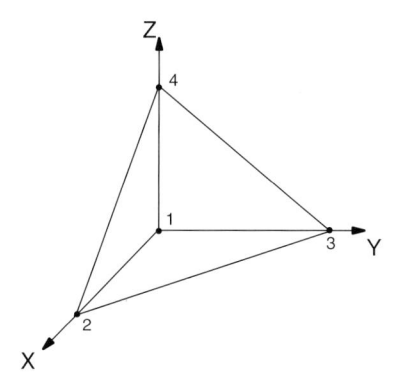

Bild 9.1-16: Tetraeder Nr. 17

Tetraeder Nr. 16

- quadratisches isoparametrisches Serendipity-Element
- Güte der Verschiebungen sehr gut
- Spannungen an den Gaußpunkten sehr gut

– Spannungen an den Eckknoten gut
– Rechenaufwand sehr hoch
– Größe der Elementsteifigkeitsmatrix: 30 * 30

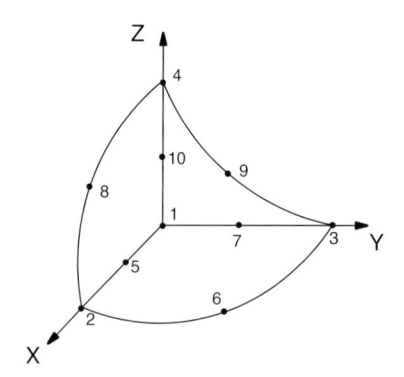

Bild 9.1-17: Tetraeder Nr. 16

9.1.3 Die Z88-Module im Überblick

Allgemeines:

Z88 erledigt immer nur die Aufgaben, die Sie ihm momentan stellen. Daher ist Z88 kein riesiges, monolithisches Programm, sondern besteht nach der UNIX-Philosophie „small is beautiful" aus mehreren, getrennt lauffähigen Modulen. Sie werden nach Ihren Erfordernissen in den Hauptspeicher geladen, führen ihre Aufgaben aus, und geben den Speicher wieder frei. Auch dadurch erzielt Z88 seine gegenüber vielen anderen FE-Programmen überragende Geschwindigkeit und Fehlerfreiheit! Die Z88-Module kommunizieren miteinander durch Dateien, vgl. Kap.11.

Die Module in Kurzform:

Der **FE-Prozessor Z88F** liest die allgemeinen Strukturdaten Z88I1.TXT und die Randbedingungen Z88I2.TXT ein. Grundsätzlich können die Z88-Eingabedateien per CAD-Konverter Z88X, per Editor oder Textverarbeitungssystem oder mit einem gemischten Vorgehen generiert werden. Z88F gibt sodann aufbereitete Strukturdaten Z88O0.TXT, aufbereitete Randbedingungen Z88O1.TXT aus, berechnet die Elementsteifigkeitsmatrizen, compiliert die Gesamtsteifigkeitsmatrix, skaliert das Gleichungssystem, löst das System mit einem in-situ Cholesky-Verfahren und gibt die Verschiebungen in Z88O2.TXT aus. Z88F kann in verschiedenen Modi laufen. Damit ist die Grundaufgabe jedes FEM-Systems, also die Berechnungen der Verschiebungen gelöst. Sodann können auf Wunsch Spannungen mit Z88D berechnet und/oder Knotenkräfte mit Z88E berechnet werden.

Der **CAD-Konverter Z88X** konvertiert DXF-Austauschdateien von CAD-Systemen in Z88-Eingabedateien (Netzgenerator-Eingabedatei Z88NI.TXT, Allgemeine Strukturdaten Z88I1.TXT, Randbedingungen Z88I2.TXT und Spannungsparameter-Datei Z88I3.TXT) bzw., und das ist das Besondere, auch umgekehrt Z88-Eingabedateien in DXF-Dateien. Sie können also nicht nur Eingabedaten im CAD-System erzeugen und dann in Z88 verwenden, sondern Sie können auch Z88-Eingabedateien, die immer einfache ASCII-Dateien sind, z.B. per Texteditor, mit Textverarbeitung, mit EXCEL oder z.B. durch selbstgeschriebene Programme erzeugen und dann ins CAD-System per CAD-Konverter Z88X geben, dort auch ggf. ergänzen und weiterbearbeiten und dann wieder zurück ins Z88 konvertieren. Diese Flexibilität ist einzigartig!

Der **COSMOS Konverter Z88G** liest FE-Eingabedateien im sog. COSMOS-Format ein und erzeugt automatisch die Z88-Eingabedateien Z88I1.TXT, Z88I2.TXT und Z88I3.TXT. COSMOS-Dateien können in verschiedenen 3D-CAD-Systemen erzeugt werden. Z88G ist umfangreich getestet mit Pro/ENGINEER mit der Option Pro/MESH von Fa. Parametric Technology, USA. Damit ist eine direkte Weiterverarbeitung von Pro/ENGINEER-Modellen möglich!

Der **Cuthill-McKee Algorithmus Z88H** ist primär für die Zusammenarbeit mit Z88G gedacht. Er kann FE-Netze umnummerieren und so besonders bei Netzen, die aus Automeshern wie Pro/MESH kommen, die Speicherbedarfe merklich verringern.

Spannungen werden mit **Z88D** berechnet. Zuvor muß Z88F gelaufen sein. Z88D liest eine Steuerdatei Z88I3.TXT ein und gibt die Spannungen in Z88O3.TXT.

Knotenkräfte werden mit **Z88E** berechnet. Zuvor muß Z88F gelaufen sein. Z88E gibt die Knotenkräfte in Z88O4.TXT.

Der **Netzgenerator Z88N** liest die Superstrukturdaten Z88NI.TXT ein und gibt die allgemeinen Strukturdaten Z88I1.TXT aus. Die Netzgenerator-Datei Z88NI.TXT hat prinzipiell den gleichen Aufbau wie die Datei der allgemeinen Strukturdaten Z88I1.TXT. Auch sie kann per CAD-Konverter Z88X, per Editor oder Textverarbeitungssystem oder mit einem gemischten Vorgehen generiert werden.

Das **Plotprogramm Z88P** plottet Verformungen und Spannungen auf den Bildschirm oder auf einen HP-GL-Plotter bzw. einen HP-GL-fähigen Drucker, z.B. HP LaserJet. Z88P ist zum schnellen Betrachten von unverformten und verformten Strukturen sowie zur Spannungsanzeige geeignet. Natürlich können Sie unverformte Strukturen auch direkt in Ihrem DXF-fähigen CAD-Programm via CAD-Konverter Z88X anzeigen und plotten, aber Z88P ist ungleich schneller.

Der **Filechecker Z88V** prüft die Eingabedateien Z88NI.TXT bzw. Z88I1.TXT bis Z88I3.TXT auf formale Richtigkeit. Zusätzlich kann er den momentan von Ihnen in der Datei Z88.DYN definierten Speicher anzeigen.

Alle Module von Z88 fordern Memory dynamisch an:

Dies kann der Anwender in der Datei **Z88.DYN** steuern. Z88 wird mit Standardwerten geliefert, die Sie aber jederzeit beliebig verändern können und auch, wenn nötig, sollen. Die Z88-Module sind 32-Bit (bzw. bei passender Compilierung 64-Bit) Programme und fordern ihren Speicher beim Betriebssystem via *calloc* an; die Steuerdatei Z88.DYN gibt vor, wieviel Speicher angefordert werden soll. Sie können allen virtuellen Speicher (virtueller Speicher = Hauptspeicher + Auslagerungsdatei (der sog. Swap-Bereich)) anfordern, den das Betriebssystem bereithält. Daher sind der Größe der Z88-Finite-Elemente-Strukturen keine Grenzen gesetzt! In Z88.DYN können Sie auch festlegen, ob Z88 mit deutscher oder englischer Sprache arbeitet: Schlüsselwort *GERMAN* oder *ENGLISH* .

Multitasking von Z88:

Bei Windows NT/95 und UNIX ist uneingeschränktes Multitasking möglich, d.h. es können mehrere Z88-Module bzw. andere echte Windows NT/95-Programme parallel laufen. Beachten Sie dabei jedoch, daß Sie alle Fenster nicht überlappend anordnen, sondern nebeneinander, da die Z88-Module, wenn sie einmal gestartet sind, aus Geschwindigkeitsgründen kein sog. WM_PAINT-Signal mehr auswerten. Das bedeutet, daß, obwohl die Programme voll weiterrechnen, Bildschirmanzeigen t.w. zerstört werden, wenn Sie laufende Z88-Fenster vergrößern, verkleinern, verschieben oder durch andere Programme abdecken. Auf die Rechenergebnisse hat dies keinen Einfluß, und nur durch diese Maßnahme kann die überragende Geschwindigkeit von Z88 gehalten werden. Beachten Sie, daß große Raumstrukturen mit z.B. 20-Knoten-Hexaedern enorme Anforderungen an Speicher und Rechenpower stellen, die den Computer total fordern können. Lassen Sie dann Z88 möglichst allein laufen und starten Sie keine Speicherfresser wie die diversen Office-Programme.

Hinweise zum Starten von Z88 :

Windows NT/95:

Alle Z88-Module können direkt via Explorer, aus einer Gruppe, welche die diversen Z88-Module enthält, oder mit „Ausführen" gestartet werden. Es genügt, den Z88-Commander Z88COM aufzurufen. Er kann dann alle weiteren Module starten.

UNIX:

Bei der UNIX-Version werden die Module einzeln, aus dem Z88-Commander Z88COM oder als erweiterte Möglichkeit, z.B. für großkalibrige Nachtläufe, aus einem Shell-Script heraus gestartet. (*sh, bash, ksh* etc.) Hier haben Sie alle unbegrenzten Freiheiten des UNIX-Systems. Alle Module außer Z88COM und Z88P können von Konsolen im Textmodus gestartet werden, aber natürlich auch in einem X-Fenster. Z88COM, der Z88-Commander und Z88P, das Plotprogramm, müssen als Motif-Programme von einem Window-Manager aus X gestartet werden.

Für ein bequemes Arbeiten mit Z88 starten Sie Ihren X-Window Manager, öffnen ein X-Term und starten Z88COM. Stellen Sie Z88COM und das X-Term, das Z88COM startete, nebeneinander oder übereinander.

Die Ein- und Ausgabe von Z88 :

Die Ein- und Ausgabedateien werden entweder mit einem Editor (z.B. der Editor bzw. Notepad von Windows NT/95, DOS-Editoren wie edit, UNIX-Tools wie vi, emacs, joe), Textprogramm (z.B. WinWord etc.), Tabellenkalkulationsprogramm (z.B. Excel) oder via CAD-Konverter Z88X direkt in einem CAD-Programm, das DXF-Dateien erzeugen und einlesen kann (z.B. AutoCAD) oder aus einem 3D-CAD-System, das sog. COSMOS-Finite Elemente-Eingabedateien erzeugen kann (z.B. Pro/ENGINEER mit Option Pro/MESH) und anschließender Konvertierung mit COSMOS-Konverter Z88G erzeugt bzw. bearbeitet.

Dies sichert für den Anwender maximale Flexibilität und Transparenz, denn es sind ganz einfach strukturierte ASCII- also Textdateien. Eingabedateien können Sie mit beliebigen Tools oder von Hand befüllen, natürlich auch mit selbstgeschriebenen Programmen. Es sind lediglich die Z88-Konventionen für den jeweiligen Dateiaufbau zu beachten, vgl. Kap.11.

Ausgabedateien können Sie beliebig umbauen, erweitern, auf das für Sie Wesentliche reduzieren oder als Eingabe für weitere Programme nutzen.

Dimensionen, d.h. Maßeinheiten, werden nicht explizit ausgewiesen. Sie können in beliebigen Maßsystemen, also z.B. im metrischen oder angloamerikanischen Maßsystem arbeiten, mit Newton, pounds, Tonnen, Millimetern, Metern, inches – kurz, wie immer Sie wollen. Nur müssen natürlich die Maßeinheiten konsistent und durchgängig eingehalten werden. Beispiel: Sie arbeiten mit mm und N. Dann muß der E-Modul natürlich in N/mm*mm eingesetzt werden.

Hinweis:

Die **Z88-Eingabedateien** heißen *grundsätzlich*

- Z88G.COS COSMOS-FE-Datei aus 3D-CAD-System für COSMOS-Konverter Z88G
- Z88X.DXF Austauschdatei für CAD-Programme und für CAD-Konverter Z88X
- Z88NI.TXT Eingabedatei für den Netzgenerator Z88N
- Z88I1.TXT Eingabedatei (Strukturdaten) für den FE-Prozessor Z88F
- Z88I2.TXT Eingabedatei (Randbedingungen) für den FE-Prozessor Z88F
- Z88I3.TXT Eingabedatei (Steuerwerte) für den Spannungsprozessor Z88D

Die **Z88-Ausgabedateien** heißen *grundsätzlich*

- Z88O0.TXT aufbereitete Strukturdaten für Dokumentationszwecke
- Z88O1.TXT aufbereitete Randbedingungen für Dokumentationszwecke
- Z88O2.TXT berechnete Verschiebungen
- Z88O3.TXT berechnete Spannungen
- Z88O4.TXT berechnete Knotenkräfte

Diese Dateinamen werden von den Z88-Modulen erwartet, und sie müssen im gleichen Directory wie die Z88-Module stehen. Sie können also keine eigenen Namen für Datensätze vergeben. Aber natürlich können Sie nach den Rechenläufen diese Dateien nach Ihren Wünschen umbenennen und in anderen Directories speichern usw.

Erzeugung:

Wie erwähnt, können die

- Netzgeneratordateien Z88NI.TXT bzw. die
- Strukturdatei Z88I1.TXT, die
- Randbedingungsdatei Z88I2.TXT und die
- Spannungsparameterdatei Z88I3.TXT grundsätzlich und immer per Hand, also per Editor aufgestellt werden.

Bei automatischer Generierung gibt es folgende Möglichkeiten:

Tabelle 9.1-1: Möglichkeiten der Dateigenerierung

CAD-System, z.B.	erzeugt	Konverter	erzeugt	Netzgenerator	erzeugt
Pro/ENGINEER (mit Pro/MESH)	Z88G.COS	Z88G	Z88I1.TXT, Z88I2.TXT, Z88I3.TXT	nicht nötig	Dateien schon vorhanden
AutoCAD	Z88X.DXF	Z88X	Z88NI.TXT	Z88N	Z88I1.TXT
AutoCAD	Z88X.DXF	Z88X	Z88I1.TXT, Z88I2.TXT, Z88I3.TXT	nicht nötig	Dateien schon vorhanden

Z88-Protokolldateien :

Die Z88-Module beschreiben immer Protokoll-Dateien .LOG, z.B. für Z88F dann Z88F.LOG, die den Verlauf der Berechnung dokumentieren bzw. Fehler festhalten. Im Zweifelsfall hier nachsehen. Hier stehen auch die aktuellen Speicherbedarfe. Achtung UNIX: Stellen Sie sicher, daß die Zugriffsrechte auch für die .LOG-Dateien stimmen. Nutzen Sie ggf. *umask*.

Drucken von Z88-Files

ist nicht in den Z88-Kommandoprozessor integriert. Das machen Sie bei Windows NT/95 z.B. via Explorer oder aus einem Editor oder Textverarbeitungsprogramm. Bei UNIX nutzen Sie die Druckroutinen des Betriebssystems.

Welche Z88-Elementtypen können automatisch erzeugt werden?

Tabelle 9.1-2: Z88 Elementtypen

Elementtyp	Ansatz	COSMOS (Z88G)	DXF (Z88X)	Superelement (Z88N)	erzeugt FE (Z88N)
Hexaeder Nr. 1	linear	nein	ja	nein	–
Hexaeder Nr. 10	quadratisch	nein	ja	ja	Hexa Nr. 10 u. Nr. 1
Tetraeder Nr. 16	quadratisch	ja	nein	nein	–
Tetraeder Nr. 17	linear	ja	nein	nein	–
Scheibe Nr. 3	quadratisch	nein[1]	ja	nein	–
Scheibe Nr. 7	quadratisch	ja	ja	ja	Scheibe Nr. 7
Scheibe Nr. 11	kubisch	nein	ja	ja	Scheibe Nr. 7
Scheibe Nr. 14	quadratisch	ja	ja	nein	–
Torus Nr .6	linear	nein	ja	nein	–
Torus Nr. 8	quadratisch	nein[1]	ja	ja	Torus Nr. 8
Torus Nr. 12	kubisch	nein	ja	ja	Torus Nr. 8
Torus Nr. 15	quadratisch	nein[1]	ja	nein	–
Stab Nr. 4	exakt	nein	ja	nein	–
Stab Nr. 9	exakt	nein	ja	nein	–
Balken Nr. 2	exakt	nein	ja	nein	–
Welle Nr. 5	exakt	nein	ja	nein	–
Balken Nr. 13	exakt	nein	ja	nein	–

1) Prinzipiell können bei UNIX im Quellcode die Elemente 14 durch 3 bzw. Elemente 7 durch Typ 8 bzw. Typ 14 durch Typ 15 ersetzt werden. Oder Sie tauschen später in Z88I1.TXT die Elementtypen per Editor aus.

1) Überblick über alle Z88-Dateien:

Tabelle 9.1-3: Überblick über alle Z88-Dateien

Name	Typ	Richtung	Zweck	anpassen, verändern	NT/95	UNIX
Z88.DYN	ASCII	Eingabe	Speicher- und Sprach-Steuerdatei	Empfohlen	Ja	Ja
Z88G.COS	ASCII	Eingabe	COSMOS nach Z88	Ja,[1]	Ja	Ja
Z88X.DXF	ASCII	Ein/Ausg.	DXF von und nach Z88	Ja,[1]	Ja	Ja
Z88NI.TXT	ASCII	Eingabe	Netzgenerator-Eingabedatei	Ja	Ja	Ja
Z88I1.TXT	ASCII	Eingabe	Allgemeine Strukturdaten	Ja	Ja	Ja
Z88I2.TXT	ASCII	Eingabe	Randbedingungen	Ja	Ja	Ja
Z88I3.TXT	ASCII	Eingabe	Spannungs-Steuerdatei	Ja	Ja	Ja
Z88O0.TXT	ASCII	Ausgabe	Strukturdaten aufbereitet	Möglich	Ja	Ja
Z88O1.TXT	ASCII	Ausgabe	Randbedingungen aufbereitet	Möglich	Ja	Ja
Z88O2.TXT	ASCII	Ausgabe	berechnete Verschiebungen	Möglich	Ja	Ja
Z88O3.TXT	ASCII	Ausgabe	berechnete Spannungen	Möglich	Ja	Ja
Z88O4.TXT	ASCII	Ausgabe	berechnete Knotenkräfte	Möglich	Ja	Ja
Z88O5.TXT	ASCII	Ausgabe	für interne Zwecke Z88P	Nein[2]	Ja	Ja
Z88O6.TXT	ASCII	Ausgabe	HP-GL-Datei aus Z88P	Ja[1]	Ja	Ja
Z88O7.TXT	ASCII	Ausgabe	HP-GL-Datei aus Z88P	Ja[1]	Ja	Ja
Z88P.COL	ASCII	Eingabe	Farb-Steuerdatei Z88P-NT/95	Möglich	Ja	Nein
Z88.FCD	ASCII	Eingabe	Fonts, Farben, Größen bei UNIX	Möglich	Nein	Ja
Z88COM.CFG	ASCII	Eingabe	Konfigurationsdatei Z88COM	Nein[2]	Ja	Nein
Z88O1.BNY	Binär	Ein/Ausg.	Kommunikationsdatei	Nein[3]	Ja	Ja
Z88O2.BNY	Binär	Ein/Ausg.	Kommunikationsdatei	Nein[3]	Ja	Ja
Z88O3.BNY	Binär	Ein/Ausg.	Kommunikationsdatei	Nein[3]	Ja	Ja

1) prinzipiell ja, aber nicht nötig, da maschinell erzeugt
2) nur in Notfällen
3) nein, auf keinen Fall, sonst ggf. schwere Fehler

9.2 So installieren Sie Z88 in Windows NT/95/98

Bemerkung: Natürlich könnten wir die Standard-Installationsroutinen oder fertige Installationsprogramme für Z88 nutzen, aber da keinerlei .DLLs irgendwo versteckt werden, .INI-Dateien umgebaut werden müssen, sparen wir uns das. Sie werden sehen, es geht ganz einfach:

Windows NT/95 in fünf Schritten:

1. Schritt: Z88-Datenträger in ein neues Directory kopieren und entpacken:

Wir nehmen einmal an, daß Sie die Datei Z88RUNG.EXE der Z88-CD-ROM in ein neues Directory namens Z88 kopiert haben, das auf der Platte D: stehen möge. Haben Sie dagegen Z88 in C:\IRGENDWO kopiert, dann ersetzen Sie in der folgenden Beschreibung D:\Z88 durch C:\IRGENDWO. Starten Sie nun Z88RUNG.EXE, z.B. mit > Start > Ausführen oder vom „DOS-Prompt". Damit wird Z88 entpackt. Weiter passiert nichts! Es werden vor allen Dingen keinerlei Veränderungen in WindowsNT/95 vorgenommen.

Sodann könnten Sie Z88RUNG.EXE löschen, damit es nicht später versehentlich aufgerufen wird (und Ihnen damit ggf. eigene Eingabedateien überschreibt).

2. Schritt: Z88 startbar machen:

Bei Windows NT/95 sind zwei unterschiedliche Methoden üblich:

1) Ordner auf Arbeitsoberfläche:
Definieren Sie einen neuen Ordner auf der Arbeitsoberfläche: rechte Maustaste, Neu > Ordner. Namen vergeben, z.B. Z88. Nehmen Sie in den neuen Ordner mindestens Z88COM auf : Ordner öffnen, Datei > Neu > Verknüpfung. Eingeben D:\Z88\Z88COM.EXE, weiter > Z88COM .

Sie können zusätzlich dann mit dem gleichen Vorgehen (Datei > Neu > Verknüpfung) die einzelnen Z88-Module aufnehmen: Z88F, Z88D, Z88E, Z88X, Z88N, Z88V, Z88P, Z88G und Z88H. Müssen Sie aber nicht, wenn Sie die Module ausschließlich über den Z88-Kommandoprozessor Z88COM starten wollen.

2) Einbau in „Start":
Zeigen Sie auf den „Start"-Button, rechte Maustaste, Öffnen anklicken. Ordner „Programme" per Doppelklick öffnen. Datei > Neu > Verknüpfung, Befehlszeile eingeben: D:\Z88\Z88COM.EXE . Sie können hier aber auch einen ganzen Ordner hineinstellen.

3. Schritt: Z88 Ihren bevorzugten Editor nennen

Sie können alle Eingabedateien entweder mit einem CAD-Programm, das DXF-Dateien lesen und generieren kann in Zusammenarbeit mit dem CAD-Konverter Z88X, erzeugen oder aber, da es sich um ASCII-Dateien handelt, auch per Editor schreiben. Zum Betrachten der Z88-Ergebnisse ist ein Editor ebenfalls sehr nützlich, so daß Sie ihn definieren sollten:

Als Editoren sind bei Windows NT/95 *edit* oder der *Editor* aus „Start > Programme > Zubehör" sehr geeignet. Sie können aber auch DOS-Uraltprogramme wie *WordStar* oder den *Norton-Editor* nutzen.

Mal angenommen, Sie wollen *edit*, das in WindowsNT/95 enthalten ist, als Z88-Editor benennen. Dann starten Sie Z88COM, Datei > Editor festlegen. Bei „Editorname" tragen Sie eine an sich beliebige Benennung ein, z.B. *EDIT*. Bei „Editorname, ggf. mit Pfad" tragen Sie ein: *edit* . Wollen Sie hingegen Editor einbauen, dann tragen Sie bei „Editorname" z.B. *Editor* ein und bei „Editorname, ggf. mit Pfad" tragen Sie *notepad* ein. Weiteres Beispiel: Word für Windows. Hier müssen Sie, wie schon beim Browser, feststellen, wo Word für Windows liegt. Also Start > Suchen > Dateien/Ordner „winword.exe". Mal angenommen, es würde bei *C:\MSOffice\Winword* liegen. Dann könnten Sie in Z88COM eintragen: *Word4Windows* und *C:\MSOffice\Winword\winword*. Achten Sie bei der Verwendung von z.B. WinWord darauf, daß Sie im reinen Textmodus arbeiten und speichern!

4. Schritt: einen Internet-Browser für die OnLine-Hilfe einbauen:

Sie sollten Z88 Ihren bevorzugten Internet-Browser bekannt machen. Das kann *Netscape*, der *Microsoft-Internet Explorer, Mosaic* oder dgl. sein.

1) Der nächste Schritt ist wesentlich: Z88 muß den Browser starten können! Dazu müssen Sie ihn entweder in den PATH legen, oder den PATH in Z88COM eintragen oder den ganzen Browser ins Z88-Directory kopieren.

Stellen Sie zunächst fest, wo Ihr Internet-Browser liegt. Nutzen Sie Start > Suchen > Dateien/Ordner. Der Microsoft Internet-Explorer heißt *iexplore.exe*, der Netscape Navigator heißt *netscape.exe*. Notieren Sie den gefundenen Pfad.

1. Möglichkeit: Pfad in die PATH-Variable eintragen: Start > Einstellungen > Systemsteuerung > System > Umgebung. Das sollten Sie immer tun, wenn der Pfad auch Leerzeichen enthält.

Beispiel: Bei NT4.0 steht der Internet-Explorer in : *c:\Programme\Plus!\Microsoft Internet* (mit Leerzeichen zwischen Microsoft und Internet).

Nehmen wir mal an, Ihre bisherige PATH-Variable sieht wie folgt aus:

D:\WATCOM\BINNT;D:\WATCOM\BINW;

Dann müßte sie nunmehr so aussehen:

D:\WATCOM\BINNT;D:\WATCOM\BINW;c:\Programme\Plus!\Microsoft Internet;

Anschließend ausloggen und neu einloggen.

2. Möglichkeit: Pfad direkt in Z88COM angeben: Mal angenommen, der Netscape Navigator steht bei Ihnen unter D:\NETSCAPE\PROGRAM\. Also Z88COM starten, Datei > Browser festlegen und in „Browseraufruf, ggf. mit Pfad" eintragen:

D:\NETSCAPE\PROGRAM\NETSCAPE.

Wenn in den Pfadnamen Leerzeichen vorkommen, dann stellt man die sog. Kurznamen (8+3) mir *dir /X* fest und trägt dann z.B. ein:

C:\progra~1\plus!\micros~1\iexplore

2) Nun ist noch zu berücksichtigen, daß derartige Internet-Browser direkt beim Starten Kontakt zum Internet herstellen wollen. Hier sollen sie aber sofort eine HTML-Datei laden. Dazu müssen je nach Browser unterschiedliche Datei-Prefixe eingestellt werden. Bei Netscape ist das *file:///Z88-Pfad/*, beim Microsoft Internet-Explorer *file:Z88-Pfad*.

Mit obengenannten Erläuterungen, und unter der Annahme, daß Sie alle Z88-Dateien nach D:\Z88 kopiert haben, würde in Z88COM bei Datei > Browser festlegen definiert werden:

Microsoft-Internet Explorer		Netscape Navigator	
Datei-Prefix für Browser:		Datei-Prefix für Browser:	
file:d:\z88\		file:///d:/z88/	
Browseraufruf, ggf. mit Pfad:	*iexplore*	Browseraufruf, ggf. mit Pfad:	
		d:\netscape\program\netscape	

5. Schritt: Z88 starten:

Z88 ist startklar! Sie könne sofort durch Aufruf des Z88-Commanders Z88COM starten, und Sie können sofort die OnLine-Hilfe nutzen. Arbeiten Sie am besten nun Beispiel 13.1 durch.

Hinweise zum Z88-Commander Z88COM:

Er startet alle Z88-Module, sofern Sie sie nicht explizit einzeln starten wollen (was jederzeit und ohne jede Einschränkung geht), erlaubt das unmittelbare Editieren der Ein- und Ausgabedateien und ruft die kontextsensitive OnLine-Hilfe auf. Und das geht so: Klicken

Sie in einem beliebigen Pulldown-Menü den Punkt „Hilfe-Mode" an. Der Cursor wechselt in ein Fragezeichen. Wenn Sie nun auf einen Menüpunkt klicken, dann wird nicht der Befehl ausgeführt, sondern es erscheint die dazugehörige Hilfe. Der Hilfe-Mode bleibt solange aktiv, bis Sie erneut auf einen Menüpunkt „Hilfe-Mode" klicken.

Ferner bietet der Z88-Commander Z88COM Unterstützung beim Plotten der HP-GL-Dateien, wie das Generieren von Steuersequenzen für HP-Plotter und HP-LaserJets.

Ihre Einstellungen zum Internet-Browser und Editor speichert Z88COM in einer Datei Z88COM.CFG. Sollte diese Datei einmal zerstört sein, so können Sie sie auch selbst mit einem Editor anlegen:

1. Zeile: Editorname
2. Zeile: Editoraufruf
3. Zeile: Browser-Prefix
4. Zeile: Browseraufruf

Beispiel:

Word4Windows

c:\MSOffice\Winword\winword

file:///d:/z88/

d:\netscape\program\netscape

... und wie entfernen Sie Z88?

Einfach alle Dateien im Directory, in dem Z88 liegt, komplett löschen. Dann ggf. das Directory selbst löschen. Bei Windows NT/95 sollten Sie noch die erstellten Verknüpfungen löschen. Das ist alles!

9.3 So installieren Sie Z88 in LINUX

LINUX-Installation in 4 Schritten:

Alle hier aus Gründen der Deutlichkeit groß geschriebenen Modul- und Dateinamen sind in der Realität, wie bei UNIX üblich, kleingeschrieben.

Diese Anleitung bezieht sich auf eine Installation der fertigen Lademodule, die Sie per CD-ROM oder per Internet (z.B. www.uni-bayreuth.de) erhalten haben.

Ggf. müssen Sie Z88 noch entpacken, wenn nur eine Datei z88.tar.gz vorliegt:

1) gunzip z88.tar.gz

2) tar -xvf z88.tar

1. Schritt: Kopieren der Z88-Dateien in ein Directory:

Stellen Sie einfach alle Z88-Dateien in ein existierendes oder neues Directory. Achten Sie darauf, daß Sie das als normaler User tun und daß Sie Schreib/Lese-Rechte haben, was in Ihrem Home-Directory oder einem dort liegenden Subdirectory normalerweise der Fall ist. Führen Sie aus:

chmod 777 *

Natürlich ist die Installation auch als Superuser möglich, aber dann müssen Pfade eingestellt werden. Achten Sie darauf, daß alle Datei-Zugriffsrechte in Ordnung sind. Ggf. *umask* nutzen.

2. Schritt: Haben Sie ein Motif-Runtime-System?

Es gibt für Z88COM und Z88P jeweils zwei Versionen: Z88COM und Z88P sind Standard, sie sind mit statischen Motif-Bibliotheken gelinkt, sodaß normales X11R6 ausreichend ist. Sie brauchen also kein extra Motif-System. Z88COM_DY und Z88P_DY sind die dynamisch gelinkten Motif-Versionen. Sie starten schneller und brauchen weniger Speicher, aber sie laufen nur, wenn Sie zusätzlich zum X11R6-System ein Motif-Runtime System haben.

- Falls Sie kein Motif-Runtime System haben: Z88 ist startbereit
- Falls Sie ein Motif-Runtime System haben, dann könnten Sie Z88COM in z.B. Z88COM_STATIC, Z88P in z.B. Z88P_STATIC ,Z88COM_DY in Z88COM und Z88P_DY in Z88P umbenennen.

(3. Schritt: Nennen Sie Z88 Ihren bevorzugten Internet-Browser)

Diesen Schritt können Sie überspringen, da wir nun den wirklich freien (GNU-GPL) Internet-Browser *Chimera* mitliefern.

Nur wenn Sie einen anderen Browser, z.B. *Netscape Navigator, Arena* oder *Mosaic* anstelle von *Chimera* nutzen wollen: Editieren Sie die Steuerdatei Z88.FCD. Geben Sie den richtigen Browser Prefix (Schlüsselwort CPREFIX) für Ihren Browser an. Der Prefix veranlaßt den Browser, eine definierte HTML-Datei von Ihrem Computer und nicht etwa vom Internet zu laden. Beispiel:

- Arena braucht überhaupt keinen Prefix.
- Netscape: file:///home/mustermann/z88/ , unter der Annahme, daß die Z88-HTML und GIF-Dateien im Directory /home/mustermann/z88 stehen

Sie können den erforderlichen Prefix für Ihren Browser leicht ermitteln, indem Sie ihn von einem X-Term mit einer Z88-HTML-Datei starten, z.B. *arena g88ix.htm* oder *netscape file:///home/mustermann/z88/g88ix.htm*

Das Hilfesystem ist leicht zu bedienen: Das Betätigen des großen *Z88 Commander* Schalters lädt das Inhaltsverzeichnis für alle Z88-Kapitel. Betätigen des *Hilfe* Schalters aktiviert die kontextsensitive Online-Hilfe: Der *Hilfe* Schalter invertiert seine Farben, um anzuzeigen, daß der Hilfemodus aktiv ist. Betätigen Sie nun einen beliebigen Befehlsschalter, um den Browser mit dem passenden Hilfetext zu starten. Der Hilfemodus bleibt solange aktiv, bis Sie den *Hilfe* Schalter erneut betätigen: Der Kommandomodus ist dann wieder aktiv.

4. Schritt: Nennen Sie Z88 Ihren bevorzugten Editor

Sie können jeden beliebigen ASCII-Editor verwenden. Mir gefällt *joe* als guter Ersatz für den guten, alten *vi*. Editieren Sie dazu Z88.FCD.

Und nun: Starten Sie Z88:

Sie können die diversen Module von einer Konsole, von einem X-Term oder durch ein Shell-Script starten. Der Z88-Commander Z88COM und das Plotprogramm Z88P müssen von einer X-Window Oberfläche gestartet werden. Daher ist es naheliegend, alle Z88-Module durch den Z88-Commander Z88COM von einem X-Term zu starten, also ...

Starten Sie Ihr X-Window System, öffnen Sie ein X-Term und starten Z88COM. Stellen Sie Z88COM und das X-Term, von dem Z88COM aus gestartet wurde, neben- oder übereinander, damit Sie beide gleichzeitig sehen. Das X-Term wird für Konsoleingaben und -ausgaben für die textbasierten Module Z88F, Z88N, Z88D, Z88E, Z88X, Z88V, Z88G und Z88H genutzt.

Falls Ihnen die Farben oder Fonts nicht gefallen, dann können Sie die Steuerdatei Z88.FCD ändern. Sichern Sie aber die Originaldatei Z88.FCD, damit Sie eine erprobte Steuerdatei zur Hand haben, falls Ihre Änderungen nicht richtig waren. Denn Z88COM und Z88P laufen nur mit korrekten Z88.FCD.

Hinweis: Fortgeschrittene Anwender können natürlich die Z88-Lademodule in z.B. */usr/bin* stellen und die **.htm* und **.gif* Dateien in ein anderes Directory, auf das der Pfad in Z88.FCD zeigt. Im Z88-Arbeitsverzeichnis müssen nur die Steuerdateien Z88.DYN und Z88.FCD sowie die Z88-Eingabe- und Z88-Ausgabedateien stehen.

Und wie compilieren Sie Z88 für UNIX?

Voraussetzung: C-Compiler, make, X11, Motif oder Lesstif

Ggf. müssen Sie Z88 noch entpacken, wenn nur eine Datei z88src.tar.gz vorliegt (CD-ROM oder z.B. www.uni-bayreuth.de):

1) gunzip z88src.tar.gz

2) tar -xvf z88src.tar

1. Schritt: Kopieren der Z88-Dateien in ein Directory:

Alle Z88-Dateien in ein existierendes oder neues Directory stellen. Als normaler User arbeiten. Alle Dateien am besten zunächst brutal auf 777 setzen: *chmod 777 **

2.Schritt: Compilieren:

Für LINUX:

COMPILE.LINUX (mit Motif) oder *COMPILE.LESSTIF* (mit Lesstif)

(Achtung Lesstif: Lesstif enthält einige Bugs und arbeitet auch nicht in jeder Version korrekt. Suchen Sie, wenn's nicht klappt, nicht die Fehler in Z88. Lesstif ist etwas für Insider. Wenn Sie das nicht sind, nehmen Sie eine kommerzielle Motif-Version.)

Für SGIs:

COMPILE.SGI (32 Bit)

COMPILE.ORIGIN (64 Bit)

Andere:

eines der Makefiles (*.mk.*) und eines der COMPILE.* Files anpassen. Dann die Datei Z88.FCD so anpassen, daß sie die Motif-Programme Z88COM und Z88P sauber und vollständig anzeigt.

Dann weiter mit Schritt 3 auf Seite 167.

... und wie entfernen Sie Z88?

Einfach alle Dateien im Directory, in dem Z88 liegt, komplett löschen. Dann ggf. das Directory selbst löschen. Das ist alles!

9.4 Dynamischer Speicher Z88

Speichersteuerdatei Z88.DYN und Filechecker Z88V

Alle Z88-Module fordern Memory dynamisch an. Obgleich Z88 mit Standardwerten in Z88.DYN geliefert wird, kann und soll der Anwender diese Werte anpassen. Dazu wird die Datei **Z88.DYN** editiert.

Ferner wird in Z88.DYN die Sprache definiert. Tragen Sie in eine Zeile, am besten zwischen DYNAMIC START und NET START, die gewünschte Sprache als *GERMAN* oder *ENGLISH* ein. Wenn dieses Schlüsselwort falsch geschrieben wurde, dann wird automatisch englische Sprache gefahren.

Z88.DYN beginnt mit dem Schlüssel DYNAMIC START und endet mit DYNAMIC END. Dazwischen gibt es eine Sektion für den Netzgenerator (NET START, NET END), eine für alle Module gemeinsame Sektion (COMMON START, COMMON END) und eine Sektion zusätzlich für das Plotprogramm (PLOT START, PLOT END).Dazwischen können beliebig Leerzeilen oder Kommentare sein, es werden nur die großgeschriebenen Schlüsselworte erkannt. Nach dem jeweiligen Schlüssel folgt eine Integerzahl, durch mindestens ein Leerzeichen getrennt. Die Reihenfolge der Schlüsselworte ist beliebig.

Mit dem Filechecker Z88V können Sie den in Z88.DYN definierten Datenspeicherbedarf für die speicherkritischen Module Z88F, Z88X, Z88N und Z88P feststellen. Zu den jeweiligen Werten müssen Sie noch ca. 200 KByte für die Programm-Module addieren, was bei Windows NT/95 und erst recht bei UNIX allerdings vernachlässigbar ist.

Ein Anpassen der Speicheranforderung ist durchaus sinnvoll.

Fordern Sie aber nicht unnötig viel Speicher an, da dies, insbesondere bei virtuellem Memory, Geschwindigkeitseinbußen bedingt.

Bei großen Strukturen lassen Sie am besten einen Test mit

Windows NT/95:   *Z88F > Mode > Testmode, Berechnung > Start*
UNIX: *z88f -t (Konsole) oder Z88F mit Option Test (Z88COM)*

laufen. Erhalten Sie hier z.B. GS= 100.000, dann schreiben Sie in Z88.DYN für MAXGS vielleicht 120.000, aber nicht 1.000.000! Dann überschlagen Sie den Gesamtspeicherbedarf, wie weiter unten beschrieben, bzw. nutzen Sie Z88V.

Bei großen Strukturen für Z88 gehen Sie also in 2 Schritten vor:

1. MAXGS feststellen mit

Windows NT/95:   Z88F > Mode > Testmode, Berechnung > Start
UNIX: z88f -t (Konsole) oder Z88F mit Option Test (Z88COM)

2. Z88.DYN ggf. korrigieren, Datenspeicherbedarf Z88F mit Z88V ermitteln

Stellen Sie sicher, daß Ihr Swap-Space ausreichend ist. Gegebenenfalls einstellen:

Windows NT/95:

Start > Einstellungen > Systemsteuerung > System > Leistungsmerkmale > virtueller Arbeitsspeicher, ggf. > ändern. Die Größe der permanenten Auslagerungsdatei wählen Sie nach eigenen Vorstellungen.

UNIX:

Je nach System kann die Swap-Partition problemlos dynamisch vergrößert werden oder es muß ein zusätzliches Swap-File angelegt werden oder die Swap-Area muß gelöscht und vergrößert neu angelegt werden.

Wir empfehlen eine Größe zwischen 32 und 128 MByte. Der Wert hängt von der zu rechnenden FE-Strukturgröße ab. Erhalten Sie bei einem Rechenmodul (meist von Z88F) eine Meldung „Nicht genügend dynamisches Memory", dann setzen Sie die Größe der Auslagerungsdatei hoch.

Von Z88 her gibt es keinerlei Grenzen für die Größe der Strukturen. Die maximale Größe wird nur durch den virtuellen Speicher Ihres Computers und Ihre Vorstellungskraft begrenzt!

Die Z88-Module prüfen, ob die vorgegebenen Werte für das aktuelle Problem ausreichen, bzw. Limits erreicht sind, und brechen ggf. ab.

Bei kommentarlosem Abbruch eines Z88-Moduls dessen .LOG -Datei betrachten.

*Gerade bei sehr großen Strukturen ist häufig MAXKOI (= Anzahl Speicherplätze im Koinzidenzvektor) überschritten. MAXKOI= Anzahl finite Elemente * Anzahl Knoten je Element, vgl. unten. Wenn Sie genügend RAM haben, dann lassen Sie ruhig MAXKOI immer auf z.B. 100000 stehen.*

Wie testet man, ob der Speicher für den speicherintensivsten Modul Z88F reicht ? Mit *Z88F > Mode > Testmode, Berechnung > Start* (Windows NT/95) bzw. *z88f -t* (Konsole) oder *Z88F* mit Option *Test* (Z88COM) für UNIX, Werte betrachten bzw. Protokoll-Datei Z88F.LOG ansehen.

Die mitgelieferten FEA-Beispieldateien der Beispiele 1 bis 7 kommen mit den gelieferten Standard-Einstellungen in Z88.DYN aus. Sie nehmen dann in Z88.DYN Veränderungen vor, wenn Sie eigene, große Strukturen rechnen wollen.

In den .LOG-Dateien wird bei Erfolg der erforderliche Datenspeicher protokolliert, dazu kommt natürlich der Speicher für das eigentliche Programm, lokale Arrays und Stack, den man allerdings bei WindowsNT/95 und UNIX vernachlässigen kann.

Zu beachten ist: Z88 arbeitet bei

Gleitkomma-Zahlen mit doubles = 8 Bytes
Ganzzahlen   mit longs   = 4 Bytes.

Speicherkritisch sind Z88F (der speicherintensivste Modul), Z88P, Z88X und Z88N. Für die Module Z88D, Z88E und Z88V gilt: Läuft Z88F, laufen auch diese Module.

Es folgt die allgemeine Beschreibung für Z88.DYN.

DYNAMIC START

    Sprache einstellen:

        GERMAN   oder ENGLISH. Wird hier nichts bzw. falsch angewählt, wird automatisch englische Sprache eingestellt.

    Sektion Netzgenerator:

NET START

        MAXSE   Maximale Anzahl interner Knoten für FE-Netzerzeugung. Muß deutlich höher sein als erzeugte FE-Knoten.

        MAXESS   Maximale Anzahl Superelemente

        MAXKSS   Maximale Anzahl Superknoten

        MAXAN   Maximale Anzahl von Knoten, die jeweils an ein Superelement anschließen können. Der Standardwert von 15 hat sich selbst für komplexe Raumstrukturen mit Hexaedern Nr. 10 bewährt. Kann im Zweifelsfall hochgesetzt werden.

NET END

    Gemeinsame Daten:

COMMON START

        MAXGS   Maximale Anzahl Plätze in der Skyline der Gesamtsteifigkeitsmatrix. Anzahl GS wird bei Z88F ausgewiesen.

        MAXKOI   Maximale Anzahl Plätze im Koinzidenzvektor = Anzahl Knoten pro Element mal Anzahl Finite Elemente. Beispiel: 200 Finite Elemente Typ 10 = 20 Knoten/Element × 200 = 4000. Bei gemischten Strukturen geht man von dem Elementtyp aus, der die meisten Knoten hat und multipliziert mit der Gesamtanzahl Elemente. Benötigte Anzahl NKOI wird bei Z88F ausgewiesen.

        MAXK   Maximale Anzahl Knoten der Struktur.

        MAXE   Maximale Anzahl Elemente der Struktur.

        MAXNFG   Maximale Anzahl Freiheitsgrade der Struktur.

        MAXNEG   Maximale Anzahl Elastizitätsgesetze der Struktur.

COMMON END

Für Plotprogramm Z88P:

PLOT START

MFACCOMMON		Folgende Werte aus COMMON werden mit dem hier stehenden Faktor multipliziert: MAXKOI, MAXE, MAXK. Standardfaktor 2. Ist für Überprüfungen von Eingabefiles, die der Netzgenerator erzeugt hat, sinnvoll.
MAXGP		Maximale Anzahl Gaußpunkte für Spannungsplots.

Beispiel: 200 Finite Elemente Typ 10, Integrationsordnung 3: Pro Element dann $3 \times 3 \times 3 = 27$ Gaußpunkte/Element, also $27 \times 200 = 5400$ Gaußpunkte.

PLOT END

Für Cuthill-McKee-Algorithmus Z88H:

CUTKEE START

      MAXGRA   max. Größe des Graphen, vgl. /6,7/

      MAXNDL   max. Anzahl Levels, vgl. /6,7/

CUTKEE END

DYNAMIC END

Wie schon erwähnt, können Sie mit Z88V feststellen, was die diversen Z88-Module an Speicher anfordern.

10 Die Z88-Module

10.1 Z88F – Der FE-Prozessor

HINWEIS:
Immer ohne Ausnahme FE-Berechnungen mit analytischen Überschlagsrechnungen, Versuchsergebnissen, Plausibilitäts-betrachtungen und anderen Überprüfungen kontrollieren!

Die vornehmlichste Aufgabe jedes FE-Programms ist die Berechnung der Verschiebungen. Das erledigt Z88F. Die berechneten Verschiebungen sind der Ausgangspunkt für eine Spannungsberechnung mit Z88D bzw. Knotenkraftberechnung mit Z88E.

Zur Verschiebungsrechnung kann der FE-Prozessor Z88F in verschiedenen Modi gestartet werden. Dies wird in Z88F im Menü Mode angewählt. Standardmäßig ist der sog. Compaktmodus vorgesehen.

HINWEIS:

Die hier genannten Dateien Z88I1.TXT und Z88I2.TXT sind in Kapitel 11 näher beschrieben.

1) Compactmodus

Windows NT/95: Z88F > Mode > Compaktmode, Berechnung > Start
UNIX: z88f -c (Konsole) oder Z88F mit Option Compact M (Z88COM)

Eingabedateien:

Z88I1.TXT (allgemeine Strukturdaten)
Z88I2.TXT (Randbedingungen)

Ausgabedateien:

Z88O0.TXT (aufbereitete Strukturdaten für Dokumentation)
Z88O1.TXT (aufbereitete Randbedingungen für Dokumentation)
Z88O2.TXT (Verschiebungen)

Ferner werden generell die beiden Binärfiles Z88O1.BNY und Z88O3.BNY erzeugt. Diese Binärfiles werden dann von Z88D (Spannungsprozessor) und Z88E (Knotenkraftprozessor) genutzt.

Wahlweise kann ein drittes Binärfile Z88O2.BNY generiert werden, das die Gesamtsteifigkeitsmatrix enthält. Damit kann die gleiche Struktur mit verschiedenen Randbedingungen durchgerechnet werden, ohne daß eine erneutes Formatieren und Compilieren nötig ist. Das erfolgt mit *2)Neumodus*. Da dieses File Z88O2.BNY aber naturgemäß sehr groß werden kann, kann die Erzeugung mit dieser Option *1) Compaktmodus* unterbunden werden. Dieser Mode wird bevorzugt eingesetzt, wenn

> nur ein Satz Randbedingungen verarbeitet werden soll
> große Strukturen bearbeitet werden (Plattenspeicher!).

Dieser Mode kann grundsätzlich immer verwendet werden!
Die beiden Modi Z88F Mode > Neumode mit Z88F Mode > Altmode können u.U. Rechenzeit sparen, wenn für eine Struktur mehrere Randbedingungssätze gerechnet werden sollen.

2) Neumodus

Windows NT/95: Z88F > Mode > Neumode, Berechnung > Start
UNIX: z88f -n (Konsole) oder Z88F mit Option Neu Mode (Z88COM)

Eingabedateien:

Z88I1.TXT (allgemeine Strukturdaten)
Z88I2.TXT (Randbedingungen)

Ausgabedateien:

Z88O0.TXT (aufbereitete Strukturdaten für Dokumentation)
Z88O1.TXT (aufbereitete Randbedingungen für Dokumentation)
Z88O2.TXT (Verschiebungen)

Ferner werden generell die beiden Binärfiles Z88O1.BNY und Z88O3.BNY erzeugt. Diese Binärfiles werden dann von Z88D (Spannungsprozessor) und Z88E (Knotenkraftprozessor) genutzt.

Zusätzlich wird das dritte Binärfile Z88O2.BNY generiert, das die Gesamtsteifigkeitsmatrix enthält. Damit kann die gleiche Struktur mit verschiedenen Randbedingungen durchgerechnet werden, ohne daß ein erneutes Formatieren und Compilieren nötig ist. Nötig für den Altmode Z88F Mode > Altmode.

Es wird das die Gesamtsteifigkeitsmatrix enthaltende File Z88O2.BNY erzeugt. Ansonsten wie Compaktmode. Dieser Mode wird bevorzugt eingesetzt, wenn

> mehrere Sätze Randbedingungen verarbeitet werden sollen.

Aber Achtung bei großen Strukturen: Z88O2.BNY kann sehr groß (mehrere MByte) werden. Näheres siehe auch Z88F Mode > Altmode.

3) Altmodus

Windows NT/95:Z88F > Mode > Altmode, Berechnung > Start
UNIX: z88f -a (Konsole) oder Z88F mit Option Alt Mode (Z88COM)

Eingabedateien:

Z88I2.TXT (Randbedingungen)

(Z88O2.BNY, wurde mit einem vorherigen Lauf Z88F Mode > Neumode erzeugt)

Ausgabedateien:

Z88O1.TXT (aufbereitete Randbedingungen für Dokumentation)
Z88O2.TXT (Verschiebungen)

Ferner wird das Binärfile Z88O3.BNY erzeugt. Dieses Binärfile wird dann von Z88D (Spannungsprozessor) und Z88E (Knotenkraftprozessor) genutzt.

Es wird das die Gesamtsteifigkeitsmatrix enthaltende File Z88O2.BNY gelesen, die Randbedingungen aus Z88I2.TXT eingelesen und das Gleichungssystem gelöst. Der Formatierungs- und Compilations-Vorgang entfällt, so daß eine vorliegende Struktur mit verschiedenen Randbedingungssätzen i.A. rascher durchgerechnet werden kann als mit mehrfachem Z88F Mode > Compaktmode. Dieser Mode kann nur eingesetzt werden, wenn vorher ein Lauf Z88F Mode > Neumode erfolgt ist.

Beispiel:

Strukturdaten Z88I1.TXT plus

1. Satz RB in Z88I2.TXT, Z88F Mode >Neumode, ggf. Z88D, Z88E, auswerten
2. Satz RB in Z88I2.TXT, Z88F Mode >Altmode, ggf. Z88D, Z88E, auswerten
n. Satz RB in Z88I2.TXT, Z88F Mode >Altmode, ggf. Z88D, Z88E, auswerten

4) Testmodus

Windows NT/95: Z88F > Mode > Testmode, Berechnung > Start
UNIX: z88f -t (Konsole) oder Z88F mit Option Test Mode (Z88COM)

Eingabedateien:

Z88I1.TXT (allgemeine Strukturdaten)

Ausgabedateien:

Z88O0.TXT (aufbereitete Strukturdaten für Dokumentation)

Es wird lediglich das Ausgabefile Z88O0.TXT mit den aufbereiteten Strukturdaten erzeugt und es werden die Speicherbedarfe für die Gesamtsteifigkeitsmatrix und

Koinzidenzvektor am Bildschirm gezeigt. Dieser Mode wird eingesetzt, um

> den Speicherbedarf für MAXGS und MAXKOI festzustellen.

> zu prüfen, ob Z88F die Daten aus Z88I1.TXT korrekt interpretiert und wunschgemäß in Z88O.TXT stellt.

10.2 Z88D – Der Spannungs-Prozessor

Eine Spannungsberechnung mit Z88D kann erst erfolgen, wenn zuvor die Verschiebungen mit Z88F berechnet wurden. Sie ist unabhängig von der Knotenkraft-Berechnung.

Für die Steuerung von Z88D ist das File Z88I3.TXT vorgesehen.

Damit wird u.a. festgelegt:

> Berechnung der Spannungen in den Gaußpunkten oder in den Eckknoten

> zusätzliche Berechnung von Radial- und Tangentialspannungen für Elemente Nr. 3, 7, 8, 11, 12, 14 und 15.

> Berechnung von Vergleichsspannungen für Kontinuumselemente Nr. 1, 3, 6, 7, 10, 11, 12, 14, 15, 16 und 17.

Eingabeformat von Z88I3.TXT siehe Kapitel 11.

10.3 Z88E – Der Knotenkraft-Prozessor

Eine Knotenkraft-Berechnung mit Z88E kann erst erfolgen, wenn zuvor die Verschiebungen mit Z88F berechnet wurden. Sie ist unabhängig von der Spannungsberechnung.

Die Knotenkräfte werden elementweise berechnet. Greifen an einem Knoten mehrere Elemente an, so erhält man die gesamte Knotenkraft für diesen Knoten durch Addition der Knotenkräfte der angreifenden Elemente. Dies kann von Hand oder mit einer kleinen, selbstgeschriebene Routine erfolgen.

10.4 Z88N – Der Netzgenerator

Der Netzgenerator Z88N kann 2-dimensionale und 3-dimensionale Netze erzeugen. Z88N liest die Netzgenerator-Eingabedatei Z88NI.TXT ein und gibt die allgemeinen Strukturdaten Z88I1.TXT aus.

Zur Beschreibung von Z88NI.TXT siehe Kapitel 11.

Eine Netzgenerierung ist <u>**nur für Kontinuumselemente**</u> sinnvoll und zulässig:

Superstruktur		Finite Elemente Struktur
Scheibe Nr. 7	---->	Scheibe Nr. 7
Torus Nr. 8	---->	Torus Nr. 8
Scheibe Nr. 11	---->	Scheibe Nr. 7
Torus Nr. 12	---->	Torus Nr. 8
Hexaeder Nr. 10	---->	Hexaeder Nr. 10
Hexaeder Nr. 10	---->	Hexaeder Nr. 1

Gemischte Strukturen, die z.B. neben Scheiben Nr. 7 auch Stäbe Nr. 9 enthalten, können nicht verarbeitet werden.

In einem solchen Fall läßt man erst den Netzgenerator über die Superstruktur, die keine Stäbe enthält, laufen, konvertiert dann mit dem CAD-Konverter Z88X die vom Netzgenerator erzeugte Datei Z88I1.TXT als DXF-Datei Z88X.DXF, lädt diese DXF-Datei ins CAD-System und fügt dort die Stäbe ein; gegebenenfalls gibt man auch gleich die Randbedingungen dazu. Sodann läßt man Z88X erneut laufen und konvertiert in Richtung Z88 als Datei Z88I1.TXT (allgemeine Strukturdaten) sowie ggf. Z88I2.TXT (Randbedingungen).

Arbeitsweise des Netzgenerators:

Zur Generierung von FE-Netzen wird wie folgt vorgegangen: Das Kontinuum wird durch sog. Superelemente (kurz SE) beschrieben, was praktisch einer ganz groben FE-Struktur entspricht. Superelemente können sein: Hexaeder Nr. 10, Scheiben Nr. 7 und Scheiben Nr. 11 sowie Tori Nr. 8 und Tori Nr. 12.

Diese Superstruktur wird sodann verfeinert. Dies erfolgt superelementweise, beginnend mit SE 1, SE 2 bis zum letzten SE. Dabei erzeugt SE 1 die Finiten Elemente (kurz FE) 1 bis j, SE 2 die FE j+1 bis k, SE 3 die FE k+1 bis m usw. Innerhalb der SE bestimmt die Lage der lokalen Koordinaten die Knoten- und Elementnumerierung der FE-Struktur. Es gilt:

> lokale x-Richtung in Richtung lokaler Knoten 1 und 2
> lokale y-Richtung in Richtung lokaler Knoten 1 und 4
> lokale z-Richtung in Richtung lokaler Knoten 1 und 5

Bei räumlichen Superstrukturen wird zuerst in z, dann in y und zum Schluß in x-Richtung unterteilt, d.h. die FE-Elementnumerierung beginnt zunächst längs der z-Achse zu laufen. Für ebene und axialsymmetrische Strukturen gilt sinngemäß: Dort beginnt die Numerierung zunächst längs der y-Achse bzw. bei axialsymmetrischen Elementen längs der z-Achse (Zylinderkoord.!).

Entlang der lokalen Achsen kann nun wie folgt unterteilt werden:
> äquidistant
> geometrisch aufsteigend von Knoten 1 nach 4 bzw. 5: Netz wird gröber
> geometrisch fallend von Knoten 1 nach 4 bzw. 5: Netz wird feiner

Es ist klar, daß an Linien bzw. Flächen, die zwei Superelementen gemeinsam haben, die Superelemente genau gleich unterteilt sein müssen! Der Netzgenerator prüft das nicht und generiert dann unsinnige FE-Netze.

Beispiel:

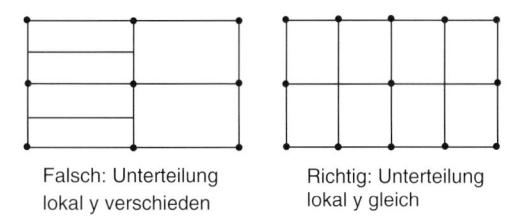

Falsch: Unterteilung lokal y verschieden

Richtig: Unterteilung lokal y gleich

Bild 10.4-1: Fehlermöglichkeiten beim Generieren

Da die lokalen Richtungen x, y und z durch die Lage der lokalen Knoten 1, 4 und 5 bestimmt wird, können durch entsprechenden Aufbau der Koinzidenzliste im Netzgenerator-Eingabefile Z88NI.TXT fast beliebige Numerierungsrichtungen für Knoten und Elemente der FE-Struktur generiert werden.

Beispiel:

Die Generierung einer FE-Struktur mit 8 FE Scheiben Nr. 7 aus Superstruktur mit 2 Scheiben Nr. 7 (sieht mit Tori Nr. 8 genauso aus):

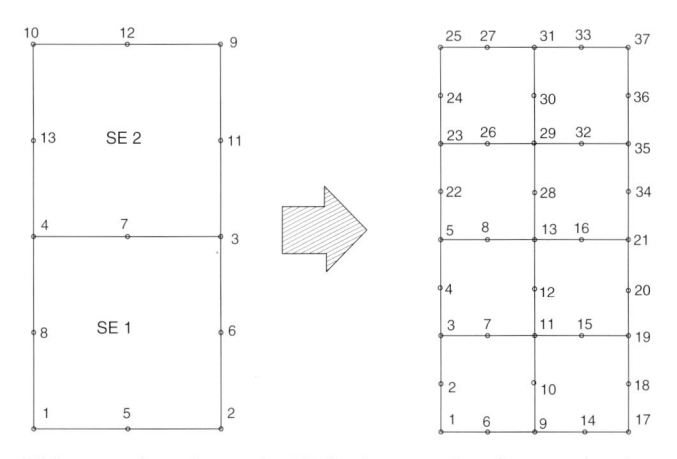

Bild 10.4-2: Generierung der FE-Struktur aus einer Superstruktur heraus

Feinheiten:

Der Netzgenerator prüft bei der Erzeugung von neuen FE-Knoten, welche Knoten bereits bekannt sind. Dazu braucht er einen Fangradius (denn auf „genau gleich" kann man bei Real-Zahlen nie abfragen..). Dieser Fangradius ist für alle 3 Achsen mit je 0.01 vorgegeben. Bei sehr kleinen bzw. sehr großen Zahlenwerten müssen die Fangradien u.U. verändert werden.

Ferner ermittelt der Netzgenerator für ein Superelement i, welche anderen Superelemente an SE i anschließen. Für Scheiben Nr. 7 und Nr. 11 bzw. Tori Nr. 8 und Nr. 12 können dies höchstens 8 andere SE sein. Diese Maximalanzahl anschließender SE wird in Z88 als MAXAN mit standardmäßig 15 vorgegeben. Für Hexaeder Nr. 10 können rein theoretisch 26 andere Elemente anschließen (6 Flächen, 8 Ecken, 12 Kanten). Die Praxis zeigte, daß selbst kompliziertere Raumstrukturen mit MAXAN= 15 bisher auskamen. Im Zweifelsfall MAXAN in Z88.DYN erhöhen.

Achtung Netzgenerator Z88N: Der Generator kann mit Leichtigkeit Eingabefiles erzeugen, die alle Grenzen des FE-Prozessors sprengen. Daher zunächst gröbere FE-Strukturen generieren lassen, mit Z88F Mode > Testmode prüfen, ob sie in den Speicher passen, dann ggf. verfeinern. Ein guter Startwert: ca. 5..10 mal soviel Finite Elemente wie Superelemente erzeugen lassen.

Hinweis Netzgenerator Z88N: Ist in Netzgenerator-Eingabedateien Z88NI.TXT das Koordinatenflag KFLAG gesetzt, also Polar- oder Zylinderkoordinaten als Eingangswerte gegeben, dann sind die Netzgenerator-Ausgabedateien Z88I1.TXT immer in kartesischen Koordinaten gehalten und dort ist dann KFLAG 0.

10.5 Z88P – Das Plotprogramm

Mit dem Plotprogramm Z88P können unverformte, verformte sowie un- und verformte Strukturen sowie Superstrukturen geplottet werden.

Die Ausgabe kann auf den Bildschirm oder in eine Datei erfolgen, wobei die Plotdatei sog. HP-GL-Befehle enthält, die von HP-Plottern genutzt werden. Die HP-GL-Dateien können natürlich in beliebiger Weise auch in anderen Programmen weiterverarbeitet werden, z.B. in CorelDraw, WinWord etc., ggf. die Endung .TXT ändern. WinWord (bis Word 95) erwartet z.B. die Endung .HGL für HP-GL-Dateien.

Zusätzlich können Vergleichsspannungen auf dem Bildschirm gezeigt oder auf einen Plotter gegeben werden. Die Bildschirmfarben können für WindowsNT/95 in der Datei Z88P.COL eingestellt werden; für UNIX bestehen viel umfassendere Möglichkeiten in der Datei Z88.FCD, in der nicht nur Farben und Fonts, sondern auch die Größen und Lagen der Pushbuttons, Radioboxes etc. definiert sind. Sie können also bei UNIX das ganze Aussehen von Z88P ganz nach Ihren Wünschen anpassen.

10.5 Z88P – Das Plotprogramm

Tabelle 10.5-1: Plotmöglichkeiten aus Z88

erforderliche Files	Superstrukturen	Unverformte FE-Strukturen	Verformte FE-Strukturen
Z88NI.TXT	ja	Nein	Nein
Z88I1.TXT	Nein	Ja	Ja
Z88O2.TXT	Nein	Nein	Ja
Z88O5.TXT	Nein	ja, wenn Anzeige der Vergleichsspannungen	nein

Um möglichst rasch zu arbeiten, verbindet Z88P die Knotenpunkte mit geraden Linien, obwohl bei Serendipity-Elementen 7, 8, 10, 11 und 12 die Kanten der Elemente quadratische bzw. kubische Kurven sind.

Hinweis: Superstrukturen und unverformte Finite-Elemente-Strukturen können Sie natürlich auch via CAD-Konverter Z88X in Ihrem CAD-Programm anzeigen lassen, aber Anzeige der verformten Struktur sowie Spannungsanzeige ist nur in Z88P möglich.

Z88P speichert den letzten Strukturfile-Namen, die Einstellfaktoren und Labeleinstellungen in einem File Z88P.STO. Beim Starten von Z88P wird dieses File automatisch angezogen, so daß die letzte Struktur wieder angezeigt werden kann. Möchte man mit einer neuartigen Struktur beginnen, so sollte vorher das File Z88P.STO gelöscht werden. Dies kann mit *Plotten > Löschen Z88P.STO* (Windows) bzw. *Plotauswahl* mit *rm p.sto* (UNIX) im Z88-Commander Z88COM erfolgen.

Tasten-Sonderfunktionen bei WindowsNT/95:

BILD HOCH	: Zoom stärker
BILD RUNTER	: Zoom geringer
CURSOR LINKS	: Struktur in X-Richtung schieben
CURSOR RECHTS	: Struktur in X-Richtung schieben
CURSOR HOCH	: Struktur in Y-Richtung schieben
CURSOR RUNTER	: Struktur in Y-Richtung schieben

..und für 3-D-Strukturen zusätzlich bei WindowsNT/95:

POS1	: Struktur in Z-Richtung schieben
ENDE	: Struktur in Z-Richtung schieben
F2	: Struktur um X-Achse rotieren
F3	: Struktur um X-Achse rotieren

F4 : Struktur um Y-Achse rotieren
F5 : Struktur um Y-Achse rotieren
F6 : Struktur um Z-Achse rotieren
F7 : Struktur um Z-Achse rotieren
F8 : Rotationen um X, Y und Z auf 0 setzen

Bei UNIX gelten die üblichen X- bzw. Motif-Tastendefinitionen, also TAB, dann Pfeiltasten zum Anwählen und Leertaste zum Aktivieren.

Stiftplotter nutzen zum Zeichnen der unverformten Struktur den Pen 1, für die verformte Struktur den Pen 2.

10.5.1 Die Menüpunkte des Plotprogramms Z88P

A. Name der Strukturdatei

WindowsNT/95: *Datei > Strukturfile*
UNIX : *Stru.* , **Textfeld direkt auf Window**

Hier wird das Strukturfile gewählt. Namen, ggf. mit Pfad, eingeben, RETURN. Die neue Struktur wird geladen und sofort gezeichnet.

B. Name der Plotdatei

WindowsNT/95: *Datei > Interface*
UNIX : *Plot.* , **Textfeld direkt auf Window**

Damit wird eine Plotdatei angewählt. Standardvorgabe ist File Z88O6.TXT. Die Plotdatei enthält HP-GL-Befehle im ASCII-Code, die natürlich auch mit anderen Programmen weiterverarbeitet werden können.

Windows NT/95: echte Plotter: Eine Direktausgabe aus Z88P auf einen Plotter funktioniert nicht immer. Gegebenenfalls muß mit dem Z88-Commander nach Erzeugen von Z88O6.TXT eine Xon/Xoff-Sequenz in Z88O6.TXT gestellt werden. Sodann kann Z88O6.TXT mit

copy /B Z88O6.TXT com1: (bzw. com2:)

auf einen seriell angeschlossenen Plotter gegeben werden. Sie können auch das *Hyperterminal* von Windows NT/95 nutzen. Probieren Sie hier bei „Datei > Eigenschaften > Einstellungen > ASCII": „gesendete Zeichen enden mit CR-LF" und „lokales Echo", Zeilenverzögerung 10 msec, Zeichenverzögerung 1 msec. Trotzdem können bei großen Dateien Timeouts auftreten. Das ist eine generelle Eigenschaft von seriellen Schnittstellen, vgl. die Hinweise weiter unten für UNIX.

Windows NT/95: LaserJet: Manche Laserdrucker können von Hand zwischen PCL und HP-GL umgeschaltet werden, bei anderen funktioniert das leider nur durch Software. In diesem Fall muß mit dem Z88-Commander Z88COM nach Erzeugen von Z88O6.TXT eine LaserJet-Sequenz in Z88O6.TXT gestellt werden. Dann ist normales Drucken möglich.

UNIX : echte Plotter : Serielle Schnittstellen werden als *root* mit *stty* eingestellt, z.B.

stty sane ixon ispeed 9600 cs8 -cstopb -parenb < /dev/ttyS1

Dabei ist hier */dev/ttyS1* die zweite serielle Schnittstelle. Die erste serielle Schnittstelle ist /dev/ttyS0. Benötigt Ihr Plotter eine Softwareumschaltung auf Protokoll Xon/Xoff, so starten Sie nach der Erzeugung von Z88O6.TXT mit Z88P das kleine Hilfsprogramm *pxon88*. Sodann können Sie Z88O6.TXT als *root* auf die Schnittstelle geben:

cat z88o6.txt > /dev/ttyS1

Sie können den seriellen Plotter aber auch direkt als raw-device in */etc/printcap* stellen. Angenommen, er hieße dort *HP7475A-a3-raw*. Dann können Sie als normaler User mit

lpr -PHP7475A-a3-raw z88o6.txt

direkt über das UNIX-Spooling-System fahren.

Achtung: Serielle Stiftplotter sind extrem langsame Geräte, d.h. sie können aufgrund der sehr effizienten HP-GL-Sprache mit extrem wenig Informationen viel zeichnen. Das kann bei großen HP-GL-Dateien dazu führen, daß die serielle Schnittstelle trotz Xon/Xoff *zuwenig* Bytes an den Plotter nachliefern kann und ein Timeout bekommt. Diese generelle Problematik ist bei LINUX unter /usr/doc/howto bei printer-howto und serial-howto nachzulesen.

UNIX : LaserJet : Manche Laserdrucker können von Hand zwischen PCL und HP-GL umgeschaltet werden, bei anderen funktioniert das leider nur durch Software. In diesem Fall muß nach Erzeugen von Z88O6.TXT mit Z88P eine LaserJet-Sequenz mit dem kleinen Hilfsprogramm *laserj88* in Z88O6.TXT gestellt werden. Achten Sie darauf, daß der Laser-Drucker auch einen **raw-Eintrag** in */etc/printcap* hat. Denn das UNIX-Spooling-System soll die HP-GL-Dateien ja völlig ungefiltert weiterleiten. Plotten Sie mit

lpr -Praw z88o6.txt

Hinweise WindowsNT/95 und UNIX: Die von Z88 erzeugten HP-GL-Befehle arbeiten einwandfrei auf verschiedenen HP- und IBM-Plottern, wenn die physikalischen Übertragungen richtig eingestellt sind. Prüfen Sie bei Problemen, ob Ihr Plotter wirklich 100 % HP-kompatibel ist!

Ein weiterer Filename mit vorbelegter Bedeutung ist Z88O7.TXT. Man kann so mit einer Plottersitzung nacheinander die Files Z88O6.TXT für die unverformte und dann Z88O7.TXT für die verformte Struktur erzeugen, falls dies nicht in einem Zug mit Struktur un-/verformt geschehen soll. Das File Z88O7.TXT kann später wahlweise an Z88O6.TXT angehängt werden, so daß unverformte und verformte Struktur in einem Durchgang geplottet werden können. Dazu muß die Reihenfolge eingehalten werden: erst Z88O6.TXT und dann Z88O7.TXT erzeugen. Aber auch völlig verschiedene Strukturen können so übereinander geplottet werden.

C. Verformungszustand der Struktur

WindowsNT/95 :   *Struktur > Unverformt, Verformt, Un- und Verformt*
UNIX :   **Radiobox** *Unverfo., Verformt, Un+Verfo.*

Zeichnen der Struktur unverformt oder verformt oder beides. Nur bei unverformten Strukturen können Spannungen gezeigt werden. Bei Struktur Un- und Verformt werden Knoten- und Elementlabels für die unverformte Struktur geplottet.

ACHTUNG Struktur Verformt und Un- und Verformt: Der Bediener ist dafür verantwortlich, daß er bei Nutzung dieser Funktion eine Verschiebungsrechnung ausgeführt hat. Also vor Nutzung von Z88P einen FE-Lauf mit Z88F laufen lassen. Sonst werden irgendwelche Files Z88O2.TXT (Verschiebungen) aus früheren Rechnungen angezogen !!

D. Ausgabe in Plotterdatei

WindowsNT/95 :   *Ausgabe > CRT, Plotter*
UNIX :   **Pushbutton** *Plot.*

CRT ist Bildschirmausgabe, der Defaultwert. Bei Auswahl Plotter wird ein HP-GL-File erzeugt, dessen Name mit Interface ausgewählt wurde. Das geht sehr schnell. Nach Schreiben der HP-GL-Datei schaltet Z88P sofort wieder auf CRT zurück, nachdem Sie die entsprechende Messagebox quittiert haben.

E. Wahl der Ansicht

WindowsNT/95 :   *Ansicht > XY, XZ, YZ, 3-Dim*
UNIX :   **Radiobox** *XY, XZ, YZ, 3D*

Je nach Struktur Ansicht auswählen: Bei 2-dimensionalen Strukturen XY, bei 3-dimensionalen Strukturen zunächst 3-Dim. Achtung 3-D-Strukturen: Mit XY, XZ und YZ können die betreffenden Seitenansichten gezeigt werden, jedoch werden die Knoten- und Elementlabels in der Reihenfolge aufsteigend geplottet (Knoten/Element 1 aufsteigend zum letzten Knoten/Element), die Spannungspunkte in der Reihenfolge der Gaußpunkte, elementweise aufsteigend. Daher können die fertigen Bilder Knoten- und Elementnummern sowie Spannungen zeigen, die nicht in der Ebene der Seitenansicht liegen! Eine verläßliche Aussage gibt hier nur Ansicht 3-Dim. **Hinweis:** Wenn Sie mit einer „frischen" 3-D Struktur in Z88P gehen, stehen bei WindowsNT/95 der Menühaken an sich unkorrekt auf XY bzw. bei UNIX der Radiobutton auf XY, weil die Menüs *vor* Einlesen der Z88-Dateien aufgebaut werden.

F. Zeichnen der Knoten- und Elementnummern

WindowsNT/95 :   *Labels > No Lables, Elemente, Knoten, Alles Labeln*
UNIX :   **Radiobox** *No Lables, Elemente, Knoten, Alles*

Labels = Plotten der Element-, der Knotennummern oder der Element- und Knotennummern. Bei komplizierten Raumstrukturen kann dies unübersichtlich werden, weil je nach Ansicht Nummern mehrfach übereinander geplottet werden. Positionieren Sie sorgfältig Strukturausschnitte durch entsprechende Rotationen.

G. Koordinatensystem

Es wird bei allen Betrachtungen von einem Koordinatensystem ausgegangen, das in der Mitte des CRT bzw. der Papiermitte liegt. Dabei ist generell festgelegt:

	CRT	Plotter
X-Achse:	–100 bis +100	X-Achse: –138 bis +138
Y-Achse:	–100 bis +100	Y-Achse: –100 bis +100
Z-Achse:	–100 bis +100	Z-Achse: –100 bis +100

Dabei wird bei 3-dimensionalen Strukturen die Transformation von 3-D-Koordinaten auf das Bildsystem mit Hilfe einer isometrischen Darstellung nach DIN 5 vorgenommen. Sind die Rotationswinkel *ROTX, ROTY* und *ROTZ* jeweils 0, dann gilt: X:Y:Z = 1:1:1, Z weist nach oben und X und Y sind unter 30 Grad geneigt.

WindowsNT/95: Die Rotationswinkel können in 10 Grad-Schritten mit den Tasten *F2..F7* verändert werden oder mit Faktoren > Rotationen in beliebigen Werten. F8 setzt alle Rotationswinkel wider auf 0 Grad.

UNIX : Die Rotationswinkel können in 10 Grad-Schritten mit den Pushbuttons *RX+, RX–, RY+, RY–, RZ+* und *RZ*-verändert werden. Pushbutton *Rot 0* setzt alle Rotationswinkel wider auf 0 Grad.

Meist passen Plots, die vollständig auf dem Bildschirm dargestellt werden, auch mit den gleichen Faktoren auf den Plotter. Da Plotter aber ein anderes X-Y-Verhältnis haben, müssen für Plotterausgabe mitunter etwas veränderte Faktoren gewählt werden.

H. Globale Vergrößerungen

WindowsNT/95 :   *Faktoren > Globale Vergrößerungen*

Zoomen erfolgt entweder in Sprüngen mit den Tasten *BILD HOCH* und *BILD RUNTER* oder feinfühlig mit Faktoren *FACX, FACY, FACZ*. Die Eingabe von Faktoren ist auch sinnvoll, wenn verschiedene Strukturen mit den gleichen Maßstäben geplottet werden sollen.

UNIX :   **Pushbuttons** *Zoom+* **und** *Zoom–*

I. Schieben (Panning)

WindowsNT/95 :   *Faktoren > Zentrierfaktoren*

Schieben (Panning) erfolgt in X-Richtung mit Tasten *CURSOR LINKS* und *CURSOR RECHTS*, in Y mit *CURSOR HOCH* und *CURSOR RUNTER* und in Z (bei dreidimensionalen Strukturen) mit *POS 1* und *ENDE*. Alternativ kann Faktoren > Zentrierfaktoren genutzt werden: *CX, CY* und *CZ*.

UNIX :   **Pushbuttons** *X+, X–, Y+, Y–, Z+, Z–*

J. Vergrößern der Verschiebungen

WindowsNT/95:   *Faktoren > Verschiebungen*
UNIX :   **Textfelder** *FUX, FUY* **und** *FUZ*

Vergrößern der Verschiebungen erfolgt mit Faktoren > Verschiebungen : *FUX, FUY* und *FUZ*. Standardwerte je 100. Achtung UNIX: Wie bei UNIX üblich, greifen die Änderungen nur bei einem jeweiligen RETURN. Sie können aber auch alle drei Felder einfach ausfüllen und dann den Pushbutton *Regen* (für Regenerieren) betätigen.

K. Rotationen

WindowsNT/95 :   *Faktoren > Rotationen*

Die Rotationen um X, Y und Z werden mit Faktoren > Rotationen definiert: ROTX, ROTY und ROTZ. Standardwerte je 0. Mit den Tasten F2..F7 kann in 10-Grad Sprüngen gedreht werden.

UNIX :   Pushbuttons *RX+, RX–, RY+, RY–, RZ+, RZ–*

Drehung in 10 Grad Schritten. Pushbutton *Rot 0* setzt sie zurück.

L. Höhen-Seitenverhältnis

WindowsNT/95 :   *Faktoren > X-Korrektur FXCOR*
UNIX :   Textfeld *FXCOR*

Mit der Funktion X-Korrektur FXCOR kann das Höhen-Seitenverhältnis zur Monitoranpassung verändert werden. Es wird der Default-Wert 0.75 geladen, der aber ggf. je nach Monitortyp eine gewisse Anpassung brauchen. Der Wert wird in Z88P.STO gespeichert, sodaß er bei einer erneuten Sitzung dann stimmt.

M. Vergleichsspannungen

WindowsNT/95 :   *V-Spannungen > keine V-Spannungen, zeige V-Spannungen*
UNIX :   Pushbutton *Vspan*

Wurden vorher Vergleichsspannungen mit Z88D berechnet (dies ist nur für Kontinuumselemente 1, 3, 6, 7, 8, 10, 11 bis 17 möglich und sinnvoll), so können diese Vergleichsspannungen für die Gaußpunkte (Elemente 1, 7, 8, 10, 11 bis 17) bzw. für die Elementschwerpunkte (Elemente 3 und 6) am Bildschirm oder Plotter sichtbar gemacht werden.

Das geht nur, wenn Sie bei Struktur > Unverformt angewählt haben. Ansonsten merkt sich Z88P, daß Sie Vergleichsspannungen plotten wollen und zeigt bzw. plottet diese, wenn Sie nach > Zeige V-Spannungen anschließend auf Struktur > Unverformt gehen.

Mit Menüfunktion Zeige V-Spannungen werden die mit Z88D berechneten Vergleichsspannungen bei Auswahl Plotter in eine Buchstabenskala von A bis J umgesetzt.

Bei Bildschirmausgaben Ausgabe in Form einer Farbskala. Diese Farbskala können Sie in Z88P.COL (WindowsNT/95) oder Z88.FCD (UNIX) nach persönlichen Wünschen einstellen.

Genaue Spannungsergebnisse der Ausgabedatei Z88O3.TXT entnehmen.

ACHTUNG: Der Bediener ist dafür verantwortlich, das er bei Nutzung dieser Funktion eine Spannungsberechnung ausgeführt hat. Also vor Nutzung von Z88P einen FE-Lauf mit Z88F laufen lassen. Sonst werden irgendwelche Files Z88O5.TXT (Spannungen) aus früheren Rechnungen angezogen!!

Es gilt:
- Zuvor Spannungsberechnung mit Z88D. Dabei war im File Z88I3.TXT das Vergleichs-Spannungsflag ISFLAG 1, und für Elemente 1, 7, 8, 10, 11, 12, 14, 15, 16 oder 17 war die Integrationsordnung INTORD in Z88I3.TXT ungleich 0.
- Kontinuumselemente vom Typ 1, 3, 6, 7, 8, 10, 11, 12, 14, 15, 16 oder 17.
- unverformter Zustand.

Beachte: Damit eine „schöne" Spannungsskala entsteht, sollten die Spannungswerte zwischen 0..100 oder 0..1000 liegen. Ggf. über Randbedingungen beim Rechnen steuern, auf echte Werte hoch- oder runterrechnen. Dies liegt daran, daß die Spannungsskala aus ganzzahligen Werten gebildet wird.

N. Autoskalieren

WindowsNT/95 : *Autoscale > No Autoscale, Yes Autoscale*
UNIX : **Pushbutton** *AutoS*

Die Autoscale-Funktion sorgt dafür, daß Strukturen vollständig auf den Bildschirm passen.

Sie wird beim Laden einer Struktur mit Datei > Strukturfile oder wenn kein File Z88P.STO vorhanden ist, automatisch aktiviert. Sie wird dann gleich wieder deaktiviert, daher steht der Haken dann auf No Autoscale. Ist dagegen ein File Z88P.STO vorhanden, werden die Faktoren aus diesem File gezogen. Sie können dann mit Autoscale > Yes Autoscale passend skalieren lassen. Sodann schaltet Autoscale sofort wieder auf No Autoscale. Autoscale > Yes Autoscale ist also eine Art Tipptaste. Das oben Gesagte gilt sinngemäß auch für UNIX.

10.6 Z88X – Der CAD-Konverter

10.6.1 Überblick

Der CAD-Konverter Z88X arbeitet in zwei Richtungen:

I) Sie entwerfen Ihr Bauteil in einem CAD-System und erzeugen Z88-Daten. Sie überziehen im CAD-System Ihr Bauteil mit einem FE-Netz oder einen Super-Strukturnetz nach bestimmten Regeln, die weiter unten folgen, definieren ggf.

Randbedingungen und Elastizitätsgesetze. Sodann lassen Sie eine DXF-Datei von Ihrem CAD-System erzeugen und starten den CAD-Konverter Z88X. Damit sind die Z88-Eingabedateien erzeugt und Sie können mit der FE-Analyse beginnen.

WindowsNT/95 :

Z88X > Konvertierung > 4 von Z88X.DXF nach Z88I1.TXT
Z88X > Konvertierung > 5 von Z88X.DXF nach Z88I*.TXT
Z88X > Konvertierung > 6 von Z88X.DXF nach Z88NI.TXT
.. und > Berechnung > Start

UNIX :

z88x -i1fx (Z88X.DXF nach Z88I1.TXT, "i1 from x")
z88x -iafx (Z88X.DXF nach Z88I*.TXT, "i all from x")
z88x -nifx (Z88X.DXF nach Z88NI.TXT, "ni from x")
... oder den Z88-Commander mit der geeigneten Option für Z88X nutzen

II) Sie konvertieren Z88-Eingabedateien in CAD-Daten. Dies ist sehr interessant für schon existierende Z88-Datensätze, für Kontrollen, für Ergänzungen der FE-Struktur, aber auch zum Plotten der FE-Struktur via CAD-Programm.

WindowsNT/95 :

Z88X, > Konvertierung > 1 von Z88I1.TXT nach Z88X.DXF
Z88X, > Konvertierung > 2 von Z88I*.TXT nach Z88X.DXF
Z88X, > Konvertierung > 3 von Z88NI.TXT nach Z88X.DXF
.. und > Berechnung > Start

UNIX :

z88x -i1tx (Z88I1.TXT nach Z88X.DXF, "i1 to x")
z88x -iatx (Z88I*.TXT nach Z88X.DXF, "i all to x")
z88x -nitx (Z88NI.TXT nach Z88X.DXF, "ni to x")
... oder den Z88-Commander mit der geeigneten Option für Z88X nutzen

Da der Konverter *völlig kompatibel in beide Richtungen* ist, können Sie die Möglichkeiten I und II beliebig oft nacheinander ausführen. Sie werden keinen Datenverlust feststellen!

Damit ergibt sich eine höchst interessante Variante:

III) Mischbetrieb, z.B.

– Bauteil- und Super-Strukturentwurf in **CAD**
– Konvertierung CAD ---> Z88
– Netzgenerieren in **Z88**
– Konvertieren Z88 ---> CAD
– Ergänzen der FE-Struktur in **CAD**, z.B.
  mit nicht-netzgeneratorfähigen Elementen
– Konvertierung CAD ---> Z88
– Ändern z.B. von Elastizitätsgesetzen in **Z88**
– Konvertierung Z88 ---> CAD
– Einbau der Randbedingungen in **CAD**
– Konvertieren CAD ---> Z88
– FE-Analyse in **Z88**
– usw.

Welche CAD-Systeme können mit Z88 zusammenarbeiten?

Alle CAD-Systeme, die DXF-Dateien importieren und exportieren, also lesen und schreiben können. Garantie kann hier verständlicherweise nicht übernommen werden. Z88 V9 ist intensiv im Zusammenspiel mit AutoCAD 2000 und LT für Windows 95 von Fa. Autodesk getestet worden, und es sind die DXF-Richtlinien der Fa. AutoDesk als Initiator der DXF-Schnittstelle beachtet worden, d.h. entsprechend AC1009 und AC1012.

Die generelle Philosophie eines CAD-FEM-Datenaustausch:

CAD-Dateien enthalten sog. ungerichtete Informationen. Es sind nichts weiter als Ansammlungen von Linien, Punkten und Texten, die auch noch obendrein in der Reihenfolge ihrer Erzeugung abgespeichert werden.

Ein FEM-System braucht grundsätzlich gerichtete Informationen, die ein CAD-System per se nicht liefern kann. Das FEM-System muß vereinfacht wissen, daß diese und jene Linien ein finites Element bilden und daß dazu diese und jene Punkte gehören. Das ist prinzipiell dann zu machen, wenn man im CAD-System in einer ganz fest vorgegebenen Reihenfolge konstruieren würde. Experimente zeigten, daß dies mit sehr einfachen Bauteilen auch darstellbar ist, bei komplexeren Bauteilen aber, und genau dann will man ja die FEM-Analyse einsetzen, in der Praxis nicht mehr durchführbar ist.

Diese Problematik ist seit langem bekannt und tritt beim Datenaustausch CAD-NC gleichfalls auf. Um dies halbwegs in den Griff zu bekommen, gibt es integrierte CAD-FEM-Systeme, die in den obersten Preisregionen angesiedelt sind.

Ein denkbarer Ansatz ist, das CAD-System z.B. durch Zusatzmodule oder Makros derart zu erweitern, daß halbwegs nutzbare FEM-Daten erzeugt werden können. Dieser Weg wird häufig beschritten. Er hat den Nachteil, daß er nicht für beliebige CAD-Programme verwirklicht werden kann bzw. dann sehr unterschiedlich ausfällt, aber auch innerhalb derselben Herstellerfamilie versionsabhängig ist.

Eine andere Variante unternimmt im CAD-System selbst nichts, hingegen enthält das FEM-System eine Art Mini-CAD-System, um die zunächst noch total unbrauchbaren CAD-Daten mit mitunter kräftiger Unterstützung des Bedieners FEM-gerecht aufzubereiten. Der Nachteil ist hier, daß der Bediener zwei CAD-Systeme beherrschen muß und das integrierte Mini-CAD-System nicht die Leistung des echten CAD-Systems bringt.

Im Folgenden wird gezeigt, wie bei Z88 wird die Problematik gelöst wird.

ad I) Konvertierung vom CAD-System nach Z88

I.1 Im CAD-System:

Anmerkung: Dieser Punkt Fall 1.1 wird in Kapitel 10.6.2 ausführlicher erläutert.

1) Sie konstruieren Ihr Bauteil. Reihenfolge und Layer beliebig.

2) Sie legen die FE-Struktur bzw. die Superstruktur durch Linien und Punkte fest. Reihenfolge und Layer beliebig, daher unproblematisch und schnell.

3) Auf dem Layer Z88KNR numerieren Sie die Knoten mit der TEXT-Funktion. Reihenfolge beliebig, daher unproblematisch und schnell.

4) Auf den Layer Z88EIO schreiben Sie die Element-Informationen mit der TEXT-Funktion. Reihenfolge beliebig, daher unproblematisch und schnell.

5) Auf den Layer Z88NET „umreißen" Sie die einzelnen Elemente mit der LINE-Funktion. Die einzige Sektion mit fester Arbeitsfolge (wegen den gerichteten Informationen).

6) Auf den Layer Z88GEN schreiben Sie allgemeine Informationen, Elastizitätsgesetze und Steuerinformationen für den Spannungsprozessor Z88D.

7) Auf dem Layer Z88RBD definieren Sie die Randbedingungen.

8) Exportieren (Speichern) Sie Ihre Zeichnung unter dem Namen **Z88X.DXF**.

I.2 In Z88: Starten des CAD-Konverters Z88X

Sie können wählen, je nach Ihren Ausgangsdaten, ob

* eine Netzgeneratordatei Z88NI.TXT oder
* eine Datei der allgemeinen Strukturdaten Z88I1.TXT oder
* ein vollständiger Z88-Datensatz mit Z88I1.TXT, Z88I2.TXT und Z88I3.TXT

generiert wird. Alles andere läuft automatisch.

I.3 In Z88: Starten der anderen Z88-Module

Prüfen Sie von Z88X erzeugten Eingabedateien nochmals mit dem Filechecker Z88V.

Führen Sie die FEM-Analyse durch wahlweises Starten der verschiedenen Z88-Module:

* *Netzgenerator Z88N*
* *Plotprogramm Z88P*
* *FE-Prozessor Z88F*
* *Spannungsprozessor Z88D*
* *Knotenkraftprozessor Z88E*

ad II) Konvertierung vom Z88 zum CAD-System

II.1 In Z88: Eingabedateien Z88xx.TXT

Sie haben die Eingabedateien wie

* *Netzgeneratordatei Z88NI.TXT oder*
* *Datei der allgemeinen Strukturdaten Z88I1.TXT oder*
* *einen vollständigen Z88-Datensatz mit Z88I1.TXT, Z88I2.TXT und Z88I3.TXT*

entweder per Editor, Textverarbeitungsprogramm, EXCEL oder einer eigenen Routine erzeugt bzw. haben vom CAD-Konverter Z88X generierte Dateien nachträglich verändert bzw. erweitert.

II.2 In Z88: CAD-Konverter Z88X starten

Geben Sie an, welche Z88-Eingabedateien konvertiert werden sollen. Die von Z88X erzeugte DXF-Datei ist Z88X.DXF. Lagen die Eingabedateien in Polar- oder Zylinderkoordinaten vor, dann werden sie in kartesische Koordinaten umgerechnet.

II.3 Im CAD-System:

Importieren Sie die DXF-Datei Z88X.DXF. Speichern Sie die geladene Zeichnung unter einem gültigen CAD-Namen (z.B. bei AutoCAD Name.DWG) und arbeiten Sie mit der Zeichnung, wobei Sie die verschiedenen Z88-Layer wahlweise ausblenden können.

10.6.2 Z88X im Detail

Gehen Sie in folgenden Schritten vor und reservieren Sie folgende Layer

Z88GEN : Laycr für *allgemeine Informationen* (1. Eingabegruppe im Netzgenerator Eingabefile Z88NI.TXT und Allgemeine Strukturdaten Z88I1.TXT. Enthält ferner die Elastizitätsgesetze (4. Eingabegruppe im Netzgenerator-Eingabefile Z88NI.TXT und Allgemeine Strukturdaten Z88I1.TXT). Dazu kommt ggf. der Inhalt der Datei der Spannungsparameter Z88I3.TXT.

Z88KNR : Layer, der die *Knotennummern* enthält.

Z88EIO : Layer, der *Elementinformationen* wie Elementtyp und im Falle Netzgenerator Eingabefile Z88NI.TXT, die Steuerinformationen für den Netzgenerator enthält.

Z88NET : Layer, der das *Netz*, das in definierter Reihenfolge gezeichnet wurde, enthält.

Z88RBD : Layer, der den Inhalt der Datei der *Randbedingungen* Z88I2.TXT enthält.

Ein weiterer Layer, **Z88PKT**, wird von Z88X erzeugt, wenn Sie von Z88 zu CAD konvertieren. Er zeigt alle Knoten mit einer *Punktmarkierung* an, damit man die Knoten besser erkennt. Für den umgekehrten Schritt, von dem hier die Rede ist, also von CAD zu Z88, ist er völlig bedeutungslos.

1. Schritt : Konstruieren Sie Ihr Bauteil wie gewohnt im CAD-System. Sie brauchen keine bestimmte Reihenfolge einzuhalten, und Sie können beliebige Layer verwenden. Es ist sehr zu empfehlen, z.B. Körperkanten auf einen Layer, Bemaßungen auf einen anderen Layer, unsichtbare Linien, Mittellinien, Symbole auf einen dritten Layer zu legen. Denn Sie sollten für den nächsten Schritt alle überflüssigen Informationen ausblenden können.

2. Schritt : Planen Sie die Netzaufteilung, also geeignete finite Elementtypen und deren Verteilung, unterteilen Sie die FE-Struktur bzw. die Superstruktur durch Linien in Elemente, setzen Sie **alle** Knotenpunkte, die noch nicht vorhanden sind (z.B. sind Schnittpunkte oder Endpunkte von Linien ohne weiteres verwendbar). Reihenfolge und Layer sind beliebig, es ist allerdings ratsam, keinen der Z88-Layer wie

Z88NET, Z88GEN, Z88PKT, Z88KNR, Z88EIO und Z88RBD dafür zu nehmen. Definieren Sie einen beliebigen neuen Layer hierfür oder nutzen Sie schon vorhandene Layer aus Schritt 1.

3. Schritt : Legen Sie den Z88-Layer **Z88KNR** an und gehen Sie auf ihn. Fangen Sie jeden FE-Knoten, die Sie ja bereits im 1. Schritt durch Ihre Konstruktion selbst bzw. im 2. Schritt ergänzt haben und numerieren Sie die Knoten. Schreiben Sie an jeden Knoten **P Leerzeichen** und seine **Knotennummer** mit der TEXT-Funktion des CAD-Programms, also z.B. **P 33**. Achten Sie darauf, daß der Einfügepunkt der Nummer, also des Textes, genau auf dem Knoten liegt. Mit den Fangmodi z.B. von AutoCAD (Fange Schnittpunkt, Endpunkt usw.) ist das problemlos. Die Reihenfolge der Arbeitsfolge ist beliebig, Sie können also den Knoten 1 numerieren, anschließend den Knoten 99 und dann den Knoten 21. Nur muß die Numerierung der Knoten selbst, also welchen Knoten Sie zum Knoten 1 bzw. 99 bzw. 21 machen, logisch im FEM-Sinne sein.

4. Schritt : Legen Sie den Layer **Z88EIO** an und gehen Sie auf ihn. Schreiben Sie prinzipiell irgendwo hin (besser natürlich in die Nähe oder Mitte des jeweiligen finiten Elements bzw. Superelements) die Element-Informationen mit der TEXT-Funktion. Die Reihenfolge der Arbeitsfolge ist beliebig, Sie können also das Element 1 beschreiben, anschließend das Element 17 und dann das Element 8. Nur muß die Beschreibung der Elemente selbst, also welches Element Sie zum Element 1 bzw. 17 bzw. 8 machen und wie Sie es definieren, logisch im FEM-Sinne sein. Im Einzelnen sind folgende Informationen zu schreiben:

Bei Finiten Elementen aller Typen von 1 bis 15:

FE   Elementnummer Elementtyp

in eine Zeile schreiben, durch mindestens ein Leerzeichen trennen.

Beispiel:

Eine isoparametrische Serendipity Scheibe Typ-Nr. 7 soll die Elementnummer 23 erhalten. Schreiben Sie z.B. in die Mitte des Elements mit der TEXT-Funktion

FE 23 7

Bei Super-Elementen 2-dimensional, also Nr. 7, 8, 11 und 12

SE
Elementnummer
Super-Elementtyp
Typ der zu erzeugenden finiten Elemente
Unterteilung in lokaler x-Richtung

Art der Unterteilung in lokaler x-Richtung
Unterteilung in lokaler y-Richtung
Art der Unterteilung in lokaler y-Richtung

in eine Zeile schreiben, durch jeweils mindestens ein Leerzeichen trennen.

Beispiel:

eine isoparametrische Serendipity Scheibe mit 12 Knoten (Elementtyp 11) als Superelement soll in finite Elemente vom Typ isoparametrische Serendipity Scheibe mit 8 Knoten (Elementtyp 7) zerlegt werden. In lokaler x-Richtung soll dreimal äquidistant unterteilt werden und in lokaler y-Richtung soll 5 mal geometrisch aufsteigend unterteilt werden. Das Superelement soll die Nummer 31 haben. Schreiben Sie z.B. in die Mitte des Elements mit der TEXT-Funktion:

SE 31 11 7 3 e 5 L (e oder E für äquidistant sind gleichwertig)

Bei Super-Elementen 3-dimensional, also Hexaeder Nr. 10

SE
Elementnummer
Super-Elementtyp
Typ der zu erzeugenden finiten Elemente
Unterteilung in lokaler x-Richtung
Art der Unterteilung in lokaler x-Richtung
Unterteilung in lokaler y-Richtung
Art der Unterteilung in lokaler y-Richtung
Unterteilung in lokaler z-Richtung
Art der Unterteilung in lokaler z-Richtung

in eine Zeile schreiben, durch jeweils mindestens ein Leerzeichen trennen.

Beispiel:

ein isoparametrischer Serendipity Hexaeder mit 20 Knoten (Elementtyp 10) als Superelement soll in finite Elemente vom Typ isoparametrische Hexaeder mit 8 Knoten (Elementtyp 1) zerlegt werden. In lokaler x-Richtung soll dreimal äquidistant unterteilt werden, in lokaler y-Richtung soll 5 mal geometrisch aufsteigend unterteilt werden und in lokaler z-Richtung soll 4 mal äquidistant unterteilt werden. Das Superelement soll die Nummer 19 haben. Schreiben Sie z.B. in die Mitte des Elements mit der TEXT-Funktion:

SE 19 10 1 3 E 5 L 4 E (e oder E für äquidistant sind gleichwertig)

5. Schritt: Legen Sie den Layer **Z88NET** an und gehen Sie auf ihn. Für diesen Schritt brauchen Sie Konzentration, denn hier muß eine feste und starre Arbeitsfolge wegen der gerichteten Informationen eingehalten werden. In diesem Schritt wird eine der wichtigsten Informationen, die Koinzidenz, also welches Element durch welche Knoten definiert ist, eingebaut. Wählen Sie eine Farbe für Linien, die sich gut von den bisher verwendeten Farben abhebt und blenden Sie alle überflüssigen Informationen aus.

Wählen Sie den **LINE-Befehl (Linien-Befehl)** aus und stellen Sie die **Fangmodi** Punkte, Schnittpunkte und ggf. Endpunkte ein.

Beginnen Sie beim ersten Element. Das erste Element ist für Z88 das Element, mit dem Sie nun beginnen, also das Sie als erstes Element ausgesucht haben. Klicken Sie den Knoten an, der der erste Knoten des Elements sein soll (das kann global z.B. der Knoten 150 sein) und ziehen Sie eine Linie auf den Knoten, der der zweite Knoten des Elements sein soll (das kann global z.B. der Knoten 67 sein). Ziehen Sie weiter auf den Knoten, der der dritte Knoten des Elements sein soll (das kann global z.B. der Knoten 45 sein). Alle erforderlichen Knoten passieren und zuletzt auf den Startpunkt, also den ersten Knoten; dann Linien-Funktion aufheben.

Dasselbe machen Sie dann mit dem zweiten Element. Denken Sie daran: **Sie geben mit dieser Reihenfolge vor, welches der Elemente nun zum echten zweiten Element wird.** Im vorherigen 4. Schritt haben Sie lediglich definiert, um **was** es sich für einen Elementtyp beim z.B. zweiten Element handelt. Hier geben Sie vor, **wie** das Element topologisch definiert ist.

Es folgt das dritte Element und so fort. Sollten Sie bei der Umfahrung eines Elements einen Fehler machen, dann löschen Sie alle bisherigen Linienzüge dieses Elements (z.B. mit der Rückgängig- oder UNDO-Funktion) und beginnen Sie nochmal am ersten Punkt des fraglichen Elements. Wenn Sie aber erst beim Element 17 feststellen, daß Sie bei Element 9 einen Fehler gemacht haben, dann müssen Sie alle Linienzüge der Elemente 9 bis 17 löschen und neu beim Element 9 aufsetzen.

Sie müssen folgende Umfahrungssinne einhalten, die für Ihren Komfort teilweise von denen abweichen, wie sie bei den Elementbeschreibungen angegeben sind. Z88X sortiert dann intern richtig.

Beispiel:

In der Elementbeschreibung ist die Koinzidenz für das Element Typ 7 wie folgt: Erst die Eck-, dann die Mittenknoten, also 1-2-3-4-5-6-7-8 . So muß die Koinzidenzliste in den Z88-Eingabedateien aussehen. Für Z88X hingegen, um das Element bequem umfahren zu können, ist die Reihenfolge 1-5-2-6-3-7-4-8-1 (linkes Bild) bzw. A-B-C-D-E-F-G-H-A (rechtes Bild):

10.6 Z88X – Der CAD-Konverter

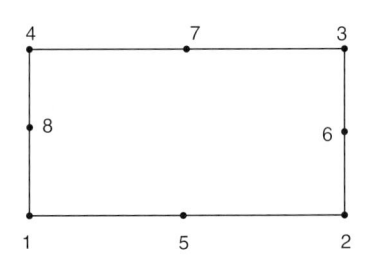

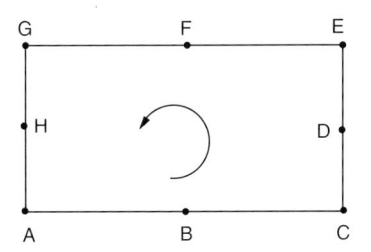

Bild 10.6-1: Beispiel für richtige Umfahrungssinne

Nachfolgend die CAD-Umfahrungssinne für alle Elemente:

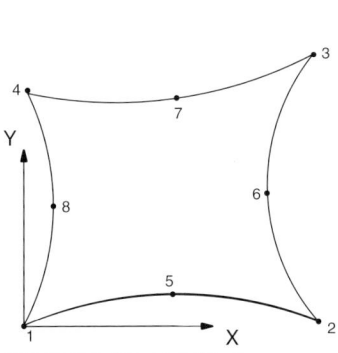

Bild 10.6-2: <u>Element Nr. 7:</u>
1–5–2–6–3–7–4–8–1

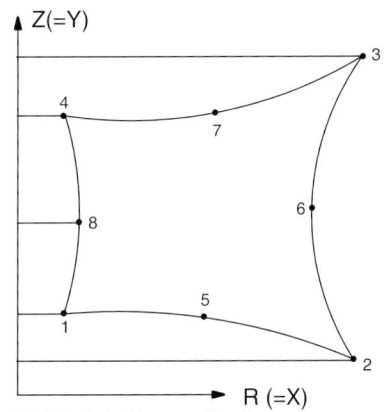

Bild 10.6-3: <u>Element Nr. 8:</u>
1–5–2–6–3–7–4–8–1

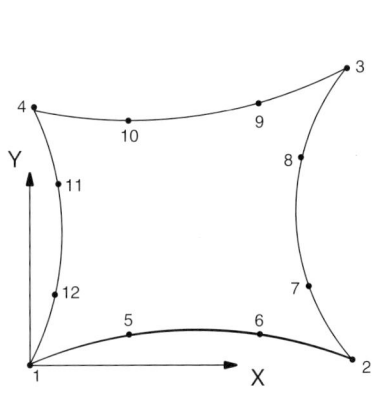

Bild 10.6-4: <u>Element Nr. 11:</u>
1–5–6–2–7–8–3–9–10–4–11–12–1

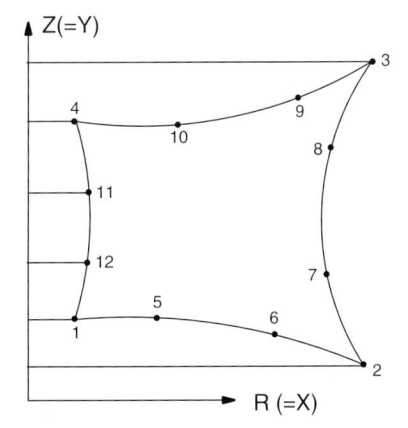

Bild 10.6-5: <u>Element Nr. 12:</u>
1–5–6–2–7–8–3–9–10–4–11–12–1

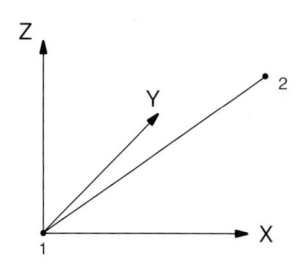

Bild 10.6-6: <u>Element Nr. 2, 4, 5, 9 und 13:</u>
Linie von Knoten 1 nach Knoten 2

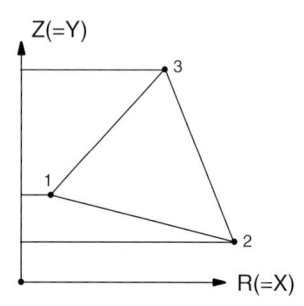

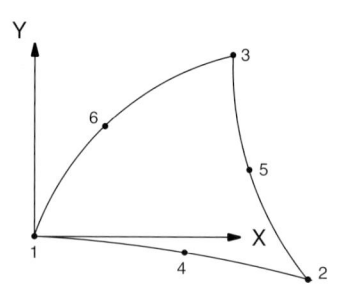

Bild 10.6-7: <u>Elemente Nr. 3, 14 und 15:</u>
1−4−2−5−3−6−1

Bild 10.6-8: <u>Element Nr. 6:</u> 1−2−3−1

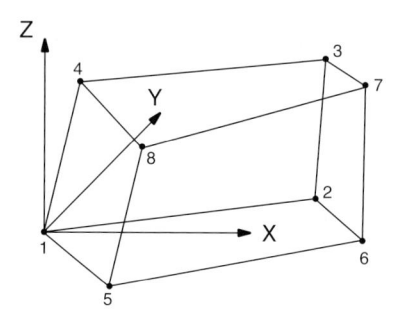

Bild 10.6-9: Element Nr. 1

obere Fläche: 1−2−3−4−1, Linie beenden
untere Fläche: 5−6−7−8−5, Linie beenden
1−5, Linie beenden
2−6, Linie beenden
3−7, Linie beenden
4−8, Linie beenden

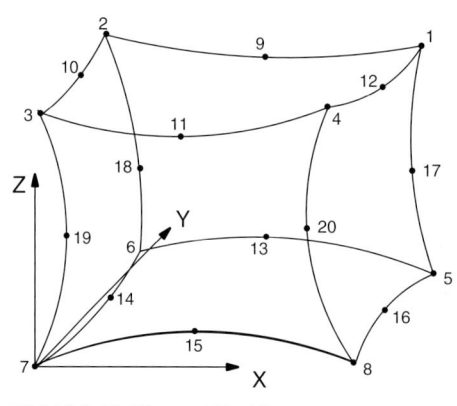

Bild 10.6-10: Element Nr. 10

obere Fläche: 1−9−2−10−3−11−4−12−1,
Linie beenden
untere Fläche: 5−13−6−14−7−15−8−16−5,
Linie beenden
1−17−5, Linie beenden
2−18−6, Linie beenden
3−19−7, Linie beenden
4−20−8, Linie beenden

6. Schritt : Legen Sie den Layer **Z88GEN** an und aktivieren Sie ihn. Schreiben Sie mit der TEXT-Funktion an eine freie Stelle (an irgendeine Stelle Ihrer Zeichnung).

6.1 allgemeine Informationen

Also die erste Eingabegruppe der allgemeinen Strukturdaten Z88I1.TXT bzw. der Netzgeneratordate Z88NI.TXT,

im Falle Z88I1.TXT (also FE-Netz) :

Z88I1.TXT
Dimension der Struktur
Anzahl Knoten
Anzahl finite Elemente
Anzahl Freiheitsgrade
Anzahl Elastizitätsgesetze
Koordinatenflag (0 oder 1)
Balkenflag (0 oder 1)

in eine Zeile schreiben, Werte durch mindestens ein Leerzeichen getrennt. **Unbedingt im Layer Z88GEN schreiben.**

Beispiel:

FE-Struktur 3-dimensional mit 150 Knoten, 89 finiten Elementen, 450 Freiheitsgraden, 5 Elastizitätsgesetzen. Eingabe in kartesischen Koordinaten, Struktur enthält keine Balken Nr. 2 oder Nr. 13.

Z88I1.TXT 3 150 89 450 5 0 0

im Falle Z88NI.TXT (also Superstruktur) :

Z88NI.TXT
Dimension der Struktur
Anzahl Knoten
Anzahl Superelement
Anzahl Freiheitsgrade
Anzahl Elastizitätsgesetze
Koordinatenflag (0 oder 1)
Balkenflag (muß hier 0 sein !)
Fangradius-Steuerflag (meist 0)

in eine Zeile schreiben, Werte durch mindestens ein Leerzeichen getrennt.

Beispiel:

Superstruktur 2-dimensional mit 37 Knoten, 7 Superelementen, 74 Freiheitsgraden, einem Elastizitätsgesetz. Kartesische Koordinaten, keine Balken (ohnehin verboten im Netzgeneratorfile), Fangradius Standardwert verwenden.

Z88NI.TXT 2 37 7 74 1 0 0 0

6.2 Elastizitätsgesetze

Für jedes Elastizitätsgesetz eine Zeile:

MAT
Nummer des Elastizitätsgesetzes
Das E-Gesetz gilt ab Element Nr. abc einschließlich
Das E-Gesetz gilt bis Element Nr. xyz einschließlich
E-Modul
Querkontraktionszahl
Integrationsordnung (von 1 bis 4)
Querschnittsparameter (z.B. bei Scheiben die Dicke)

... und wenn Balken definiert sind, zusätzlich:

Biegeträgheitsmoment um yy-Achse
max. Randfaserabstand von yy-Achse
Biegeträgheitsmoment um zz-Achse
max. Randfaserabstand von zz-Achse
Torsionsträgheitsmoment
Torsionswiderstandsmoment

Alle Werte durch mindestens ein Leerzeichen trennen. **Unbedingt im Layer Z88GEN schreiben.**

Beispiel:

Die Struktur habe 34 Superelemente Typ 7. Die Elemente haben unterschiedlich Dicken: Elemente 1 bis 11 Dicke 10 mm, Elemente 12 bis 28 15 mm und Elemente 29 bis 34 18 mm. Werkstoff Stahl. Integrationsordnung soll 2 sein.

MAT 1 1 11 206000. 0.3 2 10.
MAT 2 12 28 206000. 0.3 2 15.
MAT 3 29 34 206000. 0.3 2 18.

6.3 Spannungsparameter

Also die Eingabezeile der Spannungsparameter-Datei Z88I3.TXT

Z88I3.TXT

Integrationsordnung (0 bis 4)

KFLAG (0 oder 1)

Vergleichsspannungshypothese (0 oder 1)

Alle Werte durch mindestens ein Leerzeichen trennen. **Unbedingt im Layer Z88GEN schreiben.**

Beispiel:

Die Struktur nutzt finite Elemente Typ 7. Die Spannungsberechnung soll in 3 *3 Gaußpunkten pro Element erfolgen, es sollen zusätzlich Radial- und Tangentialspannungen berechnet werden. Ferner sollen Vergleichsspannungen nach der Gestaltsänderungsenergie-Hypothese berechnet werden.

Z88I3.TXT 3 1 1

7. Schritt : Legen Sie den Layer **Z88RBD** an und aktivieren Sie ihn. Schreiben Sie mit der TEXT-Funktion an eine freie Stelle (also an irgendeine Stelle Ihrer Zeichnung) :

7.1 Anzahl der Randbedingungen

Also die erste Eingabegruppe der Datei der Randbedingungen Z88I2.TXT

Z88I2.TXT   Anzahl der Randbedingungen

in eine Zeile, Werte durch mindestens ein Leerzeichen trennen. **Unbedingt im Layer Z88RBD schreiben.**

Beispiel: Die Struktur wird mit insgesamt 10 Randbedingungen beaufschlagt, z.B. zwei Lasten und acht Auflagerreaktionen.

Z88I2.TXT 10

7.2 Randbedingungen

Also die zweite Eingabegruppe der Randbedingungsdatei Z88I2.TXT

RBD

Nummer der Randbedingung

Knotennummer

Freiheitsgrad

Steuerflag Kraft / Weg (1 oder 2)

Wert

Alle Werte durch mindestens ein Leerzeichen trennen. **Unbedingt im Layer Z88RBD schreiben.**

Beispiel:

Die Struktur soll ein Fachwerk aus Stäben sein. Knoten 1 soll in Y und Z gesperrt sein, Knoten 2 in X und Z gesperrt sein. An Knoten 7 und 8 werden in Z-Richtung je 30.000 N nach unten aufgebracht. Knoten 19 sei in X und Z gesperrt, Knoten 20 in Y und Z.

RBD   1   1   2   2   0
RBD   2   1   3   2   0
RBD   3   2   1   2   0
RBD   4   2   3   2   0
RBD   5   7   3   1   –30000
RBD   6   8   3   1   –30000
RBD   7   19   1   2   0
RBD   8   19   3   2   0
RBD   9   20   2   2   0
RBD 10   20   3   2   0

8. Schritt : Exportieren (Speichern) Sie Ihre Zeichnung unter dem Namen **Z88X.DXF** im DXF-Format.. Als Genauigkeit Dezimalstellen nehmen Sie am besten den Standardwert, den das CAD-Programm vorschlägt. Achten Sie darauf, daß Sie gleich in das Z88-Directory hineinexportieren bzw. kopieren Sie die Datei Z88X.DXF von Hand ins Z88-Directory, denn der CAD-Konverter Z88X erwartet die Ein- und Ausgabedateien im gleichen Verzeichnis, in dem er selbst steht.

Anschließend können Sie den CAD-Konverter Z88X starten.

Hinweis: Wenn Sie Z88-Textdateien als Z88X.DXF nach CAD konvertieren wollen, können Sie die Textgröße, die für alle Texte wie Knotennummern, Elementnummern etc. gilt, vorwählen. Das ist mitunter sehr wichtig, da es z.B. in AutoCAD keine Möglichkeit gibt, im Nachhinein die Textgröße *global* zu verändern. Mitunter müssen Sie einige Versuche machen, bis Sie die passende Textgröße für die jeweilige Z88-Datei gefunden haben. Rufen Sie einfach Z88X erneut mit einer anderen Textgröße auf.

WindowsNT/95 : In Z88X : Datei > Textgröße

UNIX : z88x -i1tx I -iatx I -nitx I -i1fx I -iafx I -nifx -ts Zahl

Achtung, wichtiger Hinweis: Verwenden Sie die Z88X-Schlüsselworte „**P Zahl, FE Werte, SE Werte, MAT, RBD, Z88NI.TXT, Z88I1.TXT, Z88I2.TXT** und **Z88I3.TXT**" nur da, wo sie wirklich gebraucht werden. Achten Sie darauf, daß sie nicht in sonstigen Zeichnungsbeschriftungen vorkommen!

10.7 Z88G – Der Cosmos-Konverter

3D-CAD-Programme enthalten mitunter sog. Automesher, die das 3D-Modell in finite Elemente zerlegen können. Das so erzeugte Netz kann sodann in einem wählbaren Format passend für diverse FEA-Programme abgespeichert werden.

Eines dieser FE-Formate ist das COSMOS-Format für das gleichnamige FEA-System.

Z88G ist entwickelt und getestet für Pro/ENGINEER von Parametric Technology, USA. Pro/ENGINEER muß die Option (den Zusatzmodul) Pro/MESH enthalten. Achten Sie darauf, daß Sie in Pro/ENGINEER die Materialdaten und dgl. (z.B. für Stahl, es kommt nur auf den E-Modul und die Querkontraktionszahl an) definiert haben.

Dann können Sie nach Erzeugung Ihres 3D-Modells auf den Menüpunkt *FEM* gehen, definieren ein Koordinatensystem (das mit Z88 harmonieren muß!) und fügen Kräfte und Verschiebungen ein, und zwar an einzelnen Punkten, die Sie vorher als *Bezugspunkte* setzen.

Verändern Sie ggf. die Netzkontrollwerte. Lassen Sie das Netz erzeugen mit *Erzeuge Modell*, dabei ist der Elementtyp zu wählen, z.B. *Tetraeder*. Geben Sie es dann mit *Ausgabe Modell* aus, wählen Sie *COSMOS/M* und dazu *linear* oder *parabolisch*. Bei Abfrage des Dateinamens geben Sie *z88g.cos* ein.

Dann starten Sie den Konverter **Z88G**. Er erzeugt automatisch die Eingabedateien Z88I1.TXT, Z88I2.TXT und Z88I3.TXT. Ändern Sie ggf. dann von Hand darin einzelne Daten wie Materialgesetze und Integrationsordnung.

Die erzeugten Dateien sollten Sie einem Test mit dem Filechecker **Z88V** unterziehen. Dann sollten Sie vor einem Rechenlauf mit Z88P plotten. Stellen Sie fest, daß z.B. ein 3D-Modell völlig platt ist, dann haben Sie in Pro/ENGINEER ein Koordinatensystem CS0 definiert, das nicht zu Z88 paßt. Sie brauchen dann nur in Pro/ENGINEER ein neues Koordinatensystem festlegen, das Sie bei der Modellausgabe als Bezug mit angeben.

Es lassen sich die Z88-Typen

Tetraeder Nr. 16	(in Pro/ENGINEER *Tetraeder parabolisch*)
Tetraeder Nr. 17	(in Pro/ENGINEER *Tetraeder linear*)
Scheibe Nr. 14	(in Pro/ENGINEER *Schalen Dreieck parabolisch*)
Scheibe Nr. 7	(in Pro/ENGINEER *Schalen Viereck parabolisch*)

erzeugen.

10.8 Z88H – Das CUTHILL-McKee Programm

Die Wahl der Knotennumerierung ist extrem wichtig für den Aufbau der Gesamtsteifigkeitsmatrix, und ungünstige Knotennumerierungen können den Speicherbedarf ganz unnötigerweise stark in die Höhe treiben.

Grundsätzlich ist anzustreben, daß die sog. Knotenzahldifferenz je Element möglichst klein wird, d.h. die Knotennummern an einem Finiten Element sollen alle ähnlich groß sein. Das läßt sich nicht immer ganz vermeiden, denn bei z.B. ringförmigen Strukturen entstehen, wenn man bei 0° beginnt zu numerieren und dann im Uhrzeigersinn weiterläuft, an den „Stoßstellen", wenn man sich also 360° nähert, dann zwangsläufig Elemente mit großen Knotenzahldifferenzen.

3D-CAD-Programme enthalten mitunter sog. Automesher, die das 3D-Modell in finite Elemente zerlegen können. Das so erzeugte Netz kann sodann in einem wählbaren Format passend für diverse FEA-Programme abgespeichert werden. Viele dieser Automesher erzeugen aber Netze mit extrem großen Knotenzahldifferenzen. So erzeugt der Pro/ENGINEER-Modul Pro/MESH bei der Anforderung *parabolischer Tetraedernetze* intern zunächst Tetraeder mit linearem Ansatz (also statt 10 nur 4 Knoten) bei geraden Elementseiten. Dann werden einfach Mittenknoten auf die Elementseiten gelegt, um Elemente mit 10 Knoten zu erzeugen. Diese Mittenknoten haben zwangsläufig hohe Knotennummern, und da die Eckknoten zuerst da waren, weist nun jedes Finite Element Eckknoten mit relativ niedrigen Knotennummern, aber Mittenknoten mit relativ hohen Knotennummern auf. Bei *Schalen Dreiecken parabolisch* sieht das nicht anders aus. Daher hat bei solchen mit dem Automesher Pro/MESH erzeugten Netzen jedes Finite Element hohe Knotenzahldifferenzen.

Diese Netze müssen bei großen Strukturen in geeigneter Weise umnumeriert werden, damit Finite Elemente mit kleinen Knotenzahldifferenzen entstehen. Hier sind in der Literatur verschiedenen Vorgehensweisen bekannt geworden. Ein guter Kompromiß ist der sog. Cuthill-McKee-Algorithmus, der von graphentheoretischen Überlegungen ausgeht. Eine Abwandlung ist der RCMK-Algorithmus (reverse Cuthill-McKee-Algorithmus). Für tiefergehende Erläuterungen konsultieren Sie *Schwarz, H.R.: Die Methode der finiten Elemente*. Das C-Programm **Z88H** basiert im Kern auf einem FORTRAN77-Programm von H.R.Schwarz, das für den Gebrauch mit Z88 umgearbeitet wurde. Der Rechenkern von H.R.Schwarz entscheidet intern, ob der normale oder ggf. der umgekehrte Cuthill-McKee-Algorithmus genutzt wird.

Der Cuthill-McKee Algorithmus **Z88H** ist eigentlich für FE-Netze gedacht, die mit dem COSMOS-Konverter Z88G erzeugt wurden. Aber er kann grundsätzlich für alle Z88-Netze verwendet werden. Er liest die Z88-Eingabedateien Z88I1.TXT (allgemeine Strukturdaten) und Z88I2.TXT (Randbedingungen) ein, erstellt davon Sicherheitskopien Z88I1.OLD und Z88I2.OLD und berechnet dann modifizierte Eingabedateien Z88I1.TXT und Z88I2.TXT.

Experimente haben gezeigt, daß mitunter die Numerierungen in Z88I1.TXT und Z88I2.TXT nach einem ersten Lauf von Z88H durch einen zweiten Lauf von Z88H weiter verbessert werden können. Ein dritter Lauf von Z88H scheint das Ergebnis wieder leicht zu verschlechtern. In Extremfällen erzeugt der Cuthill-McKee-Algorithmus, also Z88H, aber auch kontraproduktive Ergebnisse, d.h. deutlich schlechtere Numerierungen, als sie die Ursprungsstruktur hatte. Hier müssen Sie einfach etwas probieren, denn der Cuthill-McKee-Algorithmus erzeugt nicht immer optimale Ergebnisse.

Und so gehen Sie gezielt vor:

1) Erstellen Sie ein FE-Netz, also die Eingabedateien Z88I1.TXT und Z88I2.TXT. Das kann

- von Hand
- mit dem Z88-Netzgenerator Z88N (nur Z88I1.TXT, von Hand dann Z88I2.TXT erstellen)
- aus einem DXF-File mit Z88X
- aus einem COSMOS-File mit Z88G generiert werden.

2) Passen Sie ggf. Z88.DYN an: Sehr wichtig ist hier der Wert von MAXKOI (Anzahl der Knoten pro Element * Elementanzahl), ferner MAXK, MAXE und MAXNFG.

3) Starten Sie Z88F mit der Testoption, also

Windows NT/95: Z88F > Mode > Testmode, Berechnung > Start

UNIX: z88f -t (Konsole) oder Z88F mit Option Test Mode (Z88COM)

Lesen Sie nun die Zahl für GS ab, also erforderliche Anzahl der Speicherplätze in der Gesamtsteifigkeitsmatrix (wenn Sie diese Zahl mit 8 multiplizieren, haben Sie den Speicherbedarf in Bytes).

4) Starten Sie Z88H.

5) Wiederholen Sie Schritt 3, d.h. Z88F mit Testoption, und prüfen Sie, ob GS kleiner geworden ist. Das wird meist der Fall sein, wenn Sie die Eingabefiles Z88I1.TXT und Z88I2.TXT aus einem COSMOS-File mit Z88G gewonnen haben. Sonst wieder zurückspeichern, denn Ihre Ausgangsdateien wurden automatisch als Z88I1.OLD und Z88I2.OLD gesichert.

6) Setzen Sie den Wert von GS in Z88.DYN als MAXGS ein und starten Sie Z88F im Rechenmodus, also z.B.

Windows NT/95: *Z88F > Mode > Compaktmode, Berechnung > Start*
UNIX: *z88f -c (Konsole) oder Z88F mit Option Compact M (Z88COM)*

Anmerkung:

In der zentralen Steuerdatei Z88.DYN gibt es eine Sektion für Z88H:

CUTKEE START
      MAXGRA 200
      MAXNDL 1000
CUTKEE END

Diese Werte können bei sehr großen Strukturen erhöht werden.

10.9 Z88V – Der Filechecker

Dieses Programm untersucht die Z88-Eingabefiles Z88I1.TXT, Z88I2.TXT, (beide für den FE-Prozessor Z88F), Z88I3.TXT (Steuerdatei für den Spannungsprozessor Z88D) sowie das Netzgenerator-Eingabefile Z88NI.TXT (für den Netzgenerator Z88N) hinsichtlich Schreibfehlern und logischer Fehler. Es werden Cross-Checks ausgeführt, d.h. Z88I2.TXT und Z88I3.TXT werden erst untersucht, nachdem ein Check über Z88I1.TXT gelaufen ist.

Obwohl **Z88V** intern recht aufwendig ist und viele denkbare Fehlermöglichkeiten erkennt, gibt es hier wie bei Compilern Situationen, in denen Fehler nicht oder an anderer Stelle erkannt werden. Es wird in Warnungen und Fehler unterschieden. Bei Warnungen läuft Z88V direkt weiter oder fragt, ob weiter geprüft werden soll. Beim Aufspüren des ersten Fehlers wird Z88V gestoppt, da sonst meist daraus resultierende Folgefehler generiert werden. Ein erkannter Fehler muß also erst bereinigt werden.

Ein von Z88V als fehlerfrei erkanntes Eingabefile kann dennoch zu subtilen Fehlern beim späteren Programmlauf führen. Die Wahrscheinlichkeit ist allerdings einigermaßen gering. Diese Aussage bezieht sich auf formale Fehler: Inkonsistente Strukturen, falsche oder zu wenige Randbedingungen kann Z88V nicht erkennen!

HINWEIS:

Immer ohne Ausnahme FE-Berechnungen mit analytischen Überschlagsrechnungen, Versuchsergebnissen, Plausibilitätsbetrachtungen und anderen Überprüfungen kontrollieren.

11 Eingabedateien erzeugen

11.1 Allgemeines

Z88 arbeitet mit folgenden Dateien:

1. Eingabefiles:

Z88I1.TXT (allgemeine Strukturdaten, Koordinaten, Koinzidenz, E-Gesetze)
Z88I2.TXT (Randbedingungen und Belastungen)
Z88I3.TXT (Steuerparameter für Spannungsprozessor Z88D)
Z88NI.TXT (Eingabefile des Netzgenerators)

Diese Eingabedateien erzeugen Sie mit Ihrem CAD-Programm und dem DXF-Konverter Z88X bzw. dem COSMOS-Konverter Z88G oder erstellen sie mit einem Editor (z.B. *EDIT* oder *Notepad* von WindowsNT/95, *vi, emacs, joe* bei UNIX) oder Textverarbeitungsprogramm (z.B. Wordpad oder Word für Windows bei WindowsNT/95). Sie können auch in andere Programme integrierte Editoren nutzen, z.B. die Programmeditoren von Compilern. Bei Textverarbeitungssystemen müssen Sie darauf achten, daß Sie reine ASCII-Texte erzeugen, also ohne verdeckte Steuerzeichen... jedes Textverarbeitungsprogramm hat eine solche Option. Warum stellen Sie selbst den Editor bei (wenn Sie nicht mit CAD arbeiten wollen oder können)?

Damit Sie mit dem Editor/Textverarbeitungsprogramm arbeiten, mit dem Sie vertraut sind.

Näheres zu den Eingabefiles siehe Abschnitte 11.2 ff.

2. Ausgabefiles:

Z88O0.TXT (aufbereitete Eingabedaten)
Z88O1.TXT (aufbereitete Randbedingungen)
Z88O2.TXT (berechnete Verschiebungen)
Z88O3.TXT (berechnete Spannungen)
Z88O4.TXT (berechnete Knotenkräfte)

Das File Z88O5.TXT ist kein reguläres Z88-Ausgabefile. Es enthält die Koordinaten der Spannungspunkte und die Vergleichsspannungen und wird intern für das Plotprogramm genutzt. Es wird als ASCII-File abgelegt, damit es ggf. fortgeschrittene Benutzer für eigene Routinen nutzen können.

Das Plotprogramm Z88P erzeugt auf Wunsch eine HP-GL-Datei, also eine Plotterdatei, die standardmäßig Z88O6.TXT heißt. Andere Dateinamen sind möglich.

3. Binärfiles:

Diese Files werden intern genutzt und sind nicht editierbar. Sie dienen dem schnellen Datenaustausch zwischen Z88-Modulen.

Z88O1.BNY
Z88O2.BNY (wird nur bei Z88F-Neumode erzeugt und von Z88F-Altmode genutzt)
Z88O3.BNY

Warum Arbeiten mit Dateien? Ist das nicht veraltet und geht das „interaktiv" nicht alles einfacher? Z88 ist fortschrittlich als offenes, transparentes System im Sinne der UNIX-Philosophie konzipiert: Mehrere, kompakte Module kommunizieren über Dateien miteinander.

* Es ist ein **Maximum an Speicher** für die FE-Daten **nutzbar**, da immer nur relativ kleine, kompakte Programme ins RAM geladen werden.

* Durch die offene Struktur ist Z88 sehr flexibel und anpaßbar. **Eigenes Pre- und Postprozessing sind kompromißlos möglich.** Sie können die Eingabedateien durch kleine, selbstgeschriebene Vorprogramme erzeugen lassen (ein solches Vorprogramm ist der Netzgenerator Z88N) oder die Datenauswertung durch andere Programme: z.B. können Sie Z88-Ausgabedateien relativ leicht in EXCEL laden und dort analysieren.

* Jedes FEA-Programm kann, wie auch Z88, mitunter gewaltige Zahlenfriedhöfe erzeugen. Sehr oft interessieren nur ganz bestimmte Ausgabewerte, z.B. an speziellen Knoten. Die Ausgabedateien sind einfache ASCII-Dateien. Also können Sie sie editieren und kürzen und wirklich nur die **Sie interessierenden Werte** ausdrucken.

* Sehr oft sind derartige Eingabedateien sogar **schneller** als mit irgendwelchen interaktiven Abfragen erzeugbar: Viele Eingabezeilen sind vorangegangenen Zeilen ähnlich: Nutzen Sie die Blockoperationen zum Kopieren von Ihrem Editor!

Abwärtskompatibilität:

Z88 V8.0, Z88 V8.0A und Z88 V8.0B-Dateien sind kompatibel.

Eingabefiles, die für Z88-Versionen *früher als* Z88 V8.0 bestimmt waren, können von Z88 V9.0 nicht ohne weiteres verarbeitet werden, da sich Änderungen in den

Sektionen „Koinzidenz" und „Elastizitätsgesetze" für Z88I1.TXT und Z88NI.TXT ergeben haben. Die Eingabedateien Z88I2.TXT und Z88I3.TXT haben dasselbe Format wie ältere Versionen. Die Balkenparameter-Datei Z88I4.TXT ist nun ersatzlos weggefallen.

Regeln für Werte-Angaben:

Besondere Regeln oder Feldeinteilungen brauchen nicht beachtet zu werden, außer den üblichen C-Regeln:

* *Alle Zahlen sind durch mindestens ein Leerzeichen zu trennen*
* *Integerzahlen dürfen keinen Punkt oder Exponenten aufweisen*
* *Bei Realzahlen brauchen keine Punkte vorgesehen werden*
* *Zahlenwerte, die 0 (Null) sind, sind explizit anzugeben.*

Integer-Zahl

Richtig : 1   345   55555   0
Falsch : 1.   345,   55555E+0   nichts

Real-Zahl (in Z88 werden intern doppelt genaue Real-Zahlen [double] genutzt)

Richtig : 1.   345   5555.5E+10   0   0.
Falsch : 1,   nichts

In Z88-Eingabefiles können in jeder Zeile auch Kommentare stehen, wenn vorher alle entsprechenden Daten ausgefüllt wurden. Zwischen letztem Datum und Kommentar mindestens ein Leerzeichen. Insgesamt können Zeilen in Z88-Eingabefiles maximal 250 Zeichen enthalten (echt gebraucht werden spürbar weniger als 80). Leerzeilen und reine Kommentarzeilen sind nicht erlaubt.

Eingabefiles immer vor Rechenlauf mit Z88V checken.

Z88V prüft auf formale Richtigkeit der Eingabedateien. Falsche oder unsinnige Strukturen und Randbedingungen kann es kaum erkennen. Prüfen Sie bei Fehlermeldungen oder gar Programmabbrüchen von Z88:

* Sind die Dateien wirklich reine Textdateien, also im ASCII-Format? Oder wurden durch Ihr Textprogramm Steuerzeichen unbemerkt hinzugefügt?

* Sind die Dateien in der letzten Zeile mit einem Return abgeschlossen?

* Ist Ihre Struktur statisch bestimmt oder statisch beliebig überbestimmt? Oder ist sie doch unterbestimmt, d.h. es fehlen Randbedingungen. Kann besonders leicht bei Balken Nr. 2 und Nr. 13 sowie Welle Nr. 5 passieren.

* Ist die Koinzidenzliste korrekt aufgestellt? Besonders Hexaeder Nr. 10 ist sehr empfindlich hinsichtlich falscher Numerierung.

* Plotten Sie die Eingangsstruktur mit Z88P. Wenn da nichts Vernünftiges kommt, kann der Rest kaum besser werden!

* Machen Sie grundsätzlich eine Überschlagsrechnung! Sind die berechneten Verformungen abnormal groß? Dann ganz genau die Randbedingungen prüfen!

* Und für UNIX: Sind alle Zugriffsrechte richtig gesetzt? Auch für die .LOG Dateien?

* Z88 Eingabedateien haben für Windows NT/95 und UNIX den gleichen Aufbau. Sie können ohne Einschränkung UNIX-Dateien in Windows NT/95 laden und umgekehrt. Aber haben Sie die geeigneten Konversionen vorgenommen? Windows NT/95 terminiert Zeilen mit einem CR/LF, UNIX aber nur mit einem LF.

11.2 Allgemeine Strukturdaten Z88I1.TXT

Beachte folgende Eingabeformate:

[Long]   = 4-Byte Integerzahl
[Double]   = 8-Byte Gleitkommazahl, wahlweise mit oder ohne Punkt

1. Eingabegruppe, d.h. erste Zeile, enthält:

Dimension der Struktur (2 oder 3)
Anzahl Knoten der Struktur
Anzahl Elemente
Anzahl Freiheitsgrade
Anzahl Elastizitätsgesetze
Koordinatenflag KFLAG (0 oder 1)
Balkenflag IBFLAG (0 oder 1)

Alle Zahlen in eine Zeile schreiben, durch mindestens jeweils ein Leerzeichen trennen. Alle Zahlen hier vom Typ [Long].

Erläuterung KFLAG:

Bei Eingabe von 0 werden die Koordinaten orthogonal-kartesisch erwartet, dagegen werden bei Eingabe von 1 Polar- oder Zylinderkoordinaten erwartet, die sodann in kartesische Koordinaten umgewandelt und in dieser Form dann in Z88O.TXT gestellt werden. Achtung: Die axialsymmetrischen Elemente 6,8 und 12 erwarten apriori Zylinderkoordinaten, hier KFLAG zu 0 setzen!

Erläuterung IBFLAG:

Wenn Balken Nr. 2 oder Balken Nr. 13 in der Struktur vorkommen, muß das Balkenflag zu 1 gesetzt werden, ansonsten muß es 0 sein.

Beispiel :

Eine dreidimensionale Struktur aus Hexaedern Nr. 10 und Balken Nr. 2 soll 10 Elemente haben, 45 Knoten, 270 Freiheitsgrade, 3 Elastizitätsgesetze, die Koordinaten werden in Zylinderkoordinaten eingegeben.
> *Also: 3 45 10 270 3 1 1*

2. Eingabegruppe, beginnend ab Zeile 2, enthält:

Koordinaten, für jeden Knoten eine Zeile.

Knotennummer, streng aufsteigend [Long]
Anzahl der Freiheitsgrade an diesem Knoten [Long]
X- oder, wenn KFLAG auf 1 gesetzt, R-Koord. [Double]
Y- oder, wenn KFLAG auf 1 gesetzt, PHI-Koord. [Double]
Z- oder, wenn KFLAG auf 1 gesetzt, Z-Koord. [Double]

Die Z-Angabe kann bei 2-dimensionalen Strukturen entfallen. Winkel PHI in rad.

Beispiel 1:

Der Knoten Nr. 156 hat 2 Freiheitsgrade und die Koordinaten X= 45.3 und Y= 89.7. Also:

156 2 45.3 89.7

Beispiel 2: Der Knoten Nr. 68 soll 6 Freiheitsgrade haben (ein Balken Typ Nr.2 ist angeschlossen) und Zylinderkoordinaten R = 100. , PHI = 0.7854 (entspricht 45°) , Z = 56.87. Also:

68 6 100. 0.7854 56.87

3. Eingabegruppe, beginnend nach letztem Knoten, enthält:

Koinzidenz, für jedes finite Element zwei Zeilen

1. Zeile:

Elementnummer, streng aufsteigend
Elementtyp (1 bis 17)

Alle Zahlen in eine Zeile schreiben, durch mindestens jeweils ein Leerzeichen trennen. Alle Zahlen hier vom Typ [Long].

2. Zeile: je nach Elementtyp

1. Knotennummer für Koinzidenz
2. Knotennummer für Koinzidenz
.....
20. Knotennummer für Koinzidenz

Alle Zahlen in eine Zeile schreiben, durch mindestens jeweils ein Leerzeichen trennen. Alle Zahlen hier vom Typ [Long].

Beispiel:

Eine isoparametrische Serendipity Scheibe Nr. 7 hat Elementnummer 23. Die Koinzidenz sei durch die globalen Knoten 14, 8, 17, 20, 38, 51, 55, 34 (lokal sind das die Knoten 1-2-3-4-5-6-7-8) gegeben. Also beide Zeilen:

23 7
14 8 17 20 38 51 55 34

4. Eingabegruppe, beginnend nach letztem Element, enthält:

Elastizitätsgesetze, 1 Zeile für jedes Elastizitätsgesetz.

Dieses E-Gesetz gilt ab Element-Nr. incl. [Long]
Dieses E-Gesetz gilt bis Element Nr. incl. [Long]
Elastizitäts-Modul [Double]
Querkontraktionszahl [Double]
Integrationsordung (1, 2, 3 oder 4) [Long]
Querschnittswert QPARA [Double]
... und wenn Balken definiert sind, zusätzlich:
Biegeträgheitsmoment um yy-Achse [Double]
max. Randfaserabstand von yy-Achse [Double]
Biegeträgheitsmoment um zz-Achse [Double]
max. Randfaserabstand von zz-Achse [Double]
Torsionsträgheitsmoment [Double]
Torsionswiderstandsmoment [Double]

Alle Zahlen in eine Zeile schreiben, durch mindestens jeweils ein Leerzeichen trennen.

Erläuterung Querschnittswert QPARA:

QPARA ist elementtyp-abhängig, ist bei z.B. Hexaedern 0, bei Stäben die Querschnittsfläche und bei Scheiben die Dicke. Vgl. dazu die Liste der finiten Elemente, Kapitel 12.

Beispiel:

Die Struktur habe 34 finite Elemente Typ 7. Die Elemente haben unterschiedlich Dicken: Elemente 1 bis 11 Dicke 10 mm, Elemente 12 bis 28 15 mm und Elemente 29 bis 34 18 mm. Werkstoff Stahl. Integrationsordnung soll 2 sein.

Also drei E-Gesetze, für jedes 1 Zeile:

```
1  1  11  206000.  0.3  2  10.
2  12 28  206000.  0.3  2  15.
3  29 34  206000.  0.3  2  18.
```

11.3 Netzgeneratordatei Z88NI.TXT

Der Aufbau von Z88NI.TXT ist mit dem Aufbau von Z88I1.TXT, also dem Eingabefile des FE-Prozessors, weitgehend identisch: Nur die mit & gekennzeichneten Daten sind zusätzlich erforderlich. Grund: Z88NI.TXT ist direkt für das Plotprogramm Z88P nutzbar, ferner kann Z88NI.TXT auch als FE-Eingabefile Z88I1.TXT direkt umkopiert werden und so für FE-Rechnungen (z.B. zum Abschätzen der Eigenschaften der Superstruktur) genutzt werden.

Beachte folgende Eingabeformate:

[Long]   = 4-Byte Integerzahl
[Double]   = 8-Byte Gleitkommazahl, wahlweise mit oder ohne Punkt
[Character]   = ein Buchstabe

1. Eingabegruppe, d.h. erste Zeile, enthält:

Dimension der Struktur (2 oder 3)
Anzahl Knoten der Superstruktur
Anzahl Superelemente
Anzahl Freiheitsgrade
Anzahl Elastizitätsgesetze
Koordinatenflag KFLAG (0 oder 1)
Balkenflag (muß hier 0 sein !)
& Fangradiusflag NIFLAG (0 oder 1)

Alle Zahlen in eine Zeile schreiben, durch mindestens jeweils ein Leerzeichen trennen. Alle Zahlen hier vom Typ [Long].

Erläuterung KFLAG:

Bei Eingabe von 0 werden die Koordinaten orthogonal-kartesisch erwartet, dagegen werden bei Eingabe von 1 Polar- oder Zylinderkoordinaten erwartet, die sodann in kartesische Koordinaten umgewandelt und in dieser Form dann in Z88I1.TXT gestellt werden. Achtung: Die axialsymmetrischen Elemente 8 und 12 erwarten apriori Zylinderkoordinaten, hier KFLAG zu 0 setzen!

Erläuterung NIFLAG:

Um bereits definierte Knoten identifizieren zu können, erfordert der Netzgenerator eine Fangumgebung. Diese wird, wenn NIFLAG 0 ist, mit 0.01 für EPSX, EPSY und EPSZ angenommen. Bei extrem kleinen oder großen Strukturen können diese Werte verändert werden. Um diese Änderung einzuleiten, wird NIFLAG auf 1 gesetzt. Die neuen Fangradien EPSX, EPSY und EPSZ werden dann als 6. Eingabegruppe von Z88NI.TXT definiert.

Beispiel:
Superstruktur 2-dimensional mit 37 Knoten, 7 Superelementen, 74 Freiheitsgraden, einem Elastizitätsgesetz. Kartesische Koordinaten, keine Balken (ohnehin verboten im Netzgeneratorfile), Fangradius Standardwert verwenden. Also:

2 37 7 74 1 0 0 0

2. Eingabegruppe, beginnend ab Zeile 2, enthält:

Koordinaten, für jeden Knoten eine Zeile.

Knotennummer, streng aufsteigend [Long]
Anzahl der Freiheitsgrade an diesem Knoten [Long]
X- oder,wenn KFLAG auf 1 gesetzt, R-Koord. [Double]
Y- oder,wenn KFLAG auf 1 gesetzt, PHI-Koord. [Double]
Z- oder,wenn KFLAG auf 1 gesetzt, Z-Koord. [Double]

Die Z-Angabe kann bei 2-dimensionalen Strukturen entfallen.

Beispiel:
Der Knoten Nr. 8 hat 3 Freiheitsgrade und die Koordinaten X= 112.45 , Y= 0. , Z= 56.75 .Also:

8 3 112.45 0. 56.75

3. Eingabegruppe, beginnend nach letztem Knoten, enthält:

Koinzidenz, für jedes Superelement zwei Zeilen

1. Zeile:

Elementnummer,streng aufsteigend [Long]
Superelementtyp (7,8,10,11,12) [Long]

Alle Zahlen in eine Zeile schreiben, durch mindestens jeweils ein Leerzeichen trennen.

2. Zeile: je nach Elementtyp

1. Knotennummer für Koinzidenz [Long]
2. Knotennummer für Koinzidenz [Long]
.....
20. Knotennummer für Koinzidenz [Long]

Alle Zahlen in eine Zeile schreiben, durch mindestens je ein Leerzeichen trennen.

Beispiel:

Eine isoparametrische Serendipity Scheibe Nr. 7 hat Elementnummer 23. Die Koinzidenz sei durch die globalen Knoten 14, 8, 17, 20, 38, 51, 55, 34 (lokal sind das die Knoten 1-2-3-4-5-6-7-8) gegeben. Also beide Zeilen:

23 7
14 8 17 20 38 51 55 34

4. Eingabegruppe, beginnend nach letztem Superelement, enthält:

Elastizitätsgesetze, 1 Zeile für jedes Elastizitätsgesetz.

Dieses E-Gesetz gilt ab Superelement-Nr. einschließlich [Long]
Dieses E-Gesetz gilt bis Superelement Nr. einschließlich [Long]
Elastizitäts-Modul [Double]
Querkontraktionszahl [Double]
Integrationsordung (1, 2, 3 oder 4) [Long]
Querschnittswert QPARA [Double]

Alle Zahlen in eine Zeile schreiben, durch mindestens jeweils ein Leerzeichen trennen. Hier im Gegensatz zu Z88I1.TXT keine Balkenangaben, weil Balken für den Netzgenerator nicht vorgesehen sind.

Erläuterung Querschnittswert QPARA:

QPARA ist elementtyp-abhängig, ist bei z.B. Hexaedern 0, bei Stäben die Querschnittsfläche und bei Scheiben die Dicke. Vgl. dazu die Netzgenerator-geeigneten Elemente:

Element Nr. 1:   isoparametrischer Hexaeder 8 Knoten
Element Nr. 7:   isoparametrische Serendipity Scheibe 8 Knoten
Element Nr. 8:   isoparametrischer Serendipity Torus 8 Knoten
Element Nr. 10: isoparametrischer Serendipity Hexaeder 20 Knoten
Element Nr. 11: isoparametrische Serendipity Scheibe 12 Knoten
Element Nr. 12: isoparametrischer Serendipity Torus 12 Knoten

Beispiel:

Die Struktur habe 34 Superelemente Typ 7. Die Elemente haben unterschiedlich Dicken: Elemente 1 bis 11 Dicke 10 mm, Elemente 12 bis 28 15 mm und Elemente 29 bis 34 18 mm. Werkstoff Stahl. Integrationsordnung soll 2 sein. Also drei E-Gesetze, für jedes 1 Zeile:

1 1 11 206000. 0.3 2 10.
2 12 28 206000. 0.3 2 15.
3 29 34 206000. 0.3 2 18.

& 5. Eingabegruppe, beginnend nach letztem E-Gesetz, enthält:

die beschreibenden Angaben für den Generierungsprozeß, 2 Zeilen für jedes Superelement

1. Zeile:

Superelement Nr. [Long]
zu erzeugender Finite-Elemente-Typ (Typen 1,7,8,10) [Long]

2. Zeile:

Finite Elemente in lokaler x-Richtung [Long]
Art der Unterteilung CMODE x [Character]
Finite Elemente in lokaler y-Richtung [Long]
Art der Unterteilung CMODE y [Character]
Finite Elemente in lokaler z-Richtung [Long]
Art der Unterteilung CMODE z [Character]

Die beiden Angaben für z entfallen bei zweidimensionalen Strukturen.

Erläuterungen CMODE kann folgende Werte annehmen:

"E" : Unterteilung äquidistant („e" ist auch erlaubt)
"L" : Unterteilung geometrisch aufsteigend in lokaler Koordinatenrichtung
"l" : Unterteilung geometrisch fallend in lokaler Koordinatenrichtung (kleines L)

Die lokalen x-, y- und z-Richtungen sind wie folgt definiert:

*** lokale x-Richtung in Richtung lokaler Knoten 1 und 2
*** lokale y-Richtung in Richtung lokaler Knoten 1 und 4
*** lokale z-Richtung in Richtung lokaler Knoten 1 und 5

Dies wird in nachstehender Skizze verdeutlicht:

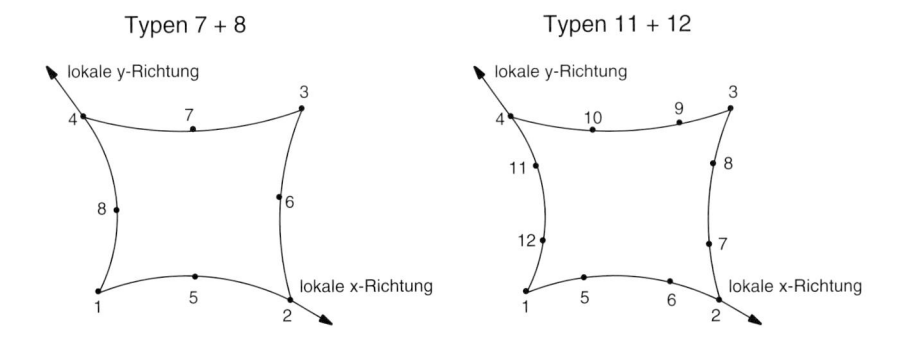

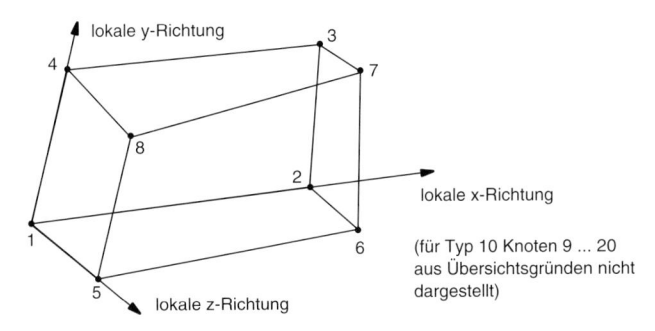

Bild 11.3-1: Definition lokaler x-, y- und z-Richtungen am Beispiel unterschiedlicher Elementtypen

Beispiel:

Eine isoparametrische Serendipity Scheibe mit 12 Knoten (Elementtyp 11) soll in finite Elemente vom Typ isoparametrische Serendipity Scheibe mit 8 Knoten (Elementtyp 7) zerlegt werden. In lokaler x-Richtung soll dreimal äquidistant unterteilt werden und in lokaler y-Richtung soll 5 mal geometrisch aufsteigend unterteilt werden. Das Superelement soll die Nummer 31 haben. Also beide Zeilen:

31 11
7 3 e 5 L

(e oder E für äquidistant sind gleichwertig)

& 6. Eingabegruppe, optional nach Ende 5. Eingabegruppe

Diese Eingabegruppe ist nur erforderlich, wenn NIFLAG auf 1 gesetzt wurde, d.h. die Fangradien geändert werden sollen. Sie besteht aus 1 Zeile:

Fangradius in globaler X-Richtung EPSX [Double]
Fangradius in globaler Y-Richtung EPSY [Double]
Fangradius in globaler Z-Richtung EPSZ [Double]

Die Z-Angabe kann bei 2-dimensionalen Strukturen entfallen.

Beispiel:

Die Fangradien sollen für X, Y und Z auf jeweils 0.0000003 gesetzt werden.
Also :
0.0000003   0.0000003   0.0000003

Das greift nur, wenn NIFLAG in der ersten Eingabegruppe auf 1 gesetzt wurde!

11.4 Randbedingungen Z88I2.TXT

Beachte folgende Eingabeformate:

[Long]   = 4-Byte Integerzahl
[Double]   = 8-Byte Gleitkommazahl, wahlweise mit oder ohne Punkt

1. Eingabegruppe, d.h. erste Zeile, enthält:

Anzahl der Randbedingungen/Belastungen [Long]

2. Eingabegruppe, beginnend ab 2. Zeile, enthält:

Randbedingungen und Belastungen. Für jede Randbedingung und für jede Belastung jeweils eine Zeile.

Knotennummer mit Randbedingung/Last [Long]
Jeweiliger Freiheitsgrad (1,2,3,4,5,6) [Long]
Steuerflag: 1 = Kraft vorgegeben [Long]oder 2 = Verschiebung vorgegeben [Long]
Größe der Last bzw. Verschiebung [Double]

Beispiel:

Der Knoten 1 soll an seinen 3 Freiheitsgraden jeweils gesperrt sein: feste Einspannung, am Knoten 3 wird eine Kraft von –1648 N aufgegeben in Y-Richtung (also FG 2), am Knoten 5 sollen die Freiheitsgrade 2 und 3 festgehalten werden. Das sind 6 Randbedingungen. Also:

6
1 1 2 0
1 2 2 0
1 3 2 0
3 2 1 −1648
5 2 2 0
5 3 2 0

Bei Flächenlasten ist zu beachten:

Bei den Elementen mit linearem Ansatz, wie z.B. Hexaeder Nr. 1 und Torus Nr. 6, werden Lastverteilungen wie Flächen- oder Volumenlasten einfach und geradlinig auf die jeweiligen Knoten verteilt.

Bei Elementen mit höheren Ansätzen, d.h. quadratisch (Scheiben Nr. 3, Nr. 7, Torus Nr. 8, Hexaeder Nr. 10) oder kubisch (Scheibe Nr. 11, Torus Nr. 12) werden Lastverteilungen nicht mehr physikalisch-anschaulich, sondern nach festen Regeln vorgenommen. Verblüffenderweise treten hier sogar mitunter negative Lastkomponenten auf. Dieser Sachverhalt ist zwar nicht anschaulich, führt aber zu korrekten Ergebnissen, was bei intuitiver, d.h. gleichmäßiger Verteilung einer Last auf die betreffenden Knoten nicht der Fall ist, vgl. Kap. 4.

Ein Beispiel, erst falsch, dann richtig, soll den Sachverhalt verdeutlichen:

Falsche Lastaufteilung

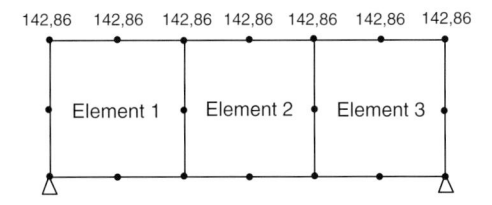

142,86   142,86   142,86 142,86 142,86   142,86   142,86

Element 1   Element 2   Element 3

Richtige Lastaufteilung

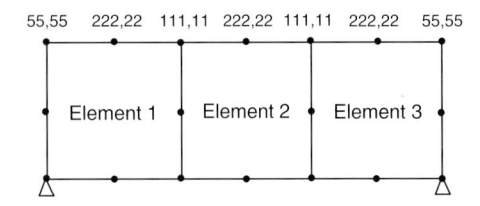

55,55   222,22   111,11 222,22 111,11   222,22   55,55

Element 1   Element 2   Element 3

Bild 11.4-1: Richtige Lastverteilung einer Streckenlast auf die Knoten

Eine FE-Struktur möge aus drei Scheiben Nr. 7 bestehen und am oberen Rand mit 1000 N in Y-Richtung verteilt belastet werden. Oben falsche, unten korrekte Lastverteilung, weil (vgl. S. 71ff.):

FALSCH: 1000N / 7 = 142.86 N pro Knoten. Nicht richtig für Elemente mit quadratischem Ansatz.

RICHTIG: 2 * 1/6 + 2 * (1/6+1/6) + 3 * 2/3 = 18/6 = 3, entspricht 1000 N

"1/6-Punkte" = 1000/18*1 = 55.55

"2/6-Punkte" = 1000/18*2 = 111.11

"2/3-Punkte" = 1000/18*4 = 222.22

Kontrolle: 2*55.55 + 2*111.11 + 3*222.22 = 1000 N, o.k.

Denn es gilt:

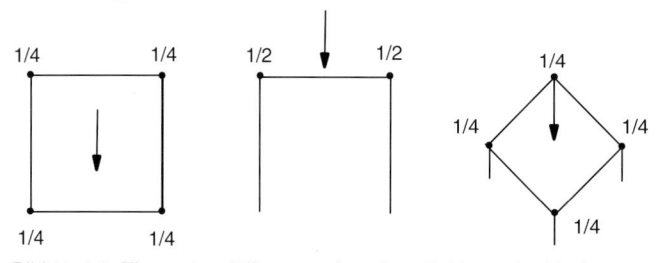

Bild 11.4-2: Elemente mit linearem Ansatz, z.B. Hexaeder Nr. 1

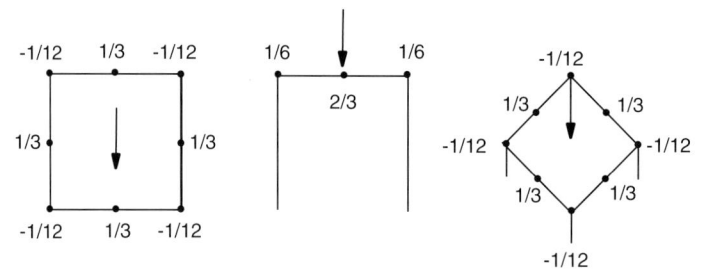

Bild 11.4-3: Elemente mit quadratischem Ansatz, z.B. Scheiben Nr. 3 und Nr. 7, Torus Nr. 8, Hexaeder Nr. 10

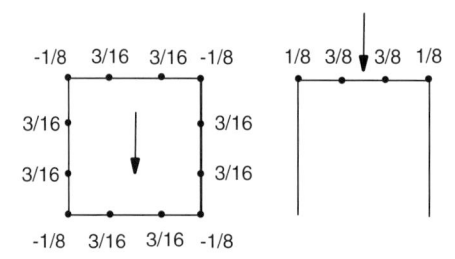

Bild 11.4-4: Elemente mit kubischem Ansatz, z.B. Scheibe Nr. 11, Torus Nr.12

11.5 Spannungsparameter-File Z88I3.TXT

Beachte folgende Eingabeformate:

[Long] = 4-Byte Integerzahl

Datei besteht nur aus einer einzigen Zeile:

1. Wert : Für isoparametrische Elemente Nr. 1, 7, 8, 10, 11, 12, 14, 15, 16, 17:
Angabe der Integrationsordnung INTORD [Long]

Es gilt:

0

Berechnung der Spannungen in den Eckknoten, Vergleichsspannungsberechnung nicht möglich.

Für isoparametrische Elemente Nr. 1, 7, 8, 10, 11, 12:

1, 2, 3 oder 4   (d.h. N*N)

Berechnung der Spannungen in den Gaußpunkten, Vergleichsspannungsberechnung ist möglich. Ein guter Wert ist 3 (= 3*3 Gaußpunkte). Für Typ 1 kann 2 (= 2*2 Gaußpunkte) ausreichen.

Für isoparametrische Elemente Nr. 14, 15:

3, 7 oder 13   (d.h. N)

Berechnung der Spannungen in den Gaußpunkten, Vergleichsspannungsberechnung ist möglich. Ein guter Wert ist 7 (= 7 Gaußpunkte).

Für isoparametrische Elemente Nr. 16, 17:

1, 4 oder 5   (d.h. N)

Berechnung der Spannungen in den Gaußpunkten, Vergleichsspannungsberechnung ist möglich. Ein guter Wert ist 5 (= 5 Gaußpunkte) für Typ 16. Bei Typ 17 kann 1 (= 1 Gaußpunkt) genügen.

Dieser erste Wert hat für die Elementtypen Nr. 2, 3, 4, 5, 6, 9 und 13 keine Bedeutung. Sie sollten mindestens eine Eins setzen, damit der Filechecker Z88V keinen Fehler meldet.

2. Wert : *Für die Elemente Scheibe Nr. 3, 7, 11 und 14 KFLAG [Long]*

0 = Standardspannungsberechnung

1 = zusätzliche Berechnung der Radial- und Tangentialspannungen

3. Wert : *Auswahl der Vergleichsspannungshypothese ISFLAG [Long]*

0 = keine Berechnung der Vergleichsspannungen

1 = Gestaltsänderungsenergiehypothese

Beispiel 1:

Für eine Struktur aus Scheiben Nr. 7 soll der Spannungsprozessor Z88D in jedem finiten Element an 3 x 3 Gaußpunkten die Spannungen anzeigen: INTORD = 3. Zusätzlich zur Standardspannungsberechnung sollen Radial- und Tangentialspannungen berechnet werden, also KFLAG = 1. Ferner sollen Vergleichsspannungen nach der Gestaltsänderungsenergie-Hypothese berechnet werden: ISFLAG = 1. Also:

3 1 1

Beispiel 2:

Für eine Struktur aus Scheiben Nr. 7 soll der Spannungsprozessor Z88D an jedem finiten Element die Spannungen nur in den Eckknoten anzeigen. Nur Standardspannungsberechnung, also KFLAG = 0. Vergleichsspannungen interessieren nicht. Also:

0 0 0

12 Beschreibung der Finiten Elemente

12.1 Hexaeder Nr. 1 mit 8 Knoten

Das Hexaeder-Element berechnet räumliche Spannungszustände. Es handelt sich um ein transformiertes Element, es kann also Keilform oder eine andere schiefwinklige Form haben. Die Transformation ist isoparametrisch, die Integration erfolgt numerisch in allen drei Achsen nach Gauß-Legendre. Daher ist die Integrationsordnung in Z88I1.TXT bei der Eingabe der Elastizitätsgesetze vorzuwählen. Die Ordnung 2 ist i.a. ausreichend. Hexaeder Nr. 1 ist auch gut als dickes Plattenelement einsetzbar, wenn die Plattendicke nicht zu klein gegenüber den anderen Abmessungen ist. Das Element bedingt einen sehr hohen Rechenaufwand und benötigt sehr viel Speicher, da die Elementsteifigkeitsmatrizen die Ordnung 24*24 haben.

Hexaeder Nr. 1 können durch den Netzgenerator Z88N aus Superelementen Hexaeder Nr. 10 generiert werden, aber als Superelement selbst ist Hexaeder Nr. 1 nicht vorgesehen.

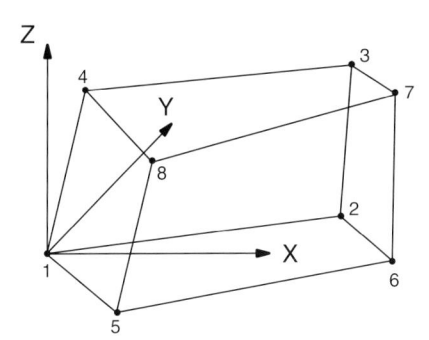

Bild 12.1-1: Hexaeder Nr. 1 mit 8 Knoten

Eingabewerte:

CAD: (vgl. Kap. 10.6.2):

obere Fläche : 1–2–3–4–1, Linie beenden
untere Fläche: 5–6–7–8–5, Linie beenden
1–5, Linie beenden
2–6, Linie beenden
3–7, Linie beenden
4–8, Linie beenden

Z88I1.TXT

> *KFLAG für Kartesische (0) bzw. Zylinderkoordinaten (1)*
> *Knoten mit je 3 Freiheitsgraden*
> *Elementtyp ist 1*
> *8 Knoten pro Element*
> *Querschnittsparameter QPARA ist 0 oder beliebig, kein Einfluß*
> *Integrationsordnung je E-Gesetz. 2 ist meist gut.*

Z88I3.TXT

> *Integrationsordnung INTORD für Spannungsberechnung:*
Kann ohne weiteres von INTORD in Z88I1.TXT abweichen.
0   = Berechnung der Spannungen in den Eckknoten
1,2,3,4 = Berechnung der Spannungen in den Gaußpunkten

> *KFLAG beliebig, hat keinen Einfluß*

> *Vergleichsspannungs-Flag ISFLAG:*
0 = keine Berechnung der Vergleichsspannungen
1 = Vergleichsspannungen nach Gestaltsänderungsenergie-Hypothese in den Gaußpunkten (INTORD ungleich 0!)

Ausgaben:

Verschiebungen in X, Y und Z

Spannungen: SIGXX, SIGYY, SIGZZ, TAUXY, TAUYZ, TAUZX, jeweils für Eckknoten oder Gaußpunkte. Optional Vergleichsspannungen.

Knotenkräfte in X, Y und Z elementweise, ggf. aufaddieren.

12.2 Balken Nr. 2 mit 2 Knoten im Raum

Balkenelement mit beliebigem, aber symmetrischen Profil (keine schiefe Biegung) mit der Einschränkung, daß die lokale y–y Achse parallel zur globalen X–Y Ebene liegen muß, vgl. Grafische Hilfe. Die Profilwerte werden in Z88I1.TXT bereitgestellt. So wird im Gegensatz zu anderen FE-Programmen eine Vielfalt von unterschiedlichen Balken-Subroutinen vermieden, womit doch nicht alle denkbaren symmetrischen Profile erfaßt werden können. Das Element ist im Rahmen der Bernoulli-Biegetheorie bzw. des Hooke'schen Gesetzes exakt, keine Näherungslösung wie bei den Kontinuumselementen.

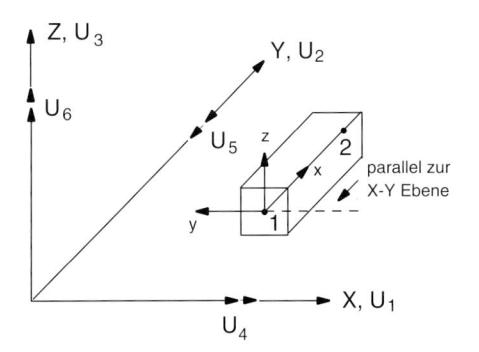

Bild 12.2-1: Balken Nr. 2 mit 2 Knoten im Raum

Eingabewerte:
CAD: *Linie von 1 nach 2 , vgl. Kap. 10.6.2*

Z88I1.TXT

> *KFLAG für Kartesische (0) bzw. Zylinderkoordinaten (1)*
> *Balkenflag IBFLAG zu 1 setzen*
> *Knoten mit je 6 Freiheitsgraden Achtung bei FG 5 (nicht Rechte-Hand-Regel),vgl. Skizze nächste Seite*
> *Elementtyp ist 2*
> *2 Knoten pro Element*

bei den Elastizitätsgesetzen:
> *Querschnittsfläche QPARA*
> *Biegeträgheitsmoment RIYY um y–y Achse*
> *max. Randfaserabstand EYY von y–y Achse*
> *Biegeträgheitsmoment RIZZ um z–z Achse*
> *max. Randfaserabstand EZZ von z–z Achse*
> *Torsionsträgheitsmoment RIT*
> *Torsionswiderstandsmoment WT*

Z88I3.TXT
Hat keinen Einfluß auf Balken Nr. 2, muß aber (mit beliebigem Inhalt) existieren.

Ausgaben:
Verschiebungen in X, Y und Z, Rotationen um X, X und Z. Achtung bei FG 5 (nicht Rechte-Hand-Regel), vgl. Skizze unten.
Spannungen: SIGXX, TAUXX : Normalspannung, Schubspannung, SIGZZ1, SIGZZ2: Biegespannung um z–z, 1. und 2. Knoten, SIGYY1, SIGYY2: Biegespannung um y–y, 1. und 2. Knoten.
Knotenkräfte in X, Y, Z und Knotenmomente um X, Y, Z, elementweise, ggf. aufaddieren.

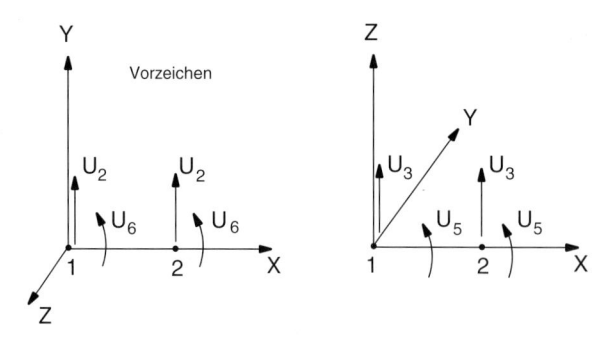

Bild 12.2-2: Vorzeichen bei Element Balken Nr. 2 mit 2 Knoten im Raum

12.3 Scheibe Nr. 3 mit 6 Knoten

Dies ist ein einfaches, dreieckiges Scheibenelement mit vollständigem quadratischen Ansatz. Achtung bei Streckenlasten, vgl. Kapitel 3.12.

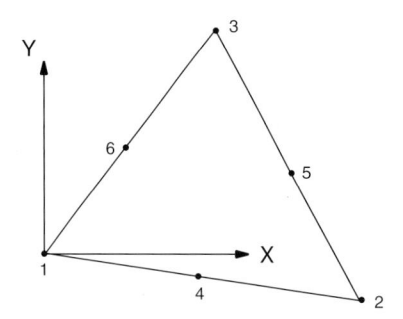

Bild 12.3-1: Scheibe Nr. 3 mit 6 Knoten

Eingabewerte:

CAD: *1–4–2–5–3–6–1*, vgl. Kap. 10.6.2

Z88I1.TXT

> *KFLAG für Kartesische (0) bzw. Polarkoordinaten (1)*
> *Knoten mit je 2 Freiheitsgraden*
> *Elementtyp ist 3*
> *6 Knoten pro Element*
> *Querschnittsparameter QPARA ist die Elementdicke*

Z88I3.TXT

> *Integrationsordnung INTORD:* gleichgültig, hat keinen Einfluß

> *KFLAG* = 0: Berechnung von SIGXX, SIGYY und TAUXY
> *KFLAG* = 1: zusätzliche Berechnung von SIGRR, SIGTT und TAURT
> *Vergleichsspannungs-Flag ISFLAG:*
0 = keine Berechnung von Vergleichsspannungen
1 = Vergleichsspannungen nach Gestaltsänderungsenergie-Hypothese in Element-Schwerpunkten

Ausgaben:

Verschiebungen in X und Y

Spannungen: Die Spannungen werden im Elementschwerpunkt berechnet. Die Schwerpunkts-Koordinaten werden daher ausgegeben. Bei KFLAG = 1 werden zusätzlich die Radialspannungen SIGRR, die Tangentialspannungen SIGTT und die zugehörigen Schubspannungen SIGRT bestimmt (dies hat nur Sinn, wenn eine rotationssymmetrische Struktur vorliegt). Zur leichteren Orientierung werden der jeweilige Radius und Winkel des Schwerpunktes ausgewiesen. Optional Vergleichsspannungen in Elementschwerpunkten.

Knotenkräfte elementweise, ggf. aufaddieren.

12.4 Stab Nr. 4 im Raum

Das Stabelement Nr. 4 kann eine beliebige Lage im Raum einnehmen. Es gehört zu den einfachsten Elementen in Z88 und wird extrem schnell berechnet. Die Stabelemente sind exakt im Rahmen des Hooke'schen Gesetzes.

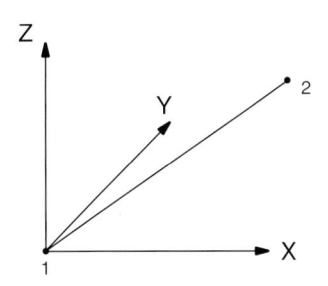

Bild 12.4-1: Stab Nr. 4 im Raum

Eingabewerte:

CAD: *Linie von 1 nach 2*, vgl. Kap. 10.6.2

Z88I1.TXT

> *KFLAG für Kartesische (0) bzw. Zylinderkoordinaten (1)*
> *Knoten mit je 3 Freiheitsgraden*
> *Elementtyp ist 4*
> *2 Knoten pro Element*
> *Querschnittsparameter QPARA ist die Querschnittsfläche des Stabes*

Z88I3.TXT

Hat keinen Einfluß auf Stabberechnung, muß aber (mit beliebigem Inhalt) existieren.

Ausgaben:

Verschiebungen in X, Y und Z.

Spannungen: Zug/Druckspannungen.

Knotenkräfte in X, Y und Z, elementweise, ggf. aufaddieren.

12.5 Welle Nr. 5 mit 2 Knoten

Das Wellenelement ist eine Vereinfachung des allgemeinen Balkenelementes Nr. 2: Es wird von einem kreisförmigen Querschnitt ausgegangen, das Element liegt konzentrisch zur X-Achse, somit sind lokale und globale Koordinaten richtungsgleich. Dadurch werden Eingaben und Berechnungen stark vereinfacht. Wie beim Balkenelement sind die Ergebnisse im Rahmen der Bernoulli-Balkentheorie bzw. des Hooke'schen Gesetzes exakt und keine Näherungslösungen wie bei den Kontinuumselementen.

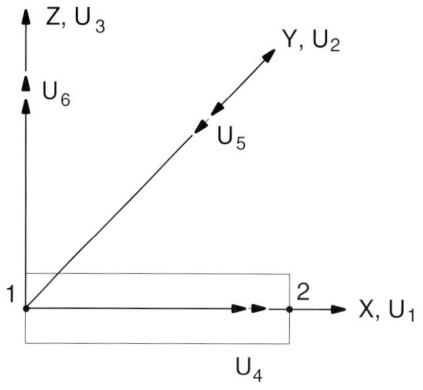

Bild 12.5-1: Welle Nr. 5 mit 2 Knoten

Eingabewerte:

CAD: *Linie von 1 nach 2*, vgl. Kap. 10.6.2

Z88I1.TXT

> *KFLAG auf 0 für Kartesische Koordinaten setzen*
> *Knoten mit je 6 Freiheitsgraden. Achtung bei FG 5, vgl. Skizze*
> *Elementtyp ist 5*
> *2 Knoten pro Element*
> *Querschnittsparameter QPARA ist der Durchmesser des Wellenstücks*

Z88I3.TXT

Hat keinen Einfluß auf Wellenberechnung, muß aber (mit beliebigem Inhalt) existieren.

Ausgaben:

Verschiebungen in X, Y und Z, Rotationen um X, Y und Z, Achtung bei FG 5 (nicht Rechte-Hand-Regel), vgl. Skizze.

Spannungen: SIGXX = Zug/Druckspannung, TAUXX = Torsionsspannung, SIGXY1, SIGXY2 = Biegespannung in X–Y Ebene, SIGXZ1, SIGXZ2 = Biegespannung in X–Z Ebene.

Knotenkräfte in X, Y und Z, Knotenmomente um X, Y und Z, elementweise, ggf. aufaddieren.

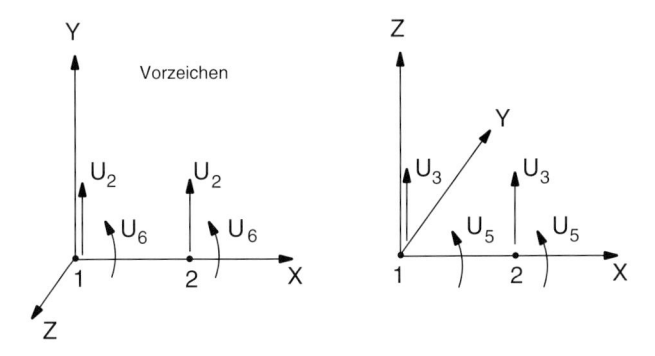

Bild 12.5-2: Vorzeichenwahl bei Welle Nr. 5 mit 2 Knoten

12.6 Torus Nr. 6 mit 3 Knoten

Dieses Element ist nur aus historischen Gründen und eventuellem Datenaustausch zu anderen FE-Systemen enthalten. Viel besser: Tori Nr. 8 oder Nr. 12 oder Nr. 15.

Dies ist ein einfaches, dreieckiges Toruselement mit linearem Ansatz für rotationssymmetrische Strukturen. Durch seinen sehr simplen Ansatz ist zwar die Verschiebungsrechnung noch recht brauchbar, die Spannungsberechnung dagegen ist ungenau. Die Spannungen werden zwar intern in den Eckknoten berechnet, jedoch dann als Mittelwert im Elementschwerpunkt ausgegeben. Besser ist bei höheren Genauigkeitsansprüchen besonders an die Spannungsberechnung die Verwendung der Toruselemente Nr. 8 oder Nr. 12 oder Nr. 15.

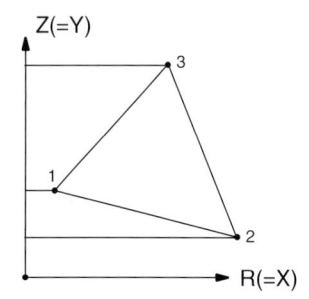

Bild 12.6-1: Torus Nr. 6 mit 3 Knoten

Eingabewerte:
CAD: *1–2–3–1* , vgl. Kap. 10.6.2

Z88I1.TXT
> *Es werden grundsätzlich Zylinderkoordinaten erwartet: KFLAG muß 0 sein!*
>> *R-Koordinate (= X), immer positiv*
>> *Z-Koordinate (= Y), immer positiv*
> *Knoten mit je 2 Freiheitsgraden, R und Z (= X und Y).*
> *Elementtyp ist 6*
> *3 Knoten pro Element*
> *Querschnittsparameter QPARA ist 0 oder beliebig, kein Einfluß*

Z88I3.TXT
> *INTORD beliebig, kein Einfluß*
> *KFLAG beliebig, kein Einfluß*

> *Vergleichsspannungs-Flag ISFLAG:*

0 = keine Vergleichsspannungsberechnung
1 = Vergleichsspannungen nach Gestaltsänderungsenergiehypothese, gemittelt im Elementschwerpunkt

Ausgaben:

Verschiebungen in R und Z (= X und Y)

Spannungen: Die Spannungen werden gemittelt aus Eckknoten in den Element-Schwerpunkten ausgegeben.

Es ist: SIGRR = Spannung in R-Richtung = Radialspannung (= X-Richtung), SIGZZ = Spannung in Z-Richtung (= Y-Richtung), TAURZ = Schubspannung in RZ-Ebene (= XY-Ebene), SIGTE = Spannung in Umfangsrichtung = Tangentialspannung. Optional Vergleichsspannungen.

Knotenkräfte elementweise, ggf. aufaddieren.

12.7 Scheibe Nr. 7 mit 8 Knoten

Dies ist ein krummliniges Serendipity-Scheibenelement mit quadratischem Ansatz. Die Transformation ist isoparametrisch, die numerische Integration erfolgt nach Gauß-Legendre. Die Integrationsordnung wird in der Sektion E-Gesetze in Z88I1.TXT gewählt, der Grad 3 ist meist am besten geeignet. Sowohl Verschiebungen als auch Spannungen berechnet dieses Element sehr genau. Bei der Spannungsberechnung kann die Integrationsordnung erneut gewählt werden, es können die Spannungen in den Eckknoten (gut als Überblick) oder in den Gaußpunkten (erheblich genauer) berechnet werden. Achtung bei Streckenlasten, vgl. Kap. 11.4. Das Element kann mit Scheibe Nr. 3 oder besser Scheibe Nr. 14 kombiniert werden.

Scheiben Nr. 7 können durch den Netzgenerator Z88N aus Superelementen Scheibe Nr. 7 oder Nr. 11 generiert werden. Scheibe Nr. 7 ist also Superelement-geeignet.

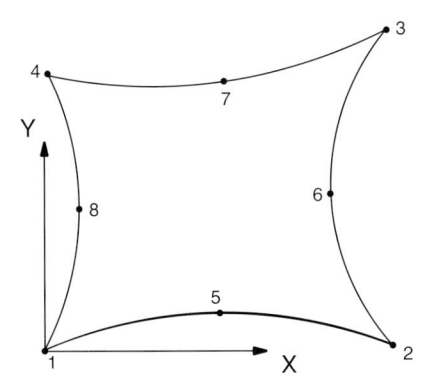

Bild 12.7-1: Scheibe Nr. 7 mit 8 Knoten

Eingabewerte:

CAD: *1-5-2-6-3-7-4-8-1*, vgl. Kap. 10.6.2

Z88I1.TXT

> *KFLAG für Kartesische (0) bzw. Polarkoordinaten (1)*
> *Knoten mit je 2 Freiheitsgraden*
> *Elementtyp ist 7*
> *8 Knoten pro Element*
> *Querschnittsparameter QPARA ist die Elementdicke*
> *Integrationsordnung je E-Gesetz. 3 ist meist gut.*

Z88I3.TXT

> *Integrationsordnung INTORD:* Zweckmäßigerweise wie in Z88I1.TXT bereits gewählt. Kann aber durchaus unterschiedlich sein:

0   = Berechnung der Spannungen in den Eckknoten
1,2,3,4 = Berechnung der Spannungen in den Gaußpunkten

> *KFLAG* = 0: Berechnung von SIGXX, SIGYY und TAUXY
> *KFLAG* = 1: zusätzliche Berechnung von SIGRR, SIGTT und TAURT

> *Vergleichsspannungs-Flag ISFLAG:*

0 = keine Berechnung der Vergleichsspannungen
1 = Vergleichsspannungen nach Gestaltsänderungsenergie-Hypothese in den Gaußpunkten (INTORD ungleich 0!)

Ausgaben:

Verschiebungen in X und Y

Spannungen: Die Spannungen werden in den Eckknoten oder Gaußpunkten berechnet, deren Lage wird mit ausgegeben. Bei KFLAG = 1 werden zusätzlich die Radialspannungen SIGRR, die Tangentialspannungen SIGTT und die zugehörigen Schubspannungen SIGRT bestimmt (dies hat nur Sinn, wenn eine rotationssymmetrische Struktur vorliegt). Zur leichteren Orientierung werden der jeweilige Radius und Winkel der Knoten/Punkte ausgewiesen. Optional Vergleichsspannungen.

Knotenkräfte elementweise, ggf. aufaddieren.

12.8 Torus Nr. 8 mit 8 Knoten

Dies ist ein krummliniges Serendipity-Toruselement mit quadratischem Ansatz. Die Transformation ist isoparametrisch, die numerische Integration erfolgt nach Gauß-Legendre. Die Integrationsordnung wird in der Sektion E-Gesetze in Z88I1.TXT gewählt, der Grad 3 ist meist am besten geeignet. Sowohl Verschiebungen als auch Spannungen berechnet dieses Element sehr genau. Bei der Spannungsberechnung kann die Integrationsordnung erneut gewählt werden, es können die Spannungen in den Eckknoten (gut als Überblick) oder in den Gaußpunkten (erheblich genauer) berechnet werden. Achtung bei Streckenlasten, vgl. Kap. 11.4. Das Element kann mit Torus Nr. 15 kombiniert werden.

Tori Nr. 8 können durch den Netzgenerator Z88N aus Superelementen Torus Nr. 8 oder Nr. 12 generiert werden. Torus Nr. 8 ist also Superelement-geeignet.

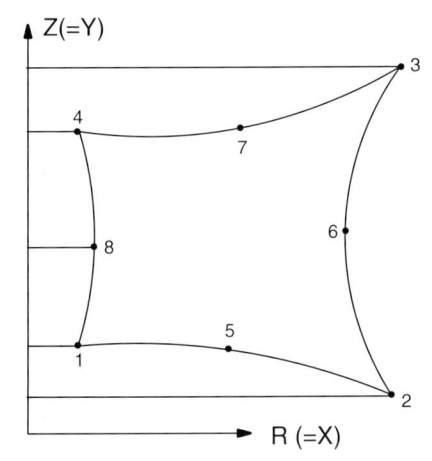

Bild 12.8-1: Torus Nr. 8 mit 8 Knoten

Eingabewerte:

CAD: *1–5–2–6–3–7–4–8–1*, vgl. Kap. 10.6.2

Z88I1.TXT

> *Es werden grundsätzlich Zylinderkoordinaten erwartet: KFLAG muß 0 sein!*
>   *R-Koordinate (= X), immer positiv*
>   *Z-Koordinate (= Y), immer positiv*
> *Knoten mit je 2 Freiheitsgraden, R und Z (= X und Y).*
> *Elementtyp ist 8*
> *8 Knoten pro Element*
> *Querschnittsparameter QPARA ist 0 oder beliebig, kein Einfluß*
> *Integrationsordnung je E-Gesetz. 3 ist meist gut.*

Z88I3.TXT
> *Integrationsordnung:* Zweckmäßigerweise wie in Z88I1.TXT bereits gewählt. Kann aber
durchaus unterschiedlich sein:

0 = Berechnung der Spannungen in den Eckknoten
1,2,3,4 = Berechnung der Spannungen in den Gaußpunkten
> *KFLAG* hat keinen Einfluß

> *Vergleichsspannungs-Flag ISFLAG:*
0 = keine Berechnung der Vergleichsspannungen
1 = Vergleichsspannungen nach Gestaltsänderungsenergie-Hypothese in den Gaußpunkten (INTORD ungleich 0!)

Ausgaben:
Verschiebungen in R und Z (= X und Y)
Spannungen: Die Spannungen werden in den Eckknoten oder Gaußpunkten berechnet, deren Lage wird mit ausgegeben. Es ist: SIGRR = Spannung in R-Richtung = Radialspannung (= X-Richtung), SIGZZ = Spannung in Z-Richtung (= -Richtung), TAURZ = Schubspannung in RZ-Ebene (= XY-Ebene), SIGTE = Spannung in Umfangsrichtung = Tangentialspannung. Optional Vergleichsspannungen.
Knotenkräfte elementweise, ggf. aufaddieren.

12.9 Stab Nr. 9 in der Ebene

Das Stabelement Nr. 9 kann eine beliebige Lage in der Ebene einnehmen. Es ist das einfachste Element in Z88 und wird extrem schnell berechnet. Die Stabelemente sind exakt im Rahmen des Hooke'schen Gesetzes.

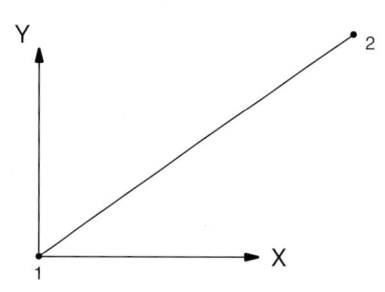

Bild 12.9-1: Stab Nr. 9 in der Ebene

Eingabewerte:
CAD: *Linie von 1 nach 2*, vgl. Kap. 10.6.2

Z88I1.TXT
> *KFLAG für Kartesische (0) bzw. Polarkoordinaten (1)*
> *Knoten mit je 2 Freiheitsgraden*
> *Elementtyp ist 9*
> *2 Knoten pro Element*
> *Querschnittsparameter QPARA ist die Querschnittsfläche des Stabes*

Z88I3.TXT
Hat keinen Einfluß auf Stabberechnung, muß aber (mit beliebigem Inhalt) existieren.

Ausgaben:

Verschiebungen in X und Y
Spannungen: Zug/Druckspannungen
Knotenkräfte in X und Y, elementweise, ggf. aufaddieren.

12.10 Hexaeder Nr. 10 mit 20 Knoten

Dies ist ein krummliniges Serendipity-Volumenelement mit quadratischem Ansatz; die Integration erfolgt numerisch in allen drei Achsen nach Gauß-Legendre. Daher ist die Integrationsordnung in Z88I1.TXT bei der Eingabe der Elastizitätsgesetze vorzuwählen. Die Ordnung 3 ist gut. Die Güten der Verschiebungs- und der Spannungsberechnungen sind weitaus besser als die des Hexaederelements Nr. 1.

Hexaeder Nr. 10 ist auch gut als dickes Plattenelement einsetzbar, wenn die Plattendicke nicht zu klein gegenüber den anderen Abmessungen ist.

Das Element bedingt einen enormen Rechenaufwand und benötigt extrem viel Speicher, da die Elementsteifigkeitsmatrizen die Ordnung 60*60 haben. Achtung bei Strecken/Flächenlasten, vgl. Kap. 11.4 .

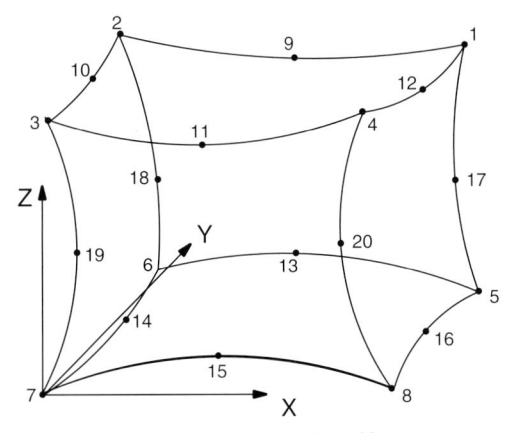

Bild 12.10-1: Hexaeder Nr. 10 mit 20 Knoten

Die Knoten-Numerierungen des Elements Nr. 10 müssen sorgfältig (genau nach Skizze) vorgenommen werden. Lage des Achsensystems beachten! Die eventuelle Fehlermeldung „Jacobi-Determinante Null oder negativ" ist ein Hinweis für nicht korrekte Knoten-Numerierung. Achtung bei Flächenlasten, vgl. Kap. 11.4.

Hexaeder Nr. 10 können durch den Netzgenerator Z88N aus Superelementen Hexaeder Nr. 10 generiert werden. Hexaeder Nr. 10 ist also Superelement-geeignet. Ferner kann Superelement Hexaeder Nr. 10 Finite Elemente Hexaeder Nr. 1 erzeugen.

Eingabewerte:

CAD: (vgl. Kap. 10.6.2):
obere Fläche: 1–9–2–10–3–11–4–12–1, Linie beenden
untere Fläche: 5–13–6–14–7–15–8–16–5, Linie beenden
1–17–5, Linie beenden
2–18–6, Linie beenden
3–19–7, Linie beenden
4–20–8, Linie beenden

Z88I1.TXT
> *KFLAG für Kartesische (0) bzw. Zylinderkoordinaten (1)*
> *Knoten mit je 3 Freiheitsgraden*
> *Elementtyp ist 10*
> *20 Knoten pro Element*
> *Querschnittsparameter QPARA ist 0 oder beliebig, kein Einfluß*
> *Integrationsordnung je E-Gesetz. 3 ist meist gut.*

Z88I3.TXT
> *Integrationsordnung INTORD für Spannungsberechnung:*
0   = Berechnung der Spannungen in den Eckknoten
1,2,3,4 = Berechnung der Spannungen in den Gaußpunkten

> *KFLAG beliebig*

> *Vergleichsspannungs-Flag ISFLAG:*
0 = keine Vergleichsspannungsberechnung
1 = Vergleichsspannungen nach Gestaltsänderungsenergie-Hypothese für Gaußpunkte (INTORD ungleich 0!)

Ausgaben:

Verschiebungen in X, Y und Z
Spannungen: SIGXX,SIGYY,SIGZZ,TAUXY,TAUYZ,TAUZX, jeweils für Eckknoten oder Gaußpunkte. Optional Vergleichsspannungen.
Knotenkräfte in X, Y und Z elementweise, ggf. aufaddieren

12.11 Scheibe Nr. 11 mit 12 Knoten

Dies ist ein krummliniges Serendipity-Scheibenelement mit kubischem Ansatz. Die Transformation ist isoparametrisch, die numerische Integration erfolgt nach Gauß-Legendre. Die Integrationsordnung wird in der Sektion E-Gesetze in Z88I1.TXT gewählt, der Grad 3 ist meist am besten geeignet. Sowohl Verschiebungen als auch Spannungen berechnet dieses Element ausgezeichnet. Bei der Spannungsberechnung kann die Integrationsordnung erneut gewählt werden, es können die Spannungen in den Eckknoten (gut als Überblick) oder in den Gaußpunkten (erheblich genauer) berechnet werden. Das Element ist durch seine 24*24 Elementsteifigkeitsmatrizen sehr speicherintensiv. Achtung bei Streckenlasten, vgl. Kap. 11.4 .

Scheibe Nr. 11 ist Superelement-geeignet und kann Finite Elemente Scheibe Nr. 7 erzeugen. Scheiben Nr. 11 selbst können nicht durch Z88N generiert werden.

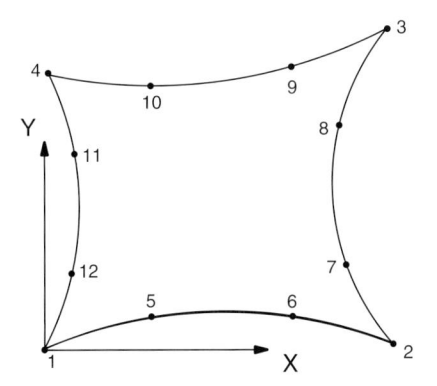

Bild 12.11-1: Scheibe Nr. 11 mit 12 Knoten

Eingabewerte:

CAD: *1–5–6–2–7–8–3–9–10–4–11–12–1* , vgl. Kap. 10.6.2

Z88I1.TXT

> *KFLAG für Kartesische (0) bzw. Polarkoordinaten (1)*
> *Knoten mit je 2 Freiheitsgraden*
> *Elementtyp ist 11*
> *12 Knoten pro Element*
> *Querschnittsparameter QPARA ist die Elementdicke*
> *Integrationsordnung je E-Gesetz. 3 ist meist gut.*

Z88I3.TXT

> *Integrationsordnung INTORD:* Zweckmäßigerweise wie in Z88I1.TXT bereits gewählt. Kann aber durchaus unterschiedlich sein:

0 = Berechnung der Spannungen in den Eckknoten

1,2,3,4 = Berechnung der Spannungen in den Gaußpunkten

> KFLAG = 0 : Berechnung von SIGXX, SIGYY und TAUXY
> KFLAG = 1 : zusätzliche Berechnung von SIGRR, SIGTT und TAURT

> *Vergleichsspannungs-Flag ISFLAG:*

0 = keine Vergleichsspannungsberechnung

1 = Vergleichsspannungen nach Gestaltsänderungsenergie-Hypothese für Gaußpunkte (INTORD ungleich 0!)

Ausgaben:

Verschiebungen in X und Y

Spannungen: Die Spannungen werden in den Eckknoten oder Gaußpunkten berechnet, deren Lage wird mit ausgegeben. Bei KFLAG = 1 werden zusätzlich die Radialspannungen SIGRR, die Tangentialspannungen SIGTT und die zugehörigen Schubspannungen SIGRT bestimmt (dies hat nur Sinn, wenn eine rotationssymmetrische Struktur vorliegt). Zur leichteren Orientierung werden der jeweilige Radius und Winkel der Knoten/Punkte ausgewiesen. Optional Vergleichsspannungen.

Knotenkräfte elementweise, ggf. aufaddieren.

12.12 Torus Nr. 12 mit 12 Knoten

Dies ist ein krummliniges Serendipity-Toruselement mit kubischem Ansatz. Die Transformation ist isoparametrisch, die numerische Integration erfolgt nach Gauß-Legendre. Die Integrationsordnung wird in der Sektion E-Gesetze in Z88I1.TXT gewählt, der Grad 3 ist meist am besten geeignet. Sowohl Verschiebungen als auch Spannungen berechnet dieses Element ausgezeichnet. Bei der Spannungsberechnung kann die Integrationsordnung erneut gewählt werden, es können die Spannungen in den Eckknoten (gut als Überblick) oder in den Gaußpunkten (erheblich genauer) berechnet werden. Das Element ist durch seine 24*24 Elementsteifigkeitsmatrizen sehr speicherintensiv. Achtung bei Streckenlasten, vgl. Kap. 11.4 .

Torus Nr. 12 ist Superelement-geeignet und kann Finite Elemente Torus Nr. 8 erzeugen. Tori Nr. 12 selbst können nicht durch Z88N generiert werden.

12.12 Torus Nr. 12 mit 12 Knoten

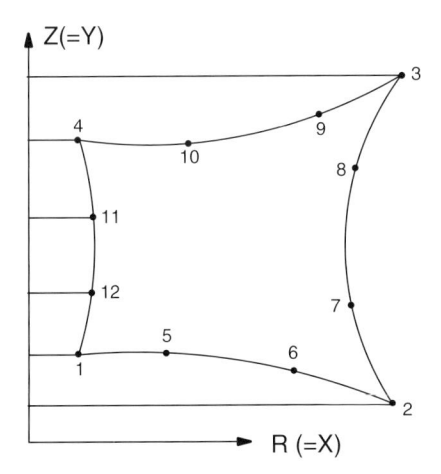

Bild 12.12-1: Torus Nr. 12 mit 12 Knoten

Eingabewerte:

CAD: *1–5–6–2–7–8–3–9–10–4–11–12–1* , vgl. Kap. 10.6.2

Z88I1.TXT

> *Es werden grundsätzlich Zylinderkoordinaten erwartet: KFLAG muß 0 sein!*
>   *R-Koordinate (= X), immer positiv*
>   *Z-Koordinate (= Y), immer positiv*
> *Knoten mit je 2 Freiheitsgraden, R und Z (= X und Y).*
> *Elementtyp ist 12*
> *12 Knoten pro Element*
> *Querschnittsparameter QPARA ist 0 oder beliebig, kein Einfluß*
> *Integrationsordnung je E-Gesetz. 3 ist meist gut.*

Z88I3.TXT

> *Integrationsordnung INTORD: Zweckmäßigerweise wie in Z88I1.TXT bereits gewählt. Kann aber durchaus unterschiedlich sein:*
0   = Berechnung der Spannungen in den Eckknoten
1,2,3,4 = Berechnung der Spannungen in den Gaußpunkten
> *KFLAG hat keinen Einfluß*
> *Vergleichsspannungs-Flag ISFLAG:*
0 = keine Vergleichsspannungsberechnung
1 = Vergleichsspannungen nach Gestaltsänderungsenergie-Hypothese für Gaußpunkte (INTORD ungleich 0!)

Ausgaben:

Verschiebungen in R und Z (= X und Y)

Spannungen: Die Spannungen werden in den Eckknoten oder Gaußpunkten berechnet, deren Lage wird mit ausgegeben. Es ist: SIGRR = Spannung in R-Richtung = Radialspannung (= X-Richtung), SIGZZ = Spannung in Z-Richtung (= Y-Richtung), TAURZ = Schubspannung in RZ-Ebene (= XY-Ebene), SIGTE = Spannung in Umfangsrichtung = Tangentialspannung. Optional Vergleichsspannungen.

Knotenkräfte elementweise, ggf. aufaddieren.

12.13 Balken Nr. 13 in der Ebene

Balkenelement mit beliebigem, aber symmetrischen Profil. Die Profilwerte werden in Z88I1.TXT bereitgestellt. So wird im Gegensatz zu anderen FE-Programmen eine Vielfalt von unterschiedlichen Balken-Subroutinen vermieden, womit doch nicht alle denkbaren symmetrischen Profile erfaßt werden können. Das Element ist im Rahmen der Bernoulli-Biegetheorie bzw. des Hooke'schen Gesetzes exakt, keine Näherungslösung wie bei den Kontinuumselementen.

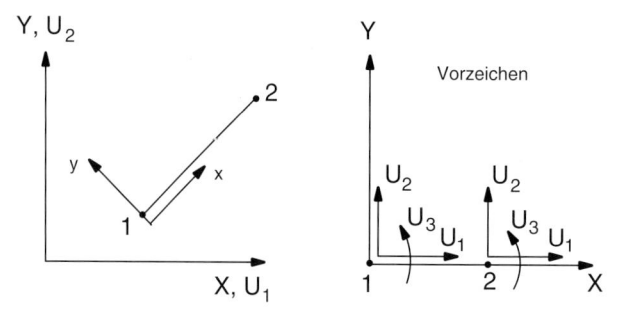

Bild 12.13-1: Balken Nr. 13 in der Ebene

Eingabewerte:

CAD: *Linie von 1 nach 2, vgl. Kap. 10.6.2*

Z88I1.TXT

> *KFLAG für Kartesische (0) bzw. Polarkoordinaten (1)*
> *IBFLAG muß 1 sein*
> *Knoten mit je 3 Freiheitsgraden*
> *Elementtyp ist 13*
> *2 Knoten pro Element*

bei den Elastizitätsgesetzen:

> Querschnittsfläche QPARA
> Biegeträgheitsmoment RIYY um y–y Achse 0 einsetzen
> max. Randfaserabstand EYY von y–y Achse 0 einsetzen
> Biegeträgheitsmoment RIZZ um z–z Achse: Wert
> max. Randfaserabstand EZZ von z–z Achse: Wert
> Torsionsträgheitsmoment RIT : 0 einsetzen
> Torsionswiderstandsmoment WT : 0 einsetzen

Z88I3.TXT
Hat keinen Einfluß auf Balken Nr. 13, muß aber (mit beliebigem Inhalt) existieren.

Ausgaben:

Verschiebungen in X und Y, Rotationen um Z

Spannungen: SIGXX, TAUXX : Normalspannung, Schubspannung SIGZZ1, SIGZZ2: Biegespannung um z–z, 1. und 2. Knoten

Knotenkräfte in X, Y und Knotenmomente um Z, elementweise, ggf. aufaddieren.

12.14 Scheibe Nr. 14 mit 6 Knoten

Dies ist ein krummliniges Serendipity-Scheibenelement mit quadratischem Ansatz. Die Transformation ist isoparametrisch, die numerische Integration erfolgt nach Gauß-Legendre. Die Integrationsordnung wird in der Sektion E-Gesetze in Z88I1.TXT gewählt, der Grad 7 ist meist am besten geeignet. Sowohl Verschiebungen als auch Spannungen berechnet dieses Element recht genau. Bei der Spannungsberechnung kann die Integrationsordnung erneut gewählt werden, es können die Spannungen in den Eckknoten (gut als Überblick) oder in den Gaußpunkten (erheblich genauer) berechnet werden. Achtung bei Streckenlasten, vgl. Kap. 11.4 .

Dieses Element ist für den Datenaustausch mit Auto-Vernetzern wie z.B. Pro/MESH für das 3D-CAD System Pro/ENGINEER von Parametric Technology vorgesehen; eine Netzgenerierung mit Z88N ist nicht implementiert, weil nicht nötig. Hier stehen die Scheiben Nr. 7 zur Verfügung.

Da Scheibe Nr. 7 prinzipbedingt genauer rechnet als die krummlinige Dreiecksscheibe Nr. 14, sollte Scheibe Nr. 7 bevorzugt verwendet werden.

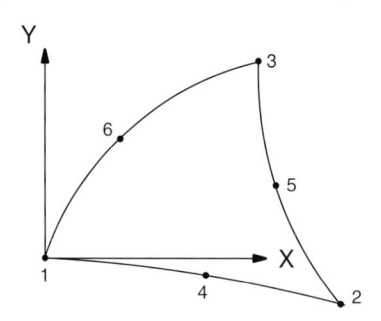

Bild 12.14-1: Scheibe Nr. 14 mit 6 Knoten

Eingabewerte:

CAD: *1–4–2–5–3–6–1*, vgl. Kap. 10.6.2

Z88I1.TXT

> *KFLAG für Kartesische (0) bzw. Polarkoordinaten (1)*
> *Knoten mit je 2 Freiheitsgraden*
> *Elementtyp ist 14*
> *6 Knoten pro Element*
> *Querschnittsparameter QPARA ist die Elementdicke*
> *Integrationsordnung je E-Gesetz. 7 ist meist gut. Möglich sind: 3 für drei Integrationsstützpunkte sowie 7 und 13 für 7 bzw. 13 Integrationsstützpunkte. Damit sich dieses Element mit Scheibe Nr. 7, z.B. via Pro/ENGINEER, kombinieren läßt, wird automatisch intern in der Routine ISOD88 gesetzt:*

Integrationsordnung 1 oder 2 in Z88I1.TXT: 3 Gaußpunkte
Integrationsordnung 4 in Z88I1.TXT: 7 Gaußpunkte

Beispiel: In Z88I1.TXT ist INTORD zu 2 gesetzt: Damit werden für Scheiben Nr. 7 2*2= 4 Gaußpunkte und für Scheiben Nr. 14 dann 3 Gaußpunkte zum Integrieren angesetzt.

Z88I3.TXT

> *Integrationsordnung INTORD:* Zweckmäßigerweise wie in Z88I1.TXT bereits gewählt. Kann aber durchaus unterschiedlich sein:

0   = Berechnung der Spannungen in den Eckknoten
3,7,13 = Berechnung der Spannungen in den Gaußpunkten (z.B. 7 = 7 Gaußpunkte). Siehe Bemerkung zu Z88I1.TXT. Hier gilt Sinngemäßes.

> *KFLAG* = 0 : Berechnung von SIGXX, SIGYY und TAUXY
> *KFLAG* = 1 : zusätzliche Berechnung von SIGRR, SIGTT und TAURT
> *Vergleichsspannungs-Flag ISFLAG:*
0 = keine Berechnung der Vergleichsspannungen
1 = Vergleichsspannungen nach Gestaltsänderungsenergie-Hypothese in den Gaußpunkten (INTORD ungleich 0!)

Ausgaben:

Verschiebungen in X und Y

Spannungen: Die Spannungen werden in den Eckknoten oder Gaußpunkten berechnet, deren Lage wird mit ausgegeben. Bei KFLAG = 1 werden zusätzlich die Radialspannungen SIGRR, die Tangentialspannungen SIGTT und die zugehörigen Schubspannungen SIGRT bestimmt (dies hat nur Sinn, wenn eine rotationssymmetrische Struktur vorliegt). Zur leichteren Orientierung werden der jeweilige Radius und Winkel der Knoten/Punkte ausgewiesen. Optional Vergleichsspannungen.

Knotenkräfte elementweise, ggf. aufaddieren.

12.15 Torus Nr. 15 mit 6 Knoten

Dies ist ein krummliniges Serendipity-Toruselement mit quadratischem Ansatz. Die Transformation ist isoparametrisch, die numerische Integration erfolgt nach Gauß-Legendre. Die Integrationsordnung wird in der Sektion E-Gesetze in Z88I1.TXT gewählt, der Grad 7 ist meist am besten geeignet. Sowohl Verschiebungen als auch Spannungen berechnet dieses Element sehr genau. Bei der Spannungsberechnung kann die Integrationsordnung erneut gewählt werden, es können die Spannungen in den Eckknoten (gut als Überblick) oder in den Gaußpunkten (erheblich genauer) berechnet werden. Achtung bei Streckenlasten, vgl. Kap. 11.4

Dieses Element ist für den Datenaustausch mit Auto-Vernetzern wie z.B. Pro/MESH für das 3D-CAD System Pro/ENGINEER von Parametric Technology vorgesehen; eine Netzgenerierung mit Z88N ist nicht implementiert, weil nicht nötig. Hier stehen die Tori Nr. 8 zur Verfügung. Da Torus Nr. 8 prinzipbedingt genauer rechnet als der krummlinige Dreieckstorus Nr. 15, sollte Torus Nr. 8 bevorzugt verwendet werden.

Achtung: Dieses Element ist per se nicht im COSMOS-Konverter Z88G integriert, weil z.B. Pro/MESH für Pro/ENGINEER derartige Toruselemente überhaupt nicht kennt. Das ist aber leicht zu umgehen: Sie generieren Schalen in Pro/ENGINEER, setzen dann mit Z88G um und tauschen per Editor in der Eingabedatei Z88I1.TXT die Elementtypen Nr. 7 und/oder Nr. 14 durch Elementtypen Nr. 8 und/oder 15 aus. Jeder bessere Editor kann das automatisch.

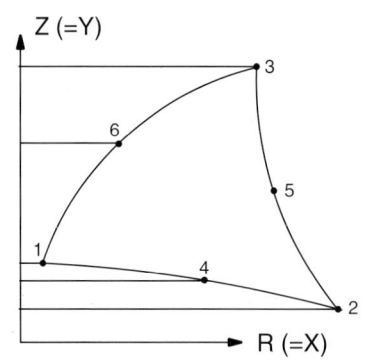

Bild 12.15-1: Torus Nr. 15 mit 6 Knoten

Eingabewerte:

CAD: *1–4–2–5–3–6–1* , vgl. Kap. 10.6.2

Z88I1.TXT

> *Es werden grundsätzlich Zylinderkoordinaten erwartet: KFLAG muß 0 sein!*
>   *R-Koordinate (= X), immer positiv*
>   *Z-Koordinate (= Y), immer positiv*
> *Knoten mit je 2 Freiheitsgraden, R und Z (= X und Y).*
> *Elementtyp ist 15*
> *6 Knoten pro Element*
> *Querschnittsparameter QPARA ist 0 oder beliebig, kein Einfluß*
> *Integrationsordnung je E-Gesetz. 7 ist meist gut. Möglich sind: 3 für drei Integrationsstützpunkte sowie 7 und 13 für 7 bzw. 13 Integrationsstützpunkte. Damit sich dieses Element mit Torus Nr. 8, z.B. via Pro/ENGINEER, kombinieren läßt, wird automatisch intern in der Routine ISOD88 gesetzt:*

Integrationsordnung 1 oder 2 in Z88I1.TXT: 3 Gaußpunkte
Integrationsordnung 4 in Z88I1.TXT: 7 Gaußpunkte

Beispiel: In Z88I1.TXT ist INTORD zu 2 gesetzt: Damit werden für Tori Nr. 8 2*2 = 4 Gaußpunkte und für Tori Nr. 15 dann 3 Gaußpunkte zum Integrieren angesetzt.

Z88I3.TXT

> *Integrationsordnung: Zweckmäßigerweise wie in Z88I1.TXT bereits gewählt. Kann aber*
durchaus unterschiedlich sein:

0   = Berechnung der Spannungen in den Eckknoten
3,7,13 = Berechnung der Spannungen in den Gaußpunkten (z.B. 7 = 7 Gaußpunkte). Siehe Bemerkung zu Z88I1.TXT. Hier gilt Sinngemäßes.

> *KFLAG* hat keinen Einfluß

> *Vergleichsspannungs-Flag ISFLAG:*
0 = keine Berechnung der Vergleichsspannungen
1 = Vergleichsspannungen nach Gestaltsänderungsenergiehypothese in den Gaußpunkten (INTORD ungleich 0!)

Ausgaben:

Verschiebungen in R und Z (= X und Y)

Spannungen: Die Spannungen werden in den Eckknoten oder Gaußpunkten berechnet, deren Lage wird mit ausgegeben. Es ist: SIGRR = Spannung in R-Richtung = Radialspannung (= X-Richtung), SIGZZ = Spannung in Z-Richtung (= Y-Richtung), TAURZ = Schubspannung in RZ-Ebene (= XY-Ebene), SIGTE = Spannung in Umfangsrichtung = Tangentialspannung. Optional Vergleichsspannungen.

Knotenkräfte elementweise, ggf. aufaddieren.

12.16 Tetraeder Nr. 16 mit 10 Knoten

Dies ist ein krummliniges Serendipity-Volumenelement mit quadratischem Ansatz; die Integration erfolgt numerisch in allen drei Achsen nach Gauß-Legendre. Daher ist die Integrationsordnung in Z88I1.TXT bei der Eingabe der Elastizitätsgesetze vorzuwählen. Die Ordnung 4 ist gut. Die Güten der Verschiebungs- und der Spannungsberechnungen sind weitaus besser als die des Tetraederelements Nr. 17, jedoch spürbar schlechter als die des Hexaederelements Nr. 10.

Dieses Element ist nur für den Datenaustausch mit Auto-Vernetzern wie z.B. Pro/MESH für das 3D-CAD System Pro/ENGINEER von Parametric Technology vorgesehen; eine DXF-Datenübernahme mit Z88X ist nicht implementiert, weil nicht sinnvoll.

Tetraeder Nr. 16 ist auch gut als dickes Plattenelement einsetzbar, wenn die Plattendicke nicht zu klein gegenüber den anderen Abmessungen ist.

Das Element bedingt einen großen Rechenaufwand und benötigt viel Speicher, da die Elementsteifigkeitsmatrizen die Ordnung 30*30 haben. Achtung bei Strecken/Flächenlasten, vgl. Kap. 11.4.

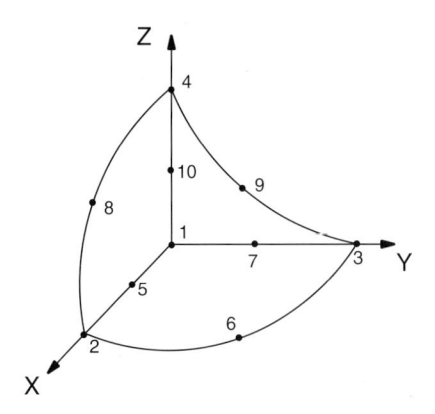

Bild 12.16-1: Tetraeder Nr. 16 mit 10 Knoten

Die Knoten-Numerierungen des Elements Nr. 16 müssen sorgfältig (genau nach Skizze) vorgenommen werden. Lage des Achsensystems beachten! Die eventuelle Fehlermeldung „Jacobi-Determinante Null oder negativ" ist ein Hinweis für nicht korrekte Knoten-Numerierung.

Tetraeder Nr. 16 können nicht durch den Netzgenerator Z88N generiert werden. Ein DXF Austausch mit Z88X ist nicht realisiert, weil Tetraederelemente aufgrund ihrer eigenwilligen Geometrie sehr schwer „von Hand" im Raum plazierbar sind. Dieses Element ist nur für Auto-Vernetzer von Fremdanbietern gedacht. Achtung: Oft generieren die Auto-Vernetzer von CAD-Systemen sehr ungünstige Element- und Knotennumerierungen, wodurch der Speicherbedarf für Z88F völlig nutzlos stark erhöht wird. Ein Umnumerieren kann sehr sinnvoll sein.

Eingabewerte:

Z88I1.TXT

> *KFLAG für Kartesische (0) bzw. Zylinderkoordinaten (1)*
> *Knoten mit je 3 Freiheitsgraden*
> *Elementtyp ist 16*
> *10 Knoten pro Element*
> *Querschnittsparameter QPARA ist 0 oder beliebig, kein Einfluß*
> *Integrationsordnung je E-Gesetz. 4 ist meist gut. Zulässig sind 1 für einen Integrationsstützpunkt und 4 und 5 für 4 bzw. 5 Integrationsstützpunkte.*

Z88I3.TXT

> *Integrationsordnung INTORD für Spannungsberechnung:*

0 = Berechnung der Spannungen in den Eckknoten
1,4,5 = Berechnung der Spannungen in den Gaußpunkten (z.B. 4 = 4 Gaußpunkte)

> *KFLAG beliebig*

> *Vergleichsspannungs-Flag ISFLAG:*
0 = keine Vergleichsspannungsberechnung
1 = Vergleichsspannungen nach Gestaltsänderungsenergiehypothese für Gaußpunkte (INTORD ungleich 0!)

Ausgaben:

Verschiebungen in X, Y und Z

Spannungen: SIGXX, SIGYY, SIGZZ, TAUXY, TAUYZ, TAUZX, jeweils für Eckknoten oder Gaußpunkte. Optional Vergleichsspannungen.

Knotenkräfte in X, Y und Z elementweise, ggf. aufaddieren.

12.17 Tetraeder Nr. 17 mit 4 Knoten

Das Tetraeder-Element berechnet räumliche Spannungszustände. Die Transformation ist isoparametrisch, die Integration erfolgt numerisch in allen drei Achsen nach Gauß-Legendre. Daher ist die Integrationsordnung in Z88I1.TXT bei der Eingabe der Elastizitätsgesetze vorzuwählen. Die Ordnung 1 ist i.a. ausreichend.

Dieses Element ist nur für den Datenaustausch mit Auto-Vernetzern wie z.B. Pro/MESH für das 3D-CAD System Pro/ENGINEER von Parametric Technology vorgesehen; eine DXF-Datenübernahme mit Z88X ist nicht implementiert, weil nicht sinnvoll.

Tetraeder Nr. 17 ist auch gut als dickes Plattenelement einsetzbar, wenn die Plattendicke nicht zu klein gegenüber den anderen Abmessungen ist.

Insgesamt betrachtet, ist die Rechengenauigkeit von Tetraeder Nr. 17 schlecht. Es sind extrem feine Netze nötig, um brauchbare Resultate zu erhalten. Um es zu wiederholen: Tetraeder Nr. 17 ist ein reines CAD-Datenaustausch-Element. Wann immer möglich, sollte mit Tetraedern Nr. 16, Hexaedern Nr. 1 und (am besten) mit Hexaedern Nr. 10 gearbeitet werden.

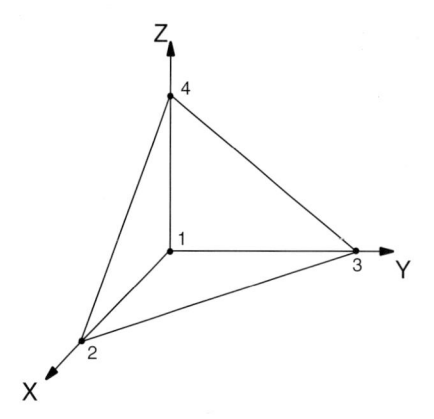

Bild 12.17-1: Tetraeder Nr. 17 mit 4 Knoten

Tetraeder Nr. 17 können nicht durch den Netzgenerator Z88N generiert werden. Ein DXF Austausch mit Z88X ist nicht realisiert, weil Tetraederelemente aufgrund ihrer eigenwilligen Geometrie sehr schwer „von Hand" im Raum plazierbar sind. Dieses Element ist nur für Auto-Vernetzer von Fremdanbietern gedacht. Achtung: Oft generieren die Auto-Vernetzer von CAD-Systemen sehr ungünstige Element- und Knotennumerierungen, wodurch der Speicherbedarf für Z88F völlig nutzloserweise stark erhöht wird. Ein Umnumerieren kann sehr sinnvoll sein.

Eingabewerte:

Z88I1.TXT

> *KFLAG für Kartesische (0) bzw. Zylinderkoordinaten (1)*
> *Knoten mit je 3 Freiheitsgraden*
> *Elementtyp ist 17*
> *4 Knoten pro Element*
> *Querschnittsparameter QPARA ist 0 oder beliebig, kein Einfluß*
> *Integrationsordnung je E-Gesetz. 1 ist meist gut. Zulässig sind 1 für einen Integrationsstützpunkt und 4 und 5 für 4 bzw. 5 Integrationsstützpunkte.*

Z88I3.TXT

> *Integrationsordnung INTORD für Spannungsberechnung:*
Kann ohne weiteres von INTORD in Z88I1.TXT abweichen.
0 = Berechnung der Spannungen in den Eckknoten
1,4,5 = Berechnung der Spannungen in den Gaußpunkten (z.B. 4 = 4 Gaußpunkte)

> *KFLAG beliebig, hat keinen Einfluß*

> *Vergleichsspannungs-Flag ISFLAG:*

0 = keine Berechnung der Vergleichsspannungen
1 = Vergleichsspannungen nach Gestaltsänderungsenergie-Hypothese in den Gaußpunkten (INTORD ungleich 0!)

Ausgaben:

Verschiebungen in X, Y und Z

Spannungen: SIGXX, SIGYY, SIGZZ, TAUXY, TAUYZ, TAUZX, jeweils für Eckknoten oder Gaußpunkte. Optional Vergleichsspannungen.

Knotenkräfte in X, Y und Z elementweise, ggf. aufaddieren.

13 Beispiele

13.0 Allgemeines

In diesem Kapitel werden sechzehn Beispiele behandelt, die mit ihren jeweiligen Eingabefiles B*.* auf der Z88-CD stehen. Die Beispiele 4, 6, 7 und 13 sind analytisch leicht nachrechenbar.

Arbeiten Sie mit den Beispielen, die Ihren eigenen Anwendungsfällen am nächsten kommen. Betrachten Sie auch die von den Z88-Modulen erzeugten Protokoll-Dateien .LOG, plotten Sie auf Ihrem Plotter bzw. HP-GL-fähigen Laserdrucker. Variieren Sie die Eingabefiles, insbesondere die Netzgenerator-Eingabefiles der Beispiele 1, 5 und 7. So bekommt man am schnellsten ein Gefühl für Z88.

Falls Beispiele nicht anlaufen, kann ein Speicherproblem vorliegen. Stehen weitere Programme im Speicher, besonders diese fetten und gierigen Speicherfresser wie Office-Pakete? Alle Beispiele wurden auf verschiedensten Computersystemen und Betriebssystemen getestet, und fast alle Beispiele (außer 8 und 11) laufen selbst auf altmodischen 386ern mit 8 MB RAM und Windows95 oder dem famosen LINUX. Aber auch auf einer Silicon Graphics UNIX Maschine mit 6 GB RAM rechnen sehr große Z88-Strukturen ohne irgendwelche Probleme. Passen Sie ggf. Z88.DYN an. Beachten Sie die .LOG-Dateien: Hier steht drin, wenn der Speicher nicht reicht. UNIX: Prüfen Sie die Zugriffsrechte der Dateien und der Directories.

Nachdem Sie die fertigen Beispiele probiert haben, sollten Sie die Beispiele in Ihrem CAD System entwerfen. Exportieren Sie Ihre Modelle/Zeichnungen bei einem 2D-CAD-System als DXF-Dateien und konvertieren Sie sie mit Z88X in Z88-Dateien. Falls der Z88-DXF Konverter Z88X Ihre DXF-Dateien nicht sauber konvertiert, dann wiederholen Sie besonders die Schritte 3 und 5 des Kapitels 10.6.2. Haben Sie die Punkte sauber „geschnappt"? Falls nichts klappt, probieren Sie ein anderes CAD Programm. Haben Sie ein 3D-CAD-System, mit integriertem Automesher, dann können Sie FE-Netze im COSMOS-Format ausgeben und mit Z88G in Z88-Eingabedateien konvertieren. Bei COSMOS-Dateien prüfen Sie zunächst mit Z88F im Testmode, welchen Speicher Sie brauchen und wie gut die Knotennumerierung ist. Gegebenenfalls lassen Sie den Cuthill-McKee-Algorithmus Z88H laufen.

Beispiel 1: Gabelschlüssel. Ebenes Scheibenproblem mit Scheiben Nr. 7 und Netzgeneratoreinsatz. Lernziele: CAD- und Netzgeneratoreinsatz bei krummlinigen ebenen Strukturen, Spannungsanzeige im Plotprogramm. Dieses Beispiel steht bereits als erstes Einführungsbeispiel zusätzlich ladefertig auf den Z88-Disketten mit Z88X.DXF, Z88I2.TXT und Z88I3.TXT.

Beispiel 2: Kranträger. Räumliches Fachwerk mit Stäben Nr. 4. Lernziele: Nutzen der verschiedenen Ansichten und räumlichen Rotationsmöglichkeiten im Plotprogramm.

Beispiel 3: Getriebewelle. Lineare Struktur mit Wellen Nr. 5 und Kraftangriffen in verschiedenen Ebenen, statisch überbestimmt. Lernziele: Einsatz der Wellenelemente, Wählen der Randbedingungen bei Finiten Elementen mit 6 Freiheitsgraden/Knoten, Nutzen der verschiedenen Ansichten im Plotprogramm.

Beispiel 4: Ebener Träger, mehrfach statisch überbestimmt. Beidseitig fest eingespannter Balken Nr. 13. Lernziele: Einsatz von Balken Nr. 13, Wahl der Randbedingungen und Interpretieren der Ergebnisse.

Beispiel 5: Plattensegment in Tortenstückform. Allgemeines räumliches Problem mit Hexaedern Nr. 10 als Superelemente und Netzgenerierung von Hexaedern Nr. 1. Lernziele: Einsatz des Netzgenerators bei krummlinigen räumlichen Elementen, Nutzen der Spannungsanzeige, verschiedenen Ansichten und räumlichen Rotationsmöglichkeiten im Plotprogramm. Wenn Sie dieses Beispiel gerechnet haben, wäre es eine gute Idee, mit dem Netzgenerator Hexaeder Nr.10 mit 20 Knoten anstele der 8-Knoten Hexaeder erzeugen zu lassen (was für ihn ein Kinderspiel ist). Aber Sie müssen dann neue Randbedingungen eingeben, weil sich ja die Knotennummern geändert haben.

Beispiel 6: Rohr unter Innendruck von 1000 bar. Axialsymmetrisches Problem, gelöst als Scheibenproblem mit Scheiben Nr. 7. Lernziele: Nutzen von Symmetrieeigenschaften einer Struktur und Wahl der Randbedingungen, Spannungsanzeige im Plotprogramm.

Beispiel 7: Querpreßverband. Axialsymmetrisches Problem mit Tori Nr. 8 und Netzgenerator. Lernziele: Arbeiten mit Toruselementen, Einsatz des Netzgenerators mit Netzverdichtung, Spannungsanzeige im Plotprogramm.

Beispiel 8: Motorkolben. Es soll ein Kolben für einen Ottomotor berechnet werden. Als Last wirkt der Verbrennungsdruck, die Kolbenbolzenaugen werden als Lager definiert. Lernziel: Verwenden komplexer Teile die ursprünglich aus 3D Standardsoftware-Programmen stammen und mit den dort vorhandenen Automeshern vernetzt wurden. Da hier die Biegeeinflüsse nicht dominierend gegenüber den Druckkraft-Einflüssen sein werden, sollten für eine erste Studie Tetraeder Nr.17 mit linearem Ansatz ausreichen.

Beispiel 9: RINGSPANN –Scheibe. Es soll eine sog. RINGSPANN-Scheibe berechnet werden, die als Kraftübersetzer wirken soll. Lernziele: Berechnung von Federn mit der Finite Elemente Analyse, d.h. große Wege. Hexaeder Nr.10 mit quadratischem Ansatz.

Beispiel 10: Druckkessel. Es soll ein Druckbehälter für Flüssiggas berechnet werden, der in einen PKW eingebaut ist. Er ist an beiden Seiten an den Böden mit einem Ringflansch befestigt. In einer Seitencrash-Simulation soll geprüft werden, wie stark die Verformungen und Spannungen unter einer Last von 1.200.000 N sind. Lernziel: Anbringen von Randbedingungen und üben des Zusammenspiels mit AutoCAD.

Beispiel 11: Motorrad-Kurbelwelle. Eine Kurbelwelle wird aus einem 3D-CAD-System übernommen. Lernziele: Das geschickte Anbringen von Randbedingungen bereits im CAD-Programm. Da starke Biegeeinflüsse zu erwarten sind, werden Tetraeder Nr.16 mit quadratischem Ansatz genutzt.

Beispiel 12: Lochscheibe. Es liegt ein Verformungselement für eine Drehmoment-Meßnabe vor. Lernziele: Geschicktes Abbilden der Technischen Mechanik durch die Randbedingungen. Zunächst werden geradlinige Dreiecksscheiben Nr.3 genutzt, später krummlinige Dreiecksscheiben Nr.14.

Beispiel 13: Ebener Rahmen. Ein Dreigelenkrahmen läßt sich analytisch sehr einfach rechnen. Mit einem FEA-Programm geht das genauso gut, wenn man die fehlenden Elementtypen „Balken mit Gelenk" geschickt umgeht. Lernziel: Berechnung von ebenen Fachwerken, Simulation von biegemomentenfreien Gelenken.

Beispiel 14: Zahnrad. Wir betrachten ein Zahnrad, dessen Nabe auf die Welle aufgepreßt wird. Dabei soll der Eigendruck des Preßverbands 100 N/mm**2 betragen. Es soll die Verformung untersucht werden, die durch die Aufweitung der Nabe bis in die Verzahnung geleitet wird. Lernziel: Übernahme von in Pro/ENGINEER so benannten Schalenelementen (sind in Wirklichkeit Scheiben) in Z88, Kennenlernen des sog. virtuellen Fixpunkts, Beurteilung von mit Automeshern erzeugten Netzen.

Beispiel 15: Schraubenschlüssel aus Pro/ENGINEER. Ein Schraubenschlüssel im 3D-CAD Programm Pro/ENGINEER wurde als 3D-Modell erzeugt. Lernziel: Hier wird gezeigt, wie die verschiedenen FE-Elementtypen, wie sie von Automeshern verwendet werden, sinnvoll eingesetzt werden. Das Zusammenspiel zwischen Elementeanzahl, Elementtyp und Berechnungsergebnis wird hier sehr deutlich gemacht.

Beispiel 16: Kraftmeßelement. Es soll das Verformungselement einer sog. Kraftmeßdose mit Z88 berechnet werden. Lernziel: Die Auswirkungen auf die von

Z88 errechneten Verschiebungen bei der Auswahl unterschiedlicher Elementtypen und der schrittweisen Netz-Verfeinerung eines einfachen Körpers sollen dem Leser ein Gefühl für das richtige Maß bei der Voreinstellung von Parametern bei der FE Analyse vermitteln. Hier wird außerdem sehr ausführlich das Arbeiten mit dem DXF-Konverter Z88X demonstriert.

Hinweise:

- Die Ein- und Ausgabefiles sind teilweise gekürzt wiedergegeben, um nicht unnötig Seiten zu füllen. Es soll nur das Wesentliche gezeigt werden. Alle Beispiele können Sie jederzeit selbst starten.

- Beachten Sie, daß bei Gleitkommazahlen in einem Computer 0 (Null) niemals echt Null ist, sondern als Näherung dargestellt wird. Daher können selbst Eingaben, die in Z88I1.TXT als 0 eingegeben wurden, in Ausgabefiles Z88O.TXT als sehr kleine Zahlen wieder auftauchen, bedingt durch Formatierungen des Laufzeitsystems. Das ist normal. Das gilt natürlich verstärkt für echt berechnete Werte, wie z.B. Verschiebungen in Z88O2.TXT, Spannungen in Z88O3.TXT und Knotenkräften in Z88O4.TXT. Solche Werte sind immer relativ zu anderen Werten zu sehen: Ist in Z88O2.TXT die größte berechnete Verschiebung beispielsweise 0.1 mm, dann ist eine andere Verschiebung mit z.B. 1.234E-006 mm als de-facto-Null anzusehen.

13.1 Schraubenschlüssel aus Scheiben Nr. 7

Die Beispieldateien B1_* in Z88-Eingabedateien Z88* umkopieren (ist auf den Z88-Datenträgern bereits erfolgt, damit Sie sofort starten können):

B1_X.DXF	--->	Z88X.DXF CAD-Eingabefile
B1_2.TXT	--->	Z88I2.TXT Randbedingungen
B1_3.TXT	--->	Z88I3.TXT Steuerparameter für Spannungsprozessor

Führen Sie einfach folgende Schritte aus, um Z88 kennenzulernen:

CAD:

In diesem ersten Beispiel sollen Sie die CAD-Superstruktur nur betrachten, aber noch nicht erzeugen. Das kommt in späteren Beispielen. Z88X.DXF in Ihr CAD-Programm importieren und betrachten. So würden Sie sie normalerweise selbst gezeichnet haben. Ändern Sie nichts und verlassen Sie Ihr CAD-Programm ohne Speichern, Konvertieren usw. Wenn Sie kein passendes CAD-System haben, lassen Sie diesen Schritt aus.

Z88:

Z88X, Konvertierung von Z88X.DXF nach Z88NI.TXT. **WindowsNT/95:** *Berechnung > Z88X >Konvertierung > 6 von Z88X.DXF nach Z88NI.TXT, > Berechnung > Start,* **UNIX:** Pushbutton *DXF <-> Z88* mit Radiobutton *DXF -> NI* (Z88-Commander) oder *z88x -nifx* (Konsole)

Z88P, Superstruktur betrachten. Die Fehlermeldung braucht Sie nicht zu stören, denn Z88P hat noch keine .STO-Datei vorliegen und erwartet daher Z88I1.TXT. Sie wollen aber Z88NI.TXT nutzen: **WindowsNT/95:** *Plotten > Z88P > Datei > Strukturfile > Z88NI.TXT,* **UNIX:** Beim Z88-Commander Pushbutton *Plotauswahl* mit Radiobutton *Z88P* oder starten Sie von einem X-Term *z88p* oder *z88p_dy* (vgl. Kap. 9.3 für saubere Installation), bei Textfeld *Struk.* eintragen *z88ni.txt,* Return.

Z88N, Netzgenerator, liest Z88NI.TXT und erzeugt Z88I1.TXT. **WindowsNT/95:** *Berechnung > Z88N > Berechnung > Start* **UNIX:** Pushbutton *Z88N* (Z88-Commander) oder *z88n* (Konsole oder X-Term)

Z88P, Finite Elemente Struktur betrachten. Z88P hat eine .STO-Datei vorliegen und erwartet nun Z88NI.TXT. Sie wollen aber Z88I1.TXT nutzen. **WindowsNT/95:** *Plotten > Z88P > Datei > Strukturfile > Z88I1.TXT,* **UNIX:** Beim Z88-Commander Pushbutton *Plotauswahl* mit Radiobutton *Z88P* oder starten Sie von einem X-Term *z88p* oder *z88p_dy* (vgl. Kap. 9.3 für saubere Installation), bei Textfeld *Struk.* eintragen *z88i1.txt,* Return. Sie hätten auch vor Start von Z88P einfach die Datei Z88P.STO löschen können. Dann arbeitet Z88P mit den Standardwerten, z.B. Z88I1.TXT als Strukturfile.

Z88F, berechnet Verformungen. Sie können den Compactmode nehmen: **WindowsNT/95:** *Berechnung > Z88F > Mode > Compactmode , > Berechnung > Start,* **UNIX:** Beim Z88-Commander Pushbutton *Z88F* mit Radiobutton *Compact M* oder starten Sie von einem X-Term oder einer Konsole *z88f -c*

Z88D, berechnet Spannungen. **WindowsNT/95:** *Berechnung > Z88D > Berechnung > Start,* **UNIX:** Beim Z88-Commander Pushbutton *Z88D* oder starten Sie von einem X-Term oder einer Konsole *z88d*

Z88P, Finite Elemente Struktur verformt betrachten. Z88P hat eine .STO-Datei vorliegen und steht richtig. Die Verformungen werden standardmäßig um den Faktor 100 vergrößert, was für dieses Beispiel etwas viel ist. **WindowsNT/95:** *Plotten > Z88P > Faktoren > Verschiebungen >* für FUX und FUY je *10* eintragen, *> Struktur*

13.1 Schraubenschlüssel aus Scheiben Nr. 7   255

> *Verformt*. **UNIX:** Beim Z88-Commander Pushbutton *Plotauswahl* mit Radiobutton *Z88P* oder starten Sie von einem X-Term *z88p* oder *z88p_dy* (vgl. Kap. 9.3 für saubere Installation), bei Textfeldern *FUX* und *FUY* je *10* eintragen, entweder jeweils Return oder Pushbutton *Regen*. Radiobutton *Verformt*. Ferner können Sie sich, da ja Z88D bereits gelaufen ist, auch die Vergleichsspannungen anzeigen lassen. Gehen Sie auf unverformte Struktur. **WindowsNT/95:** > *V-Spannungen* > *Zeige V-Spannungen* **UNIX :** Togglebutton *VSpan*. Ferner könnten Sie eine Plotterdatei, vielleicht unverformt und ohne Vergleichsspannungen, ausgeben lassen. **WindowsNT/95:** > *Ausgabe* > *Plotter* **UNIX :** Pushbutton *Plot*. .

Z88E, Knotenkraft-Berechnung. **WindowsNT/95:** *Berechnung > Z88E > Berechnung > Start*, **UNIX:** Beim Z88-Commander Pushbutton *Z88E* oder starten Sie von einem X-Term oder einer Konsole *z88e*.

Aufgabe:

Ein Gabelschlüssel soll durch Anzugsmoment belastet werden. Dazu wird ein Kräftepaar im Schlüsselmaul entsprechend dem Moment angebracht; die Festlager werden an den Stellen, an denen die Schlosserhand anpackt, angenommen.

Der Gabelschlüssel soll durch 7 Superelemente Scheibe Nr. 7 abgebildet werden. Der Netzgenerator soll daraus 66 Finite Elemente erzeugen. Elementdicke je 10. Netzgenerierung: In diesem Beispiel sind lokale und globale Achsen nicht richtungsgleich: Lokale x-Richtung bei Superelement 1 längs der lokalen Knoten 1 und 2, die den globalen Knoten 1 und 3 entsprechen. Die lokale y-Richtung von SE 1 ist durch lokale Knoten 1 und 4 bestimmt, die den globalen Knoten 1 und 7 entsprechen. Beachte ferner: Superelemente, die eine gemeinsame Seite haben, müssen an dieser Seite eine absolut identische Unterteilung haben. So schließen SE 1 und SE 2 längs der Linie 3-4-5 an: Die Unterteilungen in y-Richtung müssen genau gleich sein. Hier jeweils 3 Unterteilungen.

Dieses Beispiel, wie oben gezeigt, durchrechnen. Sodann kann man experimentieren: In Z88NI.TXT das SE 7 als sinnvolle Abwandlung wie folgt zerlegen:
7 7
6 L 3 E   (*Zerlege Superelement 7 in Finite Element Scheibe Nr. 7 und unterteile in x-Richtung 6 mal geometrisch aufsteigend und in y-Richtung 3 mal äquidistant*)

Ebenso könnten die SE 1 bis SE 5 jeweils nach innen verdichtet werden:

1 7
3 L 3 E
2 7
3 L 3 E   .... und so weiter.

256   13 Beispiele

HINWEIS: In jeder Zeile können Kommentare stehen, nachdem alle erforderlichen Daten eingetragen sind. Mindestens ein Leerzeichen trennt das letzte Datum vom Kommentar. Das können Sie in Ihren eigenen Files ebenso machen. Je Zeile maximal 250 Zeichen insgesamt.

13.1.2 Eingaben

Bei dem Beispiel soll von einer Superstruktur, also einem sehr groben FE-Netz ausgegangen werden. Der Netzgenerator soll aus der Superstruktur eine FE-Struktur generieren. Also ist zunächst das Netzgenerator-Eingabefile Z88NI.TXT zu entwerfen. Das erfolgt in CAD durch das in Kapitel 10.6 erläuterte Vorgehen. Wenn Sie ohne CAD-System arbeiten, erzeugen Sie die Datei Z88NI.TXT per Editor oder Textverarbeitungsprogramm. Die Superstruktur soll wie folgt aussehen:

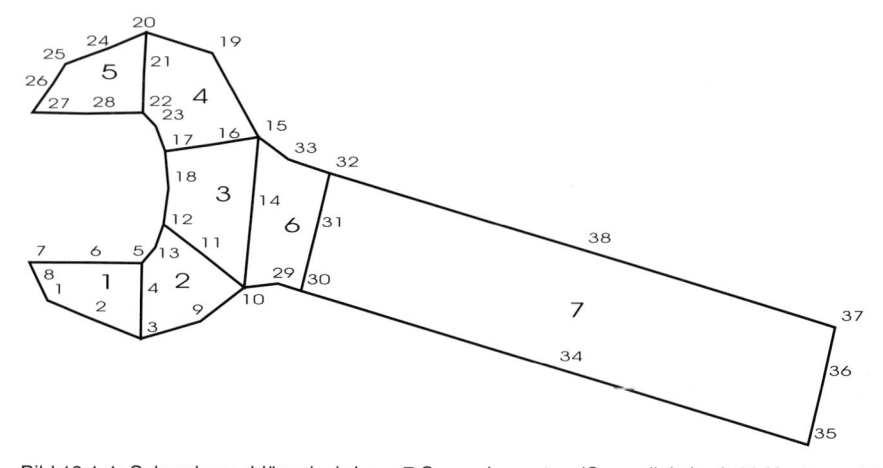

Bild 13.1-1: Schraubenschlüssel wird aus 7 Superelementen (Serendipity) mit 38 Knoten gebildet

mit CAD-Programm:

Gehen Sie nach der Beschreibung Kapitel 10.6 vor. Vergessen Sie nicht, auf dem Layer Z88EIO die Superelement-Informationen per TEXT-Funktion abzulegen, also

SE 1 7 3 E 3 E   *(1. Superele., FE Typ 7, unterteile in x 3 x gleich, in y 3 x gleich)*

SE 2 7 3 E 3 E   *(2. Superele., FE Typ 7, unterteile in x 3 x gleich, in y 3 x gleich)*

SE 3 7 3 E 3 E

SE 4 7 3 E 3 E

SE 5 7 3 E 3 E

SE 6 7 1 E 3 E

SE 7 7 6 E 3 E

und auf dem Layer Z88GEN die allgemeinen Informationen und E-Gesetz, wie
Z88NI.TXT 2 38 7 76 1 0 0 0   *(2-DIM, 38 SE Typ 7, 76 FG, 1 E-Gesetz, Flags 0)*
MAT 1 1 7 206000 0.3 3 10   *(1.E-Gesetz von SE 1 bis SE7 ,E,nue,INTORD, Dicke)*

Exportieren Sie die Zeichnung als DXF-Datei mit dem Namen Z88X.DXF und starten Sie anschließend den CAD-Konverter Z88X mit der Option „von Z88X.DXF nach Z88NI.TXT". Er wird die Netzgenerator-Eingabedatei Z88NI.TXT erzeugen, die Sie anschließend mit Z88P betrachten sollten.

mit Editor:

Netzgenerator-Eingabefile Z88NI.TXT (vgl. Kapitel 11.3) mit Editor schreiben :

```
2  38  7  76  1  0  0  0      (2-DIM, 38 SE Typ 7, 76 FG, 1 E-Gesetz, Flags 0)
1   2   22.040   32.175       (Knoten 1, 2 FG, X- und Y-Koordinate)
2   2   31.913   28.798       (Knoten 2, 2 FG, X- und Y-Koordinate)
3   2   43.781   24.826
4   2   43.880   32.373
5   2   43.980   39.424
......                         (Koordinaten für Knoten 6 .. 36 hier nicht dargestellt)
37  2  202.847   27.507
38  2  144.905   42.403
1   7                          (SE 1 vom Typ Scheibe Nr. 7)
1   3   5   7   2   4   6   8  (Koinzidenz für 1. SE)
2   7                          (SE 2 vom Typ Scheibe Nr. 7)
3  10  12   5   9  11  13   4  (Koinzidenz für 2. SE)
.....                          (Koinzidenz für Elemente 3 bis 6 hier ausgelassen)
7   7
30  35  37  32  34  36  38  31
1   7  206000  0.3  3  10      (E-Gesetz von SE 1 bis SE 7:E, nue,INTORD,Dicke)
1   7                          (Zerlege 1. SE in FEs Typ 7 und
3   E   3   E                   unterteile in x 3mal gleich, in y 3mal gleich)
2   7                          (Zerlege 2. SE in FEs Typ 7 und
3   E   3   E                   unterteile in x 3mal gleich, in y 3mal gleich)
3   7
3   E   3   E
4   7
3   E   3   E
5   7
3   E   3   E
6   7
1   E   3   E
7   7
6   E   3   E
```

mit CAD-Programm und Editor:

Der Netzgenerator Z88N wird gestartet. Er erzeugt das eigentliche Z88-Strukturfile Z88I1.TXT. Das schauen wir uns entweder

* nach Konversion mit Z88X im CAD-Programm (von Z88I1.TXT nach Z88X.DXF) oder

* mit dem Z88-Plotprogramm Z88P an, um die Randbedingungen definieren zu können:

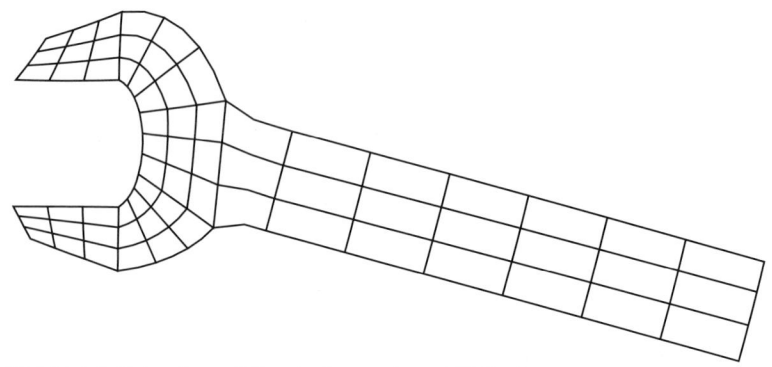

Bild 13.1-2: Schraubenschlüssel mit generierter FE-Struktur

Wir zoomen das Schlüsselmaul, um die beiden Knoten für den Kraftangriff definieren zu können (vereinfacht wird angenommen, daß die Schraube nur punktuell an den Ecken ein Kräftepaar als Drehmoment erhält und daß sich die Schraube selbst und nicht der Schlüssel dreht):

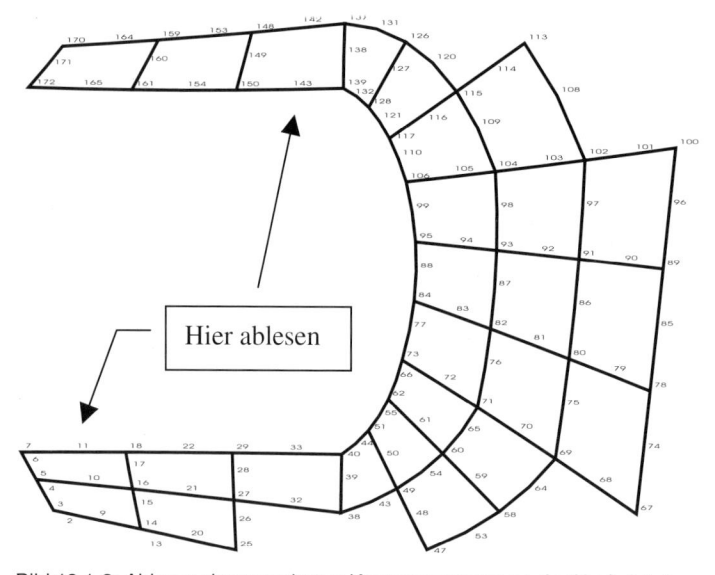

Bild 13.1-3: Ablesen der generierten Knotennummern an der Krafteinleitungsstelle

13.1 Schraubenschlüssel aus Scheiben Nr. 7   259

Wir lesen die Knoten 11 und 143 ab. Die hier gezeigten Bilder sind direkt mit Z88P erzeugt. Ebenso ermittelt man im Plotprogramm oder CAD-System die Knoten, an denen der Schlüssel festgehalten wird und gibt die Randbedingungen ein:

im CAD Programm:

Gehen Sie auf den Layer Z88RBD und geben Sie jeweils mit der TEXT-Funktion an beliebiger, freier Stelle ein:

Z88I2.TXT	16				*(16 Randbedingungen gesamt)*
RBD 1	11	2	1	−7143	*(1. RB: Knoten 11 am FG 2 Kraft −7143 gegeben)*
RBD 2	143	2	1	7143	*(2. RB: Knoten 143 am FG 2 Kraft 7143 gegeben)*
RBD 3	216	1	2	0	*(3. RB: Knoten 216 am FG 1 Verschiebung 0 gegeben)*
RBD 4	216	2	2	0	
RBD 5	220	1	2	0	
RBD 6	220	2	2	0	
RBD 7	227	1	2	0	
RBD 8	227	2	2	0	
RBD 9	231	1	2	0	
RBD 10	231	2	2	0	
RBD 11	238	1	2	0	
RBD 12	238	2	2	0	
RBD 13	242	1	2	0	
RBD 14	242	2	2	0	
RBD 15	249	1	2	0	
RBD 16	249	2	2	0	

mit Editor:

File der Randbedingungen Z88I2.TXT durch Editieren aufstellen:

16				*(16 Randbedingungen gesamt)*
11	2	1	−7143	*(Knoten 11 am FG 2 Kraft −7143 gegeben)*
143	2	1	7143	*(Knoten 143 am FG 2 Kraft +7143 gegeben)*
216	1	2	0	*(Knoten 216 am FG 1 Verschiebung 0 gegeben)*
216	2	2	0	
220	1	2	0	
220	2	2	0	
227	1	2	0	
227	2	2	0	
231	1	2	0	
231	2	2	0	
238	1	2	0	
238	2	2	0	

242 1 2 0
242 2 2 0
249 1 2 0
249 2 2 0

Eingabe für Spannungsberechnung:

im CAD Programm:

Gehen Sie auf den Layer Z88GEN und schreiben Sie eine beliebige, freie Stelle:

Z88I3.TXT 3 0 1   *(3x3 Gaußpunkte für Spannungen, KFLAG 0, Vergleichssp. GEH)*

Exportieren Sie die Zeichnung als DXF-Datei mit dem Namen Z88X.DXF und starten Sie anschließend den CAD-Konverter Z88X mit der Option „von Z88X.DXF nach Z88I*.TXT". Es werden die drei Z88-Eingabedateien Z88I1.TXT, Z88I2.TXT, Z88I3.TXT erzeugt.

mit Editor:

Geben Sie in das Parameterfile für Spannungsprozessor Z88I3.TXT (vgl. Kap. 11.5)

3 0 1   *(3x3 Gaußpunkte für Spannungen, KFLAG 0, Vergleichssp. GEH)*

Nunmehr können FE-Prozessor Z88F und dann Spannungsprozessor Z88D gestartet werden. Bei Z88F wird man das Flag *-c* wählen, da nur ein Randbedingungssatz vorhanden ist, vgl. Abschnitt 10.1. Im Zweifelsfall ist *z88f -c* (Compactmode) immer richtig. Während des Laufs von Z88F stellen wir fest, daß 14.848 Speicherplätze in der Gesamtsteifigkeitsmatrix GS benötigt werden. NKOI, also benötigte Plätze im Koinzidenzvektor KOI, wird mit 540 ausgewiesen. Reicht also ebenfalls. Wo kommt die Zahl 540 her? Es liegen 66 Finite Elemente vom Typ Scheibe Nr. 7 mit je 8 Knoten vor, also 66*8 = 528. Die 540 kommen dadurch zustande, weil Z88F immer aus Sicherheitsgründen für das letzte Finite Element 20 Knoten ansetzt. Also wird NKOI hier: 65*8 + 20 = 540.

Knotenkraftberechnung führen Sie mit Z88E aus.

13.1.3 Ausgaben

Der FE-Prozessor **Z88F** liefert uns folgende Ausgabefiles an:

Z88O.TXT die aufbereiteten Strukturwerte. Ist hauptsächlich für Dokumentationszwecke vorgesehen, zeigt aber auch, ob das, was man mit Z88NI.TXT dem Netzgenerator aufgetragen hat, richtig „rübergekommen" ist

Z88O1.TXT aufbereitete Randbedingungen: Für Dokumentationszwecke. Und: Ist das, was Sie in Z88I2.TXT an Randbedingungen eingegeben haben, richtig interpretiert worden?

Z88O2.TXT die berechneten Verschiebungen, die Lösung des FE-Problems.

Der Spannungsprozessor **Z88D** verwendet intern die berechneten Verschiebungen von Z88F und gibt

Z88O3.TXT die berechneten Spannungen aus. Welche Spannungen in Z88O3.TXT gegeben werden, hängt von den Steuerparametern in Z88I3.TXT ab.

Für die verformte Struktur ergibt sich bei Wahl von FUX und FUY (Vergrößerung der Verschiebungen) von je 10 im Plotprogramm folgendes Bild:

Der Knotenkraft-Prozessor **Z88E** verwendet intern die berechneten Verschiebungen von Z88F und gibt

Z88O4.TXT die berechneten Knotenkräfte aus.

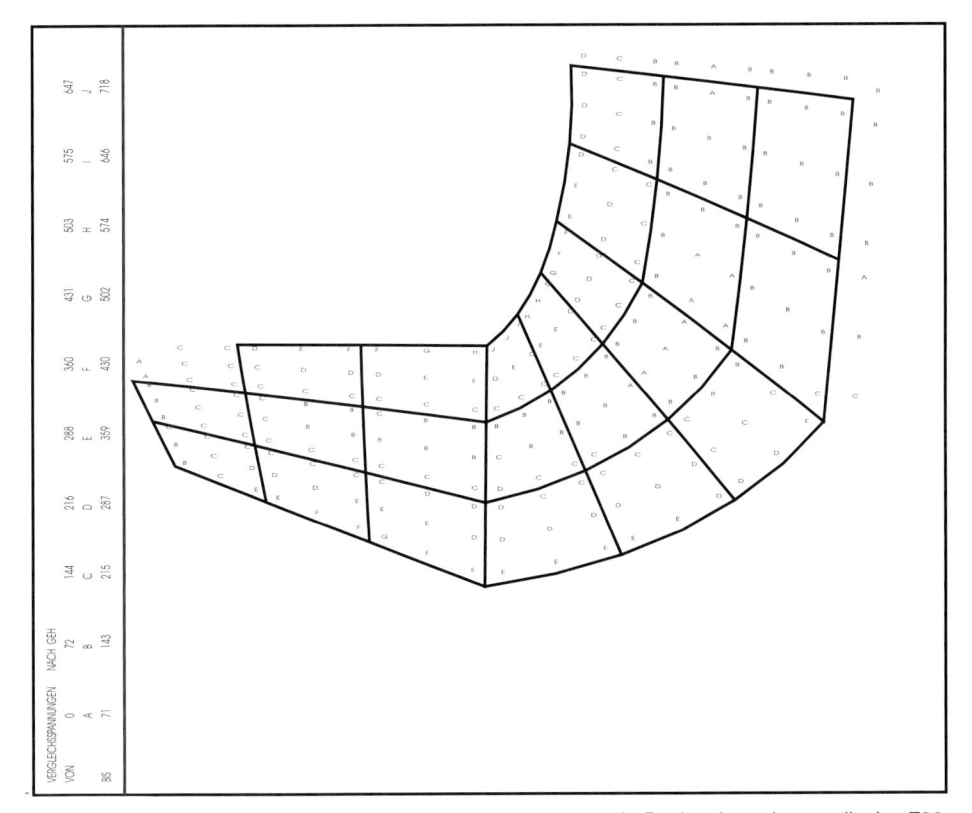

Bild 13.1-4: Die Höhe der Vergleichsspannungen werden durch Buchstaben dargestellt. Im Z88-Programm werden die Buchstaben farbig dargestellt

Die Vergleichsspannungen plottet Z88P bei Zoom um die Gegend des Elements 12, das die größten Vergleichsspannungen aufweist, wie oben gezeigt. Der Buchstabe J entspricht einer Vergleichsspannung von 647 bis 718 N/mm**2.

13.2   Kranträger aus Stäben Nr. 4

Die Beispieldatei B2_X.DXF in Z88-Eingabedateien Z88X.DXF umkopieren:

B2_X.DXF   --->   Z88X.DXF CAD-Eingabefile

CAD:

In diesem Beispiel sollen Sie die CAD-Superstruktur nur betrachten, aber noch nicht erzeugen. Das kommt in späteren Beispielen. Z88X.DXF in Ihr CAD-Programm importieren und betrachten. So würden Sie sie normalerweise selbst gezeichnet haben. Ändern Sie nichts und verlassen Sie Ihr CAD-Programm ohne Speichern, Konvertieren usw. Wenn Sie kein passendes CAD-System haben, lassen Sie diesen Schritt aus.

Z88:

Z88X, Konvertierung von Z88X.DXF nach Z88I1.TXT, Z88I2.TXT und Z88I3.TXT. **WindowsNT/95:** *Berechnung > Z88X >Konvertierung > 5 von Z88X.DXF nach Z88I*.TXT > Berechnung > Start,* **UNIX:** Pushbutton *DXF <-> Z88* mit Option *DXF -> I** (Z88-Commander) oder *z88x -iafx* („i all from x") (Konsole oder X-Term).

Z88P, Finite Elemente Struktur betrachten. Löschen Sie zuvor die Datei Z88P.STO. Dann nimmt Z88P als Standard das Strukturfile Z88I1.TXT an. **WindowsNT/95:** *Plotten > Z88P* , **UNIX:** Beim Z88-Commander Pushbutton *Plotauswahl* mit Radiobutton *Z88P* oder starten Sie von einem X-Term *z88p* oder *z88p_dy* (vgl. Kap. 9.3 für saubere Installation)

Z88F, berechnet Verformungen. Sie können den Compactmode nehmen: **WindowsNT/95:** *Berechnung > Z88F > Mode > Compactmode, > Berechnung > Start,* **UNIX:** Beim Z88-Commander Pushbutton *Z88F* mit Radiobutton *Compact M* oder starten Sie von einem X-Term oder einer Konsole *z88f -c*

Z88D, berechnet Spannungen. **WindowsNT/95:** *Berechnung > Z88D > Berechnung > Start,* **UNIX:** Beim Z88-Commander Pushbutton *Z88D* oder starten Sie von einem X-Term oder einer Konsole *z88d*

Z88E, Knotenkraft-Berechnung. **WindowsNT/95:** *Berechnung > Z88E > Berechnung > Start,* **UNIX:** Beim Z88-Commander Pushbutton *Z88E* oder starten Sie von einem X-Term oder einer Konsole *z88e*

Z88P, Finite Elemente Struktur verformt betrachten. Die Verformungen werden standardmäßig um den Faktor 100 vergrößert, was für dieses Beispiel richtig ist. **WindowsNT/95:** *Plotten > Z88P > Struktur > Verformt.* **UNIX:** Beim Z88-Commander Pushbutton *Plotauswahl* mit Radiobutton *Z88P* oder starten Sie von einem X-Term *z88p* oder *z88p_dy* (vgl. Kap. 9.3 für saubere Installation), Radiobutton *Verformt*. Das Anzeigen von Vergleichsspannungen ist für Stäbe Nr. 4 nicht vorgesehen, weil es nur Zug/ Druckspannungen gibt. Das Beispiel ist einfach und geradlinig. Experimentieren Sie mit den 3D-Möglichkeiten des Plotprogramms Z88P.

Ein Kranträger besteht aus 54 Stäben, 20 Knoten und bildet ein räumliches Fachwerk. Die Knoten 1,2 und 19,20 werden gelagert, die Knoten 7 und 8 werden mit je –30.000 N belastet. Die Gesamtlänge beträgt 12 m. Die Angaben in der Beispieldatei sind in mm, aber Angaben in m sind genauso möglich, wenn die übrigen Angaben wie E-Modul und Querschnittsfläche sich ebenfalls auf m beziehen. Der E-Modul sei 200.000 N/mm*mm, Querkontraktionszahl nue 0.3, die Querschnittsfläche je 500 mm**2.

Dieses Beispiel ist dem sehr guten Buch Schwarz, H.R.: FORTRAN Programme zur Methode der Finiten Elemente. Teubner Verlag, Stuttgart 1984, entnommen.

Beachte: Das Steuerfile Z88I3.TXT für den Spannungsprozessor kann für Stäbe Nr. 4 beliebigen Inhalt haben. Für Gemischtverbände, z.B. aus Hexaedern und Stäben, gelten die Angaben in Z88I3.TXT dann nur für die Hexaeder.

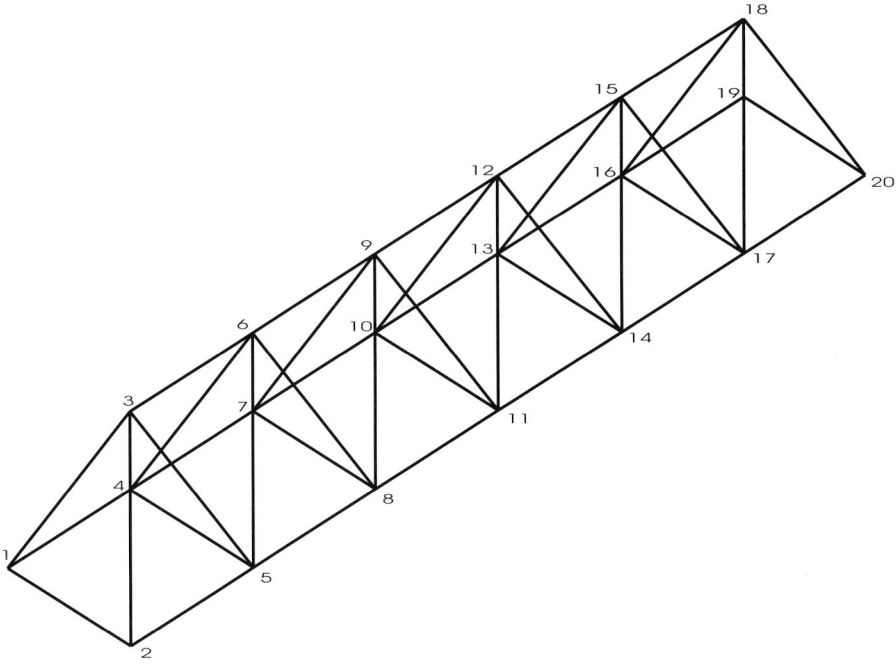

Bild 13.2-1: Kranträger als räumliches Fachwerk

13.2.1 Eingaben

mit CAD-Programm:

Gehen Sie nach der Beschreibung Kapitel 10.6.2 vor. Vergessen Sie nicht, auf dem Layer Z88EIO die Element-Informationen per TEXT-Funktion abzulegen, also

FE 1 4	*(1. finites Element Typ 4)*
FE 2 4	*(2. finites Element Typ 4)*
....	*(Infos für Elemente 3 bis 53 nicht gezeigt)*
FE 54 4	*(54. finites Element Typ 4)*

und auf dem Layer Z88GEN die allgemeinen Informationen und E-Gesetze, wie

Z88I1.TXT 3 20 54 60 1 0 0 *(3-dim, 20 Knoten, 54 Ele, 60 FG, 1 E-Gesetz, Flags 0)*

MAT 1 1 54 200000 0.3 1 500   *(E-Gesetz Nr.1 Ele 1 bis 54, E-Modul, nue, INTORD (bel.), QPARA ist Fläche der Stäbe)*

Da Stäbe Nr. 4 Strukturelemente (also nicht weiter verfeinerbar wie finite Elemente) sind, kann hier kein Netzgenerator verwendet werden. Sie können sofort die Randbedingungen mit der TEXT-Funktion auf dem Layer Z88RBD anlegen:

Die Struktur soll an den Knoten 1, 2 und 19, 20 gelagert werden. Eine Last von je 30.000 N wird an den Knoten 7 und 8 angebracht. Die Last soll nach unten wirken, daher –30.000 N.

Z88I2.TXT 10	*(10 Randbedingungen)*
RBD 1 1 2 2 0	*(1. RB: Knoten 1, am FG 2 eine Verschiebung von 0)*
RBD 2 1 3 2 0	*(2. RB: Knoten 1, am FG 3 eine Verschiebung von 0)*
RBD 3 2 1 2 0	
RBD 4 2 3 2 0	
RBD 5 7 3 1 –30000	*(5. RB: Knoten 7, am FG 3 eine Kraft von –30000)*
RBD 6 8 3 1 –30000	
RBD 7 19 1 2 0	
RBD 8 19 3 2 0	
RBD 9 20 2 2 0	
RBD 10 20 3 2 0	

... und für die Spannungsberechnung schreiben Sie an eine beliebige, freie Stelle Ihrer Zeichnung im Layer Z88GEN:

Z88I3.TXT 0 0 0   *(die Spannungsparameter können bei Stäben Nr. 4 beliebig sein)*

Exportieren Sie die Zeichnung als DXF-Datei mit dem Namen Z88X.DXF und starten Sie anschließend den CAD-Konverter Z88X mit der Option „von Z88X.DXF nach Z88I*.TXT". Es werden die Eingabedateien Z88I1.TXT, Z88I2.TXT, Z88I3.TXT erzeugt.

mit Editor:

Geben Sie per Editor die Strukturdaten Z88I1.TXT (vgl. Abschnitt 11.2) ein:

```
3  20  54  60  1  0  0     (3-dim,20 Knoten,54 Ele,60 FG, 1 E-Gesetz,Flags 0)
1   3   0   2000   0       (1. Knoten, 3 FG, X-, Y- und Z-Koordinate)
2   3   0      0   0       (2. Knoten, 3 FG, X-, Y- und Z-Koordinate)
3   3  1000  1000  2000
4   3  2000  2000   0
5   3  2000    0    0
..........                  (Knoten 6 ..18 hier nicht dargestellt)
19  3  12000  2000  0
20  3  12000    0   0
1   4                       (1. Element, Typ Stab Nr. 4)
1   2                       (Koinzidenz 1. Element)
2   4                       (2. Element, Typ Stab Nr. 4)
4   5                       (Koinzidenz 2. Element)
3   4
7   8
..........                  (Elemente 4 ..53 hier nicht dargestellt)
54  4
17  19
1  54  200000  0.3  1  500  (E-Gesetz Ele 1 bis 54,E-Modul,nue,INTORD
                             (bel.), QPARA ist Querschnittsfläche der Stäbe)
```

Die Struktur soll an den Knoten 1, 2 und 19, 20 gelagert werden. Eine Last von je 30.000 N wird an den Knoten 7 und 8 angebracht. Die Last soll nach unten wirken, daher −30.000 N. Daher geben Sie das File der Randbedingungen Z88I2.TXT (vgl. Abschnitt 11.4) ein:

```
10                          (10 Randbedingungen)
1  2  2   0                 (Knoten 1, am FG 2 eine Verschiebung von 0)
1  3  2   0                 (Knoten 1, am FG 3 eine Verschiebung von 0)
2  1  2   0
2  3  2   0
7  3  1  −30000             (Knoten 7, am FG 3 eine Kraft von −30000)
8  3  1  −30000
```

```
19  1  2    0
19  3  2    0
20  2  2    0
20  3  2    0
```

Für die Spannungsrechnung kann das Parameterfile für Spannungsprozessor Z88I3.TXT beliebigen Inhalt haben (vgl. Abschnitte 11.5 und 12.4), denn Gaußpunkte, Radial- und Tangentialspannungen sowie Berechnung der Vergleichsspannungen haben für Stäbe Nr. 4 keine Bedeutung.

CAD und Editor:

Nachdem nun die Strukturdaten Z88I1.TXT, die Randbedingungen Z88I2.TXT und das Steuerfile für den Spannungsprozessor Z88I3.TXT (mit beliebigem Inhalt) vorliegen, können gestartet werden:

>Z88F   FE-Prozessor für Verschiebungsrechnung
>Z88D   Spannungsprozessor
>Z88E   Knotenkraftprozessor.

13.2.2 Ausgaben

Der FE-Prozessor **Z88F** liefert folgende Ausgabefiles:

Z88O0.TXT die aufbereiteten Strukturwerte. Ist hauptsächlich für Dokumentationszwecke vorgesehen.

Z88O1.TXT aufbereitete Randbedingungen: Für Dokumentationszwecke.

Z88O2.TXT die berechneten Verschiebungen, die Lösung des FE-Problems.

Der Spannungsprozessor **Z88D** verwendet intern die berechneten Verschiebungen von Z88F und gibt

Z88O3.TXT die berechneten Spannungen aus. Die Steuerparameter in Z88I3.TXT können bei Stäben Nr. 4 beliebig sein.

Der Knotenkraftprozessor **Z88D** verwendet intern die berechneten Verschiebungen von Z88F und gibt

Z88O4.TXT die berechneten Knotenkräfte aus.

Hier wurden die Verschiebungen mit den Faktoren FUX, FUY und FUZ von je 100 um das Hundertfache vergrößert.

13.2 Kranträger aus Stäben Nr. 4   267

Sie können bei diesem 3D-Beispiel die Struktur bei **WindowsNT/95** mit den Tasten *F2 .. F7* oder *> Bild > Rotation X-* usw. bzw. **UNIX** mit den Pushbuttons *RX+, RX-, ...,RZ-* um die drei Raumachsen rotieren lassen in Schritten von je 10 Grad. Mit *F8* (**WindowsNT/95**) bzw. *Rot 0* (**UNIX**) setzen Sie die Rotationen wieder auf Null.

Zoomen können Sie bei **WindowsNT/95** mit den Tasten *BILD HOCH* bzw. *BILD RUNTER* oder mit *> Bild > Vergr.* bzw. *> Bild > Verklei.* und bei **UNIX** mit den Pushbuttons *Zoom+* bzw. *Zoom−*.

Die Struktur verschieben Sie (sog. Panning) mit den *Cursortasten links, rechts, hoch, runter* und *POS1* bzw. *ENDE*, bei **UNIX** mit den Pushbuttons *X+, X−, ..., Z−*.

Außerdem sollten Sie die verschiedenen Ansichten, die Z88P zur Verfügung stellt, ausprobieren: **WindowsNT/95** : *> Ansicht > XY, XZ, YZ, 3-Dim* bzw. **UNIX** : *Radiobox XY, XZ, YZ, 3D*. Vergleichsspannungen können Sie bei Stäben Nr.4 im Plotprogramm nicht anzeigen.

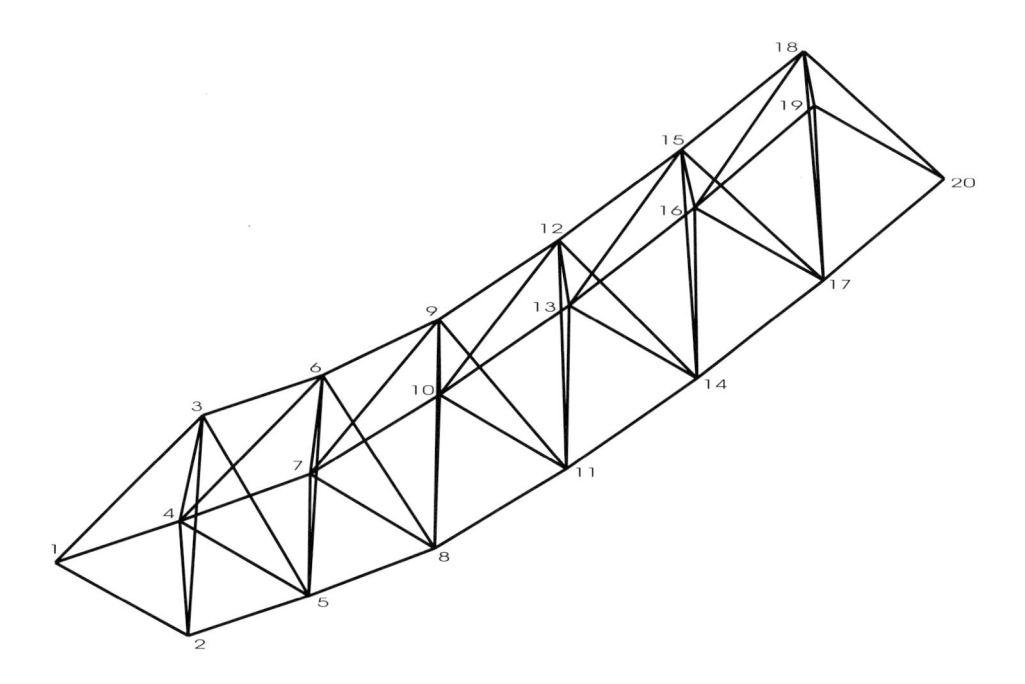

Bild 13.2-2: Verformter Kranträger

13.3 Getriebewelle mit Welle Nr. 5

Die Beispieldatei B3_X.DXF in Z88-Eingabedateien Z88X.DXF umkopieren:
B3_X.DXF ---> Z88X.DXF CAD-Eingabefile

CAD:

In diesem Beispiel können Sie die CAD-FE Struktur betrachten und auch ggf. später erzeugen. Spielen Sie zunächst das Beispiel ohne eigene Eingriffe durch. Z88X.DXF in Ihr CAD-Programm importieren und betrachten. So würden Sie sie normalerweise selbst gezeichnet haben. Ändern Sie nichts und verlassen Sie Ihr CAD-Programm ohne Speichern, Konvertieren usw. Wenn Sie kein passendes CAD-System haben, lassen Sie diesen Schritt aus.

Z88:

Z88X, Konvertierung von Z88X.DXF nach Z88I1.TXT, Z88I2.TXT und Z88I3.TXT. **WindowsNT/95:** *Berechnung > Z88X >Konvertierung > 5 von Z88X.DXF nach Z88I*.TXT, > Berechnung > Start,* **UNIX:** Pushbutton *DXF <-> Z88* mit Option *DXF -> I** (Z88-Commander) oder *z88x -iafx* („i all from x") (Konsole oder X-Term).

Z88P, Finite Elemente Struktur betrachten. Löschen Sie zuvor die Datei Z88P.STO. Dann nimmt Z88P als Standard das Strukturfile Z88I1.TXT an. Löschen können Sie bei **WindowsNT/95** und **UNIX** direkt im Z88-Commander *Z88COM*. Starten Sie sodann Z88P. **WindowsNT/95:** *Plotten > Z88P* , **UNIX:** Beim Z88-Commander Pushbutton *Plotauswahl* mit Radiobutton *Z88P* oder starten Sie von einem X-Term *z88p* oder *z88p_dy* (vgl. Kap. 9.3).

Z88F, berechnet Verformungen. Sie können den Compactmode nehmen: **WindowsNT/95:** *Berechnung > Z88F > Mode > Compactmode, > Berechnung > Start,* **UNIX:** Beim Z88-Commander Pushbutton *Z88F* mit Radiobutton *Compact M* oder starten Sie von einem X-Term oder einer Konsole *z88f-c*

Z88D, berechnet Spannungen. **WindowsNT/95:** *Berechnung > Z88D > Berechnung > Start,* **UNIX:** Beim Z88-Commander Pushbutton *Z88D* oder starten Sie von einem X-Term oder einer Konsole *z88d*

Z88E, Knotenkraft-Berechnung. **WindowsNT/95:** *Berechnung > Z88E > Berechnung > Start,* **UNIX:** Beim Z88-Commander Pushbutton *Z88E* oder starten Sie von einem X-Term oder einer Konsole *z88e*.

Z88P, Finite Elemente Struktur verformt betrachten. Die Verformungen werden standardmäßig um den Faktor 100 vergrößert, was für dieses Beispiel zu wenig ist:

Setzen Sie *FUX, FUY* und *FUZ* auf je 1000. **WindowsNT/95:** *Plotten > Z88P > Faktoren > Verschiebungen >* für *FUX, FUY* und *FUZ* je 1000 eintragen, *> Struktur > Verformt*. **UNIX:** Beim Z88-Commander Pushbutton *Plotauswahl* mit Radiobutton *Z88P* oder starten Sie von einem X-Term *z88p* oder *z88p_dy* (vgl. Kap. 9.3), bei Textfeldern *FUX, FUY* und *FUZ* je 1000 eintragen, entweder jeweils Return oder Pushbutton *Regen*. Radiobutton *Verformt*.

Das Berechnen und Anzeigen von Vergleichsspannungen ist für Wellen Nr.5 nicht vorgesehen, weil nach neueren Erkenntnissen Vergleichsspannungen bei Wellen nicht nur von den eigentlichen Hauptspannungen (die in Z88 berechnet werden), sondern auch besonders von Kerbfaktoren (die naturgemäß *nicht* in Z88 und anderen FEM-Systemen berechnet werden) und anderen Einflußgrößen abhängen.

Aufgabe:

Eine Getriebewelle besteht aus:

* Wellenabschnitt, D = 30 mm, L = 30 mm, Festlager am linken Ende
* Zahnrad 1, Teilkreis-D = 45 mm, L = 20mm
* Wellenabschnitt, D = 35, L = 60 mm, Loslager in der Mitte
* Zahnrad 2, Teilkreis-D = 60 mm, L = 15mm
* Wellenabschnitt, D = 40mm, L = 60 mm, Loslager am rechten Ende

Für die Belastungen stellen wir uns die Welle körperlich mit folgendem Koordinatensystem vor: Schauen wir auf die Welle als Hauptansicht, dann sei der Ursprung am linken Wellenende, Wellenmitte. X läuft längs der Welle, Z nach oben, Y nach hinten.

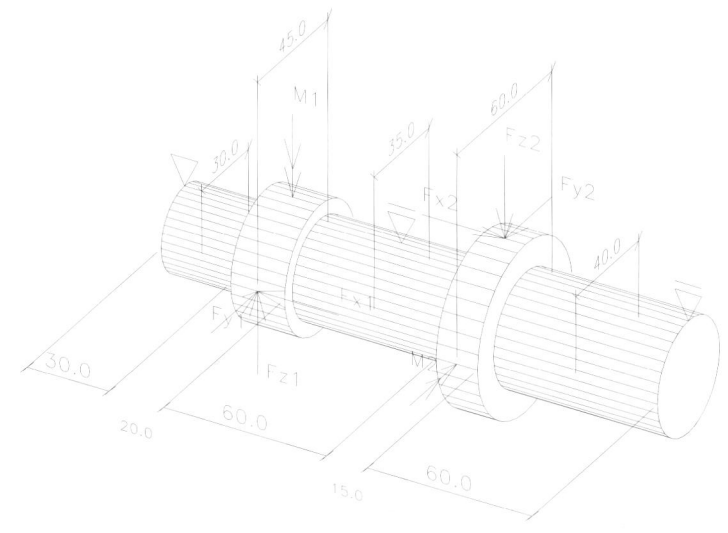

Bild 13.3-1: Getriebewelle

*** Am Zahnrad 1 wirken im (körperlichen) Punkt X1= 40, Y1= –22.5, Z1= 0 folgende Zahnkräfte: Fx1= –10.801 N, Fy1= 6.809 N, Fz1= 18.708 N. Aus Fx1 resultiert ein Biegemoment M1 um die Z-Achse von –243.023 Nmm.

*** Am Zahnrad 2 wirken im (körperlichen) Punkt X2= 117.5, Y2= 0, Z2= 30 folgende Zahnkräfte: Fx2= 8.101 N, Fy2= –14.031 N, Fz2= –5.107 N Aus Fx2 resultiert ein Biegemoment M2 um die Y-Achse von 243.030 Nmm.

*** Daher ergeben sich Belastungen in XY- und XZ-Ebene. Für die FE-Rechnung existieren die „körperlichen" Punkte natürlich nicht, denn ein Wellenelement besteht rechnerisch nur aus zwei Punkten längs der X-Achse. Die Y- und Z-Koordinaten sind immer 0.

*** Die Welle wird in acht Wellenelemente Nr.5 unterteilt = 9 Knoten. Die Lagerung erfolgt in den Knoten 1, 5 und 9. Am Knoten 1 wird zusätzlich der Freiheitsgrad 4 (der Torsionsfreiheitsgrad) gesperrt, um die Wellenverdrehung zwischen den beiden Zahnrädern rechnen zu können.

13.3.1 Eingaben

Dieses Beispiel ist fast einfacher in Dateiform per Editor einzugeben als mit CAD. Der CAD-Einsatz bringt echte Vorteile bei z.B. Beispiel 1, 2, 5 und 6. Beide Wege werden nachfolgend gezeigt:

mit CAD-Programm:

Gehen Sie nach der Beschreibung Kapitel 10.6 vor. Vergessen Sie nicht, auf dem Layer Z88EIO die Element-Informationen per TEXT-Funktion abzulegen, also

```
FE  1   5       (1. finites Element Typ 5)
FE  2   5       (2. finites Element Typ 5)
FE  3   5       (3. finites Element Typ 5)
FE  4   5       (4. finites Element Typ 5)
FE  5   5       (5. finites Element Typ 5)
FE  6   5       (6. finites Element Typ 5)
FE  7   5       (7. finites Element Typ 5)
FE  8   5       (8. finites Element Typ 5)
```

und auf dem Layer Z88GEN die allgemeinen Informationen und E-Gesetze, wie

```
Z88I1.TXT  3  9  8  54  3  0  0
              (3-dim, 9 Knoten, 8 Ele, 54 FG, 3 E-Gesetze, Flags 0)
MAT 1 1 3 206000 0.3 1 30
              (1. E-Gesetz von Ele 1 bis 3, E, nue, QPARA= 30)
```

MAT 2 4 6 206000 0.3 1 35
                      (2. E-Gesetz von Ele 3 bis 6, E, nue, QPARA= 35)
MAT 3 7 7 206000 0.3 1 40
                      (3. E-Gesetz von Ele 7 bis 7, E, nue, QPARA= 40)

Da Wellen Nr. 5 Strukturelemente (also nicht weiter verfeinerbar wie finite Elemente) sind, kann hier kein Netzgenerator verwendet werden. Sie können sofort die Randbedingungen mit der TEXT-Funktion auf dem Layer Z88RBD anlegen:

Z88I2.TXT	18				*(18 Randbedingungen)*
RBD 1	1	1	2	0	*(1. RB: Knoten 1, FG 1 (=X) gesperrt)*
RBD 2	1	2	2	0	*(2. RB: Knoten 1, FG 2 (=Y) gesperrt)*
RBD 3	1	3	2	0	*(3. RB: Knoten 1, FG 3 (=Z) gesperrt)*
RBD 4	1	4	2	0	*(4. RB: Knoten 1, FG 4 (=Torsion) gesperrt)*
RBD 5	3	1	1	−10801	*(5. RB: Knoten 3, FG 1 (=X), Kraft −10801 N)*
RBD 6	3	2	1	+6809	*(6. RB: Knoten 3, FG 2 (=Y), Kraft 6809 N)*
RBD 7	3	3	1	+18708	*(7. RB: Knoten 3, FG 3 (=Z), Kraft 18708 N)*
RBD 8	3	4	1	−420930	*(8. RB: Knoten 3, FG 4 (Torsion), Moment −420930 Nmm)*
RBD 9	3	6	1	−243023	*(9. RB: Knoten 3, FG 6 (Biegem. um Z), Moment −243023 Nmm)*
RBD 10	5	2	2	0	
RBD 11	5	3	2	0	
RBD 12	7	1	1	+8101	
RBD 13	7	2	1	−14031	
RBD 14	7	3	1	−5107	
RBD 15	7	4	1	+420930	
RBD 16	7	5	1	−243030	
RBD 17	9	2	2	0	
RBD 18	9	3	2	0	

... und für die Spannungsberechnung schreiben Sie an eine beliebige, freie Stelle Ihrer Zeichnung im Layer Z88GEN:

Z88I3.TXT 0 0 0   *(die Spannungsparameter können hier beliebig sein)*

Exportieren Sie die Zeichnung als DXF-Datei mit dem Namen Z88X.DXF und starten Sie anschließend den CAD-Konverter Z88X mit der Option „von Z88X.DXF nach Z88I*.TXT". Es werden die Eingabedateien Z88I1.TXT, Z88I2.TXT, Z88I3.TXT erzeugt.

mit Editor:

Geben Sie per Editor die Strukturdaten Z88I1.TXT (vgl. Abschnitt 11.2) ein:

```
3  9  8  54  3  0 0     (3-dim, 9 Knoten, 8 Ele, 54 FG, 3 E-Gesetze, Flags 0)
1  6   0       0  0     (Knoten 1, 6 FG, X-, Y- und Z-Koordinate)
2  6  30       0  0     (Knoten 2, 6 FG, X-, Y- und Z-Koordinate)
3  6  40       0  0
4  6  50       0  0
5  6  80       0  0
6  6 110       0  0
7  6 117.5     0  0
8  6 125       0  0
9  6 185       0  0
1  5                    (Element 1, Welle Nr. 5)
1  2                    (Koinzidenz Element 1)
2  5                    (Element 2, Typ 5)
2  3                    (Koinzidenz Element 2)
..........              (Elemente 3 bis 7 hier ausgelassen)
8  5
8  9
1  3  206000  0.3  1  30   (E-Gesetz von Ele 1 bis 3, E, nue, QPARA= 30)
4  6  206000  0.3  1  35   (E-Gesetz von Ele 3 bis 6, E, nue, QPARA= 35)
7  7  206000  0.3  1  40   (E-Gesetz von Ele 7 bis 7, E, nue, QPARA= 40)
```

Die Randbedingungen Z88I2.TXT:

```
18                      (18 Randbedingungen)
1  1  2    0            (Knoten 1, FG 1 (=X) gesperrt)
1  2  2    0            (Knoten 1, FG 2 (=Y) gesperrt)
1  3  2    0            (Knoten 1, FG 3 (=Z) gesperrt)
1  4  2    0            (Knoten 1, FG 4 (=Torsion) gesperrt)
3  1  1  –10801         (Knoten 3, FG 1 (=X), Kraft –10801 N)
3  2  1  +6809          (Knoten 3, FG 2 (=Y), Kraft 6809 N)
3  3  1  +18708         (Knoten 3, FG 3 (=Z), Kraft 18708 N)
3  4  1  –420930        (Knoten 3, FG 4 (Torsion), Moment –420930 Nmm)
3  6  1  –243023        (Knoten 3, FG 6 (Biegemomoment um Z), Moment –
                         243023 Nmm)
5  2  2    0
5  3  2    0
7  1  1  +8101
7  2  1  –14031
```

```
7  3  1      –5107
7  4  1    +420930
7  5  1    –243030
9  2  2         0
9  3  2         0
```

Für die Spannungsrechnung kann das Parameterfile für Spannungsprozessor Z88I3.TXT beliebigen Inhalt haben (vgl. Abschnitte 11.5 und 12.5), denn Gaußpunkte, Radial- und Tangentialspannungen sowie Berechnung der Vergleichsspannungen haben für Wellen Nr. 5 keine Bedeutung.

CAD und Editor:

Nachdem nun die Strukturdaten Z88I1.TXT, die Randbedingungen Z88I2.TXT und das Steuerfile für den Spannungsprozessor Z88I3.TXT (mit beliebigem Inhalt) vorliegen, können gestartet werden:

>Z88F   FE-Prozessor für Verschiebungsrechnung
>Z88D   Spannungsprozessor
>Z88E   Knotenkraftprozessor.

13.3.2 Ausgaben

Der FE-Prozessor **Z88F** liefert folgende Ausgabefiles:

Z88O0.TXT die aufbereiteten Strukturwerte. Für Dokumentationszwecke.

Z88O1.TXT aufbereitete Randbedingungen. Für Dokumentationszwecke.

Z88O2.TXT die berechneten Verschiebungen, die Lösung des FE-Problems. Beachten Sie hierbei, daß die Verformungen der FG 4, 5 und 6 Verdrehungen in rad sind.

Der Spannungsprozessor **Z88D** verwendet die berechneten Verschiebungen von Z88F und gibt

Z88O3.TXT   die berechneten Spannungen aus. Die Steuerparameter in Z88I3.TXT können bei Wellen Nr.5 beliebig sein.

Der Knotenkraft-P. **Z88E** verwendet die berechneten Verschiebungen von Z88F und gibt

Z88O4.TXT   die berechneten Knotenkräfte aus. Beachten Sie hierbei, daß die „Kräfte" an den FG 4, 5 und 6 in Wirklichkeit Momente sind, denn die FG 4, 5 und 6 sind Rotationen.

Hier wurden die Verschiebungen mit den Faktoren FUX, FUY und FUZ von je 1000 um das Tausendfache vergrößert.

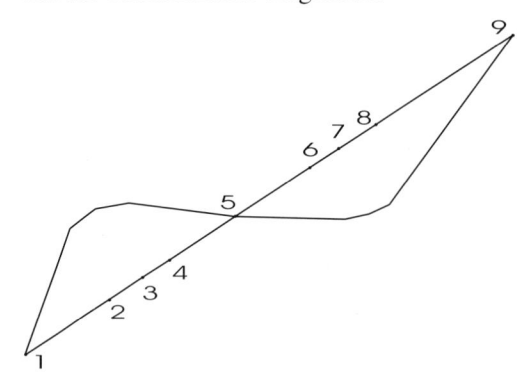

Bild 13.3-2: Ansicht unverformte Struktur mit Knotenlabels, darüber verformte Struktur im Raum

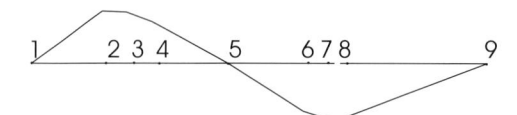

Bild 13.3-3: Ansicht X-Y -Ebene, unverformt und verformt

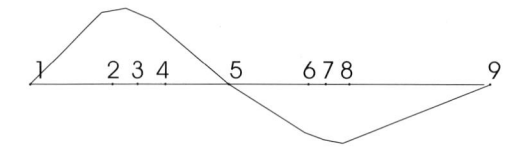

Bild 13.3-4: Ansicht X-Z -Ebene, unverformt und verformt

13.4 Biegeträger mit Balken Nr. 13

Die Beispieldatei B4_X.DXF in Z88-Eingabedateien Z88X.DXF umkopieren:

B4_X.DXF ---> Z88X.DXF CAD-Eingabefile

CAD:

Z88X.DXF in Ihr CAD-Programm importieren und betrachten. Diese Vorlage hätten normalerweise Sie in CAD gezeichnet (was sich hier nicht lohnt) und dann als Z88X.DXF exportiert.

13.4 Biegeträger mit Balken Nr. 13

Z88: *(in Kurzform, ausführlichere Anleitung vgl. Beispiele 13.1, 13.2 und 13.3)*

Z88X, Konvertierung „von Z88X.DXF nach Z88I*.TXT"

Z88P, Strukturfile Z88I1.TXT, Struktur betrachten

Z88F, berechnet Verformungen

Z88D, berechnet Spannungen

Z88E, berechnet Knotenkräfte

Z88P, Plotten FE-Struktur, nun auch verformt (FUX, FUY, FUZ je 10).

Es wird ein beidseitig eingespannter Träger behandelt, der in der Mitte mit 1648 N nach unten belastet wird, vgl. *Dubbel*, Taschenbuch für den Maschinenbau, 15. Auflage, Springer 1986, S.201, Fall 6. Geometrie: Länge 1000 mm, Querschnitt Flach 50 × 10 mm. Damit ist: A = 500 mm**2, Izz = 4167 mm**4, ezz = 5 mm.

Die Biegelinie hat Wendepunkte, daher nehmen wir 4 Balken Nr. 13. Die Knoten 1 und 5 werden eingespannt, im Knoten 3 wird belastet.

Analytisch rechnet man:

f in der Mitte : F*L**3/(192*E*I) = 10 mm
f in den Wendepunkten : fw= f/2   = 5 mm
Die Momente links, rechts, Mitte : F*L/8 = 206000 Nmm
Die Neigung in den Wendepunkten : phi= atan(3*f/L) = 0.029991 rad

Bei der Auswertung von Z88O2.TXT (Verschiebungen) und Z88O4.TXT (Kräfte, Momente) die Vorzeichendefinitionen beachten (vgl. Abschnitt 12.13). Besonders Z88O4.TXT, Knoten 3: Die Kraft F(2) = Kraft in Y ist die Summe aus den Einzelkräften der Elemente 2 und 3, weil äußere Last. Die Kraft F(3) = Biegemoment ist nicht über Elemente 2 und 3 zu addieren, weil Schnittmoment, keine äußere Last! Auch die Vorzeichen für Last F(3) am Knoten 1 und F(3) am Knoten 5 sind richtig, vgl. Abschnitt 12.13. In der Technischen Mechanik gelten t.w. andere Konventionen.

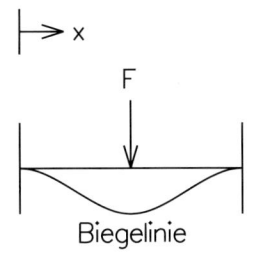

Bild 13.4-1: Darstellung der Biegelinie

13.4.1 Eingaben

An diesem Beispiel wird deutlich, daß bei einer FEA-Rechnung an allen Stellen, an denen man Ergebnisse haben möchte, definitiv Knoten vorhanden sein müssen. Da der Balken links und rechts „eingemauert" ist, stellt sich zwar in der Mitte bei $x = L/2$ die höchste Absenkung ein, jedoch hat die Biegelinie zusätzlich zwei Wendepunkte bei $x = L/4$ und bei $x = 3L/4$. Um an diesen Stellen Rechenergebnisse zu erhalten, ist die Struktur in 4 Balken Nr. 13 aufzuteilen mit Knoten bei $x = 0$, $x = L/4$, $x = L/2$, $x = 3L/4$ und $x = L$.

Hier wird nur die Eingabe via Dateien gezeigt, da sich hier der CAD-Einsatz nicht lohnt.

So wird Z88I1.TXT:

2 5 4 15 1 0 1   *(2-D, 5 Knoten, 4 Ele, 5 FG, 1 E-Gesetz, KFLAG 0, IBFLAG 1)*
1 3   0 0   *(1. Knoten, 3 FG, X- und Y-Koordinate)*
2 3 250 0
3 3 500 0
4 3 750 0
5 3 1000 0
1 13   *(1. Element, Typ Ebener Balken Nr. 13)*
1 2   *(Koinzidenz 1. Element)*
2 13
2 3
3 13
3 4
4 13
4 5
1 4 206000 0.3 1 500 0 0 4167 5 0 0
(E-Gesetz Ele 1 bis 4, E-Modul, nue, INTORD (bel.), QPARA = Fläche, Ixx=0, exx=0, Izz, ezz, It=0, Wt=0)

Bei den Randbedingungen wird der Knoten 1 in allen Freiheitsgraden gesperrt. Wichtig ist insbesondere die Verschiebung in X = Freiheitsgrad 1, damit die Struktur wirklich raumfest wird. Am Knoten 5 genügt die Festlegung der Freiheitsgrade 2 (= Verschiebung in Y) und 3 (= Einspannmoment). Den X-Freiheitsgrad kann man, wenn man will, rechnerisch sperren. In der Praxis werden die Auflager so ausgeführt, daß der Träger zumindest in einem Auflager in X wegen Wärmedehnung schieben kann. Das ist in Z88I2.TXT berücksichtigt.

Hier Z88I2.TXT:

6				*(6 Randbedingungen)*
1	1	2	0	*(Knoten 1, am FG 1 eine Verschiebung von 0 = FG 1 gesperrt)*
1	2	2	0	*(Knoten 1, FG 2 gesperrt)*
1	3	2	0	*(Knoten 1, FG 3 gesperrt (Einspannmoment))*
3	2	1	–1648	*(Knoten 3, am FG 2 eine Kraft von –1648 N)*
5	2	2	0	
5	3	2	0	

Für die Spannungsberechnung kann das Parameterfile für Spannungsprozessor Z88I3.TXT beliebigen Inhalt haben (vgl. Abschnitte 11.5 und 12.13), denn Gaußpunkte, Radial- und Tangentialspannungen sowie Berechnung der Vergleichsspannungen haben für Balken Nr. 13 keine Bedeutung.

13.4.2 Ausgaben

Der FE-Prozessor **Z88F** liefert folgende Ausgabefiles:

Z88O0.TXT die aufbereiteten Strukturwerte. Für Dokumentationszwecke
Z88O1.TXT aufbereitete Randbedingungen. Für Dokumentationszwecke.
Z88O2.TXT die berechneten Verschiebungen, die Lösung des FE-Problems.

Der Spannungsprozessor **Z88D** verwendet die berechneten Verschiebungen von Z88F und gibt **Z88O3.TXT** die berechneten Spannungen aus. Die Steuerparameter in Z88I3.TXT können bei Balken Nr. 13 beliebig sein.

Der Knotenkraft-P **Z88E** verwendet die berechneten Verschiebungen von Z88F und gibt **Z88O4.TXT** die berechneten Knotenkräfte aus.

Hier wurden die Verschiebungen mit den Faktoren FUX, FUY und FUZ von je 10 um das Zehnfache vergrößert.

Bei den Ergebnissen der Knotenkräfte ist zu beachten: Knoten 3: Die Kraft F(2) = Kraft in Y ist die Summe aus den Einzelkräften der Elemente 2 und 3, weil äußere Last. Die Kraft F(3) = Biegemoment ist nicht über Elemente 2 und 3 zu addieren, weil Schnittmoment, keine äußere Last! Auch die Vorzeichen für Last F(3) am Knoten 1 und F(3) am Knoten 5 sind richtig, vgl. Abschnitt 12.13. In der Technischen Mechanik gelten t.w. andere Konventionen.

Zusatzbemerkung: Wie ersichtlich, sind solche einfachen Beispiele gut geeignet, um sich die Vorzeichendefinitionen klar zu machen. Experimentieren Sie mit diesem Beispiel und rechnen Sie andere Biegefälle aus *Dubbel* oder *Hütte*. Sinngemäß werden Balkenfachwerke etc. mit Balken Nr. 2 berechnet. Dann muß aber eine echte räumliche Struktur vorliegen: Mindestens eine Z-Koordinate muß ungleich 0 sein.

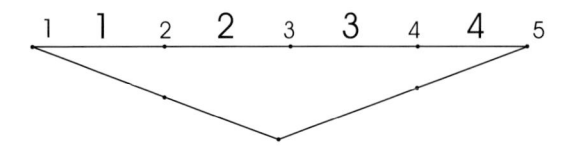

Bild 13.4-2: Ansicht Struktur unverformt und verformt

Beachte: Das Plotprogramm Z88P verbindet die Knoten mit geraden Linien, obwohl im Falle eines Balkens Nr. 13 bzw. Nr. 2 die Biegelinie eine kubische Parabel darstellt. Das bedeutet: Die Verformungen zeigt Z88P an den Knoten selbst korrekt, zwischen den Knoten sind Geradenstücke. Es wird also keine Biegelinie abgebildet. Wollte man dies mit Z88P tun, dann müßten wesentlich mehr Balken verwendet werden (die kubische Biegelinie wird dann durch eine größere Anzahl Geraden stückweise abgebildet).

13.5 Plattensegment aus Hexaedern Nr. 1

Die Beispieldateien B5_* in Z88-Eingabedateien Z88* umkopieren:

B5_X.DXF ---> Z88X.DXF CAD-Eingabefile
B5_2.TXT ---> Z88I2.TXT Randbedingungen
B5_3.TXT ---> Z88I3.TXT Steuerparameter für Spannungsprozessor

CAD:

Z88X.DXF in Ihr CAD-Programm importieren und betrachten. Diese Vorlage hätten normalerweise Sie in CAD gezeichnet und dann als Z88X.DXF exportiert.

Z88: (in Kurzform, ausführlichere Anleitung vgl. Beispiele 13.1, 13.2 und 13.3)

Z88X, Konvertierung „von Z88X.DXF nach Z88NI.TXT"
Z88P, darin Strukturfile Z88NI, Superstruktur betrachten
Z88N, Netzgenerator, erzeugt Z88I1.TXT
Z88P, darin Strukturfile Z88I1.TXT, unverformte FE-Struktur
Z88X, Konvertierung „von Z88I*.TXT nach Z88X.DXF"

CAD:

Z88X.DXF in Ihr CAD-Programm importieren und betrachten. Normalerweise hätten Sie in CAD nun die Randbedingungen und Steuerinformationen Z88I3.TXT hinzugefügt und dann als Z88X.DXF exportiert.

13.5 Plattensegment aus Hexaedern Nr. 1

Z88: *(in Kurzform, ausführlichere Anleitung vgl. Beispiele 13.1, 13.2 und 13.3)*

Z88X, Konvertierung „von Z88X.DXF nach Z88I*.TXT"
Z88F, berechnet Verformungen
Z88D, berechnet Spannungen
Z88P, Plotten FE-Struktur, auch verformt (FUX, FUY, FUZ je 10.) bzw. Spannungsanzeige
Z88E, Knotenkraftberechnung

Wir betrachten ein 90-Grad Plattensegment, sieht wie ein Tortenstück aus. Ist am äußeren Rand eingespannt und wird am inneren Rand mit 7000 N belastet. Derartige Strukturen lassen sich am besten in Zylinderkoordinaten eingeben; um die Geometrie zu erfassen, genügen zwei Superelemente Hexaeder Nr. 10. Diese beiden SE sollen nun in insgesamt 48 Hexaeder Nr. 1 als FE-Netz zerlegt werden.

Dieses Beispiel ist sehr geeignet für Experimente mit dem Netzgenerator. Sollten Sie das tun, dann müssen Sie ggf. neue Randbedingungen definieren: mit Hilfe Ihres CAD-Programms bzw. des Z88-Plotprogramms.

Bei der Spannungsanzeige ist zu beachten, daß die Spannungen in den Gaußpunkten angezeigt werden. Gaußpunkte liegen im Innern eines Finiten Elements, nie direkt auf der Oberfläche. Spannungen auf der Oberfläche erhält man durch Extrapolieren, z.B. Biegespannungen mit Strahlensatz.

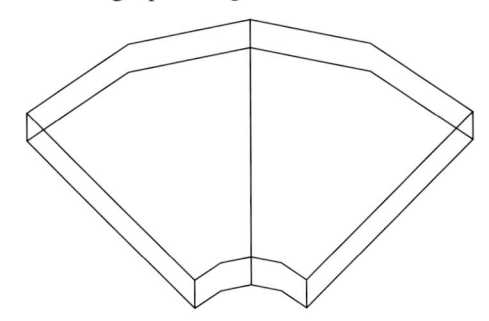

Bild 13.5-1: Superstruktur, bestehend aus zwei Hexaedern Nr. 10 mit je 20 Knoten

13.5.1 Eingaben

mit CAD-Programm:

Gehen Sie nach der Beschreibung Kapitel 10.6.2 vor. Vergessen Sie nicht, auf dem Layer Z88EIO die Superelement-Informationen per TEXT-Funktion abzulegen, also

SE 1 1 8 L 3 e 1 e *(1. Supere., FE Typ 1, untert. x 8 x aufst., in y 3 x gleich, z lassen)*

SE 2 1 8 L 3 e 1 e *(2. Supere., FE Typ 1, untert. x 8 x aufst., in y 3 x gleich, z lassen)*

und auf dem Layer Z88GEN die allgemeinen Informationen und E-Gesetz, wie

Z88I1.TXT 3 32 2 96 1 1 0 0   *(3-Dim,32 Kno, 2SE, 96 FG,1 EG,KFLAG 1,restl. Flags 0)*

MAT 1 1 2 206000 0.3 2 0   *(SE1 bis SE2: E, nue, INTORD fuer FE, QPARA 0)*

Exportieren Sie die Zeichnung als DXF-Datei mit dem Namen Z88X.DXF und starten Sie anschließend den CAD-Konverter Z88X mit der Option „von Z88X.DXF nach Z88NI.TXT". Es wird die Netzgenerator-Eingabedateien Z88NI.TXT erzeugt.

mit Editor:

Netzgenerator-Eingabefile Z88NI.TXT (vgl. Kapitel 11.3) mit Editor schreiben :

3 32 2 96 1 1 0 0   *(3-Dim, 32 Kno, 2SE, 96 FG,1 EG,KFLAG 1,restl. Flags 0)*

1 3 20   0   5   *(1. Knoten, 3 FG, R-, Phi- und Z-Koordinate)*

2 3 80   0   5   *(2. Knoten, 3 FG, R-, Phi- und Z-Koordinate)*

3 3 80 45 5

....   *(Knoten 4 .. 30 hier nicht dargestellt)*

31 3 80 90 2.5
32 3 20 90 2.5
1 10   *(Superele 1, Typ Hexaeder Nr. 10)*
1 2 3 4 5 6 7 8 9 10 11 12 13 14 15 16 17 18 19 20
    (Koinzidenz)
2 10
4 3 21 22 8 7 23 24 11 25 26 27 15 28 29 30 20 19 31 32
1 2 206000 0.3 2 0   *(SE1 bis SE2: E, nue, INTORD fuer FE, QPARA 0)*
1 1   *(Zerlege SE1 in Hexaeder Nr.1 und unterteile)*
8 L 3 e 1 e   *(8mal geom. steigend in x,3mal gleich in y,z bleibt)*
2 1
8 L 3 e 1 e

CAD und Editor:

Der Netzgenerator Z88N wird gestartet. Er erzeugt das eigentliche Z88-Strukturfile Z88I1.TXT. Das schauen wir uns entweder

* nach Konversion mit Z88X im CAD-Programm (von Z88I1.TXT nach Z88X.DXF) oder
* mit dem Z88-Plotprogramm Z88P an, um die Randbedingungen definieren zu können:

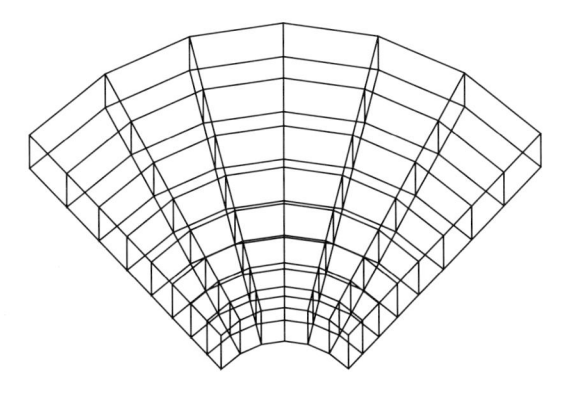

Bild 13.5-2: Ansicht des vom Netzgenerator erzeugten FE-Netzes Z88I1.TXT

Man ermittelt nun im Plotprogramm oder CAD-System die Knoten, an denen die Struktur festgehalten bzw. belastet wird und gibt die Randbedingungen ein:

im CAD Programm:

Gehen Sie auf den Layer Z88RBD und geben Sie jeweils mit der TEXT-Funktion an beliebiger, freier Stelle ein:

Z88I2.TXT 49					*(49 Randbedingungen)*
RBD 1	1	3	1	−1000	*(1. RB: Knoten 1, am FG 3, also in Z, eine Last von −1000 N)*
RBD 2	3	3	1	−1000	
RBD 3	5	3	1	−1000	
RBD 4	7	3	1	−1000	
RBD 5	65	1	2	0	*(5. RB: Knoten 65, FG 1 gesperrt)*
RBD 6	65	2	2	0	*(6. RB: Knoten 65, FG 2 gesperrt)*
RBD 7	65	3	2	0	*(7. RB: Knoten 65, FG 3 gesperrt)*

.....*(die Knoten 66,67,68,69,70,71,72 werden wie 65 in allen 3 FG gesperrt)*
RBD 29 73 3 1 −1000
RBD 30 75 3 1 −1000
RBD 31 77 3 1 −1000
.....*(die Knoten 121, 122, 123, 124, 125 werden wie 126 in allen 3 FG gesperrt)*
RBD 47 126 1 2 0
RBD 48 126 2 2 0
RBD 49 126 3 2 0

mit Editor:

File der Randbedingungen Z88I2.TXT durch Editieren aufstellen:

```
49                  (49 Randbedingungen)
 1  3  1  -1000     (Knoten 1, am FG 3, also in Z, eine Last von -1000 N)
 3  3  1  -1000
 5  3  1  -1000
 7  3  1  -1000
65  1  2   0        (Knoten 65, FG 1 gesperrt)
65  2  2   0        (Knoten 65, FG 2 gesperrt)
65  3  2   0        (Knoten 65, FG 3 gesperrt)
.....(die Knoten 66, 67, 68, 69, 70, 71, 72 werden wie 65 in allen 3 FG gesperrt)
73  3  1  -1000
75  3  1  -1000
77  3  1  -1000
.....(die Knoten 121, 122, 123, 124, 125 werden wie 126 in allen 3 FG gesperrt)
126  1  2  0
126  2  2  0
126  3  2  0
```

Eingabe für Spannungsberechnung:

mit CAD-Programm :

Gehen Sie auf den Layer Z88GEN und schreiben Sie eine beliebige, freie Stelle:

Z88I3.TXT 2 0 1   (2x2 Gaußpunkte für Spannungen, KFLAG 0, Vergleichssp. GEH)

Exportieren Sie die Zeichnung als DXF-Datei mit dem Namen Z88X.DXF und starten Sie anschließend den CAD-Konverter Z88X mit der Option „von Z88X.DXF nach Z88I*.TXT". Es werden die drei Z88-Eingabedateien Z88I1.TXT, Z88I2.TXT, Z88I3.TXT erzeugt.

mit Editor:

Geben Sie in das Parameterfile für Spannungsprozessor Z88I3.TXT (vgl. Kap. 11.5)

2 0 1   (2x2 Gaußpunkte für Spannungen, KFLAG 0, Vergleichssp. GEH)

CAD und Editor:

Nunmehr können FE-Prozessor Z88F und dann Spannungsprozessor Z88D gestartet werden. Bei Z88F wird man den Compactmode wählen, da nur ein Randbedingungssatz vorhanden ist, vgl. Abschnitt 10.1. Knotenkraftberechnung mit Z88E.

13.5.2 Ausgaben

Der FE-Prozessor **Z88F** liefert uns folgende Ausgabefiles an:

Z88O0.TXT   die aufbereiteten Strukturwerte. Für Dokumentationszwecke.
Z88O1.TXT   aufbereitete Randbedingungen. Für Dokumentationszwecke.
Z88O2.TXT   die berechneten Verschiebungen, die Lösung des FE-Problems.

Der Spannungsprozessor **Z88D** verwendet die berechneten Verschiebungen von Z88F und gibt **Z88O3.TXT** die berechneten Spannungen aus. Welche Spannungen in Z88O3.TXT gegeben werden, hängt von den Steuerparametern in Z88I3.TXT ab.

Der Knotenkraft-Prozessor **Z88E** verwendet die berechneten Verschiebungen von Z88F und gibt **Z88O4.TXT** die berechneten Knotenkräfte aus.

Für die verformte Struktur ergibt sich bei Wahl von FUX, FUY und FUZ (Vergrößerung der Verschiebungen) von je 10 im Plotprogramm folgendes Bild:

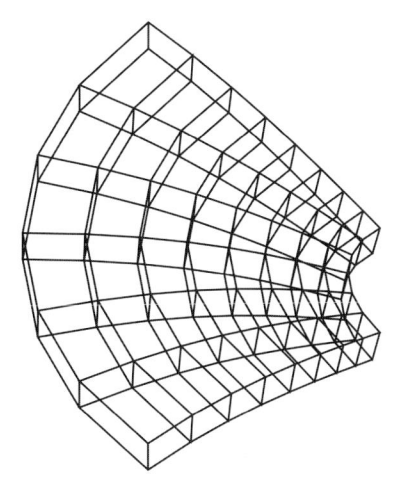

Bild 13.5-3: Ansicht der verformten Struktur

Anmerkung: Die Superstruktur läßt sich sehr leicht in z.B. AutoCAD konstruieren. Die Ränder wird man als Bögen zeichnen. Die Knotenpunkte lassen sich einfach mit der Funktion > Zeichnen > Punkt > Teilen erzeugen. Beim Umfahren der Elemente (was man mit der Linienfunktion macht) darauf achten, daß man die Ansicht im Raum jeweils sauber positioniert hat, d.h. daß alle Knoten eines Superelements *genau* getroffen werden.

13.6 Rohr unter Innendruck, Scheibe Nr. 7

Die Beispieldatei B6_X.DXF in Z88-DXF-Datei Z88X.DXF umkopieren:

B6_X.DXF ---> Z88X.DXF

CAD:

Z88X.DXF in Ihr CAD-Programm importieren und betrachten. Diese Vorlage hätten normalerweise Sie in CAD gezeichnet und dann als Z88X.DXF exportiert.

Z88: *(in Kurzform, ausführlichere Anleitung vgl. Beispiele 13.1, 13.2 und 13.3)*

Z88X, Konvertierung „von Z88X.DXF nach Z88I*.TXT"
Z88P, darin Strukturfile Z88I1.TXT, Struktur betrachten
Z88F, berechnet Verformungen
Z88D, berechnet Spannungen
Z88E, berechnet Knotenkräfte
Z88P, Plotten FE-Struktur, nun auch verformt (FUX, FUY je 100.)

Wir betrachten ein Rohr unter Innendruck von 1.000 bar. Rohrinnendurchmesser 80 mm, Rohraussendurchmesser 160 mm, Länge 40 mm. Wenn man die Auflager geschickt wählt, genügt ein Viertelbogen, um das Problem abzubilden.

Derartige Strukturen lassen sich am besten in Polarkoordinaten eingeben. Der Innendruck 1000 bar entspricht einer Kraft von 251.327 N, die auf den inneren Viertelkreis wirkt. Die 251.327 N sind auf die Knoten 1, 6, 9, 14, 17, 22, 25, 30 und 33 gemäß den Regeln für Randbedingungen zu verteilen:

"1/6-Punkte"   : 10.472 N
"2/3-Punkte"   : 41.888 N
"2/6-Punkte"   : 20.944 N

Kontrolle: 2*10.472 + 4*41.888 + 3*20.944 = 251.328 o.k.

Diese Kräfte wirken radial nach außen. Für Randbedingungen sind sie in X- und Y-Komponenten zu zerlegen. So erhält z.B. der Knoten 6 als "2/3-Punkt" in X 41.083 N und in Y 8.172 N, da Knoten 6 unter Phi= 11.25 Grad liegt.

Bei einer rotationssysmmetrischen Struktur kann die zusätzliche Ausgabe von Radial- und Tangentialspannungen interessant sein. Dafür wird in Z88I3.TXT KFLAG zu 1 gesetzt. Da Spannungen in Gaußpunkten, mit z.B. Stahlensatz extrapolieren, um die Spannungen direkt am Innen- bzw. Außendurchmesser zu erhalten.

Dies Problem läßt sich einfach analytisch nachrechnen. Berechnungsformeln in einschlägigen Maschinenelementebüchern, *Dubbel* oder vgl. Abschnitt 13.7.

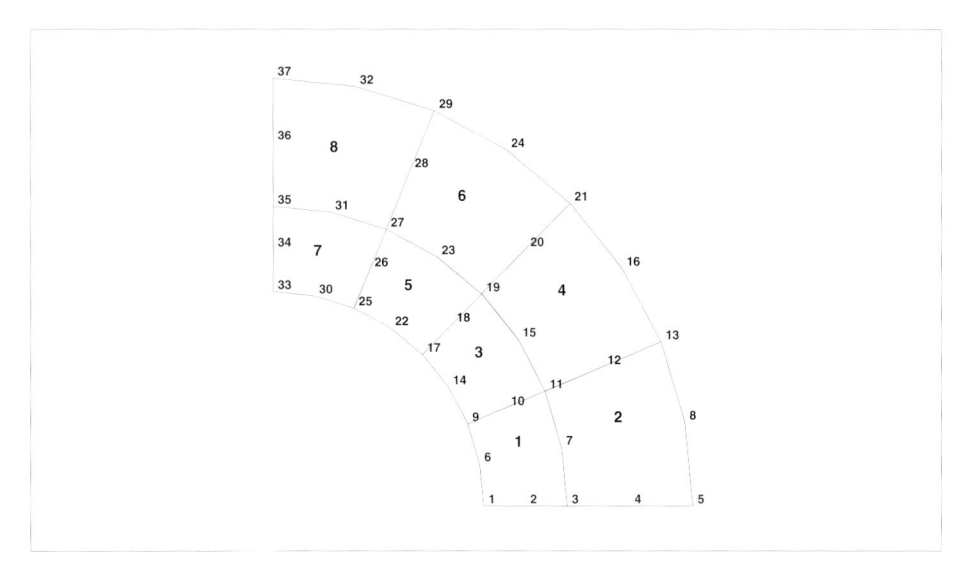

Bild 13.6-1: Plot der unverformten Rohrstruktur

13.6.1 Eingaben

im CAD-Programm:

Gehen Sie nach der Beschreibung Kapitel 10.6.2 vor. Vergessen Sie nicht, auf dem Layer Z88EIO die Element-Informationen per TEXT-Funktion abzulegen, also

FE 1 7		*(1. finites Element Typ 7)*
FE 2 7		*(2. finites Element Typ 7)*
....		*(Nr. 3 bis 7 hier ausgelassen)*
FE 8 7		*(8. finites Element Typ 7)*

und auf dem Layer Z88GEN die allgemeinen Informationen und E-Gesetze, wie

Z88I1.TXT 2 37 8 74 1 1 0

    (2D,37 Knoten,8 Ele,74 FG,1 E-Gesetz,Polarkoor.)

MAT 1 1 8 206000 0.3 3 40

    (1. E-Gesetz von Ele 1 bis 8: E, nue, INTORD=3, QPARA= Dicke= 40)

Sie können sofort die Randbedingungen mit der TEXT-Funktion auf dem Layer Z88RBD anlegen. Bei den Randbedingungen liegt der Fall der Flächenlasten vor. Hier sollten Sie Abschnitt 11.4, insbesondere die Bemerkungen und Skizzen für Lastaufteilungen beachten.

Z88I2.TXT 26   *(26 Randbedingungen)*
RBD 1 1 1 1 10472   *(1.RB: Knoten 1, am FG 1(=in X-Richtung) Last 10472 N)*
RBD 2 1 2 2   0   *(2.RB: Knoten 1, FG 2 (=Bewegung in Y) gesperrt)*
RBD 3 2 2 2   0
RBD 4 3 2 2   0
RBD 5 4 2 2   0
RBD 6 5 2 2   0
RBD 7 6 1 1 41083
RBD 8 6 2 1   8172
RBD 9 9 1 1 19350
RBD 10 9 2 1   8015
RBD 11 14 1 1 34829
RBD 12 14 2 1 23272
RBD 13 17 1 1 14810
RBD 14 17 2 1 14810
RBD 15 22 1 1 23272
RBD 16 22 2 1 34829
RBD 17 25 1 1   8015
RBD 18 25 2 1 19350
RBD 19 30 1 1   8172
RBD 20 30 2 1 41083
RBD 21 33 1 2   0
RBD 22 33 2 1 10472
RBD 23 34 1 2   0
RBD 24 35 1 2   0
RBD 25 36 1 2   0
RBD 26 37 1 2   0

... und für die Spannungsberechnung schreiben Sie an eine beliebige, freie Stelle Ihrer Zeichnung im Layer Z88GEN:

Z88I3.TXT 3 1 1   *(Spannungsrechnung in je 3 x 3 Gaußpunkten, zusätzlich Radial- und Tangentialspannungen ausgeben, Vergleichsspannung nach GEH)*

Exportieren Sie die Zeichnung als DXF-Datei mit dem Namen Z88X.DXF und starten Sie anschließend den CAD-Konverter Z88X mit der Option „von Z88X.DXF nach Z88I*.TXT". Es werden die Eingabedateien Z88I1.TXT, Z88I2.TXT, Z88I3.TXT erzeugt.

Mit Editor:

Geben Sie per Editor die Strukturdaten Z88I1.TXT (vgl. Abschnitt 11.2) ein:

```
2  37  8  74  1  1  0     (2D, 37 Knoten, 8 Ele, 74 FG,1 E-Gesetz,Polarkoor.)
 1  2  40   0             (1. Knoten, 2 FG, R- und Phi-Koordinate)
 2  2  48   0             (2. Knoten, 2 FG, R- und Phi-Koordinate)
 3  2  56   0
 4  2  68   0
 5  2  80   0
 6  2  40  11.25
 7  2  56  11.25
 8  2  80  11.25
 9  2  40  22.5
..........                (Knoten 10 .. 35 hier nicht dargestellt)
36  2  68  90
37  2  80  90

 1  7                     (Element 1, Typ Scheibe Nr. 7)
 1  3  11  9  2  7  10  6 (Koinzidenz 1. Ele)
 2  7
 3  5  13  11  4  8  12  7
..........                (Elemente 3 .. 7 hier nicht dargestellt)
 8  7
27  29  37  35  28  32  36  31
 1  8  206000  0.3  3  40 (von Ele 1 bis 8: E, nue, INTORD=3, Dicke= 40)
```

Bei den Randbedingungen liegt der Fall der Flächenlasten vor. Hier sollten Sie Abschnitt 11.4, insbesondere die Bemerkungen und Skizzen für Lastaufteilungen beachten. Nachfolgend Z88I2.TXT:

```
26                        (26 Randbedingungen)
1  1  1  10472            (Knoten 1, am FG 1(=in X-Richt.) Last 10472 N)
1  2  2      0            (Knoten 1, FG 2 (=Bewegung in Y) gesperrt)
2  2  2      0
3  2  2      0
4  2  2      0
5  2  2      0
6  1  1  41083
6  2  1   8172
9  1  1  19350
9  2  1   8015
```

```
14  1  1  34829
14  2  1  23272
17  1  1  14810
17  2  1  14810
22  1  1  23272
22  2  1  34829
25  1  1   8015
25  2  1  19350
30  1  1   8172
30  2  1  41083
33  1  2      0
33  2  1  10472
34  1  2      0
35  1  2      0
36  1  2      0
37  1  2      0
```

Hier bei den Randbedingungen lohnen sich Experimente: Geben Sie statt Kräften Verschiebungen in X und Y ein, z.B. 0.01 mm im Radius nach außen. Am Knoten 1 können Sie die 0.01 mm direkt als X-Verschiebung, am Knoten 33 direkt als Y-Verschiebung eingeben, aber bei den anderen Knoten sind die radialen Verschiebungen 0.01 mm in jeweils X- und Y-Komponente aufzuteilen (via Sinus und Cosinus). Oder geben Sie gemischt ein: ein paar Knoten mit Verschiebung, die anderen mit Kräften .. in der Praxis wird man das bei einer solchen Aufgabe nicht tun, aber Z88 kann das.

Bei Z88I3.TXT eröffnet sich ebenfalls ein breites Experimentierfeld: Beim ersten Wert haben Sie 5, bei den anderen beiden Werten je zwei Möglichkeiten, vgl. Abschnitte 11.5 und 12.7. Hier lassen wir uns eine ganze Menge Ergebnisse ausgeben.

Hier Z88I3.TXT:

3 1 1   *(Spannungsrechnung in je 3 x 3 Gaußpunkten, zusätzlich Radial- und Tangentialspannungen ausgeben, Vergleichsspannung nach GEH)*

CAD und Editor:

Nachdem nun die Strukturdaten Z88I1.TXT, die Randbedingungen Z88I2.TXT und das Steuerfile für den Spannungsprozessor Z88I3.TXT (mit beliebigem Inhalt) vorliegen, können gestartet werden:

>Z88F   FE-Prozessor für Verschiebungsrechnung
>Z88D   Spannungsprozessor
>Z88E   Knotenkraftprozessor.

13.6.2 Ausgaben:

Der FE-Prozessor **Z88F** liefert folgende Ausgabefiles:

Z88O0.TXT die aufbereiteten Strukturwerte. Für Dokumentationszwecke
Z88O1.TXT aufbereitete Randbedingungen. Für Dokumentationszwecke.
Z88O2.TXT die berechneten Verschiebungen, die Lösung des FE-Problems.

Der Spannungsprozessor **Z88D** verwendet die berechneten Verschiebungen von Z88F und gibt **Z88O3.TXT** die berechneten Spannungen aus.

Der Knotenkraft-Prozessor **Z88E** verwendet die berechneten Verschiebungen von Z88F und gibt **Z88O4.TXT** die berechneten Knotenkräfte aus.

Hier wurden die Verschiebungen mit den Faktoren FUX, FUY von je 100 um das Hundertfache vergrößert.

Dieses Beispiel ist sehr geeignet, um alle Möglichkeiten der Spannungsberechnung mit Z88D und Scheiben Nr. 7 (bzw. Scheiben Nr. 11) durchzuspielen. Wir erinnern uns: Z88I3.TXT war: 3 1 1, also 3×3 Gaußpunkte, zusätzliche Anzeige von Radial- und Tangentialspannungen (was hier im Beispiel sehr sinnvoll ist) und Vergleichsspannungsberechnung. Geben Sie in Z88I3.TXT ein: 3 0 1, damit erhalten Sie Vergleichsspannungen, aber keine Radial- und Tangentialspannungen.

Noch kürzer wird die Ausgabe mit 2 0 0 (nur noch 2×2 Gaußpunkte, keine Radial/Tangentialspannungen, keine Vergleichsspannungen. Mit 0 0 0 erhalten Sie die Spannungen statt in Gaußpunkten in den Ecknoten. Beachten Sie, daß bei Spannungsausgabe in den Ecknoten keine Spannungsanzeige in Z88P möglich ist. Experimentieren Sie .. Sie haben $5 \times 2 \times 2 = 20$ Möglichkeiten.

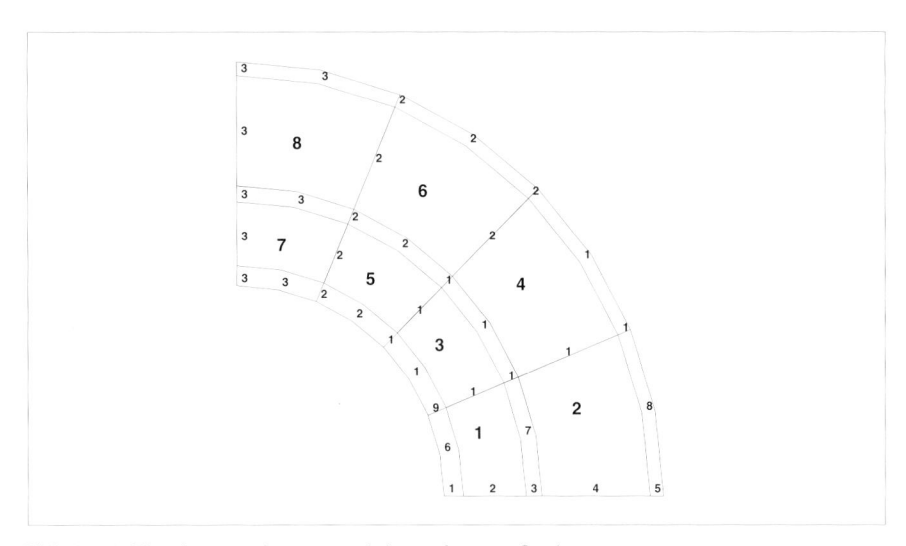

Bild 13.6-2: Plot der unverformten und der verformten Struktur

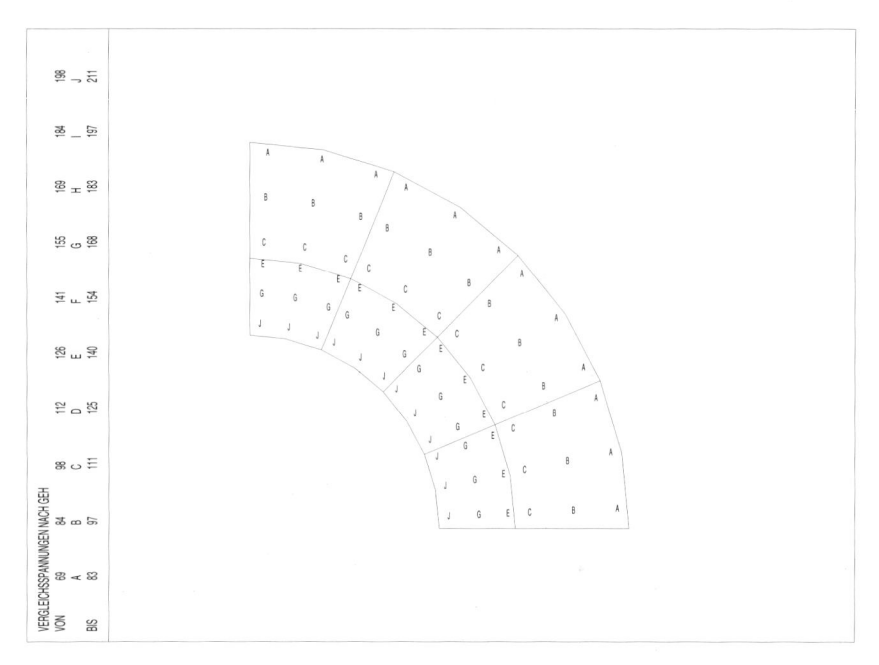

Bild 13.6-3: Plot der Vergleichsspannungen

13.7 Rohr unter Innendruck, Tori Nr. 8

Die Beispieldateien B7_* in Z88-Eingabedateien Z88* umkopieren:

B7_X.DXF ---> Z88X.DXF CAD-Eingabefile
B7_2.TXT ---> Z88I2.TXT Randbedingungen
B7_3.TXT ---> Z88I3.TXT Steuerparameter für Spannungsprozessor

CAD:

Z88X.DXF in Ihr CAD-Programm importieren und betrachten. Diese Vorlage hätten normalerweise Sie in CAD gezeichnet und dann als Z88X.DXF exportiert.

Z88:

Z88X, Konvertierung „von Z88X.DXF nach Z88NI.TXT"
Z88P, Strukturfile Z88NI, Superstruktur betrachten
Z88N, Netzgenerator, erzeugt Z88I1.TXT
Z88P, Strukturfile Z88I1.TXT, unverformte FE-Struktur
Z88X, Konvertierung „von Z88I*.TXT nach Z88X.DXF"

CAD:

Z88X.DXF in Ihr CAD-Programm importieren und betrachten. Normalerweise hätten Sie in CAD nun die Randbedingungen und Steuerinformationen Z88I3.TXT hinzugefügt und dann als Z88X.DXF exportiert.

Z88:

Z88X, Konvertierung „von Z88X.DXF nach Z88I*.TXT"
Z88F, berechnet Verformungen
Z88D, berechnet Spannungen
Z88P, Plotten FE-Struktur, nun auch verformt bzw. Spannungsanzeige
Z88E, Knotenkraftberechnung

Wir betrachten ein Rohr unter Innendruck. Rohrinnendurchmesser 80 mm, Rohraußendurchmesser 160 mm, Länge 40 mm. Bei Tori den Rohrquerschnitt abbilden.

Der Innenradius soll um rd= 0.1 mm aufgedehnt werden (Querpreßverband), diese Verschiebung an den Knoten 1–11 anbringen. Damit die Struktur raumfest wird, z.B. Knoten 6 in Z-Richtung sperren.

Analytisch rechnet man:

p= rd*E/ri*(1/((1+qa)/(1–qa) + nue))
   = 262 N/mm**2 = 2.620 bar   mit qa= ri**2/ra**2= 0.25

Radialspannungen: SIGRR i   = –p   = –262 N/mm*2
                               SIGRR a   = 0   = 0
Tangentialspannungen: SIGTE i   = p*((1+qa)/(1–qa))   = 437 N/mm**2
                               SIGTE a   = 2p*qa/(1–qa)   = 175 N/mm**2

Da Spannungen in Gaußpunkten, mit z.B. Stahlensatz extrapolieren, um die Spannungen direkt am Innen- bzw. Außendurchmesser zu erhalten.

Als Kraft: F= p*A= p*2*Pi*ri*l= 2.633.911 N.

Dies bestätigt die Kräftesumme über die Elemente 1–5 der Knoten 1–11 in Z88O4.TXT.

13.7.1 Eingaben

Allgemeines: Die Angaben für den Netzgenerator enthalten lediglich einen einzigen Torus Nr. 8 als Superelement. Er wird in 40 Finite Elemente zerlegt. Natürlich könnte als Superelement auch ein Torus Nr. 12 verwendet werden, was bei dieser simplen, von geraden Linien begrenzten Superstruktur außer einem höheren Eingabeaufwand nichts bringt. Tori Nr. 12 können erst dann Vorteile gegenüber Tori Nr. 8 ausspielen, wenn die Superstruktur viele krummlinige Berandungen hat. Denn Tori Nr. 12 haben kubische Parabeln als Berandung im Gegensatz zu Tori Nr. 8 mit quadratischen Parabeln. Manche krummlinige Berandung läßt sich mit weniger Tori Nr. 12 durch den höheren Kurvenansatz annähern als mit Tori Nr. 8.

Beachten Sie, daß bei Tori Nr. 6, Nr. 8 und Nr. 12 immer Zylinderkoordinaten erwartet werden, also Radius R (kommt an die Stelle für X) und Höhenkoordinate Z (kommt an die Stelle für Y). R und Z immer positiv! KFLAG muß Null sein!

mit CAD-Programm:

Gehen Sie nach der Beschreibung Kapitel 10.6.2 vor. Vergessen Sie nicht, auf dem Layer Z88EIO die Superelement-Informationen per TEXT-Funktion abzulegen, also

SE 1 8 8 L 5 e   *(unterteile 8x geom. steigend in x und 5x gleich in y)*

und auf dem Layer Z88GEN die allgemeinen Informationen und E-Gesetz, wie

Z88NI.TXT2 8 1 16 1 0 00   *(2D,8 Kno,1 SE,16 FG,1 EG,alle Flags 0)*
MAT 1 1 1 206000 0.3 3 0   *(SE1 bis SE1: E, nue, INTORD für FE, QPARA=0)*

Exportieren Sie die Zeichnung als DXF-Datei mit dem Namen Z88X.DXF und starten Sie anschließend den CAD-Konverter Z88X mit der Option „von Z88X.DXF nach Z88NI.TXT". Es wird die Netzgenerator-Eingabedateien Z88NI.TXT erzeugt. Mit Z88P betrachten.

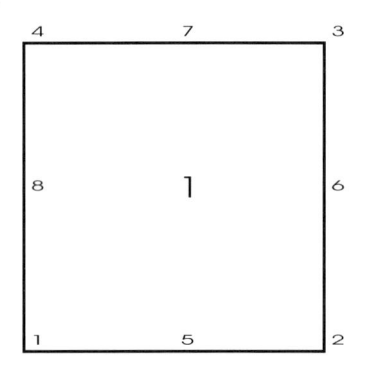

Bild 13.7-1: Superelement in grafischer Darstelung

mit Editor:

Netzgenerator-Eingabefile Z88NI.TXT (vgl. Kapitel 11.3) mit Editor schreiben:

```
2 8 1 16 1 0 0 0      (2D, 8 Kno, 1 SE, 16 FG, 1 EG, alle Flags 0)
1 2 40 0              (1. Knoten, 2 FG, R- und Z-Koordinate)
2 2 80 0              (2. Knoten, 2 FG, R- und Z-Koordinate)
3 2 80 40
4 2 40 40
5 2 60 0
6 2 80 20
7 2 60 40
8 2 40 20
1 8                   (Superele 1, Typ Torus Nr. 8)
1 2 3 4 5 6 7 8       (Koinzidenz 1. SE)
1 1 206000 0.3 3 0    (SE1 bis SE1: E, nue, INTORD für FE, QPARA=0)
1 8                   (Zerlege SE1 in Tori Nr. 8 und unterteile)
8 L 5 e               (8mal geom. steigend in x und 5mal gleich in y)
```

CAD und Editor:

Der Netzgenerator Z88N wird gestartet. Er erzeugt das eigentliche Z88-Strukturfile Z88I1.TXT. Das schauen wir uns entweder

* nach Konversion mit Z88X im CAD-Programm (von Z88I1.TXT nach Z88X.DXF) oder

* mit dem Z88-Plotprogramm Z88P an, um die Randbedingungen definieren zu können:

Wir zwingen dem Innenrand Verschiebungen von 0.1 mm auf. Jeder Knoten erhält den gleichen Wert, denn die Lastaufteilung gemäß Abschnitt 10.4 gilt nur für Kräfte. Auch hier wieder darauf achten, daß die Struktur raumfest wird. Daher Sperrung des Freiheitsgrads 2 für den Knoten 6. Es könnte auch ein beliebiger anderer Knoten sein.

mit CAD-Programm:

Gehen Sie auf den Layer Z88RBD und geben Sie jeweils mit der TEXT-Funktion an beliebiger, freier Stelle ein:

Z88I2.TXT 12   *(12 Randbedingungen)*
RBD 1 1 1 2 0.1   *(RB 1: Knoten 1, am FG 1, also in R, ein Weg von 0.1 mm)*
RBD 2 2 1 2 0.1
RBD 3 3 1 2 0.1
RBD 4 4 1 2 0.1
RBD 5 5 1 2 0.1
RBD 5 6 1 2 0.1
RBD 7 6 2 2 0   *(RB 7: damit Struktur im Raum festgehalten wird)*
RBD 8 7 1 2 0.1
RBD 9 8 1 2 0.1
RBD 10 9 1 2 0.1
RBD 11 10 1 2 0.1
RBD 12 11 1 2 0.1

mit Editor:

File der Randbedingungen Z88I2.TXT durch Editieren aufstellen:

12   *(12 Randbedingungen)*
1 1 2 0.1   *(Knoten 1, am FG 1, also in R, ein Weg von 0.1 mm)*
2 1 2 0.1
3 1 2 0.1
4 1 2 0.1
5 1 2 0.1
6 1 2 0.1
6 2 2 0   *(damit Struktur im Raum festgehalten wird)*
7 1 2 0.1
8 1 2 0.1
9 1 2 0.1
10 1 2 0.1
11 1 2 0.1

Eingabe für Spannungsberechnung:

im CAD-Programm :

Gehen Sie auf den Layer Z88GEN und schreiben Sie eine beliebige, freie Stelle:

Z88I3.TXT 3 0 1   *(3 x 3 Gaußpunkte pro FE, KFLAG 0, Vergleichs. GEH)*

KFLAG immer 0, denn Zusatzausgabe von Radial- und Tangentialspannungen haben bei Toruselementen keinen Sinn. Für Toruselemente werden sowieso immer SIGRR (Radialspannung) und SIGTE (Tangentialspannung) ausgegeben. Vgl. Abschnitt 12.12.

13.7 Rohr unter Innendruck, Tori Nr. 8

Exportieren Sie die Zeichnung als DXF-Datei mit dem Namen Z88X.DXF und starten Sie anschließend den CAD-Konverter Z88X mit der Option „von Z88X.DXF nach Z88I*.TXT". Es werden die drei Z88-Eingabedateien Z88I1.TXT, Z88I2.TXT, Z88I3.TXT erzeugt.

mit Editor:

Geben Sie in das Parameterfile für Spannungsprozessor Z88I3.TXT (vgl. Kap. 11.5)

3 0 1   *(3 x 3 Gaußpunkte pro FE, KFLAG 0, Vergleichs. GEH)*

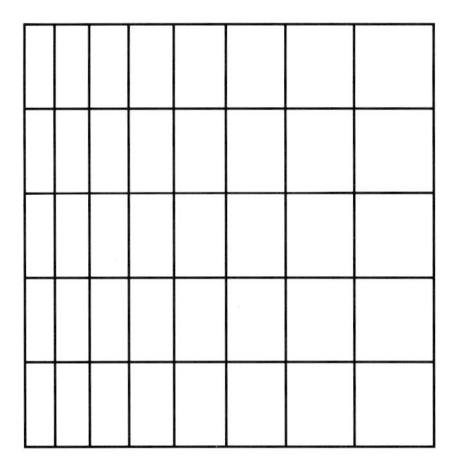

Bild 13.7-2: Generiertes FE-Netz Z88I1.TXT

Nunmehr können FE-Prozessor Z88F und dann Spannungsprozessor Z88D gestartet werden. Bei Z88F wird man den Compactmode wählen, da nur ein Randbedingungssatz vorhanden ist, vgl. Abschnitt 10.1. Knotenkraftberechnung mit Z88E.

13.7.2 Ausgaben

Der FE-Prozessor **Z88F** liefert uns folgende Ausgabefiles an:

Z88O0.TXT die aufbereiteten Strukturwerte.
Z88O1.TXT aufbereitete Randbedingungen.
Z88O2.TXT die berechneten Verschiebungen, die Lösung des FE-Problems.

Der Spannungsprozessor **Z88D** verwendet die berechneten Verschiebungen von Z88F und gibt **Z88O3.TXT** die berechneten Spannungen aus. Welche Spannungen in Z88O3.TXT gegeben werden, hängt von den Steuerparametern in Z88I3.TXT ab.

Der Knotenkraft-Prozessor **Z88E** verwendet die berechneten Verschiebungen von Z88F und gibt **Z88O4.TXT** die berechneten Knotenkräfte aus.

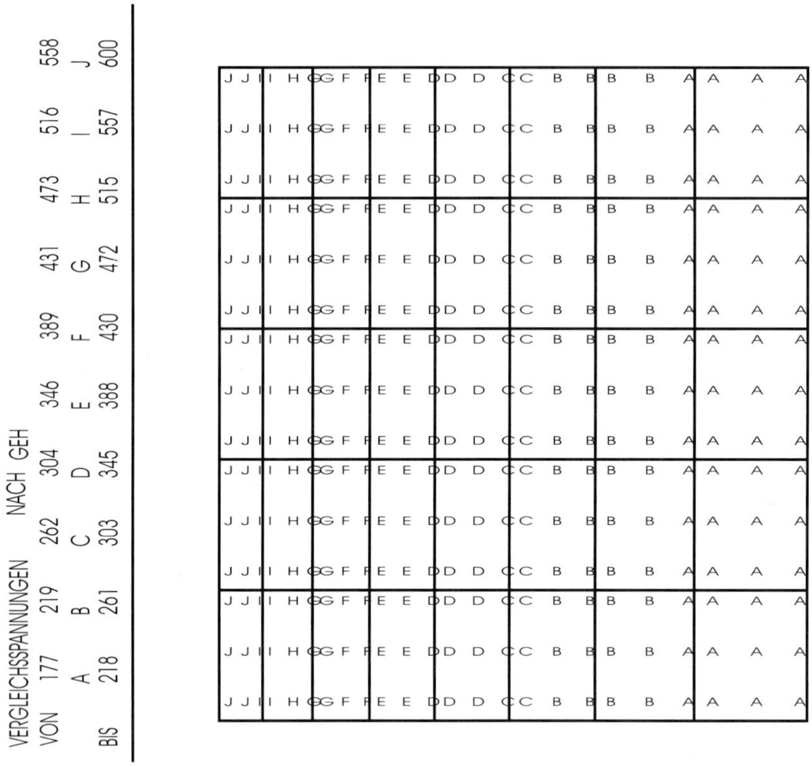

Bild 13.7-3: Spannungsplot der Torus-Struktur

13.8 Motorkolben

Es soll ein Kolben für einen Ottomotor berechnet werden. Als Last wirkt der Verbrennungsdruck, die Kolbenbolzenaugen werden als Lager definiert.

Der Kolben wurde in dem 3D-CAD Programm Pro/ENGINEER entworfen und dort auch mit Pro/MESH vernetzt. Es wurden lineare Tetraeder gewählt und als COSMOS-Datei exportiert.

Die Beispieldateien B8_* in Z88-Eingabedateien Z88* umkopieren:

B8_G.COS ---> Z88G.COS   COSMOS-Datei für Konverter Z88G

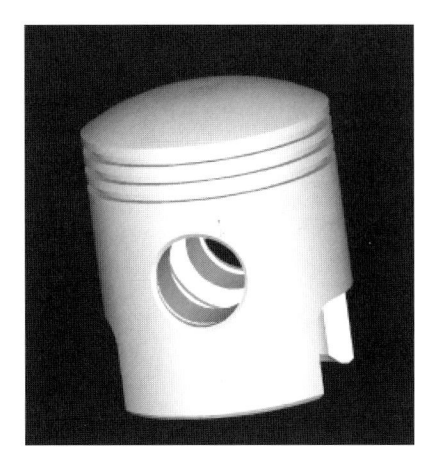

Bild 13.8-1: 3D-Modell eines Kolbens

Der Kolben enthält 3.581 Knoten, damit 10.743 Freiheitsgrade und 13.536 Elemente Tetraeder Typ 17 mit jeweils 4 Knoten. Da die Elementanzahl doch deutlich höher ist als in den bisherigen Beispielen, sollte unbedingt vor Aufnahme der Analyse in der Memory-Steuerdatei **Z88.DYN** die Variable **MAXKOI**, die die Größe des Koinzidenzvektors KOI festlegt, auf mindestens 13.536 Elemente * 4 Knoten je Element = 54.144 (aufgerundet 55.000) gesetzt werden. Wenn Sie *Z88F* im Testmode laufen lassen, wird ein Wert von 54.160 ausgewiesen, der einen Sicherheitszuschlag beinhaltet. Sie können ruhig 54.144 angeben.

Wenn die Variable MAXKOI zu klein ist, d.h. der Koinzidenzvektor KOI nicht alle finiten Elemente der Struktur abbilden kann, können weder Plotprogramm noch die eigentlichen Rechenprogramme vernünftig arbeiten.

Bei größeren Strukturen ist also MAXKOI außerordentlich wichtig. Die anderen Variablen wie

- MAXGS   max. Anzahl Speicherplätze in der Gesamtsteifigkeitsmatrix
- MAXK   max. Anzahl Knoten
- MAXE   max. Anzahl finite Elemente
- MAXNFG   max. Anzahl Freiheitsgrade
- MAXNEG   max. Anzahl Materialgesetze

werden während des Laufs der verschiedenen Z88-Module überwacht, und die Programme werden beendet, wenn o.g. Variable zu klein dimensioniert sind. Aber MAXKOI kann nicht überwacht werden, weil diese Variable schon beim Einlesen der ersten Informationen definiert sein muß. Daher muß der Bediener das selbst in die Hand nehmen.

Für dieses Beispiel würde also zu Beginn **Z88.DYN** etwa wie folgt aussehen:

MAXGS	zunächst beliebiger Wert
MAXKOI	mindestens 54144
MAXK	mindestens 3581
MAXE	mindestens 13536
MAXNFG	mindestens 10743
MAXNEG	mindestens 1

Sie starten nun **Z88F** zunächst im Testmode, um die Mindestanzahl für GS zu ermitteln:

WindowsNT/95: *Berechnung > Z88F > Testmode, > Berechnung > Start*

UNIX: *z88f –c* oder im Z88-Commander *Z88F* mit Option *Test Mode*

Z88F im Testmode zeigt: 7.866.481 Elemente in GS nötig. Wir starten daher den Cuthill-McKee-Algorithmus **Z88H**

WindowsNT/95: *Berechnung > Z88H, > Berechnung > Start*

UNIX: *z88h* oder im Z88-Commander *Z88H*

Ein erneuter Testlauf mit **Z88F**:

WindowsNT/95: *Berechnung > Z88F > Testmode, > Berechnung > Start*

UNIX: *z88f –c* oder im Z88-Commander *Z88F* mit Option *Test Mode*

Nunmehr werden noch 6.445.183 Elemente in der Gesamtsteifkeitsmatrix benötigt. Der Cuthill-McKee Algorithmus hat nicht sehr viel gebracht. Das liegt daran, daß der Pro/ENGINEER-Automesher für lineare Tetraeder ganz vernünftig numeriert. Schlimmer wird es erst bei Tetraedern mit quadratischem Ansatz, weil erst nach Setzen aller Eckknoten die Mittenknoten generiert werden.

Für den eigentlichen Rechenlauf muß **Z88.DYN** etwa so aussehen:

MAXGS	mindestens 6445183
MAXKOI	mindestens 54144
MAXK	mindestens 3581
MAXE	mindestens 13536
MAXNFG	mindestens 10743
MAXNEG	mindestens 1

Wenn man keine extreme Sparnatur ist, wird man diese Werte griffig aufrunden:

MAXGS	6500000
MAXKOI	55000
MAXK	4000
MAXE	14000
MAXNFG	11000
MAXNEG	1

Arbeiten Sie nun wie folgt weiter:

- **Z88F**, berechnet Verformungen. Dabei liegt die Rechenzeit bei heutigen PC oder UNIX-Workstations bei ca. 8 Minuten.
- **Z88D**, berechnet Spannungen. Das bringt bei diesem Beipiel allerdings nicht viel, weil man kaum etwas sieht.
- **Z88P**, Plotten FE-Struktur, auch verformt (FUX, FUY, FUZ je 1000.) bzw. interessehalber Spannungsanzeige.

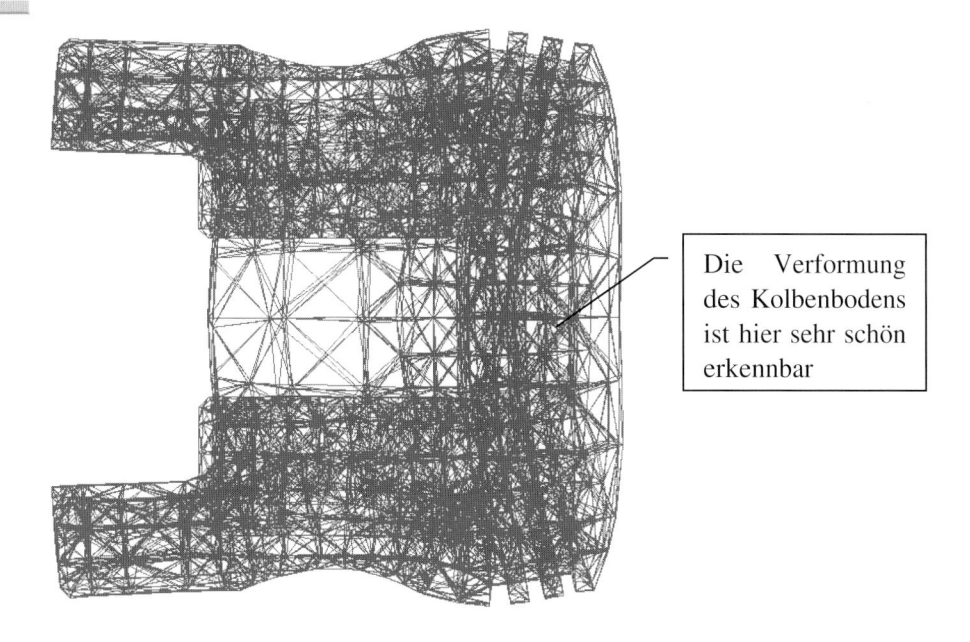

Die Verformung des Kolbenbodens ist hier sehr schön erkennbar

Bild 13.8-2: XY-Ansicht des verformten Kolbens, Vergrößerungsfaktoren =1000.

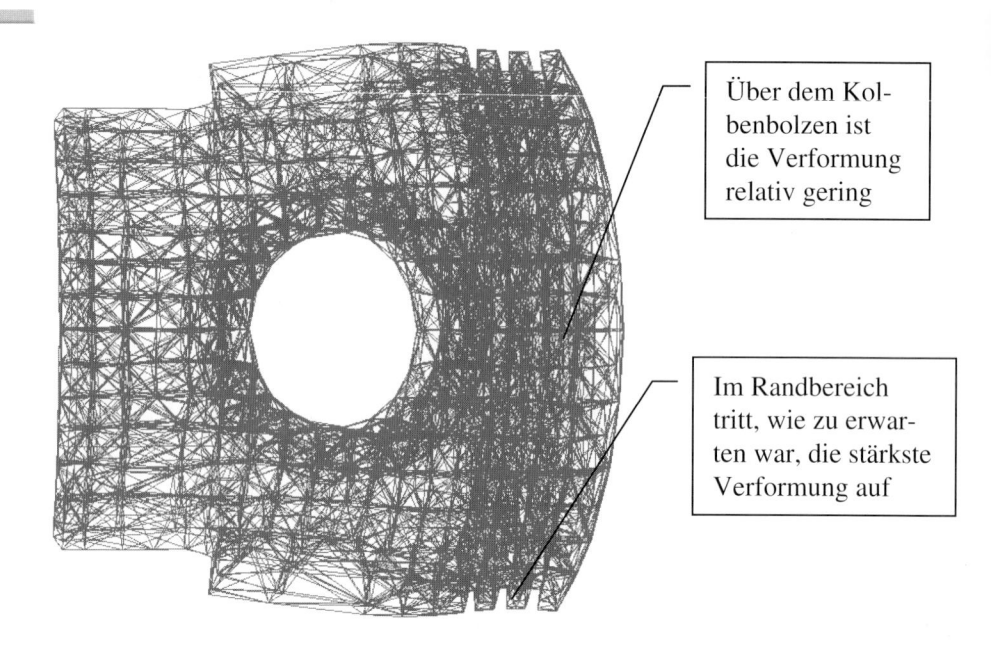

Bild 13.8-3: XZ-Ansicht des verformten Kolbens, Vergrößerungsfaktoren 1000.

Über dem Kolbenbolzen ist die Verformung relativ gering

Im Randbereich tritt, wie zu erwarten war, die stärkste Verformung auf

13.9 RINGSPANN-Scheibe

Es soll eine sog. RINGSPANN-Scheibe berechnet werden, die als Kraftübersetzer wirken soll. Sinngemäß würde auch z.B. eine geschlitzte Tellerfeder abgebildet werden.

Hier müssen wir aufpassen: Federn, solange sie streng linear im Sinne des Hooke'schen Gesetzes arbeiten, könne ohne weiteres als FEA-Strukturen abgebildet werden. Man rechnet einfach für sehr kleine Kräfte oder Wege und extrapoliert dann auf die realen Werte. Bei Tellerfedern dagegen kann es je nach h/s-Verhältnis zu deutlich nicht linearen Kennlinien kommen, die stark degressiv sein können. Das ist der typische Fall der sog. geometrischen Nichtlinearität. Dafür gibt es kommerzielle FEA-Programme, die mit derartigen großen Verformungen und ggf. auch mit nichtlinearen Materialgesetzen umgehen können.

Aber auch mit einem FEA-Programm, das für lineare Berechnungen ausgelegt ist, kann man geometrisch nichtlineare Fälle lösen, wenn man schrittweise vorgehen: Man rechnet beispielsweise mit 10 Lastinkrementen, d.h. man gibt im ersten Rechenschritt 1/10 der Last auf, rechnet und *addiert die berechneten Verschiebungen auf die ursprüngliche Struktur*. Im zweiten Rechenschritt geht man damit von einer

13.9 RINGSPANN-Scheibe   301

bereits verformten Struktur aus und gibt wieder ein 1/10 der Last auf, rechnet und addiert erneut die gewonnenen Verformungen auf die Ausgangsstruktur. Sinngemäßes gilt für die Spannungen und Knotenkräfte. Wenn man derart vorgeht, dann erhält man die gewünschten nichtlinearen Federkennlinien.

Die Beispieldateien B9_* in Z88-Eingabedateien Z88* umkopieren:

B9_1.TXT ---> Z88I1.TXT allgemeine Strukturdaten
B9_2.TXT ---> Z88I2.TXT Randbedingungen
B9_3.TXT ---> Z88I3.TXT Steuerparameter für Spannungsprozessor

CAD:

Lassen wir hier ganz weg, denn die Dateien Z88I1.TXT und Z88I2.TXT wurden mit einem kleinen FORTRAN-Programm automatisch erzeugt. Es wurde einfach ein Segment durch Elemente Hexaeder Typ 10 mit je 20 Knoten abgebildet und dann automatisch gemustert. Es wurde also ein ganz primitiver, problemorientierter Netzgenerator entworfen. Dieses Vorgehen ist für FEA-Strukturen, die sich sinngemäß in einer Firma wiederholen, nicht der schlechteste Weg.

Z88:

Z88P, darin Strukturfile Z88I1.TXT betrachten.

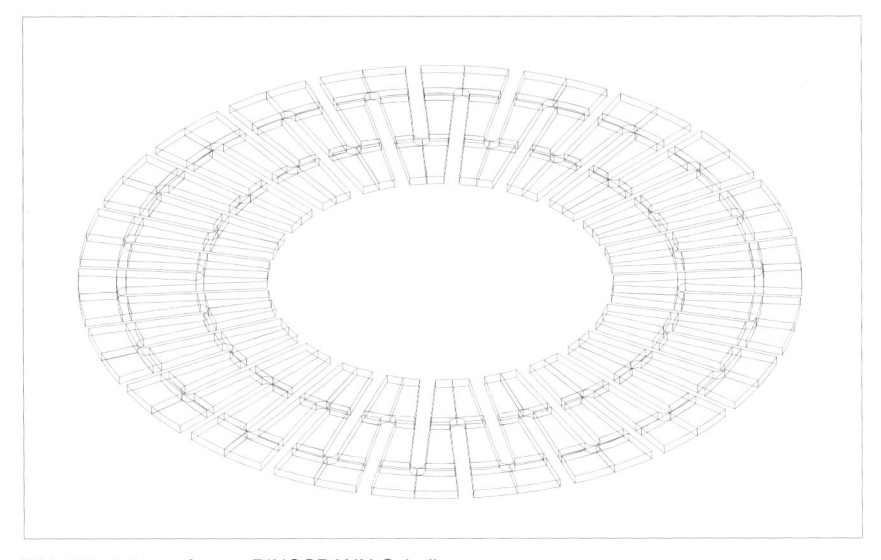

Bild 13.9-1: Unverformte RINGSPANN-Scheibe

Z88:

Es ist stark zu vermuten, daß hier eine ungünstige Knotennumerierung vorliegt, denn es handelt sich um eine umlaufend geschlossene Struktur. Irgendwann stoßen die letzten Knoten wieder an die ersten, und es gibt einen Riesensprung in der Skyline. Wir lassen daher **Z88F** zunächst im Testmodus laufen:

WindowsNT/95: *Berechnung > Z88F > Testmode, > Berechnung > Start*
UNIX: *z88f –c* oder im Z88-Commander *Z88F* mit Option *Test Mode*

Z88F im Testmode zeigt: ca. 1,8 Mio. Elemente in GS nötig. Wir starten daher den Cuthill-McKee-Algorithmus **Z88H**

WindowsNT/95: *Berechnung > Z88H, > Berechnung > Start*
UNIX: *z88h* oder im Z88-Commander *Z88H*

Ein erneuter Testlauf mit **Z88F**

WindowsNT/95: *Berechnung > Z88F > Testmode, > Berechnung > Start*
UNIX: *z88f –c* oder im Z88-Commander *Z88F* mit Option *Test Mode*

Das zeigt, daß der Cuthill-McKee-Algorithmus eine ganze Menge Speicher einsparen kann: Nunmehr werden nur noch 573.085 Elemente in der Gesamtsteifigkeitsmatrix benötigt. Das ist nur noch ein Drittel des ursprünglichen Bedarfs. Wir stellen daher **Z88.DYN** für MAXGS auf 580000. Weitere Schritte:

Z88F, berechnet Verformungen
Z88D, berechnet Spannungen
Z88P, Plotten FE-Struktur, auch verformt (FUX, FUY, FUZ je 10.) bzw. Spannungsanzeige
Z88E, Knotenkraftberechnung

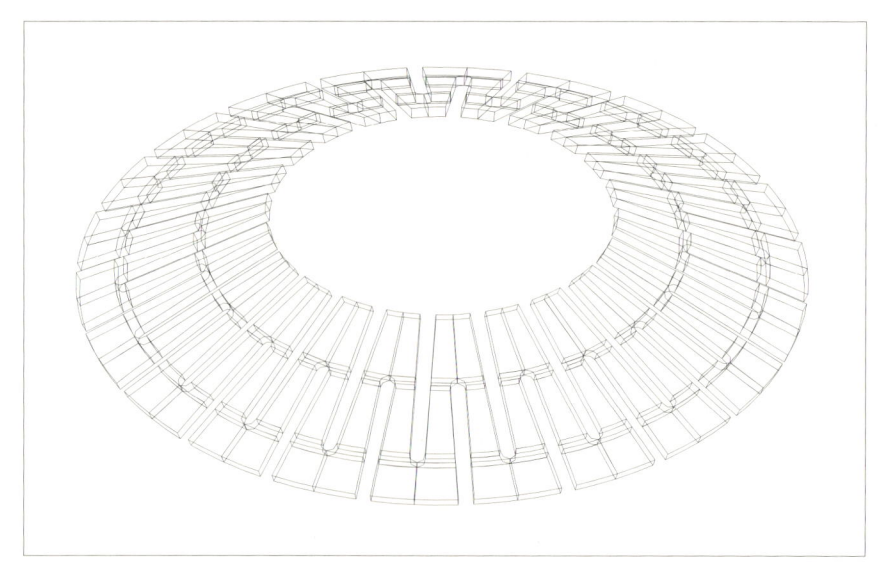

Bild 13.9-2: Verformte RINGSPANN-Scheibe

13.10 Druckkessel

Es soll ein Druckbehälter für Flüssiggas berechnet werden, der in einen PKW eingebaut ist. Er ist an beiden Seiten an den Böden mit einem Ringflansch befestigt. In einer Seitencrash-Simulation soll geprüft werden, wie stark die Veformungen und Spannungen unter einer Last von 1.200.000 N sind.
Die Beispieldateien B10_* in Z88-Eingabedateien Z88* umkopieren:
B10_N.TXT ---> Z88NI.TXT Netzgeneratordatei
B10_2.TXT ---> Z88I2.TXT Randbedingungen
B10_3.TXT ---> Z88I3.TXT Steuerparameter für Spannungsprozessor

CAD:

Die Beispieldatei liegt bereits als Netzgeneratordatei Z88NI.TXT vor. Die Schritte bis dahin sparen wir uns diesmal. Sie hätten jedoch jederzeit, wie in einigen vorstehenden Beispielen, die Zeichnung in CAD zeichnen und dann als Z88X.DXF exportieren können. Anschließend hätten Sie im Z88X die Konvertierung „von Z88X.DXF nach Z88NI.TXT" vorgenommen.

Z88:

Z88P, darin Strukturfile **Z88NI**, Superstruktur betrachten. Sie besteht nur aus 5 Superelementen Torus Nr.12 mit jeweils 12 Knoten. Beachten Sie, mit wie wenig Superelementen mit kubischem Ansatz man die Struktur abbilden kann.

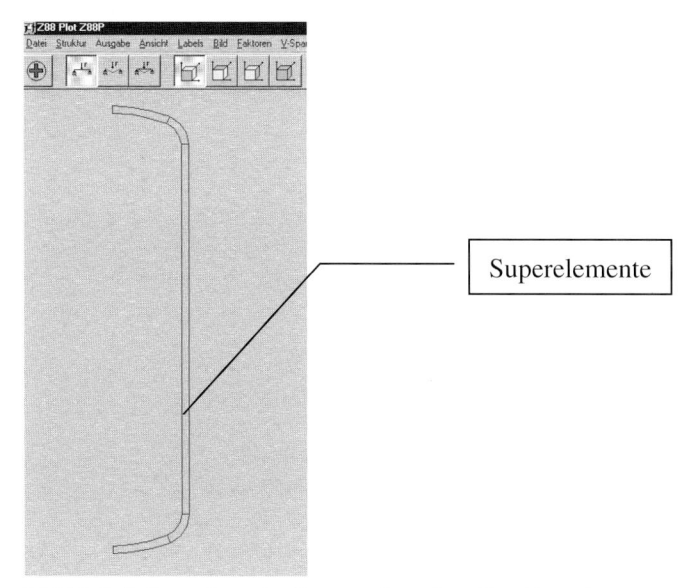

Bild 13.10-1: Darstellung der Superstruktur eines Druckkessels

Z88N, Netzgenerator, erzeugt Z88I1.TXT

Z88P, darin Strukturfile Z88I1.TXT, unverformte FE-Struktur

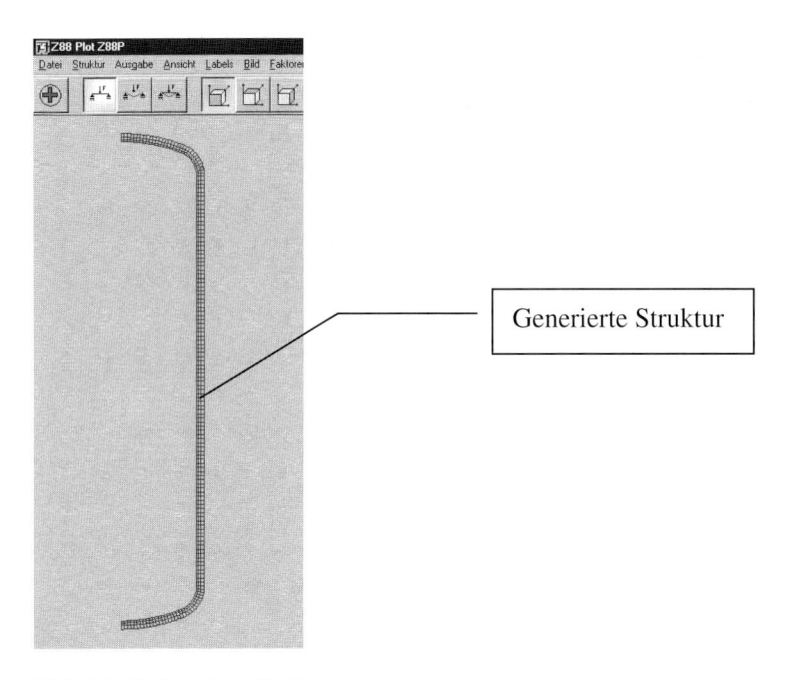

Bild 13.10-2: Generierte Struktur

Z88X, Konvertierung „von Z88I*.TXT nach Z88X.DXF"

CAD:

Z88X.DXF in Ihr CAD-Programm importieren und betrachten. Nun können Sie in Ihrem CAD-Programm die Randbedingungen Z88I2.TXT und Steuerinformationen Z88I3.TXT hinzufügen und dann als Z88X.DXF exportieren. Die Randbedingungen sollen wie folgt gewählt werden:

Die Knoten 1 (Boden unten Mitte) und 1598 (Boden oben Mitte) sollen in X-Richtung festgehalten werden, damit die Lage eindeutig definiert wird.

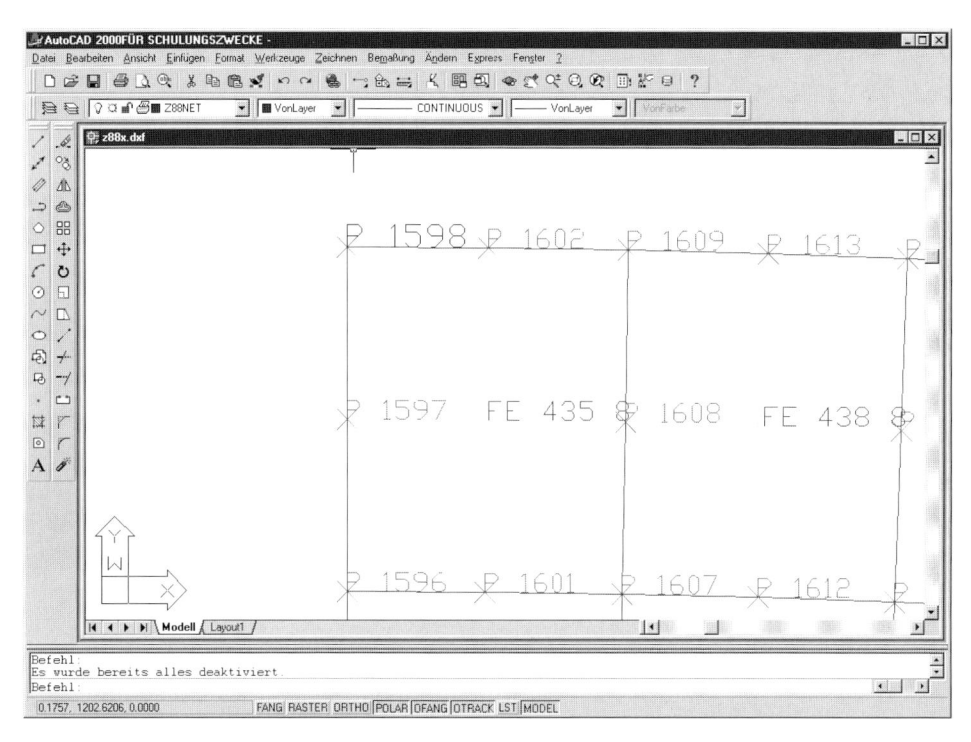

Bild 13.10-3: Knoten mit definierten Randbedingungen, z.B. 1598

Dann sollen am unteren Boden etwa auf halbem Radius die Knoten 144, 151, 155, 162 und 166 in Y-Richtung gesperrt werden. Auf den oberen Boden wird über zwei finite Elemente verteilt die Last von 1.200.000 N aufgegeben, und zwar auf die Knoten 1741 (−100.000 N = 1/6), 1745 (− 400.000 N = 2/3), 1752 (− 200.000 N = 1/6 + 1/6), 1756 (− 400.000 N = 2/3) und 1763 (−100.000 N = 1/6).

Diese Angaben werden gemäß Kapitel 10.6 auf die CAD-Zeichnung mit der TEXT-Funktion geschrieben.

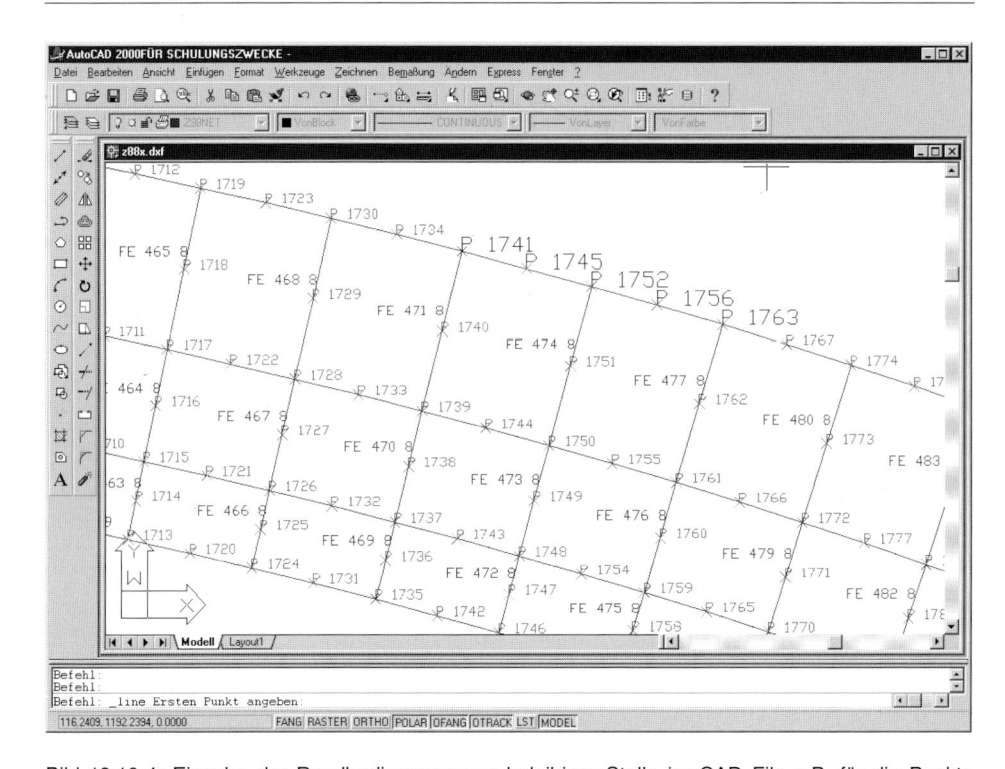

Bild 13.10-4: Eingabe der Randbedingungen an beleibiger Stelle im CAD File z.B. für die Punkte 1741, 1745, 1752, 1763

Z88:

Z88X, Konvertierung „von Z88X.DXF nach Z88I*.TXT"
Z88F, berechnet Verformungen
Z88D, berechnet Spannungen
Z88P, Plotten FE-Struktur, auch verformt (FUX, FUY, FUZ je 10.) bzw. Spannungsanzeige
Z88E, Knotenkraftberechnung

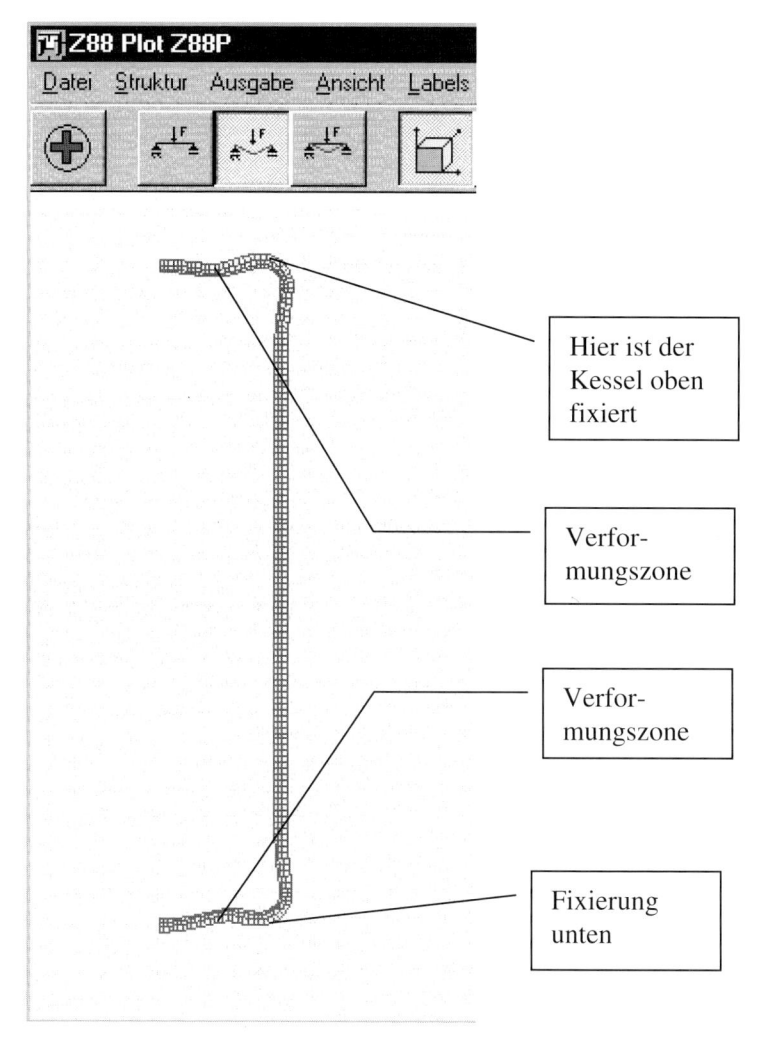

Bild 13.10-5: Verformter Druckbehälter unter einer Last von 1.200.000 N.

13.11 Motorrad-Kurbelwelle

Es soll eine Kurbelwelle für einen Einzylinder-Motorradmotor berechnet werden. Als Last wirkt die Kolbenkraft von –5.000 N.

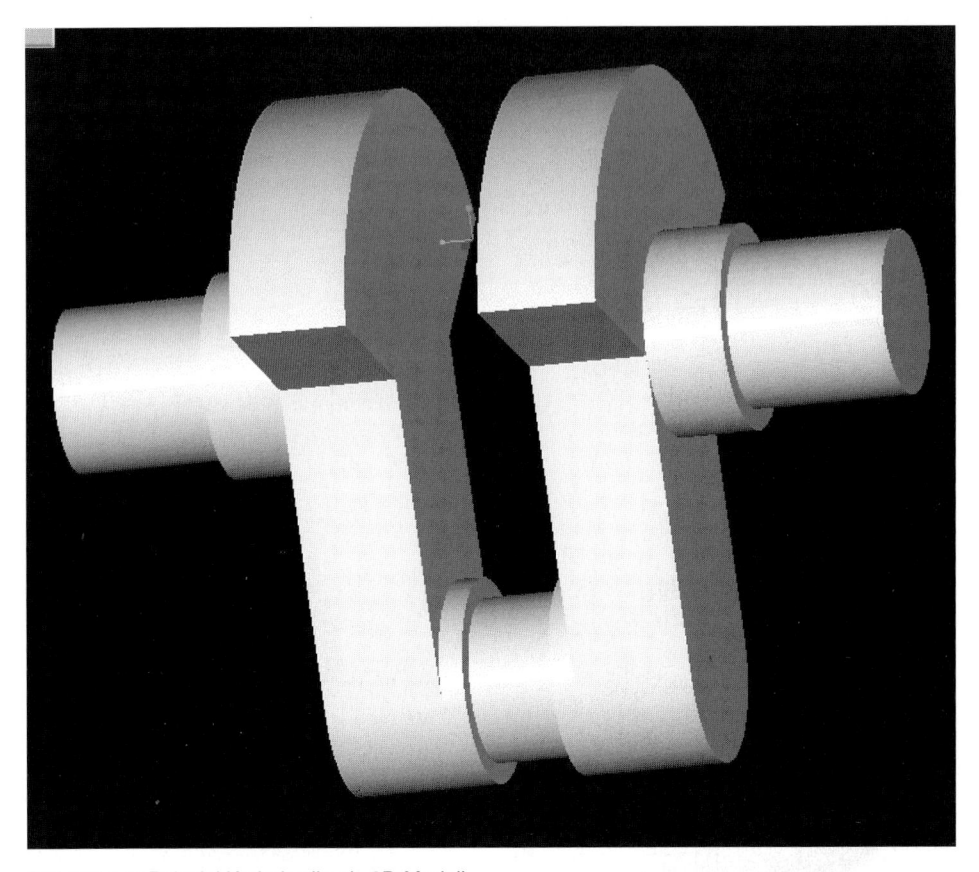

Bild 13.11-1: Beispiel Kurbelwelle als 3D-Modell

Die Vernetzung wurde direkt in Pro/ENGINEER vorgenommen. Das Besondere an diesem Beispiel ist die Definition der Randbedingungen, die etwas trickreich ist:

An einer Stirnseite der Kurbelwelle wird zentral ein Bezugspunkt gesetzt. Er wird später die Verschiebungen in Z-Richtungen, d.h. in Längsrichtung der Kurbelwelle, blockieren.

Die Kugellager, die ja gewisse Winkelbewegungen aufnehmen können und daher als momentenfreie Auflager angesehen werden können und müssen, sollen auf den dickeren Wellenabsätzen sitzen. Es werden die Wellenabsatzflanken in X- und Y-Richtung festgehalten. Da hier ganze Flächen gesperrt werden, dürfte keinesfalls einer oder gar beide dieser Flächen in Z-Richtung blockiert werden. Damit würde man dem System die Momentenfreiheit nehmen (wie man leicht ausprobieren kann):

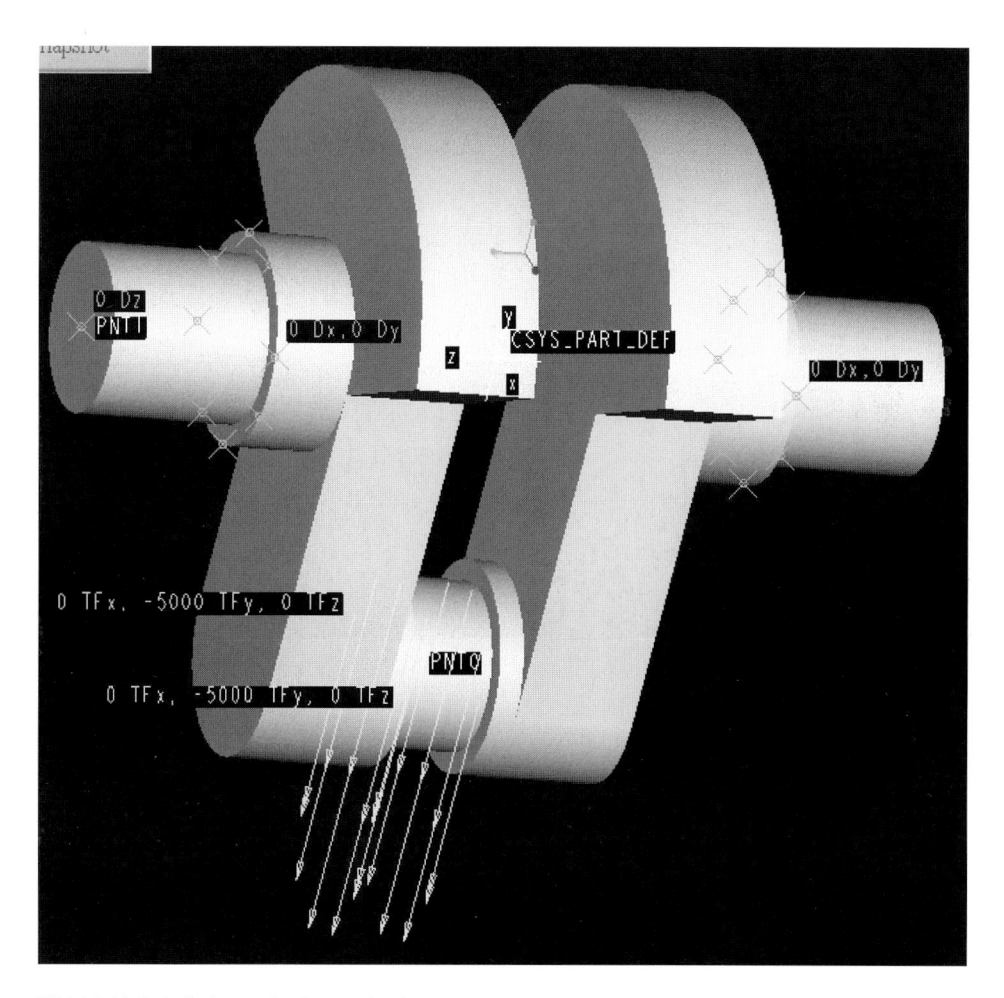

Bild 13.11-2: Aufbringen der Lasten im System

Am Kurbelzapfen selbst wird eine Gesamtlast von −5.000N auf die Umfangsfläche gegeben. Das Bild oben zeigt die Gesamtsituation der Randbedingungen.

Das Netz wird automatisch mit Pro/MESH erzeugt, und es werden Tetraeder mit quadratischem Ansatz gewählt. Das Netz sieht wie folgt aus:

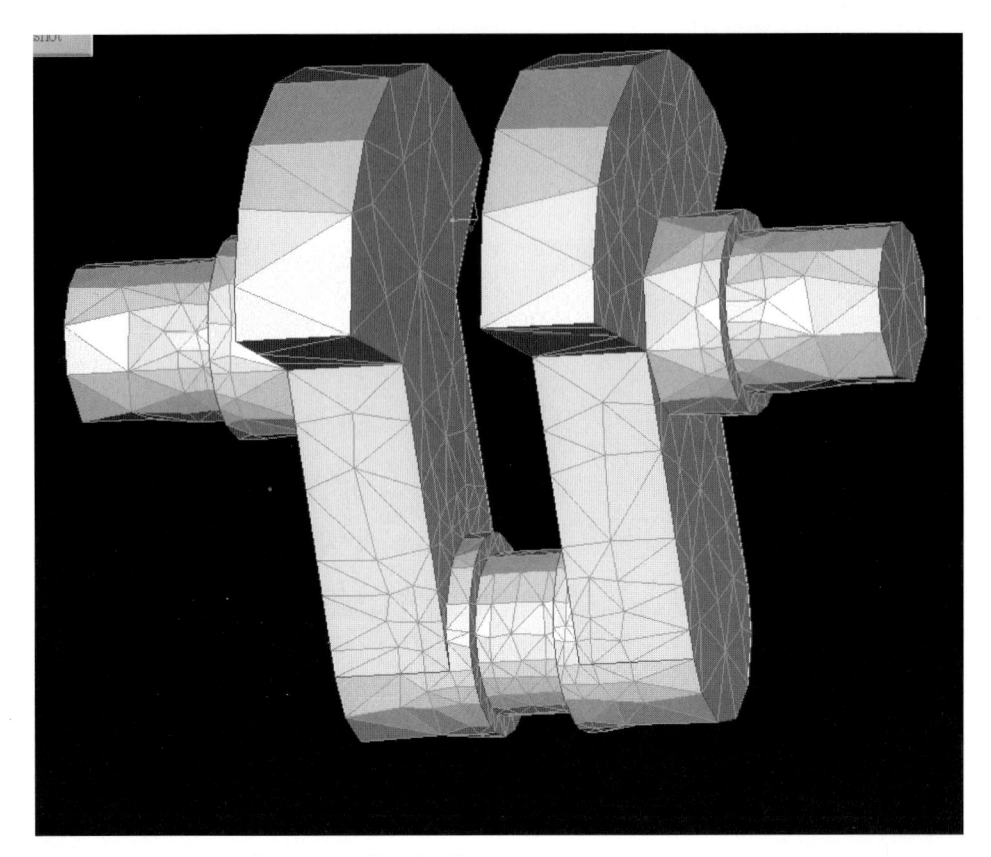

Bild 13.11-3: Vernetzte Struktur der Kurbelwelle

Nach Erzeugen der COSMOS-Datei kann die Z88-Berechnung erfolgen:

Die Beispieldateien B11_* in Z88-Eingabedateien Z88* umkopieren:

B11_G.COS ---> Z88G.COS   COSMOS-Datei für Konverter Z88G

Konvertieren Sie also zunächst Z88G.COS mit **Z88G** und, da durch die Tetraeder mit quadratischen Ansätzen sehr schlechte Numerierungen zu erwarten sind, starten Sie dann gleich den Cuthill-McKee-Algorithmus **Z88H**.

Nach Öffnen der Eingabedatei Z88I1.TXT entnehmen Sie die ersten Zeile:

- 6.826 Knoten
- 3.941 Elemente
- 20.478 Freiheitsgrade

MAXKOI muß mindestens sein: 3.941 Elemente * 10 Knoten je Element = 39.410.

Damit würde **Z88.DYN** wie folgt aussehen:

MAXGS	zunächst beliebiger Wert
MAXKOI	mindestens 39410
MAXK	mindestens 6826
MAXE	mindestens 3941
MAXNFG	mindestens 20478
MAXNEG	mindestens 1

Dann können Sie mit **Z88P** die Struktur betrachten:

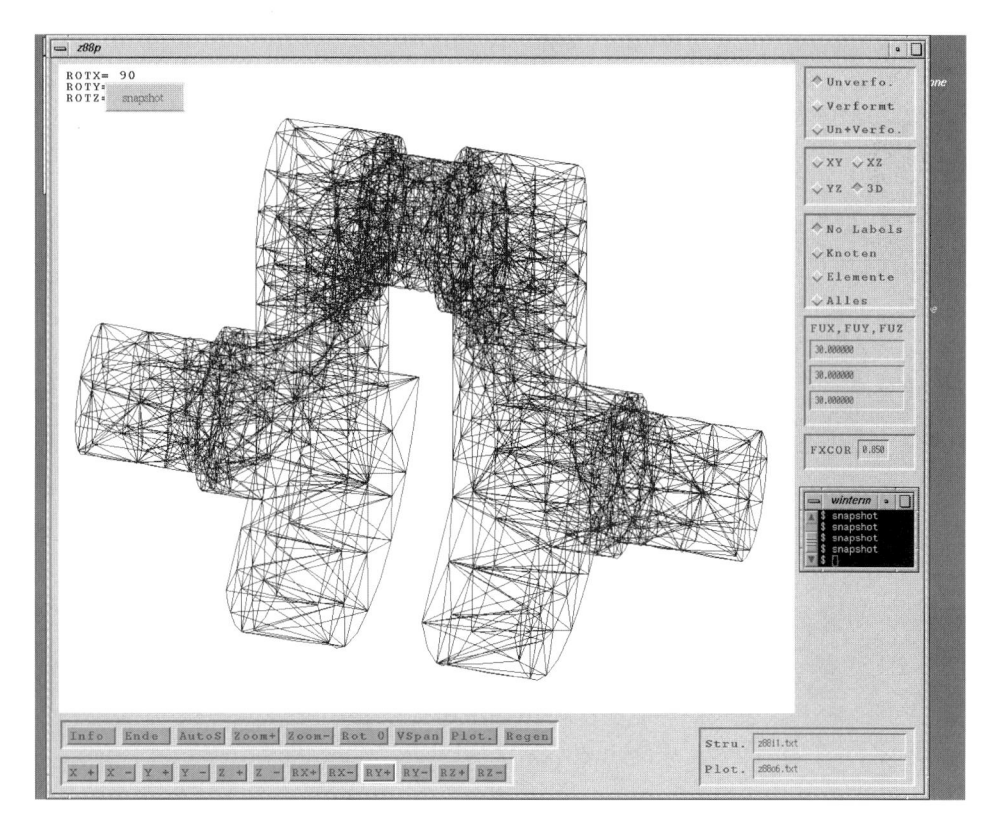

Bild 13.11-4: Darstellung der unverformten Struktur im Z88

Der Rechenlauf mit **Z88F** dauert bei einem modernen Computer mit 128 Mbyte Hauptspeicher ca. 10 bis 15 Minuten. MAXGS müssen Sie mit ca. 11.400.000 Speicherplätzen definieren.

312 13 Beispiele

Sie können sodann die verformte Struktur mit **Z88P** betrachten. Es ist verblüffend, wie stark sich doch die Wellenenden schief stellen. Sie würden nun an ausgewählten Knoten die Verschiebungen aus der Datei Z88O2.TXT ablesen, mit den entsprechenden Hebelarmen multiplizieren und prüfen, ob Ihre Kugellager diese Schiefstellungen noch mitmachen. Dabei ist FUX= FUY= FUZ= 30.

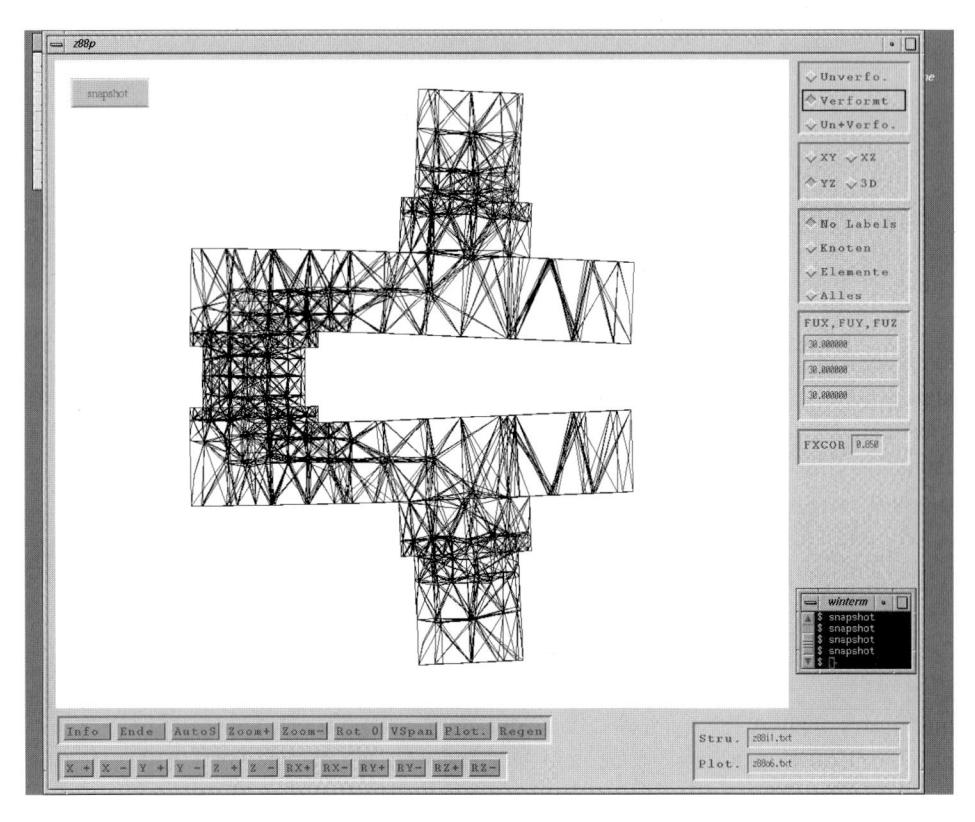

Bild 13.11-5: Darstellung der verformten Struktur im Z88

13.12 Drehmoment-Meßnabe

Drehmomente werden über den Verdrehwinkel eines Verformungselements gemessen. Es soll daher ein Verformungselement für eine Kraftmeßnabe berechnet werden:

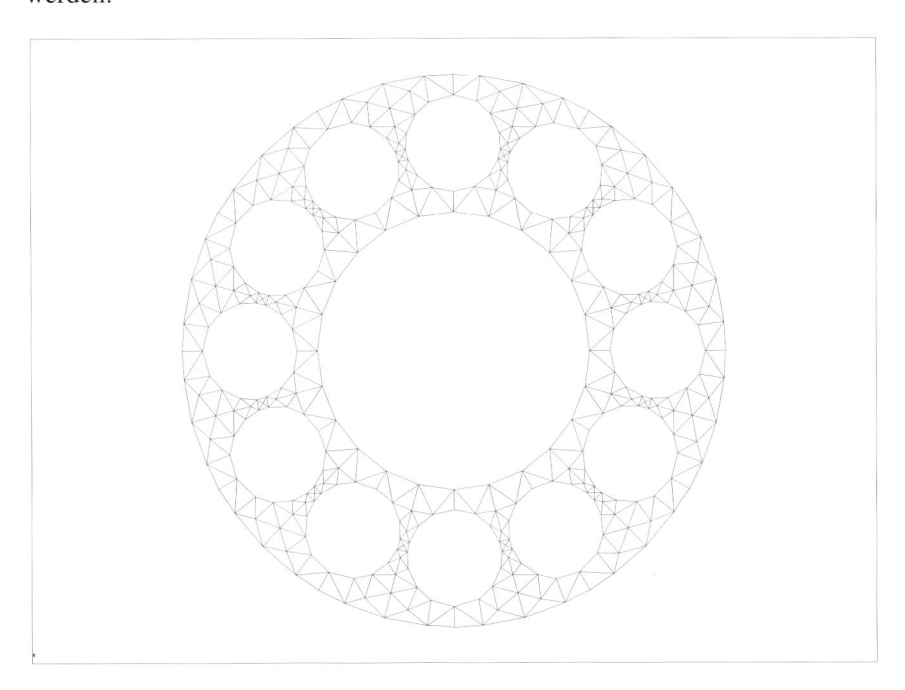

Bild 13.12-1: Strukturdarstellung einer Drehmomentmeßnabe

Die Beispieldateien B12_* in Z88-Eingabedateien Z88* umkopieren:

B12_1.TXT   --->   Z88I1.TXT Allgemeine Strukturdaten
B12_2.TXT   --->   Z88I2.TXT Randbedingungen
B12_3.TXT   --->   Z88I3.TXT Steuerparameter für Spannungsprozessor

Diese Struktur weist 1.212 Knoten, 480 finite Elemente Scheibe Nr.3 (Scheibendreieck mit 6 Knoten) und damit 2.424 Freiheitsgrade auf. Die Struktur wurde wie folgt erzeugt: Es wurde 1/12 der Scheibe gezeichnet und mit einem Digitalisierer erfaßt. Die restlichen 11 Segmente wurden durch ein kleines BASIC-Programm vom ersten 1/12 ausgehend generiert. Die 72 Randbedingungen wurden von Hand eingegeben. Dabei wird der innere Rand festgehalten, und an den äußeren Eckknoten werden

Verschiebungen angebracht. Dabei soll der Verformungskörper, der einen Durchmesser von 80 mm hat, um 1° verdreht werden. Also muß außen tangential ein Weg von 0,7 mm vorgegeben werden:

$$s = \varphi \cdot r = 1° \cdot \frac{\pi}{180} \cdot 40 \text{ mm} = 0,7 \text{ mm}$$

Bei Knoten, die nicht unter 90°, 180°, 270° oder 360°/0° liegen, muß den Winkelbeziehungen entsprechend umgerechnet werden. So liegt z.B. der Knoten 201 unter 45° auf 1:30 Uhr. Also, da der Tangentialweg (die „Hypothenuse") 0,7 mm betragen soll:

$$c^2 = a^2 + b^2 = 2 \cdot a^2$$
$$c = \sqrt{2a^2}$$
$$a = \frac{c}{\sqrt{2}} = 0,4949$$

Daher muß der Knoten 21 eine Verschiebungen in X-Richtung von −0,494 und in Y-Richtung von +0,494 bekommen. Für die restlichen Knoten gilt Sinngemäßes, siehe Randbedingungsdatei b12_2.txt.

Für MAXGS ermittelt Z88F im Testmode 209.001 Speicherplätze. Den Cuthill-McKee-Algorithmus Z88H braucht man hier nicht laufen zu lassen; er würde MAXGS auf 180.885 Speicherplätze reduzieren. Offensichtlich ist die Ausgangsnumerierung gar nicht so schlecht. Lassen Sie nun **Z88F** im z.B. Compactmode laufen.

Die Spannungs-Parameterdatei **Z88I3.TXT** sollte wie folgt aussehen:

       3   1   1

Die erste Zahl gibt die Integrationsordnung an, die für Scheiben Nr.3 beliebig sein kann, da die Spannungen im Elementschwerpunkt berechnet werden. Der zweite Parameter, **KFLAG**, kann für dieses Beispiel auf 1 gesetzt werden, vgl. Kapitel 11. Dann werden zusätzlich Radial- und Tangentialspannungen berechnet und deren Lage in R und φ angedruckt. Sehen Sie sich nach der Spannungsberechnung mit **Z88D** die Spannungs-Ausgabedatei Z88O3.TXT dahingehend an. Für derartige „runde" Strukturen sind Radial- und Tangentialspannungen weitaus aussagekräftiger als die Spannungen in X- und in Y-Richtung.

Das Verformungsbild sieht man den Vergrößerungsfaktoren FACX = FACY = 5 wie folgt aus:

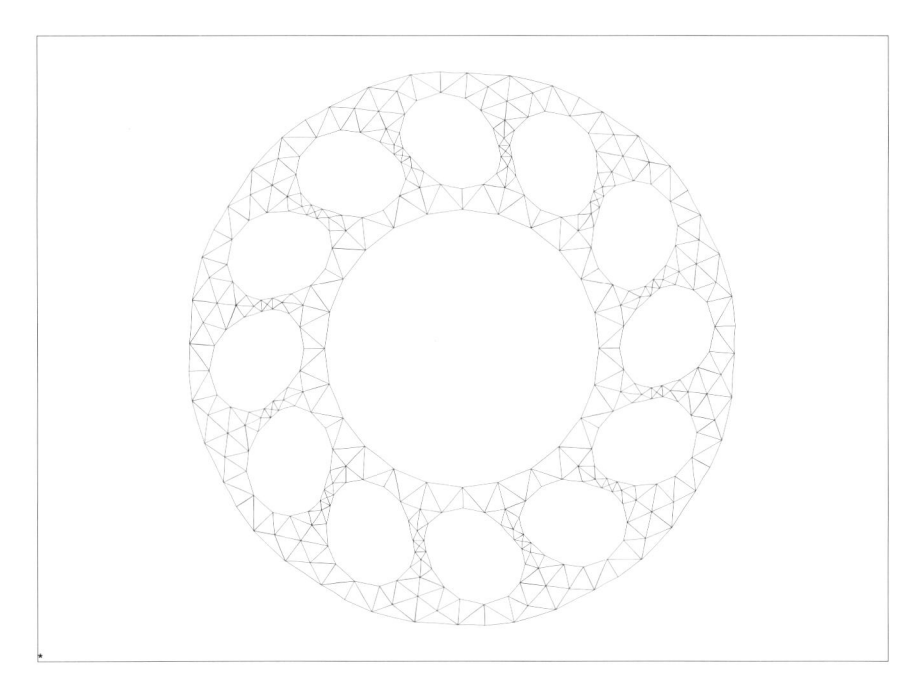

Bild 13.12-2: Verformte Drehmomentmeßnabenstruktur

Ersetzen Sie nun den Elementtyp Scheibe Nr.3 (geradliniges Scheibenelement mit 6 Knoten) durch den Elementtyp Scheibe Nr.14 (krummlinige Serendipity-Scheibe mit 6 Knoten). Dazu müssen Sie in der Datei Z88I1.TXT in der 3. Eingabegruppe die erste, dritte, fünfte usw. Zeile wie folgt modifizieren:

Statt *Elementnummer   3*
Nun *Elementnummer   14*

Außerdem sollte die 4. Eingabegruppe wie folgt modifiziert werden, um die Integrationsordnung geeignet zu berücksichtigen:

Statt *1 480 206000. 0.3 1 1.*
Nun *1 480 206000. 0.3 7 1.*

Sie können diese Änderungen von Hand vornehmen oder die dahingehend veränderte Datei B12_1E14.TXT in Z88I1.TXT kopieren und dann Z88F erneut starten, denn an den Randbedingungen müssen Sie nicht ändern.

Die Rechenergebnisse sind, wie zu erwarten war, praktisch identisch: Vergleichen Sie z.B. den Knoten 814, der außen auf 6 Uhr sitzt. Mit der ursprünglichen Eingabedatei B12_1.TXT (Scheiben Nr.3) wird für die Verschiebung in X-Richtung 0,6526 mm gerechnet und mit der neuen Eingabedatei B12_1E14.TXT dann

0,6522 mm. Wie Sie sehen, werden nicht exakt 0,7 mm erreicht, weil die Verschiebungen nur (um Arbeit zu sparen) an 12 Knoten am äußeren Durchmesser aufgebracht wurden.

Bei der Spannungsberechnung werden Sie beim Betrachten der Plots feststellen, daß die Vergleichsspannungen viel zu hoch selbst für gehärteten Stahl sind. Aber da die Struktur linear reagiert, wurde als Dicke **QPARA** 1 mm angenommen, und man braucht bei einer echten Dicke von z.B. 10 mm einfach nur alle Spannungswerte und Knotenkräfte durch 10 zu teilen.

Um die gesuchte Drehfedersteifigkeit zu erhalten, würden Sie an den inneren Knoten, die als Festlager dienten, die Knotenkräfte in X- und Y-Richtung jeweils mit den passenden Winkelbeziehungen in Tangentialkräfte umrechnen und aufsummieren. Zu Fuß etwas mühsam, aber das kann man mit einem Tabellenkalkulationsprogramm wie z.B. EXCEL sehr einfach vornehmen.

13.13 Ebener Rahmen

Dieses Beispiel ist *Gross/Schnell /34/*, S.109 entnommen. Ein ebener Rahmen, ein sog. Dreigelenkbogen, werde an der rechten oberen Ecke mit einem Moment M_B belastet. Alle Seiten haben die Länge L. Es soll die Gesamt-Verdrehung $\Delta\varphi$ am Gelenk G berechnet werden. Es werden ebene Balken Z88-Typ Nr.13 verwendet.

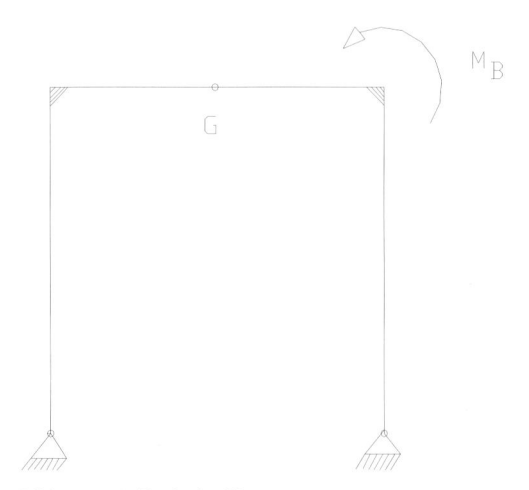

Bild 13.13-1: Dreigelenkbogen

Analytisch rechnet man:

$$\Delta\varphi = \frac{M_B \cdot L}{3 \cdot EI}$$

13.13 Ebener Rahmen   317

Mit den Zahlenwerten

$L = 5\,m$

$E = 2{,}06 \cdot 10^8 \dfrac{kN}{m^2}$

$M_B = 543\,kNm$

$I_{ZZ} = 2{,}517 \cdot 10^{-4}\,m^4$

wird $\Delta\varphi = 0{,}01745$

Die Beispieldateie B13_* in Z88-Eingabedateien Z88* umkopieren:

B13_X.DXF   --->   Z88X.DXF

Lassen Sie den CAD-Konverter **Z88X** laufen mit der Option „von Z88X-DXF nach Z88I*.TXT", d.h. die Dateien Z88I1.TXT, Z88I2.TXT und Z88I3.TXT werden aus Z88X.DXF gewonnen.

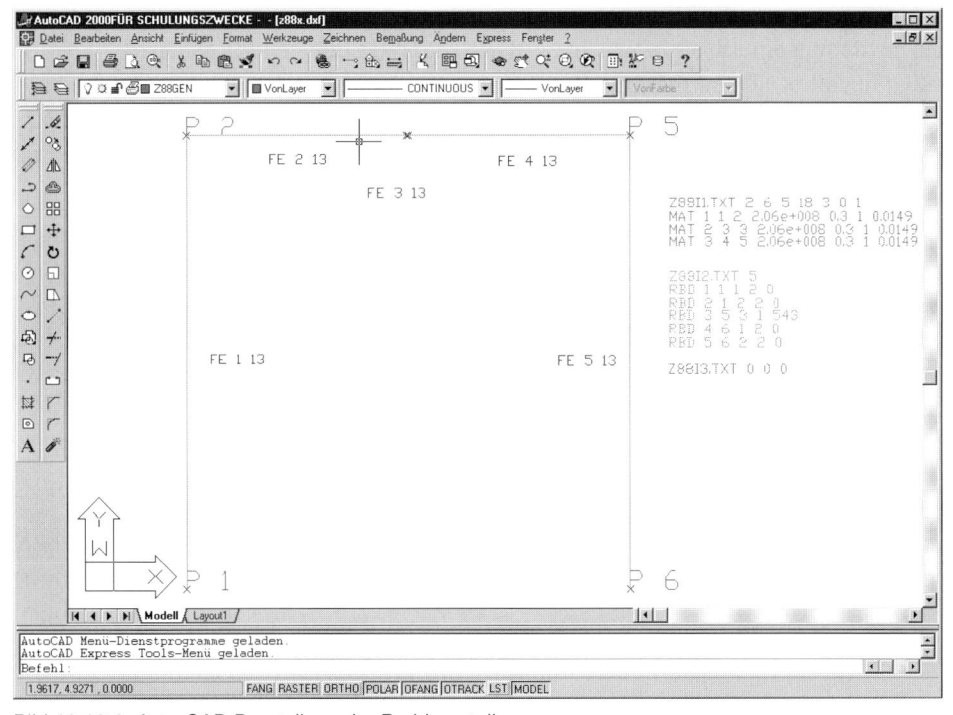

Bild 13.13-2: Auto CAD Darstellung der Problemstellung

WindowsNT/95: Z88X, > Konvertierung > 5 von Z88X.DXF nach Z88i*.TXT
UNIX: z88x –iafx von der Kommandozeile oder „DXF -> I*" im Z88-Commander

Das ist in beiden Fällen die voreingestellte Standardoption.

Sie sollten sich in einem passenden CAD-Programm, so vorhanden, die Eingangsdatei Z88X.DXF einmal betrachten.

Wie bildet man das Gelenk G in Z88 ab, da dort keine Balken mit Gelenken definiert sind (andernfalls müßte man ein neues Balkenelement einbauen, das z.B. am rechten Ende ein Gelenk aufweist)? Man baut einfach ein ganz kurzes Balkenstück als Element 3 zwischen die Knoten 3 und 4 ein, wobei die Knoten 3 und 4 folgende Koordinaten aufweisen:

3	3	+2.49	+5.0
4	3	+2.51	+5.0

Dieses kurze Balkenstück muß sehr biegeweich sein, damit es wie ein Gelenk wirkt:

I_{ZZ} Balken 1, 2, 4 und 5 : $2{,}517 \cdot 10^{-4}$ m^4

I_{ZZ} Balken 3 : $\qquad 2{,}517 \cdot 10^{-9}$ m^4

Damit kann man **Z88F** starten und liest aus Z88O2.TXT für die Knoten 3 und 4, die das biegeweiche Balkenstück links und rechts begrenzen, folgende Werte ab

Knoten 3	−0,01078
Knoten 4	+0,00662
Summe	0,01740

Das stimmt sehr gut mit der analytischen Rechnung überein.

13.14 Aufgepreßtes Zahnrad

Die Beispieldatei B141.COS in Z88-Eingabedatei Z88G.COS umkopieren.

B141.COS   --->   Z88G.COS

Z88:

Z88G, wandelt Z88G.COS in Z88I1.TXT und Z88I2.TXT, generiert Z88I3.TXT
Z88F im Testmodus: Feststellen des Hauptspeicherbedarfs
Z88H, sortiert die Knotennummern um → geringerer Hauptspeicherbedarf
Z88F im Testmodus: Feststellen des Hauptspeicherbedarfs
Z88F, berechnet Verformungen
Z88D, berechnet Spannungen
Z88P, Plotten FE-Struktur, nun auch verformt bzw. Spannungsanzeige
Z88E, Knotenkraft-Berechnung

13.14 Aufgepreßtes Zahnrad   319

Wir betrachten ein Zahnrad, dessen Nabe auf die Welle aufgepreßt wird. Dabei soll der Fugendruck des Preßverbands 100 N/mm**2 betragen. Es soll die Verformung untersucht werden, die durch die Aufweitung der Nabe bis in die Verzahnung geleitet wird. Die Verzahnung außen selbst wird weggelassen.

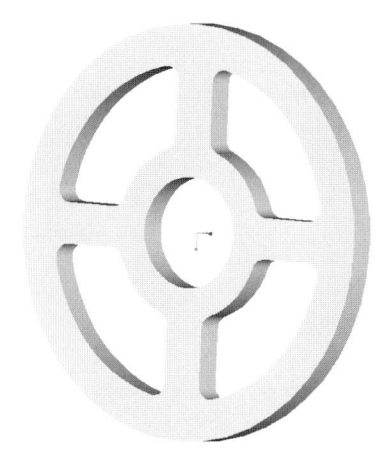

Bild 13.14-1: Vereinfachtes 3D-Modell eines Zahnrades

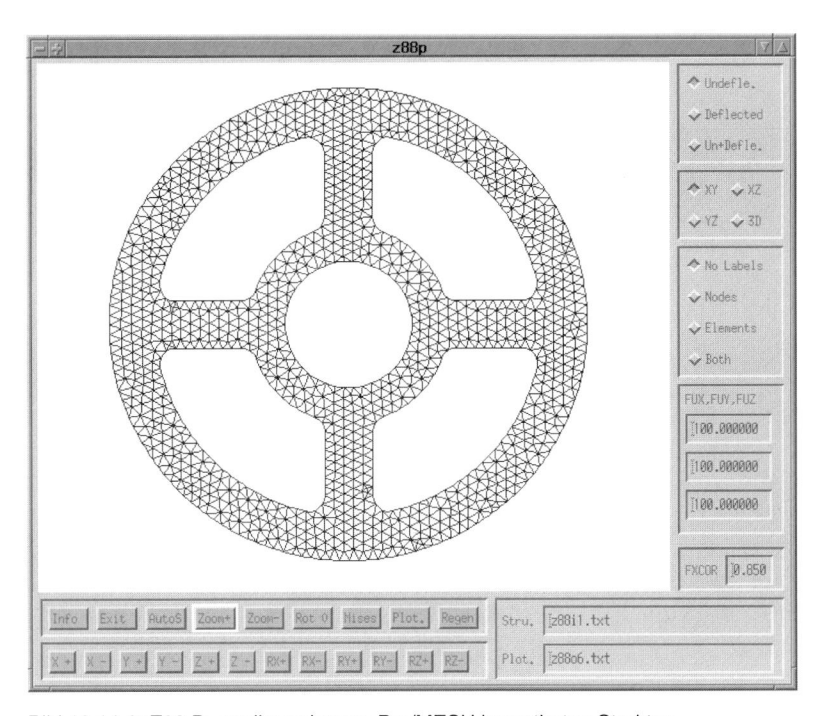

Bild 13.14-2: Z88 Darstellung der aus Pro/MESH importierten Struktur

Diese Struktur selbst wurde in Pro/ENGINEER V20 erzeugt. Im Modul Pro/MESH wurden Material (Stahl mit E= 206000 N/mm**2 und ν= 0.3), Randbedingungen, Netzsteuerwerte (global Max. 6, global Min. 3) und der Druck p= 100 N/mm**2 eingegeben. Dann Schalenwerte definieren und das Netz als Schalen in Form von Dreiecken erzeugen. Im nächsten Schritt als COSMOS/M-Datei parabolisch mit Koordinatensystem CS0 als **B141.COS** ausgeben.

Wichtig ist die Wahl der Randbedingungen: Das Aufgeben des Fugendrucks ist kein Problem, wohl aber die geschickte Wahl der Lager, um die Struktur zwar einerseits sauber in der Ebene festzuhalten, andererseits aber die zu erwartenden Verformungen nicht zu behindern. Hier wendet man das Konzept des sog. Virtuellen Fixpunkts an:

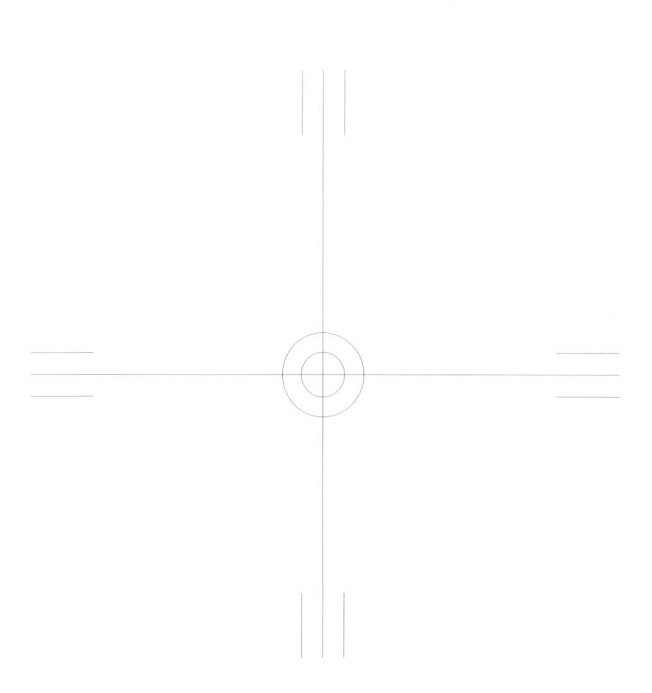

Bild 13.14-3: Darstellung der Lagerung mit „virtuellem Fixpunkt"

Es werden also 4 Punkte der Struktur definiert. Die beiden Punkte auf 3 und 9 Uhr werden jeweils in Y-Richtung festgehalten; in X-Richtung können sie schieben. Die beiden Punkte auf 6 und 12 Uhr werden jeweils in X-Richtung festgehalten; in Y-Richtung können sie schieben. Dadurch entsteht in der Mitte ein sog. Virtueller Fixpunkt.

Mit den oben angegebenen Netzsteuerwerten entsteht ein Netz mit 4.606 Knoten, 2.094 Scheiben-Dreieckselementen mit parabolischem Ansatz (= quadratischer Ansatz) und 9.212 Freiheitsgraden.

Achtung: Bei größeren Strukturen ist möglichst früh eine Abschätzung von MAXKOI in Z88.DYN nötig, weil dieser Wert bereits beim Einlesen der Dateien bei Z88F, Z88P und Z88X gebraucht wird ! Im Zweifelsfall den Wert von MAXKOI in Z88.DYN immer relativ hoch stehen lassen, z.B. mit 50000 oder mehr.

Für dieses Beispiel ergeben sich: 2.094 Finite Elemente * 6 Knoten je Element = 12.564. Diesen Wert in **Z88.DYN** bei **MAXKOI** eintragen, besser auf 13.000 aufrunden (in Z88.DYN dürfen natürlich keine Dezimaltrennpunkte eingetragen werden! Also MAXKOI 13000)

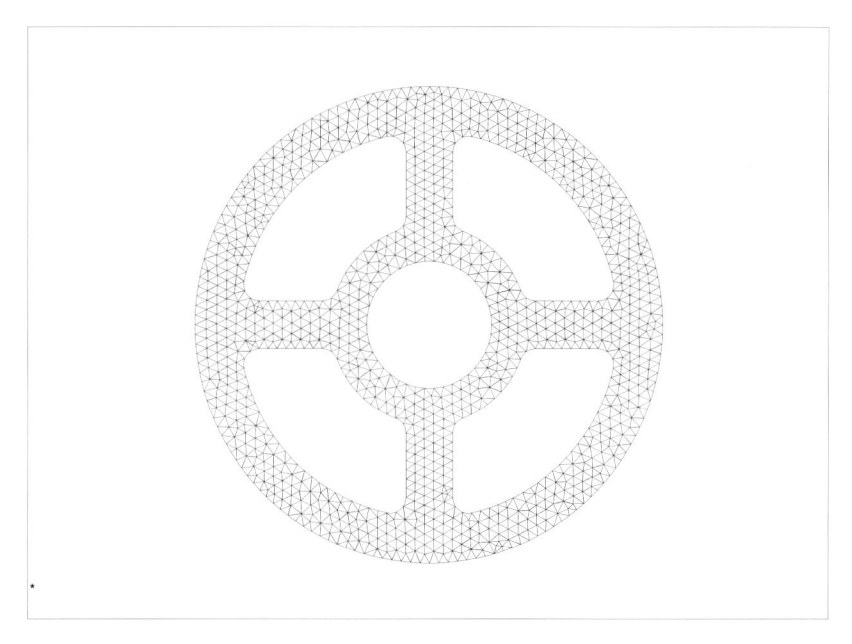

Bild 13.14-4: Ausgangszustand der relativ komplexen Struktur

Diese COSMOS-Datei muß nun ins Z88-Format gebracht werden. Dazu ist der COSMOS-Konverter **Z88G** zu starten, wobei Z88G die Eingabedatei mit festem Namen Z88G.COS erwartet. Die Ausgangsdatei B14.COS ist also in Z88G.COS umzubenennen oder umzukopieren. Z88G erzeugt die Z88-Eingabedateien Z88I1.TXT, Z88I2.TXT und Z88I3.TXT, wobei die parabolischen Scheibendreiecke der COSMOS-Datei in Finite Elemente Nr.14, d.h. krummlinige Serendipity-Scheibendreiecke mit 6 Knoten umgesetzt werden (was ansich nicht nötig wäre, da die meisten Automesher nicht in der Lage sind, krummlinige Dreiecke zu erzeugen, sondern nur geradlinige). Dabei wird der Integrationsgrad 3 angenommen, d.h. 3 Gaußpunkte. Ändern Sie das, wenn Sie wollen, in Z88I1.TXT (letzte Zeile) und Z88I3.TXT (erste und einzige Zeile) in z.B. 7 für 7 Gaußpunkte oder 13 für 13 Gaußpunkte ab – was für dieses Beispiel nicht nötig ist. Aber Sie sollten es als Variation später einmal probieren.

Sie erinnern sich: Automesher erzeugen oft Netze mit fürchterlicher Knotennummerierung, d.h. sie erfordern einen gigantischen Speicherbedarf, der ansich völlig unnötig ist. Um das zu überprüfen, starten Sie den FE-Prozessor **Z88F** mit der *Testoption* (Windows: Glühbirne statt CompactDisc anklicken, dann Run. UNIX: z88f -t). Z88F weist einen Gesamtbedarf von 33.696.799 Elementen in Gesamtsteifigkeitsmatrix = 33.696.799 * 8 Bytes = 270 Mbyte auf!

Es lohnt sich, hier den Cuthill-McKee-Algorithmus **Z88H** zu starten. Vielleicht kann er den Speicherbedarf drücken.

In der Tat! Nach Lauf von Z88H sind nur noch 900.199 Elemente in Gesamtsteifigkeitsmatrix = 900.199 * 8 Bytes = 7 Mbyte nötig. Das entspricht einer Reduzierung um fast 97 % des Speicherbedarfs.

Es müßten also in **Z88.DYN** mindestens folgende Werte (leicht aufgerundet) gegeben werden:

MAXGS   910000
MAXKOI   13000   (2.094 Elemente * 6 Knoten Pro Element =12.564)
MAXK   4700
MAXE   2100
MAXNFG   9300
MAXNEG   1

Die Randbedingungen für den virtuellen Fixpunkt stellen sich nach Z88H, d.h. nach Knotenumnummerierung in der Datei Z88I2.TXT wie folgt dar:

12 Uhr: Knoten 163 mit ux= 0
3 Uhr: Knoten 1923 mit uy= 0
6 Uhr: Knoten 4602 mit ux= 0
9 Uhr: Knoten 1891 mit uy= 0

Jetzt kann der FE-Prozessor **Z88F** in einem der Rechenmodi (Compact, Neu) gestartet werden, z.B. im *Compactmodus*.

Damit sind die Verformungen berechnet und können mit dem Plotprogramm **Z88P** gezeigt werden, wobei die Vergrößerungen FUX und FUY zu je 300 gesetzt werden sollen, um folgendes Bild zu erzeugen:

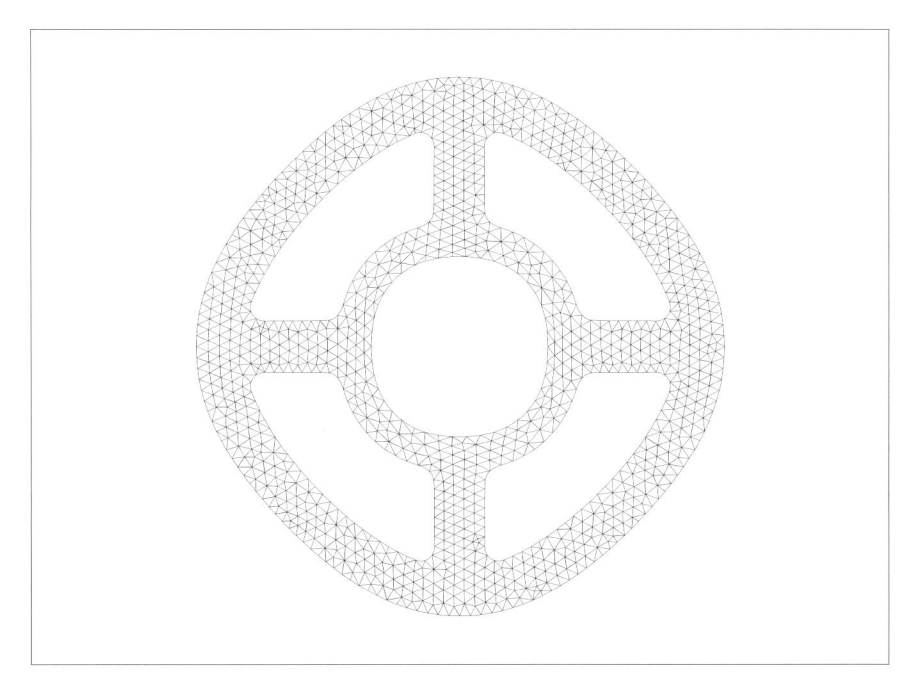

Bild 13.14-5: Verformte Struktur aufgrund der vorgegebenen Beanspruchungen

An den Knoten 163, 1891, 1923 und 4602 stellen sich Verschiebungen von je 0,027 mm ein. Das würde eine präzise Verzahnung bereits um ihre Laufeigenschaften bringen. Während sich die Nabenbohrung weitgehend kreisrund aufweitet, wird der Außendurchmesser polygonartig verzerrt.

Danach können die Spannungen mit **Z88D** berechnet werden und bei Interesse auch die Knotenkräfte mit **Z88E**. Wie zu erwarten war, entstehen die höchsten Vergleichsspannungen am Innenrand, d.h. in der Nabenbohrung. Man erkennt die jeweils 3 Gaußpunkte pro Finitem Element.

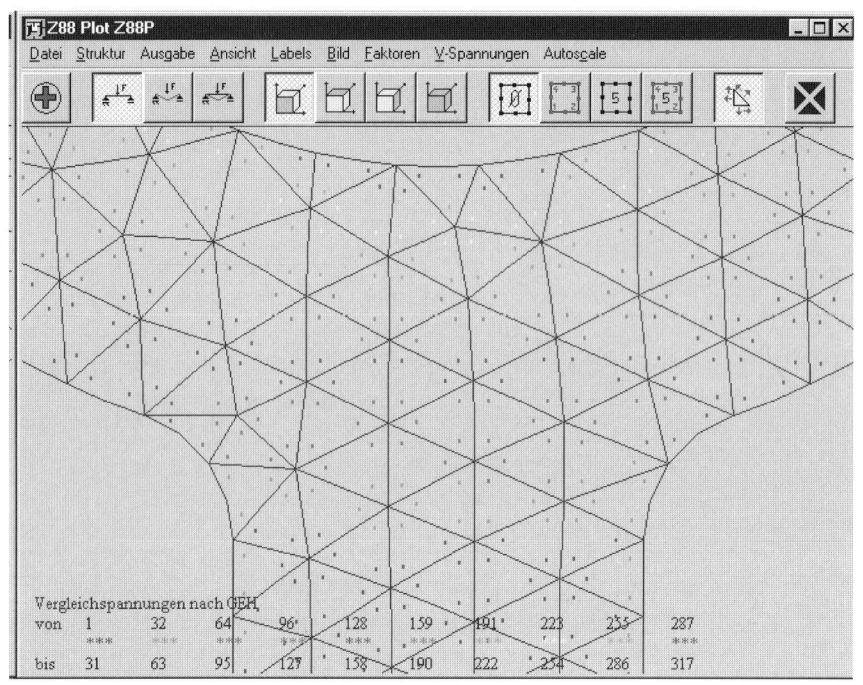

Bild 13.14-6: Berechnung der Spannungen

Alternativ soll nun mit Scheiben Nr.7, also isoparametrischen krummlinigen Serendipity Elementen mit 8 Knoten gearbeitet werden. Dazu läßt man in Pro/ENGINEER im Modul Pro/MESH Schalen-Vierecke erzeugen. Ausgangspunkt ist die COSMOS-Datei **B142.COS**. Sie wird nach **Z88G.COS** kopiert. Ein Lauf mit **Z88G** zeigt:

3.789 Knoten

1.119 Elemente

7.578 Freiheitsgrade

Ein **Testlauf mit Z88F** zeigt: 22.650.056 Elemente in GS nötig = 182 Mbyte. Katastrophal.

Ein Cuthill-McKee Lauf von **Z88H** reduziert den Bedarf auf 853.308 Elemente in GS = 6,8 Mbyte. Viel besser.

Es müßten also in **Z88.DYN** mindestens folgende Werte (leicht aufgerundet) gegeben werden:

MAXGS   860000

MAXKOI   9000   (1.119 Elemente * 8 Knoten Pro Element =8.952)

MAXK   3800

MAXE   1200

MAXNFG   8000

MAXNEG   1

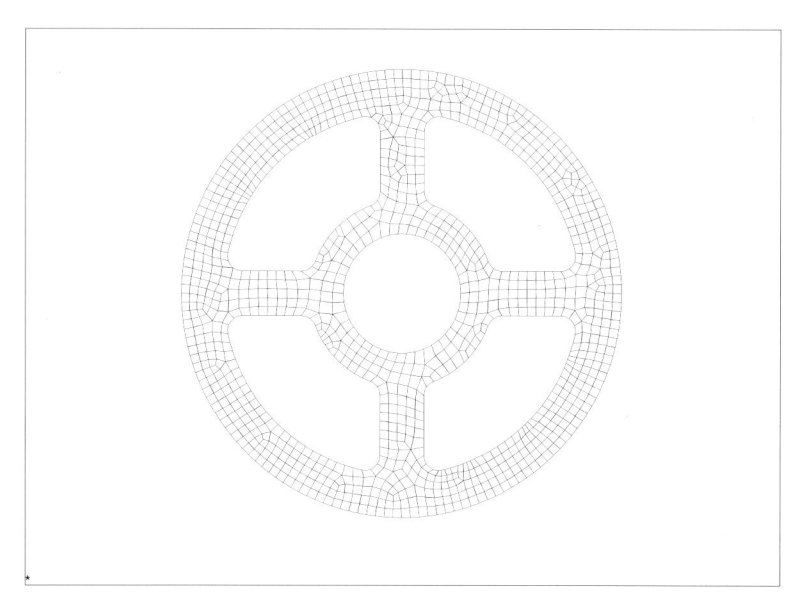

Bild 13.14-7: Alternative Rechnung mit Scheiben Nr.7, also isoparametrischen krummlinigen Serendipity Elementen mit 8 Knoten (Viereck)

Insgesamt zeigt das Netz das typische Verhalten von Automeshern, d.h. starke Unsymmetrien, z.B.

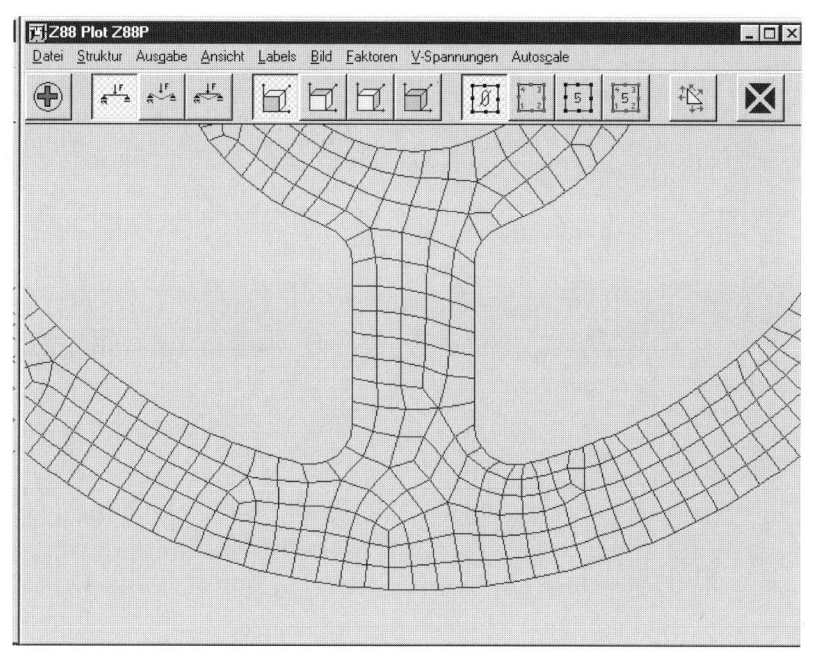

Bild 13.14-8: Detailansicht der automatisch erzeugten Struktur

Erfahrungsgemäß sollte aber dieses Netz mit seinen 8-Knoten Serendipity-Scheiben ganz gut ausreichen. Die Randbedingungen für den virtuellen Fixpunkt stellen sich nach Z88H, d.h. nach Knotenumnumerierung in der Datei Z88I2.TXT wie folgt dar:

12 Uhr: Knoten 392 mit ux= 0
3 Uhr: Knoten 1201 mit uy= 0
6 Uhr: Knoten 3784 mit ux= 0
9 Uhr: Knoten 1130 mit uy= 0

Jetzt kann der FE-Prozessor **Z88F** in einem der Rechenmodi (Compact, Neu) gestartet werden, z.B. im *Compactmodus*.

An den Knoten 392, 1201, 3784 und 1130 stellen sich Verschiebungen von je 0,027 mm ein, also wie im Falle des Dreiecksnetzes. Auch die Spannungen liegen mit max. 314 N/mm**2 wie beim Dreiecksnetz mit max. 317 N/mm**2 (wobei berücksichtigt werden muß, daß die Lage der Gaußpunkte bei einem krummlinigen Dreieck etwas anders ist als bei einem krummlinigen Viereck, was die ohnehin minimalen Abweichungen begründen mag).

Dieses Beispiel zeigt, daß die Entscheidung, ob Dreiecks- oder Viereckselemente bei Automeshern, relativ egal ist. Gefühlmäßig würden wir hier eher zum Dreiecksnetz neigen, weil es symmetrischer ist – das Vierecksnetz hat einfach stärkerer Unsymmetrien, die in manchen Fällen für Überraschungen sorgen können. Würde man aber diese ansich einfache Struktur mit Superelementen schön sauber symmetrisch abbilden und mit dem Netzgenerator **Z88N** verfeinern, würden wir zu den Scheiben Nr.7, also Vierecken, neigen, da sie systemimmanent immer genauer rechnen als Dreiecke.

13.15   3D-Schraubenschlüssel

Bei diesem Beispiel wurde ein Schraubenschlüssel im 3D-CAD Programm Pro/ENGINEER als 3D-Modell erzeugt, der in seinen Proportionen, jedoch nicht in den aktuellen Abmessungen dem Schraubenschlüssel des Beispiels 13.1 entspricht.

Hier soll gezeigt werden, wie die verschiedenen Elementtypen, wie sie von Automeshern verwendet werden, sinnvoll eingesetzt werden.

Sie können dieses Beispiel selbstverständlich vollständig nachvollziehen, ohne das o.g. CAD-Programm im Zugriff haben zu müssen.

Fall 1:

Die erste Beispieldatei B151.COS in die Z88-COSMOS-Eingabedateien Z88G.COS umkopieren:

B151.COS   --->   Z88G.COS   (COSMOS-Eingabefile)

Z88:

Z88G, Konvertierung von Z88G.COS nach Z88I1.TXT, Z88I2.TXT und Z88I3.TXT. **WindowsNT/95:** *Berechnung > COSMOS-Konverter , > Berechnung > Start*, **UNIX:** Beim Z88-Commander Pushbutton *Z88G* oder starten Sie von einem X-Term oder einer Console *z88g*.

Betrachten der generierten Eingabedatei Z88I1.TXT:

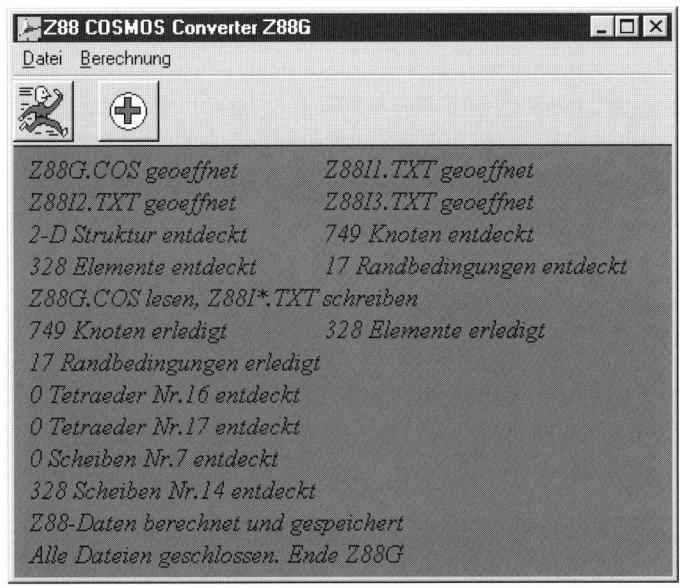

Bild 13.15-1: Der Output von Z88G weist alle notwendigen Werte aus

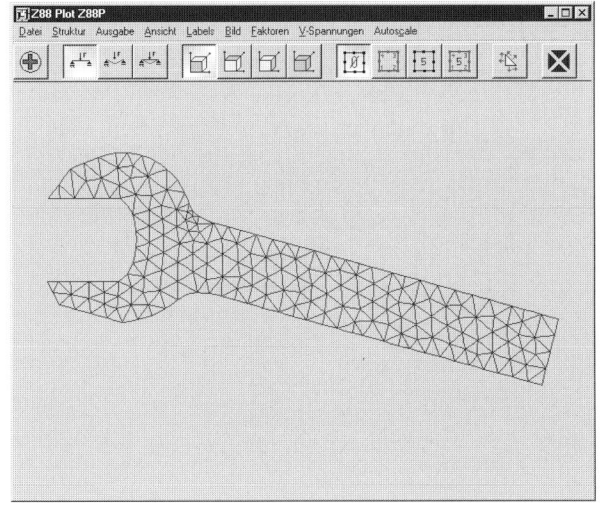

Bild 13.15-2: Wie ersichtlich, wurden Dreieckselemente erzeugt.

Die Eingabedatei Z88I1.TXT weist folgende Daten aus:

749 Knoten

328 Elemente vom Typ 14

1498 Freiheitsgrade

Wenn Sie nun den FE-Prozessor **Z88F** mit der Testoption laufen lassen, d.h. **WindowsNT/95**: Berechnung > Z88F > Mode > Testmode , > Berechnung > Start, **UNIX**: Beim Z88-Commander Pushbutton Z88F mit Radiobutton Test Mode oder starten Sie von einem X-Term oder einer Console z88f –t, dann benötigt der momentane Strukturaufbau von Z88I1.TXT 909.760 Elemente in der Gesamtsteifigkeitsmatrix, d.h. rund 7 Mbyte Speicher (900.760 × 8 Byte je Element)!

Wie schon früher festgestellt, erzeugen Autovernetzer sehr oft extrem schlecht numerierte Netze, und daher sollten Sie nun den Cuthill-McKee-Algoritmus **Z88H** starten:

WindowsNT/95: Berechnung > Cuthill-McKee Programm , > Berechnung > Start, **UNIX**: Beim Z88-Commander Pushbutton Z88H oder starten Sie von einem X-Term oder einer Console z88h.

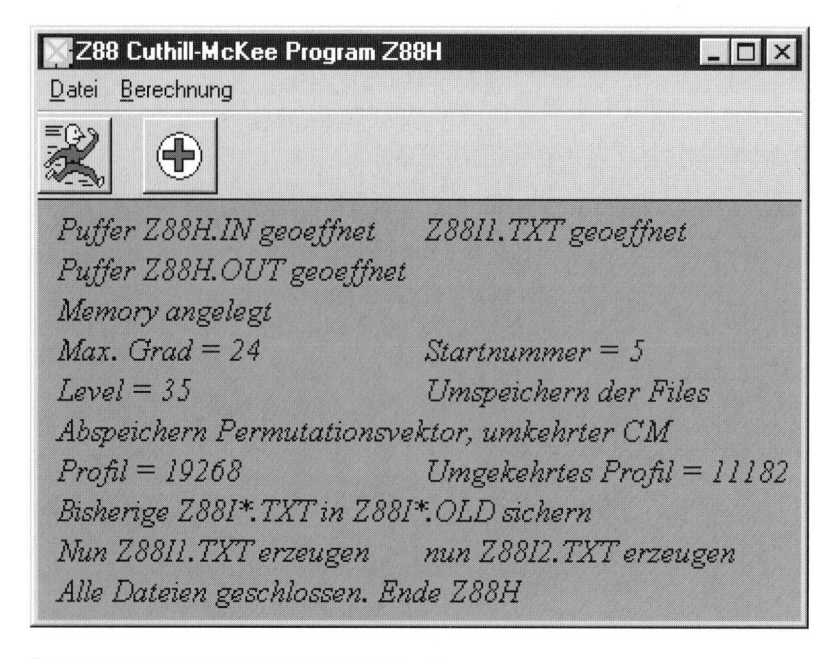

```
Z88 Cuthill-McKee Program Z88H
Datei  Berechnung

Puffer Z88H.IN geoeffnet        Z88I1.TXT geoeffnet
Puffer Z88H.OUT geoeffnet
Memory angelegt
Max. Grad = 24                  Startnummer = 5
Level = 35                      Umspeichern der Files
Abspeichern Permutationsvektor, umkehrter CM
Profil = 19268                  Umgekehrtes Profil = 11182
Bisherige Z88I*.TXT in Z88I*.OLD sichern
Nun Z88I1.TXT erzeugen          nun Z88I2.TXT erzeugen
Alle Dateien geschlossen. Ende Z88H
```

Bild 13.15-3: Ergebnisse des Cuthill-McKee Programms

Um zu testen, ob der Lauf mit **Z88H** etwas gebracht hat, sollten Sie erneut **Z88F** mit der Testoption laufen lassen:

WindowsNT/95: *Berechnung > Z88F > Mode > Testmode > Berechnung > Start*,
UNIX: Beim Z88-Commander Pushbutton *Z88F* mit Radiobutton *Test Mode* oder starten Sie von einem X-Term oder einer Console *z88f -t*.

Der Speicherbedarf hat sich sehr spürbar vermindert, und zwar von 909.760 Elementen auf nur noch 43.980 (also rund 350 KB). Das entspricht einer Reduzierung um fast 95 %!

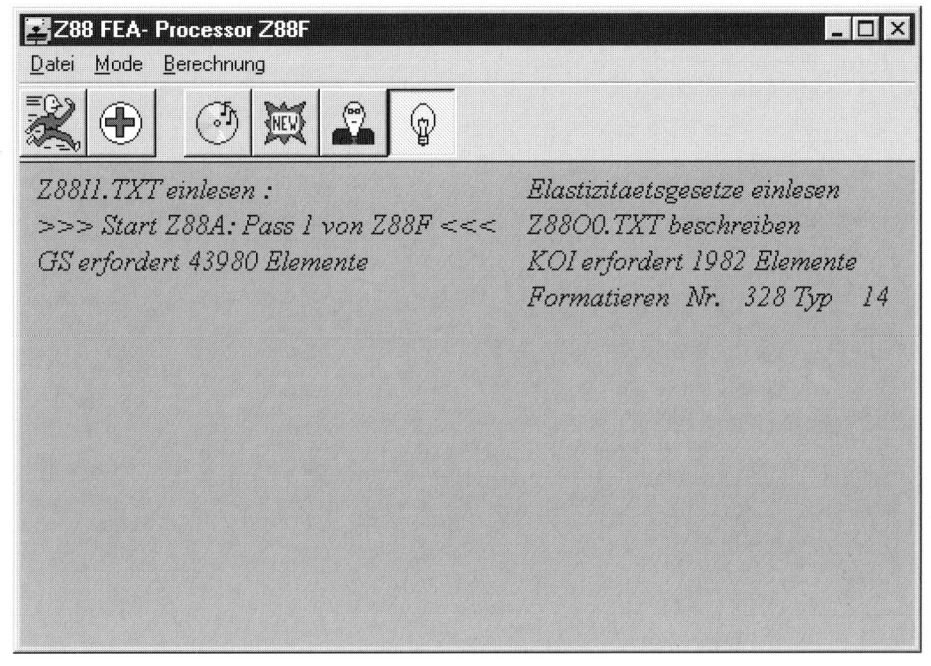

```
Z88 FEA- Processor Z88F
Datei  Mode  Berechnung

Z88I1.TXT einlesen :                Elastizitaetsgesetze einlesen
>>> Start Z88A: Pass 1 von Z88F <<<  Z88O0.TXT beschreiben
GS erfordert 43980 Elemente          KOI erfordert 1982 Elemente
                                     Formatieren  Nr. 328 Typ  14
```

Bild 13.15-4: Ablesen des reduzierten Speicherbedarfs in Z88F

Sie können also nun die korrekten Werte in **Z88.DYN** eintragen und die Verschiebungen mit **Z88F** rechnen:

WindowsNT/95: *Berechnung > Z88F > Mode > Compactmode , > Berechnung > Start*,
UNIX: Beim Z88-Commander Pushbutton Z88F mit Radiobutton Compact M oder starten Sie von einem X-Term oder einer Console z88f -c.

Anschließend rechnen Sie die Spannungen mit **Z88D**.

WindowsNT/95: *Berechnung > Z88D > Berechnung > Start*,
UNIX: Beim Z88-Commander Pushbutton Z88D oder starten Sie von einem X-Term oder einer Console z88d.

Wenn Sie nun mit **Z88P** plotten und sich die Vergleichsspannungen anzeigen lassen, dann stellen Sie einen höchsten Wert von $\sigma_V = 720$ N/mm^2 fest. Die verformte Struktur sollten Sie anstatt mit 100 nur mit 10, d.h. FUX= FUY= 10, vergrößern. Wenn Sie die untere Spitze des Schlüssels zoomen und dann die Knoten labeln, stellen Sie fest, daß der äußere untere Knoten die Nummer 4 hat. Wenn Sie nun **Z88O2.TXT** betrachten, also die Ausgabedatei der Verschiebungen, finden Sie eine Verschiebung des Knotens 4 in Y-Richtung, also u_2, von –0,164 mm.

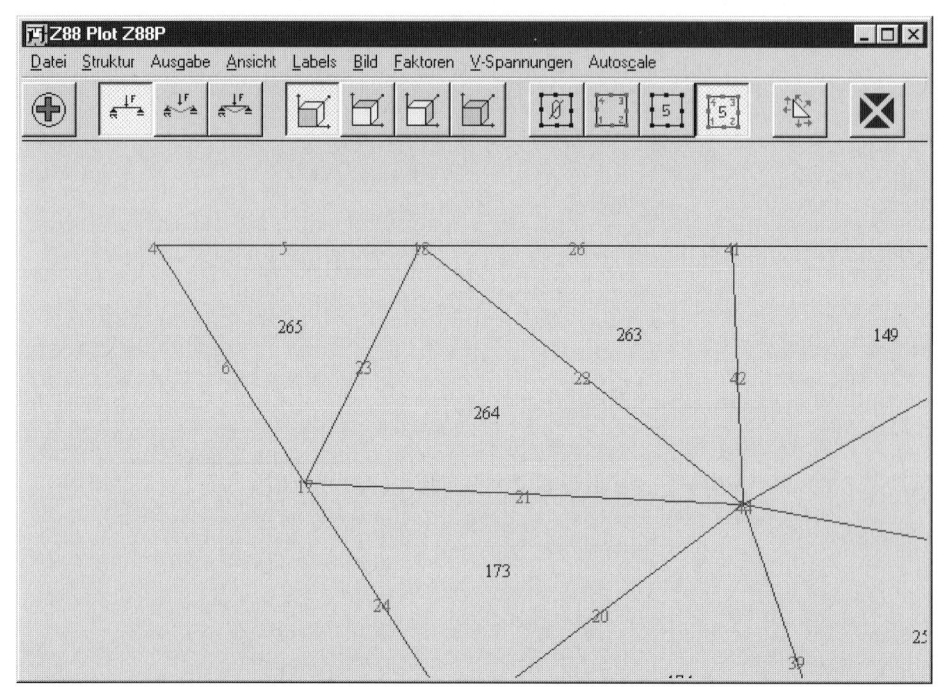

Bild 13.15-5: Ermitteln der richtigen Knotennummer (Nr. 4) durch Zoomen der Struktur

Ausgabedatei Z88O2.TXT : Verschiebungen, erzeugt mit Z88F V9
****

Knoten	U(1)	U(2)	U(3)	U(4)	U(5)	U(6)
1	–3.0099962E–002	–8.1590292E–002				
2	–3.0099905E–002	–8.0401543E–002				
3	–3.1465423E–002	–8.0493316E–002				
4	–1.1352313E–002	–1.6428694E–001				
5	–1.1380531E–002	–1.5755885E–001				
6	–4.5569396E–003	–1.6045652E–001				
7	–3.2831456E–002	–7.9395697E–002				

Diese beiden Werte behalten wir im Hinterkopf:
- σ_v = 720 N/mm^2
- u_2 = –0,164 mm (am äußeren unteren Knoten; hier Knoten 4)

Fall 2:

Nun soll derselbe Schlüssel nicht mit *Dreiecken* (Z88G macht aus Dreiecken mit 6 Knoten in COSMOS-Dateien dann Z88-Scheiben Nr.14, also krummlinige Serendipity Scheiben – prinzipiell könnten auch Z88-Scheiben Nr.3 genommen werden) abgebildet werden, sondern mit *Vierecken* (Z88 macht daraus Scheiben Nr.7). Das kann bei der *Modell Erzeugung* als *Schalen* mit *Netzpaaren* in Pro/MESH (ab Pro/ENGINEER V20 unter *Applikationen > FEM*) vorgewählt werden.

Die COSMOS-Datei heißt **B152.COS**. Kopieren Sie sie in **Z88G.COS** um.

Starten Sie **Z88G**, um die Z88-Eingabedateien Z88I1.TXT, Z88I2.TXT und Z88I3.TXT zu erzeugen. Dann editieren Sie **Z88I1.TXT** und finden

575 Knoten
160 Elemente Typ 7

und bei einem Testlauf mit **Z88F** und Testoption: 537.182 Elemente in GS. Sehr viel für diese kleine Struktur !

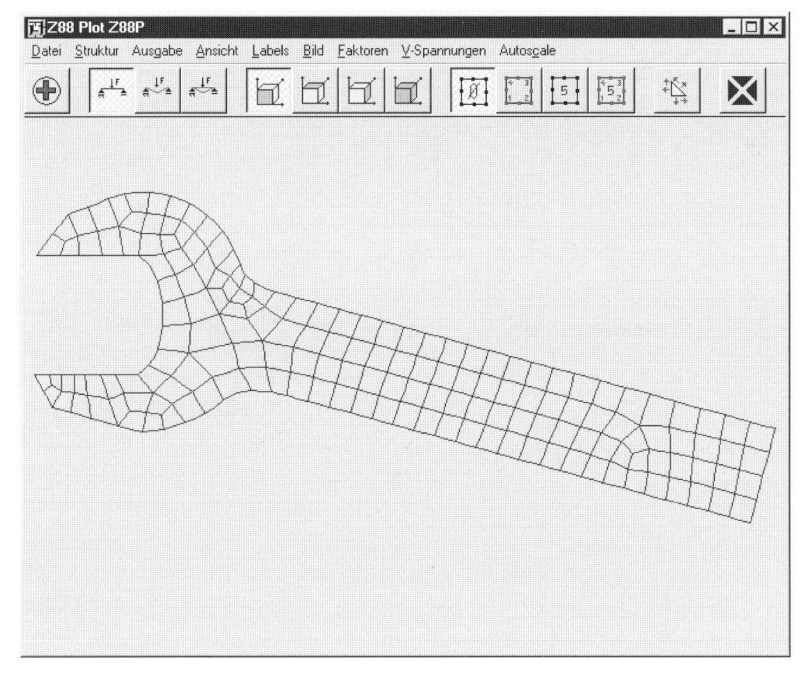

Bild 13.15-6: Darstellung der Struktur

Sie ahnen, daß ein Umnumerierungslauf mit **Z88H** die Situation drastischer verbessern wird. Tun Sie es!

In der Tat: Nur noch 35.818 Elemente statt vorher 537.182 nötig. Dennoch: Schön ist diese automatisch generierte Struktur nicht; vergleichen Sie sie mit der von Hand erstellten Superstruktur und der dann mit dem Netzgenerator erzeugten FE-Struktur des Beispiels 1. Wirklich schöne und ästetische FE-Netze kann man heutzutage nur von Hand mit entsprechenden Netzgeneratoren erzeugen. Das bedeutet aber viel (Hand)Arbeit – allerdings kann man sich dann anschließend auf die Rechenergebnisse fast blind verlassen. Eine schöne und ästetische FE-Struktur rechnet immer sauber! Das sind zumindest unsere umfangreichen Praxiserfahrungen.

Stellen Sie mit Z88P den äußeren unteren Knoten fest, um die Ergebnisse aus Fall 1 mit diesem Fall vergleichen zu können:

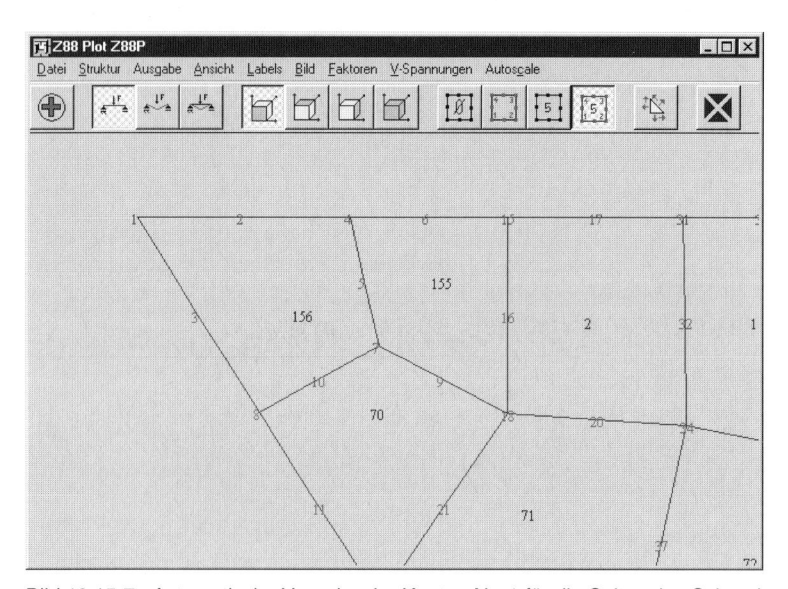

Bild 13.15-7: Automatische Vergabe der Knoten Nr. 1 für die Spitze des Schraubenschlüssels

Das wäre also der Knoten 1. Nach Rechenläufen mit **Z88F** und **Z88D** ermitteln Sie:

– σ_v = 693 N/mm^2
– u_2 = –0,164 mm (am äußeren unteren Knoten; hier Knoten 1)

Also praktisch die gleichen Ergebnisse wie mit den Dreiecken. Und das ist eine sehr typische Situation: Wir hatten 328 Dreiecksscheiben Nr.14 und hier 160 Vierecksscheiben Nr.7. Wir haben nur rund die Hälfte der Elementanzahl bei den 8-Knoten Serendipity Scheiben gebraucht, weil sie per se immer sehr gut rechnen – um qualitativ genauso gut Ergebnisse wie mit Dreiecksscheiben zu erzielen.

Fall 3:

Wir verwenden wieder Scheiben Nr.7, aber setzen in Pro/MESH bestimmte Netzkontrollwerte feiner (globales Maximum 0,5 statt vorher 1). Damit werden 683 Elemente mit 2.200 Knoten generiert, davon 649 Scheiben Nr. 7 und 34 Scheiben Nr. 14, denn Pro/MESH ist nicht immer in der Lage, „reinrassige" Scheibe Nr. 7 – Netze zu erzeugen.

Kopieren Sie die Datei **B153.COS** in **Z88G.COS** um, starten Sie
Z88G
Z88F im Testmodus: 7.076.997 Elemente in GS
Z88H
Z88F im Testmodus: 737.741 Elemente in GS
Z88.DYN entsprechend editieren, d.h. mindestens eintragen:

MAXGS	740000	(737.741 würde genügen)
MAXKOI	6000	(5464 reicht)
MAXK	3000	(2.200 würde genügen)
MAXE	1000	(683 würde genügen)
MAXNFG	5000	(4.400 würde genügen)
MAXNEG	32	(1 würde genügen)

Z88F im Compactmodus
Z88D
Z88P

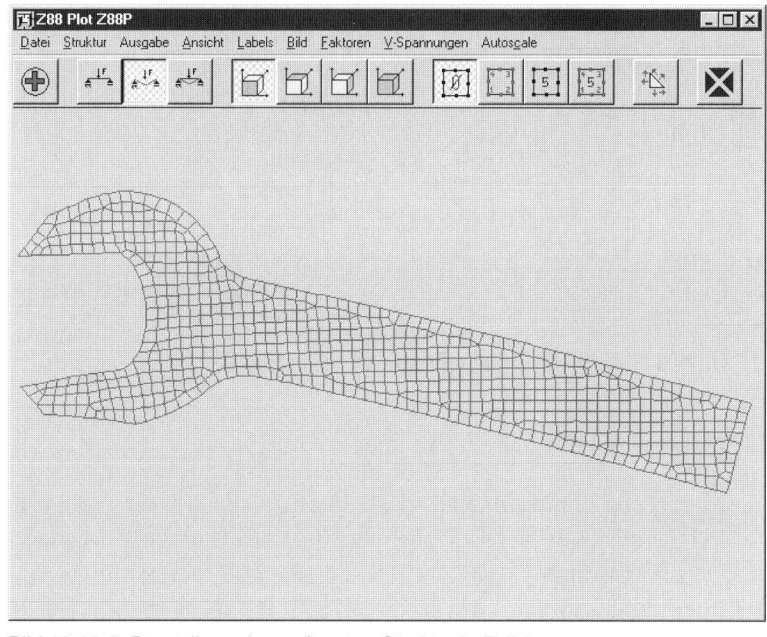

Bild 13.15-8: Darstellung der verformten Struktur in Fall 3

Diese Struktur, hier verformt mit FUX= FUY= 10 dagestellt, sieht etwas besser aus als die des Falls 2, aber schön ist sie immer noch nicht. Wir stellen fest:
- σ_V = 891 N/mm^2
- u_2 = –0,165 mm (am äußeren unteren Knoten; hier Knoten 2.059)

Da die Verformungen (minimal) und die Spannungen gegenüber der groberen Struktur zugenommen haben, waren die Dreiecksstruktur des Falls 1 und die Vierecksstruktur des Falls 2 theoretisch noch nicht fein genug, aber viel hat nicht mehr gefehlt.

Fall 4:

Es sollen wieder Dreieckselemente wie im Fall 1, aber mit feinerem Netz verwendet werden (globales Maximum nun 0,5 statt 1 in Pro/MESH):

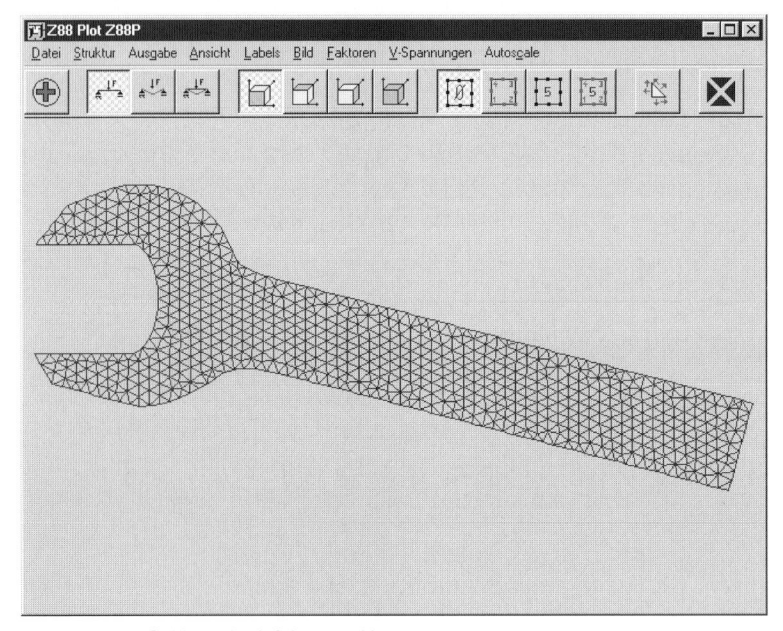

Bild 13.15-9: Schlüssel mit feinerem Netz

Kopieren Sie die Datei **B154.COS** in **Z88G.COS** um und starten Sie
Z88G
Z88F im Testmodus: 12.286.830 Elemente in GS
Z88H
Z88F im Testmodus: 288.802 Elemente in GS (Verringerung um fast 98 % !)
Z88.DYN entsprechend editieren
    Z88F im Compactmodus
    Z88D
    Z88P

So entsteht:

2.815 Knoten
1.314 Elemente Typ 14
σ_v = 826 N/mm^2
u_2 = –0,166 mm (am äußeren unteren Knoten; hier Knoten 14)

Fall 5:

Bislang haben wir 2D-Elemente, d.h. Finite Elemente für den ebenen Spannungszustand eingesetzt, und, um es gleich zu sagen, diese Elementtypen Nr.7 und Nr.14 (und auch Nr.3) sind ideal für derartige Belastungsfälle. Es bringt absolut nichts, hier mit räumlichen Elementen zu rechnen. Wir werden es nun trotzdem tun, damit Sie den stark erhöhten Aufwand nachvollziehen können.

Zunächst werden wir Tetraeder Nr.17, also Tetraeder mit linearem Ansatz und 4 Knoten versuchen. Seien Sie gewarnt: Auch wenn derartige Elementtypen in der Praxis häufig angewendet werden und kein FEA-Programm auf diese linearen Tetraeder verzichtet: Sie sind sehr ungenau und so ziemlich das Schlimmste, was man an Finiten Elementen im Raum verwenden kann.

Wir versuchen es zunächst mit einer recht groben Struktur, wie man sie sinngemäß erschreckend häufig in Büchern und Fachaufsätzen sieht:

136 Knoten
285 Finite Elemente Typ 17
Dabei wurden das globale Maximum mit 10 und das globale Minimum mit 5 in Pro/ENGINEER definiert.

Kopieren Sie die Datei **B155.COS** in **Z88G.COS** um und starten Sie

Z88G
Z88F im Testmodus: 49.030 Elemente in GS
Z88H
Z88F im Testmodus: 11.041 Elemente in GS
Z88.DYN entsprechend editieren
Z88F im Compactmodus
Z88D
Z88P

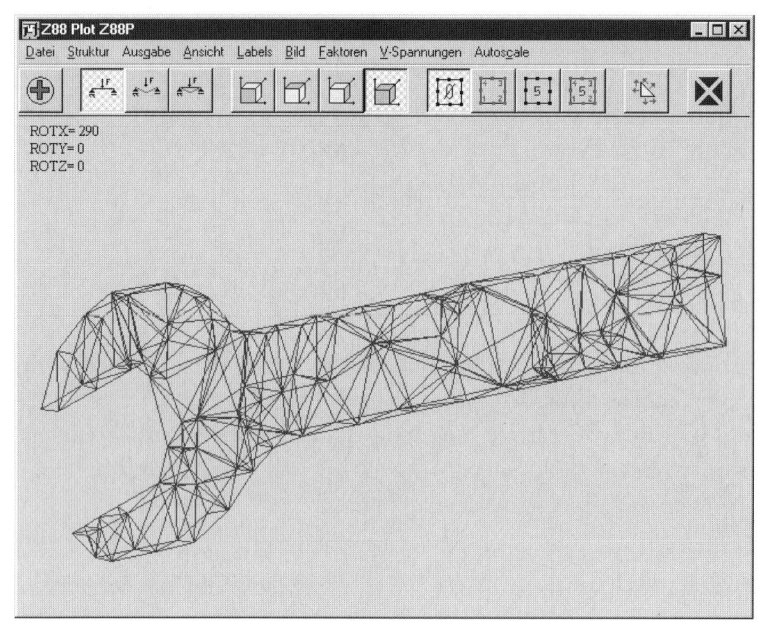

Bild 13.15-10: Darstellung des Schlüssels mit 3D-Elementen

Die Ergebnisse sind katastrophal schlecht:

σ_v = 294 N/mm²

u_2 = –0,084 mm (am äußeren unteren Knoten; hier Knoten 61)

Damit beträgt die Abweichung von den höchsten bisher gerechneten Verformungen rund 50 % und bei den Spannungen sogar (891 – 294)/891 * 100 = 67 %.

Fall 6:

Was in Fall 5 passierte, ist geradezu klassisch zu nennen: Die Struktur wurde zu steif gerechnet, also zuwenig Elemente. Wir werden daher die Elementanzahl grob vervierfachen, um den Einfluß zu untersuchen:

Kopieren Sie die Datei **B156.COS** in **Z88G.COS** um und starten Sie

Z88G
Z88F im Testmodus: 223.570 Elemente in GS
Z88H
Z88F im Testmodus: 76.816 Elemente in GS
Z88.DYN entsprechend editieren
Z88F im Compactmodus
Z88D
Z88P

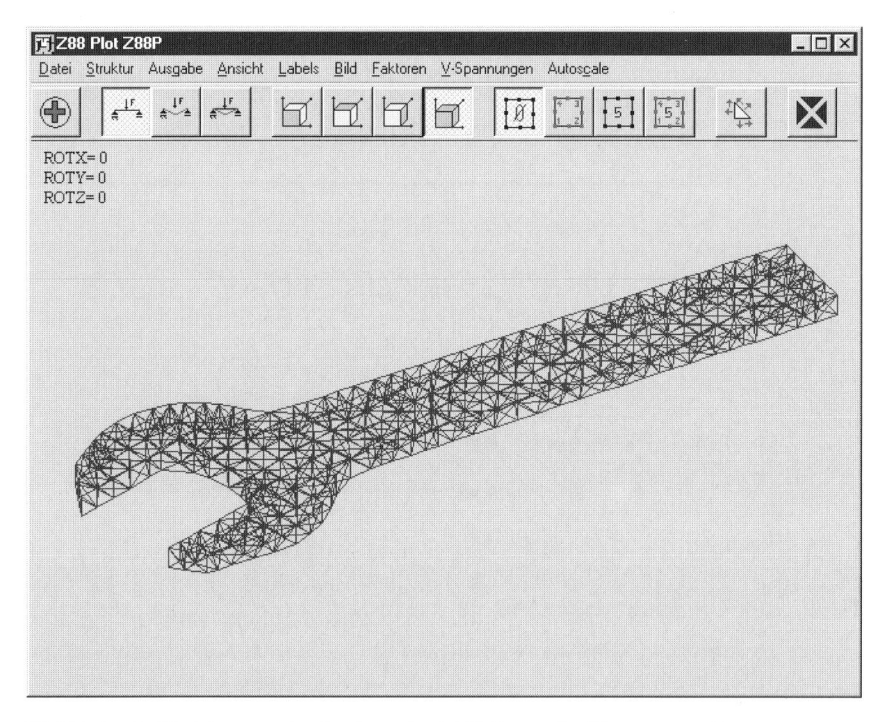

Bild 13.15-11: Verfeinerung der Struktur durch Erhöhung der Elementanzahl

So entsteht:

501 Knoten
1.179 Elemente Typ 17
$\sigma_V = 614$ N/mm^2
$u_2 = -0,136$ mm (am äußeren unteren Knoten; hier Knoten 500)

Aha, Verformungen und Spannungen immer noch zu klein gegenüber den anderen Rechenläufen. Die Abweichung gegenüber dem höchsten bisher errechneten Wert von –0,166 mm (Fall 4) beträgt immerhin 18 %. Ein klares Indiz für zuwenig Elemente mit zu primitivem Ansatz.

Fall 7:

Daher soll nun versucht werden, den Schraubenschlüssel wieder mit linearen Tetraedern Nr.17, aber mit einer noch höheren Elementanzahl, abzubilden. Dazu wurde in Pro/ENGINEER das globale Maximum für die Netzerzeugung auf 0,5 statt 1 wie in Fall 5 gesetzt.

Kopieren Sie die Datei **B157.COS** in **Z88G.COS** um und starten Sie
Z88G
Z88F im Testmodus: 2.336.914 Elemente in GS
Z88H
Z88F im Testmodus: 975.367 Elemente in GS
Z88.DYN entsprechend editieren
Z88F im Compactmodus
Z88D
Z88P

Es entstehen:

2.517 Knoten
8.768 Elemente Typ 17
$\sigma_v = 785$ N/mm^2
$u_2 = -0,159$ mm (am äußeren unteren Knoten; hier Knoten 2.418)

Das Verformungsergebnis weicht immer noch um 4 % vom Ergebnis des Falls 4 ab, das mit –0,166 mm den höchsten und damit den wahrscheinlichsten Wert lieferte. Man erkennt, daß man unverhältnismäßig viele lineare Tetraeder Typ 17 nehmen muß, um brauchbare Ergebnisse zu bekommen. Man muß bei diesen Elementtypen geradezu klassisch vorgehen und mehrere Rechenläufe mit immer feineren Netzen absolvieren, und zwar solange, bis sich die Ergebnisse nicht mehr signifikant ändern. Das bedeutet natürlich einen großen Aufwand, und man ist immer gut beraten, von Anfang an mit höherwertigen Elementen zu arbeiten.

Fall 8:

Nun sollen Tetraeder mit quadratischem Ansatz zum Einsatz kommen:

2.679 Knoten
1.179 Elemente Typ 16

Dieses Netz entspricht vom Aussehen her dem Netz Fall 6, aber aufgrund der hinzugekommenen Mittenknoten erhöht sich die Knotenanzahl stark.

Kopieren Sie die Datei **B158.COS** in **Z88G.COS** um und starten Sie
Z88G
Z88F im Testmodus: 27.068.824 Elemente in GS
Z88H
Z88F im Testmodus: 1.215.082 Elemente in GS
Z88.DYN entsprechend editieren
Z88F im Compactmodus
Z88D
Z88P

Es entstehen:

$\sigma_v = 709$ N/mm^2

$u_2 = -0{,}169$ mm (am äußeren unteren Knoten; hier Knoten 2.672)

Diese Ergebnisse sehen gut aus, aber sie wurden mit einem gegenüber Fall 3 (Scheiben Nr.14) oder Fall 4 (Scheiben Nr.7) unverhältnismäßig hohem Aufwand erkauft.

Zusammenfassung der Ergebnisse:

Tabelle 13.15-1: Ergebnisübersicht der Fallstudien

Fall	FE-Typ	Ansatz	Anzahl Elem.	Verschiebung (mm)	Spannung (N/mm^2)	Ergebnis
1	Scheibe Nr.14	Quadr.	328	−0,164	720	Gut
2	Scheibe Nr.7	Quadr.	160	−0,164	693	Gut
3	Scheibe Nr.7	Quadr.	683	−0,165	891	Sehr gut
4	Scheibe Nr.14	Quadr.	1.314	−0,166	826	Sehr gut
5	Tetraeder Nr.17	Linear	285	−0,084	294	Sehr schlecht
6	Tetraeder Nr.17	Linear	1.179	−0,136	614	Schlecht
7	Tetraeder Nr.17	Linear	8.768	−0,159	785	Gut
8	Tetraeder Nr.16	Quadr.	1.179	−0,169	709	Gut

Es ist zu beachten, daß die Spannungswerte nicht direkt verglichen werden dürfen, da die Lage der Gaußpunkte, an denen ja die Spannungen gerechnete werden, in ihrer Lage natürlich von Netz zu Netz und von Elementtyp zu Elementtyp unterschiedlich sind.

Besonders im Falle der in der Literatur beliebten linearen Tetraeder (weil diese Elemente leicht durch Automesher generiert werden können!) zeigt sich deutlich eine Abhängigkeit der Genauigkeit von der Elementanzahl:

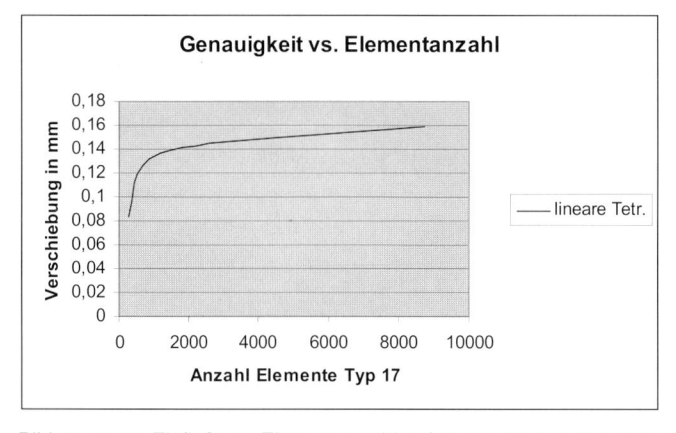

Bild 13.15-12: Einfluß von Elementanzahl auf die ermittelten Verschiebungen

340   13 Beispiele

- Dieses Experiment zeigt klar, daß man immer, wenn möglich, den einfachsten mechanischen Fall wählen soll, d.h. hier ebenes Scheibenproblem anstatt räumliches Problem.
- Ferner sollten höherwertige Ansätze verwendet werden: Quadratischer Ansatz ist weitaus besser als linearer Ansatz.
- Und drittens sind 8-Knoten Serendipity-Scheiben („Vierecke") effizienter als 6-Knoten Serendipity Scheiben („Dreiecke").

13.16   Kraftmeßelement, Scheiben Nr. 7

Es soll das Verformungselement einer sog. Kraftmeßdose mit Z88 berechnet werden.

An den Innenbohrungen bei 3 Uhr und bei 9 Uhr werden später die eigentlichen Dehnmeßstreifen appliziert; daher sind die Verformungen und Spannungen besonders in diesen Bereichen von Interesse.

Gehen Sie nach dem Kapitel „Z88X im Detail" (Kap. 10.6.2) vor und folgen Sie den dort beschriebenen Schritten:

1. Schritt: 2D-Entwurf des Verformungskörpers in AutoCAD. Hier wurde AutoCAD LT 97 verwendet. Es können aber auch genauso 3D-Drahtgitter-Strukturen in AutoCAD entworfen werden. Beispielsweise das Beispiel 5 läßt sich sehr schön als 3D-Drahtgitter behandeln und mit Z88X konvertieren. Falls Sie keine Lust haben, diese Skizze selbst in Ihrem CAD-System anzulegen, bedienen Sie sich der Dateien **B16STEP1.DWG** oder **B16STEP1.DXF**.

2. Schritt: Entwurf der Netzaufteilung, hier für Superelemente Scheiben Nr.11, also 4 Knoten je Kante. Die Knotenpunkte als Punkte setzen. Wir empfehlen, daß Sie auf schon implizit vorhandene Punkte wie Schnittpunkte noch mal „richtige" Punkte setzen, damit Sie später im Schritt 3 und Schritt 5 ausschließlich auf echte Punkte fangen können. Für alle Fälle liefern wir obige Zeichnung als **B16STEP2.DWG** bzw. **B16STEP2.DXF** mit.

3. Schritt: Den Layer **Z88KNR** anlegen und auf diesem Layer alle FE-Knoten, die im 2.Schritt definiert worden, fangen (am besten mit *Fangen auf Punkte*, nicht auf Eckpunkte oder Schnittpunkte) und mit der Textfunktion beschriften: **P Leerzeichen Knotennummer**, also z.B. Knoten 7 erhält den Text „P 7". Sicherheitshalber: **B16STEP3.DWG** oder **B16STEP3.DXF**.

13.16 Kraftmeßelement, Scheiben Nr. 7

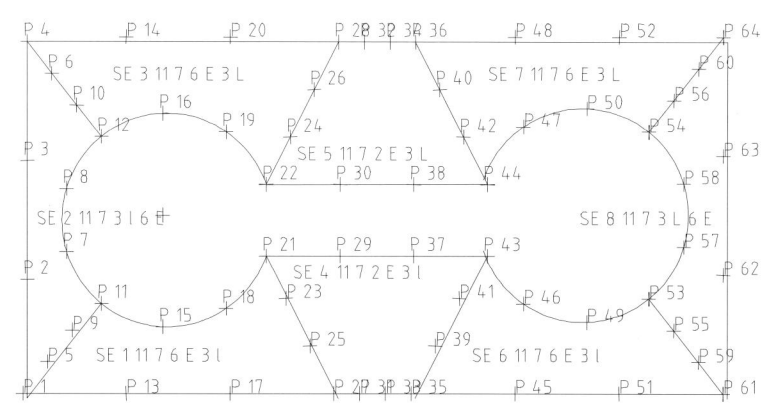

Bild 13.16-1: 2D-AutoCAD Darstellung des Kraftmeßelementes nach dem 4. Schritt

4. Schritt: Den Layer **Z88EIO** anlegen und auf diesem Layer die Elementinformationen mit der Textfunktion schreiben. Die Lage dieser Texte ist beliebig, sie müssen also nicht innerhalb der Elemente liegen oder gar wie im vorigen Schritt exakt gefangen werden. Da hier Superelemente Scheiben Nr.11 verwendet werden sollen, bedeutet dies: **SE Elementnummer 11 7 Netzunterteilun**g. Nehmen wir beispielhaft das Element 6: **SE** (Superelement) **7** (das siebte Superelement) **11** (Superelementtyp, hier Typ 11) **7** (zu erzeugender finite Elementtyp, hier Typ 7) **6** (in lokaler x-Richtung 6 mal unterteilen) **E** (und dies gleichabständig) **3** (in lokaler y-Richtung 3 mal unterteilen) **l** (dies ist ein kleines L und bedeutet: geometrisch fallend unterteilen). Sie definieren hier nicht, wo die Elemente liegen, sondern nur, wie sie beschaffen sind. Die Definition, welches Element das erste Element, welches das zweite ist usw., erfolgt im Schritt 5 durch die Reihenfolge des Anklickens der Elementknoten! Das heißt, wenn die ersten 12 Elementknoten angeklickt ist, erkennt Z88X das Element, das durch diese ersten 12 Knoten definiert ist, als erstes Element. Die nächsten angeklickten 12 Knoten bestimmen des 2. Scheibenelement Nr.11. Sicherheitshalber: **B16STEP4.DWG** oder **B16STEP4.DXF**.

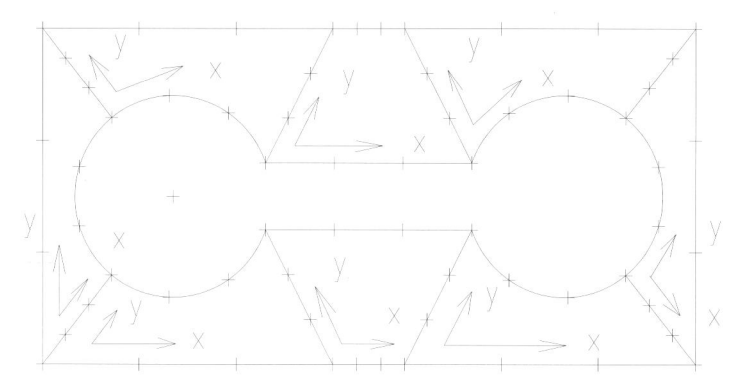

Bild 13.16-2: Festlegung der lokalen Koordinatensysteme für den 5. Schritt

Zur Vorbereitung des 5.Schritts legen Sie fest, wie die lokalen Koordinatenachsen innerhalb der Elemente liegen sollen. Die lokale x-Achse wird immer durch das Anklicken des ersten Knotens (lokaler Knoten 1) und des nächsten Knotens (bei Scheiben Nr.11 ist das der lokale Knoten 5, vgl. Beschreibung des Elements Typ 11) definiert. Die lokale y-Achse steht immer „senkrecht" dazu, d.h. im mathematisch positiven Drehsinn: Die Achse verläuft also bei Scheiben Nr.11 von Knoten 1 nach Knoten 12. Sie können in Ihre AutoCAD-Skizze diese Richtungspfeile, wie oben gezeigt, für Ihre eigene Orientierung eintragen. Aber eine weitergehende Bedeutung haben diese Richtungspfeile nicht. Die Element- und Knoteninformationen sind hier der besseren Übersicht halber ausgeblendet.

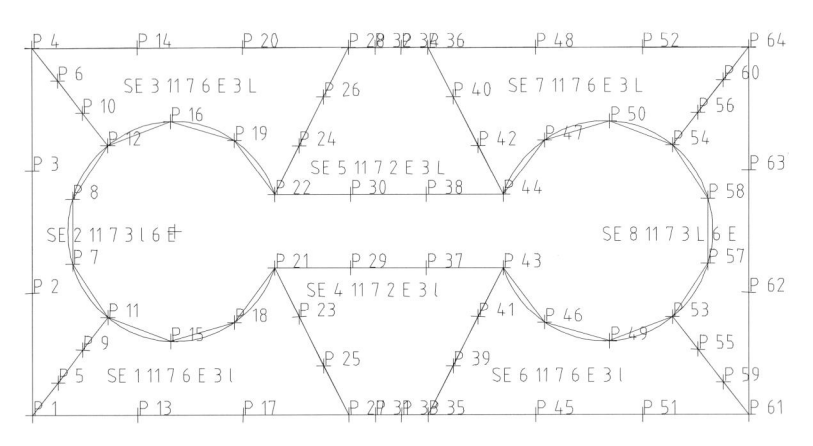

Bild 13.16-3: Darstellung in AutoCAD nach dem 5. Schritt

Schritt 5: Legen Sie den Layer **Z88NET** an und aktivieren Sie ihn. Wählen Sie für den Layer Z88NET eine gut sichtbare Farbe, die sich deutlich von den anderen verwendeten Farben abgrenzt. Schalten Sie einen geeigneten Fangmodus ein; am besten *Fangen auf Punkte*. Das geht aber nur, wenn Sie im Schritt 2 wirklich überall Punkte gesetzt haben. Man kann natürlich auch auf Schnittpunkte oder Endpunkte fangen, aber nach unseren Erfahrungen ist das Fangen auf definitiv gesetzte Punkte – und nur darauf – weitaus sicherer.

Beginnen Sie beim ersten Element, also hier dem ersten Superelement. Sie erinnern sich: Die Lage der Elemente ist beliebig, und die Informationen wie *SE 1 11 7 6 E 3 1* definieren nicht die Lage des Elements, sondern nur folgendes:

– das Element (1) ist ein Superelement (SE): SE 1
– es ist vom Typ 11
– und soll den Typ 7 erzeugen
– dabei die lokale x-Achse 6 mal äquidistant unterteilen
– und die lokale y-Achse 3 mal geometrisch fallend

Beginnen Sie also mit dem ersten Superelement, wählen Sie *Zeichnen Linie* an, *Fangmodus Punkt* und klicken Sie **P 1** an: Das ist der Ursprung des lokalen Element-Koordinatensystems. Ziehen Sie die Linie weiter nach **P 13** (damit liegt die lokale x-Richtung fest und auch die lokale y-Achse, denn sie steht „senkrecht", mathematisch positiv auf der x-Achse), nach **P 17** nach **P 27** nach **P 25** nach **P 23** nach **P 21** nach **P 18** nach **P 15** nach **P 11** nach **P 9** nach **P 5** und wieder nach **P 1**. Beenden Sie hier die Linienfunktion. Starten Sie erneut den Linienbefehl und klicken Sie wieder **P 1** an (es beginnt die Einabe des zweiten Elements) und ziehen Sie nach **P 5** (lokale x-Achse ist damit festgelegt) nach **P 9** nach **P 11** nach **P 7** nach **P 8** nach **P 12** nach **P 10** nach **P 6** nach **P4** nach **P 3** nach **P2** nach **P1** und beenden Sie die Linienfunktion. Geben Sie derart auch die restlichen sechs Superelemente ein. Das geht in der Praxis weitaus schneller, als es hier zu beschreiben! In wenigen Minuten ist das passiert. Sicherheitshalber: **B16STEP5.DWG** oder **B16STEP5.DXF**.

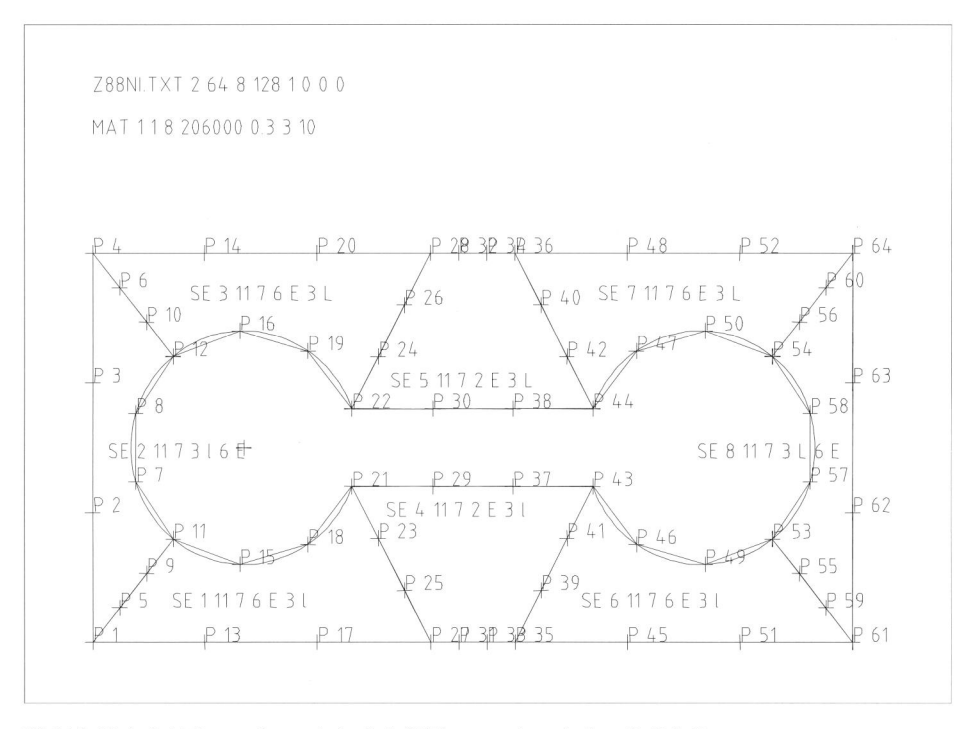

Bild 13.16-4: Acht Superelemente in AutoCAD erzeugt nach dem 6. Schritt

Schritt 6: Legen Sie den Layer **Z88GEN** an und gehen Sie auf ihn. Schreiben Sie mit der Textfunktion irgendwo die allgemeinen Informationen hin, d.h.

Z88NI.TXT 2 64 8 128 1 0 0 0

was bedeutet:

– Es soll eine Netzgeneratordatei Z88NI.TXT von Z88X erzeugt werden
– 2D-Struktur
– mit 64 Knoten
– 8 Superlementen
– 128 Freiheitsgraden
– 1 Materialgesetz
– KFLAG = 0: cartesische Korrdianten
– IBFLAG = 0: keine Balken vorhanden
– NIFLAG = 0: Standard-Fangradius nutzen

Außerdem muß das Materialgesetz als Text hingeschrieben werden:

MAT 1 1 8 206000 0.3 3 10

was bedeutet:

– das erste Materialgesetz
– umfaßt die Elemente 1 bis 8
– E-Modul 206000
– Poisson-Zahl ist 0,3
– Integrationsordnung der zu erzeugenden finiten Elemente ist 3
– die Elementdicke ist 10

Damit sind alle nötigen Informationen bereitgestellt, und Sie können die Zeichnung abspeichern. Denn die Schritte 6.3 (Spannungsparameter) und 7 können Sie auslassen, sie gelten nur für FE-Strukturen, aber nicht für Superstrukturen. Sicherheitshalber: **B16_N.DWG** oder **B16_N.DXF**.

Für den Gebrauch mit Z88X müssen Sie sie zusätzlich als DXF-Datei erstellen, exportieren oder wie immer diese Funktion in Ihrem CAD-Programm heißt. Falls Sie die DXF-Datei z.B. DMS.DXF nennen, dann müssen Sie diese Datei DMS.DXF noch in Z88X.DXF kopieren (oder geben Sie gleich Z88X.DXF aus), denn Z88X erwartet diesen fixen Namen.

Erstellen Sie also **Z88X.DXF.**

Jetzt starten Sie den DXF-Konverter **Z88X** und wählen *DXF > Z88NI.TXT*. Lassen Sie Z88X laufen. Wenn alles gut gegangen ist, sehen Sie nachfolgende Meldungen. Im Fehlerfalle haben Sie wahrscheinlich nicht sauber digitalisiert, d.h. entweder die Knoten Texte P xx im Schritt 3 nicht sauber auf die Knoten gefangen und/oder die Linien im Schritt 5 nicht sauber auf die Knoten gefangen. Noch einmal: Setzen Sie für jeden Knoten einen echten Punkt in Ihrem CAD-Programm und stellen Sie für die Schritte 3 und 5 den Fangmodus nur auf Punkt und schalten Sie alle anderen Fangmodi aus.

13.16 Kraftmeßelement, Scheiben Nr. 7

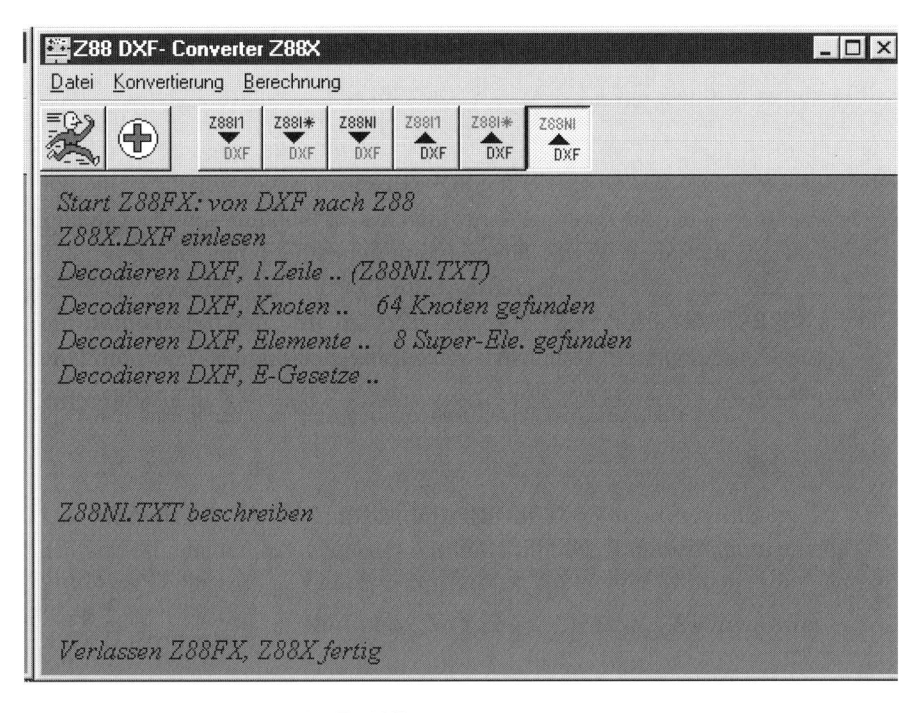

```
Z88 DXF- Converter Z88X
Datei  Konvertierung  Berechnung

Start Z88FX: von DXF nach Z88
Z88X.DXF einlesen
Decodieren DXF, 1.Zeile .. (Z88NI.TXT)
Decodieren DXF, Knoten ..   64 Knoten gefunden
Decodieren DXF, Elemente ..   8 Super-Ele. gefunden
Decodieren DXF, E-Gesetze ..




Z88NI.TXT beschreiben




Verlassen Z88FX, Z88X fertig
```

Bild 13.16-5: Ausgabemaske des Z88X Konverters

Da **Z88X** nun die Netzgenerator-Datei **Z88NI.TXT** erzeugt hat, können Sie den Netzgenerator **Z88N** starten. Tun Sie es:

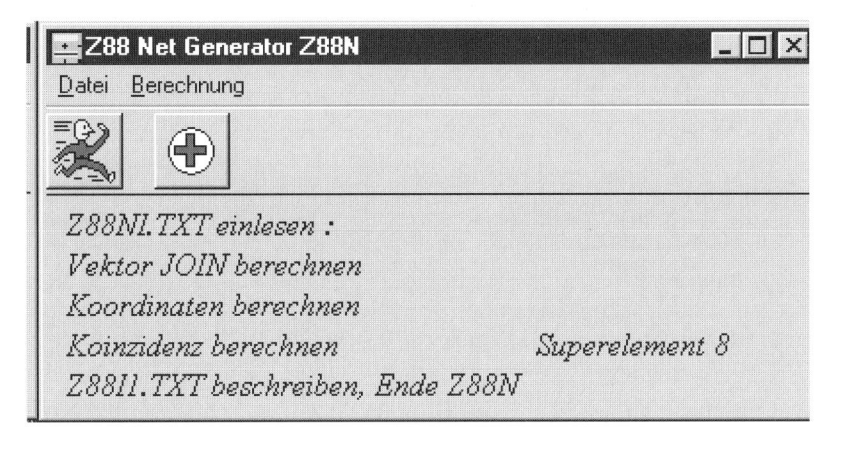

```
Z88 Net Generator Z88N
Datei  Berechnung

Z88NI.TXT einlesen :
Vektor JOIN berechnen
Koordinaten berechnen
Koinzidenz berechnen             Superelement 8
Z88I1.TXT beschreiben, Ende Z88N
```

Bild 13.16-6: Erzeugung vom Z88/1.TXT mit Z88N

Der Netzgenerator Z88N hat Ihnen nun die Datei der allgemeinen Strukturdaten Z88I1.TXT erzeugt, aber die Datei der Randbedingungen Z88I2.TXT und das Parameterfile der Spannungen Z88I3.TXT fehlen noch. Um die Randbedingungen zu definieren, müssen Sie die betreffenden Knoten ermitteln. Das können Sie auf zwei Arten:

– Entweder mit dem Z88-Plotprogramm Z88P (das naheliegende Vorgehen) oder
– mit dem Z88-DXF-Konverter Z88X

Mit dem Plotprogramm **Z88P** gehen Sie wie folgt vor: Löschen Sie zunächst sicherheitshalber die Datei **Z88P.STO** und starten Sie Z88P: Es wird, da Sie Z88P.STO gelöscht haben, automatisch die Datei Z88I1.TXT geladen. Es sollen folgende Randbedingungen definiert werden:

Wenn Sie die Zonen der Randbedingungen in Z88P betrachten, sehen Sie folgende Knotennummern für die Krafteinleitungszone:

205 (Eckknoten) – 231 (Mittenknoten) – 238 (Eckknoten) – 242 (Mittenknoten) – 249 (Eckknoten)

Gemäß der Beschreibung der Randbedingungsdatei Z88I2.TXT müssen bei Finiten Elementen mit quadratischem Ansatz pro Element die Eckknoten 1/6 der Last und die Mittenknoten 2/3 der Last bekommen. Damit ergibt sich:

Tabelle 13.16-1: Errechnung der Lastverteilung auf die Knoten

Knotennummer	Lage	Verteilung	Kraft in N
205	Rand-Eckknoten	1/6 : 2	– 500
231	Mittenknoten	2/3 : 2	– 2.000
238	Eckknoten-Eckknoten	(1/6 + 1/6) : 2	– 1.000
242	Mittenknoten	2/3 : 2	– 2.000
249	Rand-Eckknoten	1/6 : 2	– 500

Für die Auflagerpunkte lesen wir ab: 67 – 206 – 210 – 217 – 221. Dabei halten wir den mittleren Knoten 210 sowohl in X- als auch in Y-Richtung fest, während bei den anderen Blockierung in Y-Richtung genügt. Mit einem Editor können wir die Datei **Z88I2.TXT** schreiben:

11
67 2 2 0
205 2 1 –500
206 2 2 0
210 1 2 0
210 2 2 0
217 2 2 0
221 2 2 0
231 2 1 –2000
238 2 1 –1000
242 2 1 –2000
249 2 1 –500

Falls Sie diese Punkte mit Ihrem CAD-Programm anstelle mit Z88P ermitteln wollen: Starten Sie **Z88X** und wählen Sie *Z88I1.TXT > DXF*:

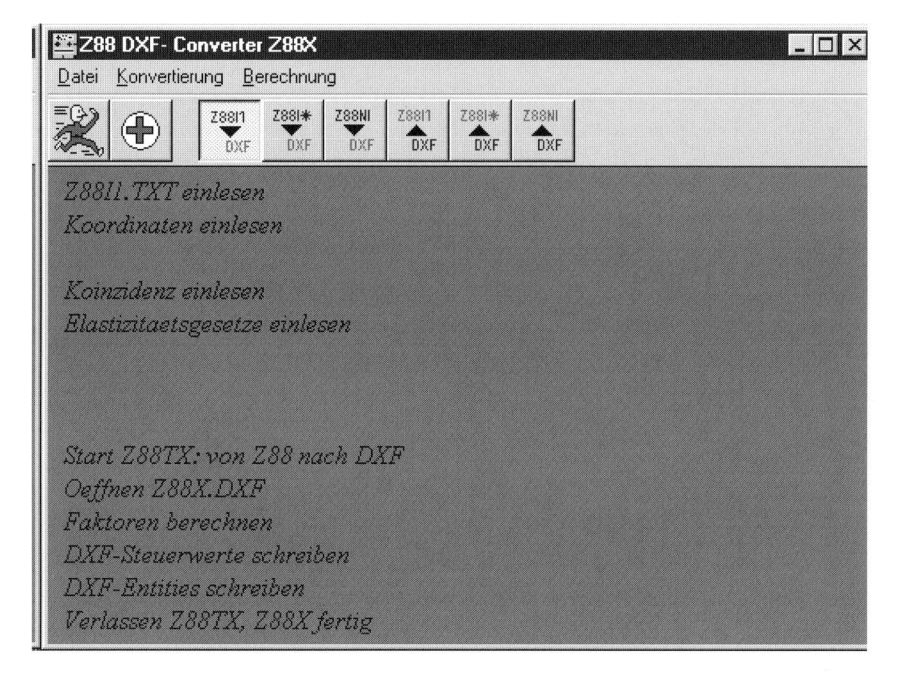

Bild 13.16-7: Erzeugen der DXF Datei Z88X.DXF aus Z88I1.TXT

Z88X hat die alte Datei Z88X.DXF überschrieben und Ihnen eine neue Datei Z88X.DXF erzeugt, welche die Finite Elemente Struktur enthält. Importieren Sie in Ihrem CAD-Programm Z88X.DXF und lesen Sie die betreffenden Knoten ab. Blenden Sie dabei nicht benötigte Layer aus. Sollten die Knotennummern zu groß geschrieben sein, geben Sie in Z88X unter *Datei > Textgröße* anstatt 1 einen kleineren Wert ein, z.B. 0,1 (**UNIX:** *z88x -i1tx -ts 0.1*) und lassen Sie erneut Z88X.DXF erzeugen via *Z88I1.TXT > DXF*.

Nun sollten Sie mit Ihrem Editor nur noch die kleine Datei der Spannungsparameter **Z88I3.TXT** schreiben mit folgendem Inhalt:

3 0 1

das bedeutet:

– 3 Gaußpunkte je Achse pro Element
– keine zusätzliche Berechnung von Tangential- und Radialspannungen
– Berechne Vergleichspannungen nach Gestaltsänderungsenergiehypothese

Starten Sie nunmehr **Z88F** und dann **Z88D**. Betrachten Sie die Ergebnisse mit **Z88P**. Als Kontrollwerte: Die Verschiebung am Knoten 232 in Y-Richtung (= u_2) wird –0,293 mm betragen und die maximale Vergleichsspannung 446 N/mm^2.

Im zweiten Teil dieses Beispiels werden wir von einem sehr groben Netz ausgehen und es stufenweise verfeinern.

Wir legen die Netzgenerator-Datei Z88NI.TXT zugrunde, aber sehen eine gröbere Generierung vor, vgl. Datei **B16014_N.TXT**:

1   7
2 E   1 E
2   7
1 E   2 E
3   7
2 E   1 E
4   7
1 E   1 E
5   7
1 E   1 E
6   7
2 E   1 E
7   7
2 E   1 E
8   7
1 E   2 E

Nach **Z88N** erhalten wir folgende Struktur:

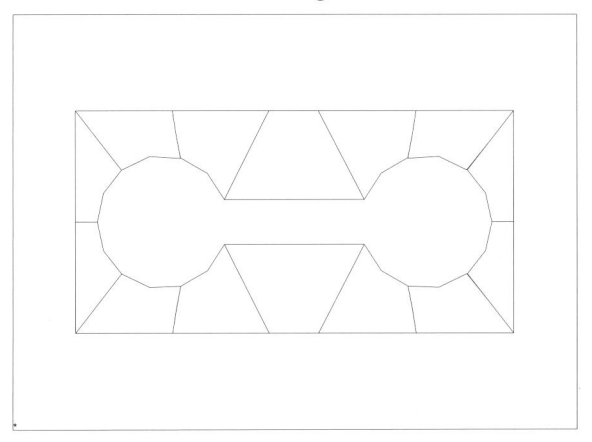

Bild 13.16-8: Ergebnisplot des Rechenlaufes Z88N: 14 Elemente

Sie enthält 14 Finite Elemente Typ 7. Mit Z88P stellen wir fest, daß in den Knoten 33, 40 und 43 Lasten aufgegeben werden müssen, und zwar am Knoten 33 1.000 N (Eckknoten = 1/6), am Knoten 40 4.000N (Mittenknoten=2/3) und am Knoten 43 wieder 1.000 N. Die Knoten 11, 34 und 36 werden in Y-Richtung festgehalten, wobei Knoten 34 zusätzlich noch in X-Richtung gesperrt wird. So entsteht Z88I2.TXT, die als Beispieldatei **B16014_2.TXT** vorliegt.

Ein Rechenlauf mit **Z88F** und Spannungsberechnung mit **Z88D** ergibt:

– Verschiebung u_2 am Knoten 39: –0,222 mm
– max. Vergleichsspannung σ_v = 235 N/mm^2

Für den nächsten Rechenlauf sollen doppelt so viele Finite Elemente verwendet werden:

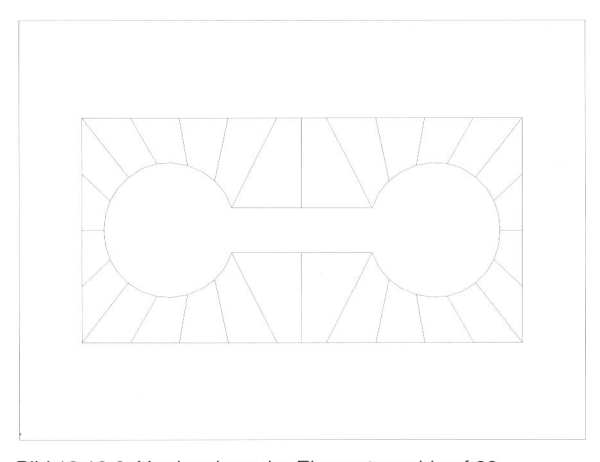

Bild 13.16-9: Verdopplung der Elementanzahl auf 28

28 Finite Elemente Typ 7, Beispieldateien **B16028_N.TXT** und **B16028_2.TXT**

– Verschiebung u_2 am Knoten 76: –0,275 mm
– max. Vergleichsspannung σ_v = 324 N/mm²

Erneute Verdoppelung:

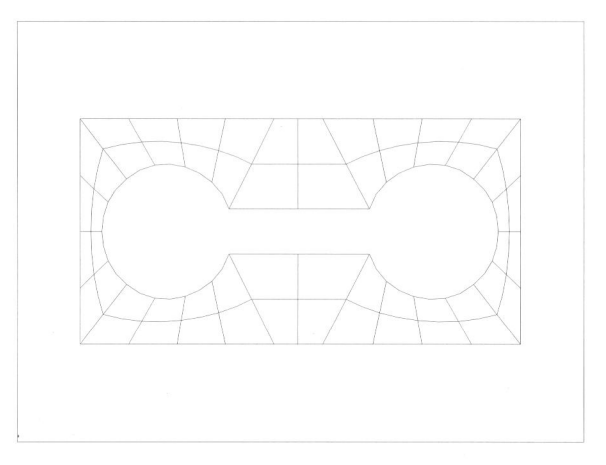

Bild 13.16-10: Verdopplung der Elementanzahl auf 56

56 Finite Elemente Typ 7, Beispieldateien **B16056_N.TXT** und **B16056_2.TXT**

– Verschiebung u_2 am Knoten 121: –0,285 mm
– max. Vergleichsspannung σ_v = 375 N/mm²

Erneute Verdoppelung:

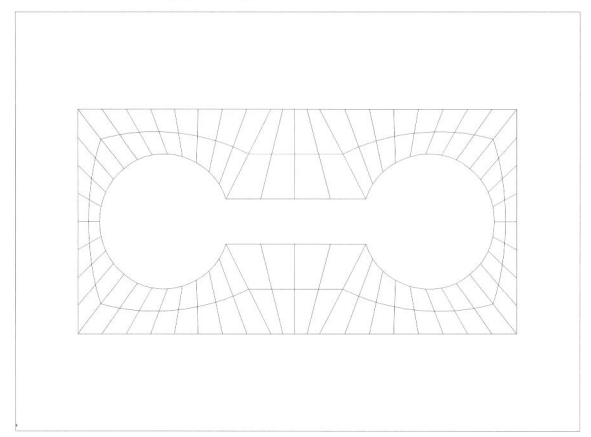

Bild 13.16-11: Verdopplung der Elementanzahl auf 112

112 Finite Elemente Typ 7, Beispieldateien **B16112_N.TXT** und **B16112_2.TXT**

– Verschiebung u_2 am Knoten 241: –0,293 mm
– max. Vergleichsspannung σ_v = 425 N/mm^2

Erneute Verdoppelung:

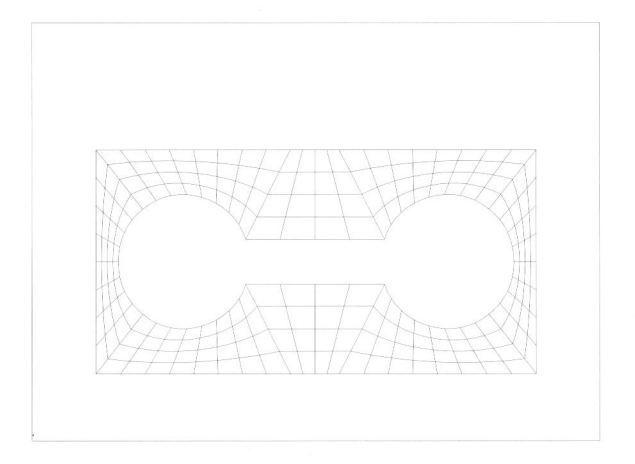

Bild 13.16-12: Verdopplung der Elementanzahl auf 224

224 Finite Elemente Typ 7, Beispieldateien **B16224_N.TXT** und **B16224_2.TXT**

– Verschiebung u_2 am Knoten 421: –0,295 mm
– max. Vergleichsspannung σ_v = 457 N/mm^2

Tragen wir die berechneten Verschiebungen über der Elementanzahl auf, stellen wir fest, daß die Ergebnisse bei Scheiben Nr.7 sehr schnell konvergieren. Wie schon öfter erwähnt, ist dieser Elementtyp, d.h. 8-Knoten krummliniges Serendipity-Element mit quadratischem Ansatz sehr geeignet für die meisten ebenen Spannungszustände.

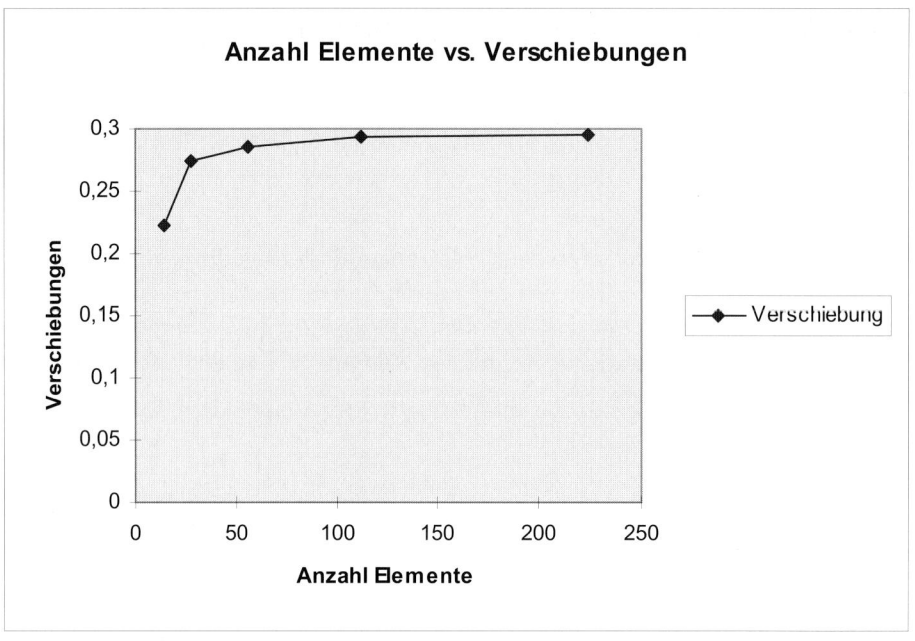

Bild 13.16-13: Abhängigkeit der ermittelten Verschiebungenen von der Elementezahl

Quellen und weiterführende Literatur

/1/ Zienkiewicz, O.C.: Methode der finiten Elemente. Carl Hanser Verlag, 2. Auflage. München, Wien 1984.

/2/ Zienkiewicz, O.C., Taylor, R.L.: The Finite Element Method. Volume 1: Basic Formulation and Linear Problems. McGraw-Hill Book Company, 4th Edition. London 1994.

/3/ Argyris, J., Mlejnek, H.P.: Die Methode der finiten Elemente. Band 1. Vieweg Verlag. Braunschweig 1986.

/4/ Bathe, H.J.: Finite-Elemente-Methoden. Springer-Verlag. Berlin, Heidelberg, New York, Tokyo 1986.

/5/ Bathe, H.J., Wilson, E.L.: Numerical Methods in Finite Element Analysis. Prentice-Hall. Englewood Cliffs, New Jersey 1976.

/6/ Schwarz, H.R.: Methode der finiten Elemente. B.G. Teubner, 3.Auflage. Stuttgart 1991.

/7/ Schwarz, H.R.: FORTRAN Programme zur Methode der finiten Elemente. B.G. Teubner, 3.Auflage. Stuttgart 1991.

/8/ Love, A.E.H.: A Treatise on the Mathematical Theory of Elasticity. Dover Publications, 4th Edition. Oxford, New York 1926

/9/ Timoshenko, S.P., Goodier, J.H.: Theory of Elasticity. McGraw-Hill Book Company, 3rd Edition. New York.

/10/ Bickford, W.B.: Mechanics of Solids. Richard D. Irwin. Homewood, IL 1993.

/11/ Marguerre, K.: Technische Mechanik, zweiter Teil: Elastostatik. Springer Verlag. Berlin, Heidelberg, New York 1967.

/12/ Abramowitz, M., Stegun, I.A.: Pocketbook of Mathematical Functions. Verlag Harri Deutsch. Thun – Frankfurt/Main 1984.

/13/ Stöcker, H. (Hrsg.): Taschenbuch mathematischer Formel und moderner Verfahren. Verlag Harri Deutsch, 4.Auflage. Frankfurt/Main, Thun 1999.

/14/ Saad, Y.: Iterative Methods for Sparse Linear Systems. PWS Publishing Company. Boston 1996.

/15/ Kernighan, B., Ritchie, D.: Programmieren in C. Carl Hanser Verlag, 2.Ausgabe. München Wien 1990.

/16/ Petzold, C.: Windows 95 Programmierung. Microsoft Press Deutschland. Unterschleißheim 1996.

/17/ Nye, A.: Xlib Programming Manual. O'Reilly & Associates, 3rd Edition. Sebastopol 1995.

/18/ Nye, A.: Xlib Reference Manual. O'Reilly & Associates, 3rd Edition. Sebastopol 1993.

/19/ Quercia, V., O'Reilly, T.: X Window System User's Guide. O'Reilly & Associates, OSF/Motif 1.2 Edition. Sebastopol 1995.

/20/ Nye, A., O'Reilly, T.: X Toolkit Intrinsics Programming Manual. O'Reilly & Associates, OSF/Motif 1.2 Edition. Sebastopol 1995.

/21/ Flanagan, D.: X Toolkit Intrinsics ReferenceManual. O'Reilly & Associates, 3rd Edition. Sebastopol 1995.

/22/ Heller, D., Ferguson, P.M.: Motif Programming Manual. O'Reilly & Associates, 2nd Edition. Sebastopol 1994.

/23/ Ferguson, P.M.: Motif Reference Manual. O'Reilly & Associates. Sebastopol 1993.

/24/ Beitz, W., Grote, K.H. (Hrsg.): Dubbel – Taschenbuch für den Maschinenbau. Springer-Verlag, 19.Auflage. Berlin, Heidelberg, New York 1997.

/25/ Finck von Finckenstein, Karl Graf: Einführung in die Numerische Mathematik. Band 1. Carl Hanser Verlag. München 1977.

/26/ Wissmann, J.: Vorlesungen über Finit-Element-Methoden I und II. Fachgebiet Leichtbau, Technische Hochschule Darmstadt 1977, 1978.

/27/ Rieg, F., van der Sanden, W.: Finite-Elemente-Berechnungen mit Hilfe eines Personal-Computers. Werkstatt und Betrieb 119 (1986) 8, S.701–705. Carl Hanser Verlag. München 1986.

/28/ Rieg, F.: Finite-Elemente-Programm mit modularem Aufbau. Werkstatt und Betrieb 119 (1986) 12, S.1040–1046. Carl Hanser Verlag. München 1986.

/29/ Rieg, F.: Ein einfacher Netzgenerator für krummlinig berandete finite Elemente. Werkstatt und Betrieb 121 (1988) 9, S.761–766. Carl Hanser Verlag. München 1988.

/30/ Rieg, F.: 386er-Fortran. c't 1990, Heft 1, S.96–100. Verlag Heinz Heise. Hannover 1990.

/31/ Rieg, F., Löw, R., Althoff, H.: Ein einfaches Verfahren zur Kopplung von CAD und FEM. Konstruktion 43 (1991) 189–196. Springer-Verlag 1991.

/32/ Rieg, F.: Z88 – Das kompakte Finite Elemente System. Version 9.0B. Herausgegeben vom Lehrstuhl Konstruktionslehre und CAD, Fakultät für Angewandte Naturwissenschaften. Universität Bayreuth 1999.

/33/ Ganzhorn, K., Walter, W.: Die geschichtliche Entwicklung der Datenverarbeitung. Herausgegeben von IBM Deutschland GmbH, Stuttgart 1975.

/34/ Gross, D., Schnell, W.: Formel- und Aufgabensammlung zur Technischen Mechanik II (Elastostatik). Bibliographisches Institut. Mannheim 1980.

Abbildungsverzeichnis

Bild 2-1: Das Hooke'sche Gesetz 6
Bild 2-2: Der Zugstab 7
Bild 2-3: Der allgemein definierte Stab 7
Bild 2-4: Kräfte an einem Stab 8
Bild 2-5: Wenn am Punkt 1 ein Festlager ist, dann ist die Verschiebung $U_1 = 0$ .. 9
Bild 2-6: Festlagerung an Punkt 1 10
Bild 2-7: Beispiel mit zwei Stäben 12
Bild 2-8: Kräfte an den Knoten von Stab 1 14
Bild 2-9: Kräfte an den Knoten von Stab 2 14
Bild 2-10: Kräfte am Balken 16
Bild 2-11: Die Kräfte am Balken 16
Bild 2-12: Alternative Darstellung der Stabkräfte 17
Bild 2-13: Darstellung des Rechenbeispiels 3 17
Bild 2-14: Darstellung der definierten Balkenkräfte 18
Bild 2-15: Darstellung der Freiheitsgrade im Rechenbeispiel 3 19
Bild 2-16: Hilfsraster zur Ermittlung der Steifigkeitsmatrizen 19
Bild 2-17: Hilfsraster zur Ermittlung der Element-Steifigkeitsmatrizen 20
Bild 2-18: Beispiel eines komplexen Lastfalles 21
Bild 2-19: Beispiele für Kontinuumselemente 23
Bild 3.1-1: Längenänderung eines Stabes durch Krafteinwirkung 24
Bild 3.1-2: Punktuelle Betrachtung der Verschiebungen an A und B 25
Bild 3.1-3: Rohr unter Innendruck, z.B. Nabe eines Pressverbandes 26
Bild 3.1-4: Rohr unter Außendruck, z.B. Welle eines Preßverbandes 26
Bild 3.1-5: Schraubenschlüssel unter Last 27
Bild 3.1-6: Kerbstäbe, z.B. zur Ermittlung der Formzahl α_K 27
Bild 3.1-7: Kompliziert geformte ebene Balken und ebene Rahmen, die man nicht vernünftig mit Balkenelementen abbilden kann 27
Bild 3.1-8: Ganz allgemeiner Fall 27
Bild 3.1-9: Der 2-dimensionale Fall des Scheibenproblems 28
Bild 3.1-10: Ausschnitt aus der Scheibe 28
Bild 3.2-1: Spannungs-Dehnungs-Schaubild 35
Bild 3.2-2: Spannungen an einem Würfel 38
Bild 3.2-3: Spannungen im Raum in „üblicher" Benennung 39
Bild 3.2-4: Spannungen im Raum in FEA-Benennung 39
Bild 4-1: Schraubenschlüssel als FE-Struktur abgebildet 44

Bild 4-2: Beispiele 2-dimensionaler Elemente 45
Bild 4-3: Beispiele 3-dimensionaler Elemente 45
Bild 4-4: 4 Knoten Element 51
Bild 4-5: Verschiebungsfeld in einem Finiten Element 52
Bild 4-6: Polynomgrad der Formfunktionen 53
Bild 4-7: Beispiele für lineare Formfunktionen in Z88 53
Bild 4-8: Beispiele für quadratische Formfunktionen in Z88 53
Bild 4-9: Beispiele für kubische Formfunktionen in Z88 54
Bild 4-10: Krummliniger 10-Knoten Serendipity-Tetraeder mit quadratischem Ansatz 54
Bild 4-11: Krummliniges 6-Knoten Serendipity Scheibendreieck 57
Bild 4-12: Krummliniger 20-Knoten Serendipity Hexaeder mit quadratischem Ansatz 58
Bild 4-13: Krummlinige 8-Knoten Serendipity Scheibe mit quadratischem Ansatz (Z88-Typ Nr.10) 62
Bild 4-14: Transformation des Finiten Elementes 64
Bild 4-15: Winkel zwischen zwei Seiten muß < 180° sein 69
Bild 4-16: „gefaltetes" Element 69
Bild 4-17: Falscher Numerierungssinn – im Uhrzeiger. Z88 Scheibe Nr. 7 muß gegen Uhrzeiger numeriert werden. 69
Bild 4-18: Beispiel einer Streckenlast 71
Bild 5-1: Beispiel einer räumlichen FE-Struktur 85
Bild 5-2: Eine ebene FE-Struktur mit krummlinigen 8-Knoten Serendipity-Elementen (vgl. Kapitel 13, Beispiel 6) 86
Bild 5-3: Beispiel einer Elementsteifigkeitsmatrix: Nur oberes Dreieck braucht gespeichert zu werden 96
Bild 5-4: Beispiel einer dünn besetzten Gesamtsteifigkeitsmatrix, nur oberes Dreieck U 97
Bild 5-5: Beispiel einer schlecht konditionierten Matrix: Starke Größenordnungsunterschiede auf der Hauptdiagonalen 97
Bild 5-6: Beispiel für eine Bandmatrix 98
Bild 5-7: Beispiel für die richtige Numerierung von Finit Elementen 99
Bild 5-8: Beispiel einer sehr ungünstige Numerierung 99
Bild 5-9: Beispiel einer ringförmigen FE-Struktur 100
Bild 5-10: Gesamtsteifigkeitsmatrix einer ringförmigenStruktur 100
Bild 5-11: Beispiel einer Skyline-Speicherung 101
Bild 5-12: Beispiel Skylineverfahren 102
Bild 5-13: Verteilung von Gleichstreckenlasten auf FE-Strukturen 109
Bild 6-1: Kräfte am Balken 116
Bild 7.1-1: Spannungsberechnung am Balken 129

Bild 8.1-1: Mögliche Superstruktur eines Plattensegments aus zwei Hexaedern mit je 20 Knoten 132
Bild 8.1-2: Finite Elemente Struktur, aus der oben gezeigten Superstruktur mit einem Netzgenerator erzeugt... 132
Bild 8.2-1: Unterteilung eines Superelements in Finite Elemente 134
Bild 8.2-2: Gitter zum Berechnen einer Lagrange-Interpolationsfunktion. Obere Reihe Elemente der Lagrange-Klasse, untere Reihe Elemente der Serendipity-Klasse. Ansätze: a linear, b quadratisch c kubisch. 135
Bild 8.2-3: Ebenes Serendipity-Element mit acht Knoten 136
Bild 8.3-1: Schema zum Numerieren der Knoten für einen Netzgenerator 140
Bild 8.3-2: Zerlegen einer Superstruktur in acht Finite Elemente 140
Bild 8.3-3: Beispiel: Schraubenschlüssel aus 7 Superelementen bestehend......... 144
Bild 8.3-4: Generierte Netzstruktur 145
Bild 8.3-5: Räumliches Serendipity Element mit 20 Knoten................................ 146
Bild 9.1-1: Scheibe Nr. 3 148
Bild 9.1-2: Scheibe Nr. 7 148
Bild 9.1-3: Stab Nr. 9 149
Bild 9.1-4: Scheibe Nr. 11 149
Bild 9.1-5: Balken Nr. 13 150
Bild 9.1-6: Scheibe Nr. 14 150
Bild 9.1-7: Torus Nr. 6 151
Bild 9.1-8: Torus Nr. 8 151
Bild 9.1-9: Torus Nr. 12 152
Bild 9.1-10: Torus Nr. 15 152
Bild 9.1-11: Welle Nr. 5 153
Bild 9.1-12: Stab Nr. 4 153
Bild 9.1-13: Balken Nr. 2 154
Bild 9.1-14: Hexaeder Nr. 1 154
Bild 9.1-15: Hexaeder Nr. 10 155
Bild 9.1-16: Tetraeder Nr. 17 155
Bild 9.1-17: Tetraeder Nr. 16 156
Bild 10.4-1: Fehlermöglichkeiten beim Generieren 179
Bild 10.4-2: Generierung der FE-Struktur aus einer Superstruktur heraus 179
Bild 10.6-1: Beispiel für richtige Umfahrungssinne 197
Bild 10.6-2: Element Nr. 7: $1-5-2-6-3-7-4-8-1$ 197
Bild 10.6-3: Element Nr. 8: $1-5-2-6-3-7-4-8-1$ 197
Bild 10.6-4: Element Nr. 11: $1-5-6-2-7-8-3-9-10-4-11-12-1$ 197
Bild 10.6-5: Element Nr. 12: $1-5-6-2-7-8-3-9-10-4-11-12-1$ 197
Bild 10.6-6: Element Nr. 2, 4, 5, 9 und 13: Linie von Knoten 1 nach Knoten 2... 198
Bild 10.6-7: Elemente Nr. 3, 14 und 15: $1-4-2-5-3-6-1$ 198

Bild 10.6-8: <u>Element Nr. 6:</u> 1–2–3–1 198
Bild 10.6-9: Element Nr. 1 198
Bild 10.6-10: Element Nr. 10 198
Bild 11.3-1: Definition lokaler x-, y- und z-Richtungen am Beispiel unterschiedlicher Elementtypen 217
Bild 11.4-1: Richtige Lastverteilung einer Streckenlast auf die Knoten 219
Bild 11.4-2: Elemente mit <u>linearem</u> Ansatz, z.B. Hexaeder Nr. 1 220
Bild 11.4-3: Elemente mit <u>quadratischem</u> Ansatz, z.B. Scheiben Nr. 3 und Nr. 7, Torus Nr. 8, Hexaeder Nr. 10 220
Bild 11.4-4: Elemente mit <u>kubischem</u> Ansatz, z.B. Scheibe Nr. 11, Torus Nr.12 220
Bild 12.1-1: Hexaeder Nr. 1 mit 8 Knoten 223
Bild 12.2-1: Balken Nr. 2 mit 2 Knoten im Raum 225
Bild 12.2-2: Vorzeichen bei Element Balken Nr. 2 mit 2 Knoten im Raum 226
Bild 12.3-1: Scheibe Nr. 3 mit 6 Knoten 226
Bild 12.4-1: Stab Nr. 4 im Raum 227
Bild 12.5-1: Welle Nr. 5 mit 2 Knoten 228
Bild 12.5-2: Vorzeichenwahl bei Welle Nr. 5 mit 2 Knoten 229
Bild 12.6-1: Torus Nr. 6 mit 3 Knoten 230
Bild 12.7-1: Scheibe Nr. 7 mit 8 Knoten 231
Bild 12.8-1: Torus Nr. 8 mit 8 Knoten 233
Bild 12.9-1: Stab Nr. 9 in der Ebene 234
Bild 12.10-1: Hexaeder Nr. 10 mit 20 Knoten 235
Bild 12.11-1: Scheibe Nr. 11 mit 12 Knoten 237
Bild 12.12-1: Torus Nr. 12 mit 12 Knoten 239
Bild 12.13-1: Balken Nr. 13 in der Ebene 240
Bild 12.14-1: Scheibe Nr. 14 mit 6 Knoten 242
Bild 12.15-1: Torus Nr. 15 mit 6 Knoten 244
Bild 12.16-1: Tetraeder Nr. 16 mit 10 Knoten 246
Bild 12.17-1: Tetraeder Nr. 17 mit 4 Knoten 248
Bild 13.1-1: Schraubenschlüssel wird aus 7 Superelementen (Serendipity) mit 38 Knoten gebildet 256
Bild 13.1-2: Schraubenschlüssel mit generierter FE-Struktur 258
Bild 13.1-3: Ablesen der generierten Knotennummern an der Krafteinleitungsstelle 258
Bild 13.1-4: Die Höhe der Vergleichsspannungen werden durch Buchstaben dargestellt. Im Z88-Programm werden die Buchstaben farbig dargestellt. 261
Bild 13.2-1: Kranträger als räumliches Fachwerk 263
Bild 13.2-2: Verformter Kranträger 267
Bild 13.3-1: Getriebewelle 269
Bild 13.3-2: Ansicht unverformte Struktur mit Knotenlabels, darüber verformte Struktur im Raum 274

Bild 13.3-3: Ansicht X-Y-Ebene, unverformt und verformt 274
Bild 13.3-4: Ansicht X-Z-Ebene, unverformt und verformt.................................. 274
Bild 13.4-1: Darstellung der Biegelienie.. 275
Bild 13.4-2: Ansicht Struktur unverformt und verformt....................................... 278
Bild 13.5-1: Superstruktur, bestehend aus zwei Hexaedern Nr. 10 mit je 20 Knoten 279
Bild 13.5-2: Ansicht des vom Netzgenerator erzeugten FE-Netzes Z88I1.TXT... 281
Bild 13.5-3: Ansicht der verformten Struktur.. 283
Bild 13.6-1: Plot der unverformten Rohrstruktur... 285
Bild 13.6-2: Plot der unverformten und der verformten Struktur......................... 289
Bild 13.6-3: Plot der Vergleichsspannungen 290
Bild 13.7-1: Superelement in grafischer Darstelung... 292
Bild 13.7-2: Generiertes FE-Netz Z88I1.TXT 295
Bild 13.7-3: Spannungsplot der Torus-Struktur... 296
Bild 13.8-1: 3D-Modell eines Kolbens 297
Bild 13.8-2: XY-Ansicht des verformten Kolbens, Vergrößerungsfaktoren = 1000... 299
Bild 13.8-3: XZ-Ansicht des verformten Kolbens, Vergrößerungsfaktoren 1000. 300
Bild 13.9-1: Unverformte RINGSPANN-Scheibe... 301
Bild 13.9-2: Verformte RINGSPANN-Scheibe... 302
Bild 13.10-1: Darstellung der Superstruktur eines Druckkessels 303
Bild 13.10-2: Generierte Struktur.. 304
Bild 13.10-3: Knoten mit definierten Randbedingungen, z.B. 1598 305
Bild 13.10-4: Eingabe der Randbedingungen an beleibiger Stelle im CAD File z.B. für die Punkte 1741, 1745, 1752, 1763 306
Bild 13.10-5: Verformter Druckbehälter unter einer Last von 1.200.000 N. 307
Bild 13.11-1: Beispiel Kurbelwelle als 3D-Modell 308
Bild 13.11-2: Aufbringen der Lasten im System 309
Bild 13.11-3: Vernetzte Struktur der Kurbelwelle... 310
Bild 13.11-4: Darstellung der unverformten Struktur im Z88................................ 311
Bild 13.11-5: Darstellung der verformten Struktur im Z88................................... 312
Bild 13.12-1: Strukturdarstellung einer Drehmomentmeßnabe........................... 113
Bild 13.12-2: Verformte Drehmomentmeßnabenstruktur..................................... 315
Bild 13.13-1: Dreigelenkbogen... 316
Bild 13.13-2: Auto CAD Darstellung der Problemstellung................................... 317
Bild 13.14-1: Vereinfachtes 3D-Modell eines Zahnrades 319
Bild 13.14-2: Z88 Darstellung der aus Pro/MESH importierten Struktur............ 319
Bild 13.14-3: Darstellung der Lagerung mit „virtuellem Fixpunkt" 320
Bild 13.14-4: Ausgangszustand der relativ komplexen Struktur........................... 321

Bild 13.14-5: Verformte Struktur aufgrund der vorgegebenen Beanspruchungen 323
Bild 13.14-6: Berechnung der Spannungen 324
Bild 13.14-7: Alternative Rechnung mit Scheiben Nr.7, also isoparametrischen krummlinigen Serendipity Elementen mit 8 Knoten (Viereck) 325
Bild 13.14-8: Detailansicht der automatisch erzeugten Struktur 325
Bild 13.15-1: Der Output von Z88G weist alle notwendigen Werte aus 327
Bild 13.15-2: Wie ersichtlich, wurden Dreieckselemente erzeugt 327
Bild 13.15-3: Ergebnisse des Cuthill-McKee Programms 328
Bild 13.15-4: Ablesen des reduzierten Speicherbedarfs in Z88F 329
Bild 13.15-5: Ermitteln der richtigen Knotennummer (Nr. 4) durch Zoomen der Struktur 330
Bild 13.15-6: Darstellung der Struktur 331
Bild 13.15-7: Automatische Vergabe der Knoten Nr. 1 für die Spitze des Schraubenschlüssels 332
Bild 13.15-8: Darstellung der verformten Struktur in Fall 3 333
Bild 13.15-9: Schlüssel mit feinerem Netz 334
Bild 13.15-10: Darstellung des Schlüssels mit 3D-Elementen 336
Bild 13.15-11: Verfeinerung der Struktur durch Erhöhung der Elementanzahl ... 337
Bild 13.15-12: Einfluß von Elementanzahl auf die ermittelten Verschiebungen 339
Bild 13.16-1: 2D-AutoCAD Darstellung des Kraftmeßelementes nach dem 4. Schritt 341
Bild 13.16-2: Festlegung der lokalen Koordinatensysteme für den 5. Schritt 341
Bild 13.16-3: Darstellung in AutoCAD nach dem 5. Schritt 342
Bild 13.16-4: Acht Superelemente in AutoCAD erzeugt nach dem 6. Schritt 343
Bild 13.16-5: Ausgabemaske des Z88X Konverters 345
Bild 13.16-6: Erzeugung von Z88/1.TXT mit Z88N 345
Bild 13.16-7: Erzeugen der DXF Datei Z88X.DXF aus Z88I1.TXT 347
Bild 13.16-8: Ergebnisplot des Rechenlaufes Z88N: 14 Elemente 349
Bild 13.16-9: Verdopplung der Elementanzahl auf 28 349
Bild 13.16-10: Verdopplung der Elementanzahl auf 56 350
Bild 13.16-11: Verdopplung der Elementanzahl auf 112 350
Bild 13.16-12: Verdopplung der Elementanzahl auf 224 351
Bild 13.16-13: Abhängigkeit der ermittelten Verschiebungenen von der Elementezahl 352

Tabellenverzeichnis

Tabelle 4-1: Tabelle für Gauß-Legendre-Integration von 1 bis 4 Stützpunkte je Achse 65
Tabelle 4-2: Für Gauß-Legendre-Integration von Stützpunkten 3, 7 und 13 66
Tabelle 4-3: Für Gauß-Legendre-Integration von Stützpunkten 1, 4 und 5 67
Tabelle 5-1: Übersicht der wichtigsten Speicherverfahren 108
Tabelle 7-1: Knoten, Freiheitsgrade und Verschiebungen 128
Tabelle 9.1-1: Möglichkeiten der Dateigenerierung 160
Tabelle 9.1-2: Z88 Elementtypen 161
Tabelle 9.1-3: Überblick über alle Z88-Dateien 162
Tabelle 10.5-1: Plotmöglichkeiten aus Z88 181
Tabelle 13.15-1: Ergebnisübersicht der Fallstudien 339
Tabelle 13.16-1: Errechnung der Lastverteilung auf die Knoten 346

Stichwortverzeichnis

3D-CAD-Programm 203; 250

A

Algorithmus von Cuthill-McKee 101
Allgemeine Strukturdaten 210
Altmodus 175; 176
Anfangsspannung 71
Ansatzfunktion 51
ASCII-Text 207
Äußere Knotenlast 47
Äußere Kraft 47; 49
AutoCAD 160; 190; 283; 340
Automesher 101; 203; 204; 250
Autoskalieren 188
Axialsymmetrischer Spannungszustand 3; 42

B

Balken 49; 149; 153; 161
Balken Nr. 13 in der Ebene 240
Balken Nr. 2 mit 2 Knoten im Raum 224
Balkenelement 21
Balkenfachwerk 16; 43
Balkenflag 210
Balkentheorie 127
Bandbreite 97
Bandspeicherverfahren 95; 101
Beispiele 250
Bernoulli'sche Balkentheorie 43; 127; 224; 228; 240

Biegeträger 274
Biegeträgheitsmoment 212, 241

C

CAD-FEM-Datenaustausch 190
CAD-Konverter 188
calloc 84
C-Compiler 168
Characterverarbeitung 84
Cholesky-Verfahren 113ff; 156
CMODE 216
Compactmodus 174
Compilation 12; 19; 82
Compiler 3
Compilieren 168
CorelDraw 180
COSMOS Konverter 157; 159; 203
COSMOS-Format 203; 250
C-Programm 90
Crout-Zerlegung 113
Cuthill-McKee Algorithmus 157; 204; 250; 322

D

Datei der Randbedingung 201
Deformationsmatrix 33
Degeneriertes Element 69
Dehnung 24
Direktes Verfahren 110
Diskretisierung 44
Doolittle-Zerlegung 113

Drehmomentmeßnabe 313
Dreiecksmatrix 112
Dreieckszerlegung 112
Dreigelenkbogen 316
Druckbehälter 303
Drucken 161
Dünn besetzte Matrizen 96
Durchlaufträger 16; 21; 126
DXF 147; 157; 189; 250
Dynamischer Speicher 169

E

Ebener Spannungszustand 3; 58; 44; 49; 122
Ebener Träger 251
Ebener Verzerrungszustand 3; 42
Ebenes Problem 147
Eckknoten 221
Editor 158; 167; 207
E-Gesetz 212; 215
Eingabedatei 207
Elastizitätsgesetz 200; 212
Elastizitätsmodul 35; 37; 212; 215
Elastizitätstheorie 33
Element-Bibliothek 147
Element-Steifigkeitsmatrix 3; 8; 11; 12; 16; 20; 22; 23; 45; 67; 70; 82; 107
Erforderliche Files 181
Excel 159
Exportieren 202
Extremalprinzip 4

F

Fachwerk 263
Fangmodi 196
Fangradiusflag 214; 218

Filechecker 206
Finite Elemente Analyse 3
Flächenlast 44; 219
Formänderungsarbeit 47
Formfunktion 43; 52; 54; 72; 122; 134
Formzahl 27
Fundamentaleigenschaft 52; 135
Funktionale 4

G

Gabelschlüssel 251
Gauß-Legendre-Quadratur 64; 65
Gaußpunkt 123; 221
Gauß-Verfahren 108; 110;
Gesamtproblem 22
Gesamt-Steifigkeitsmatrix 10; 12; 20; 22; 23; 82; 91; 106; 175
Gestaltsänderungsenergiehypothese 222
Getriebewelle 251; 268
Gitterrost-Verfahren 1
Gleichstreckenlast 44; 109
Gleichungslöser 23; 110
Gleichungssystem 8; 156
Green'scher Verzerrungstensor 34

H

Halbautomatischer Netzgenerator 101
Hexaeder 154; 161
Hexaeder Nr. 1 mit 8 Knoten 223
Hexaeder Nr. 10 mit 20 Knoten 235
Homogene Randbedingung 11; 109
Hooke'sches Gesetz 6; 22; 37; 49; 122; 224
Hooke'sches Material 37
HP-GL-Dateien 157; 162; 180; 184; 208
Hüllenspeicherung 102

I

IBFLAG 210
Index-Schreibweise 34
Inhomogene Randbedingung 14; 109
Innere Kraft 22
Installieren 163; 215
Integration 49
Integrationsordnung 213; 215; 221
Internet-Browser 164; 167
Interpolationsfunktion 134; 135
INTORD 221
ISFLAG 222
Isoparametrisches Element 64
Isotropie 37
Iterationssolver 108; 110

J

Jacobi-Determinante 70; 71; 74
Jacobi-Matrix 68; 137
Jacobi-Verfahren 108

K

Kerbstab 27
KFLAG 210; 213; 221
Knoten 43
Knotenkoordinaten 83; 84;
Knotenkraft 11; 122; 130; 157; 177
Knotenkraft-Berechnung 117
Knotennumerierung 204
Knotenzahldifferenz 98; 101; 204
Koinzidenz 85
Koinzidenzliste 83; 84; 130
Koinzidenzvektor 91
Konditionierungsverbesserung 23
Konditionszahl 116

Koordinatenflag 210
Koordinatensystem 18; 185
Kraft 8; 108
Kraftgrößen-Verfahren 10
Kraftmeßdose 340
Kraftmeßelement 252; 313
Kranträger 251; 262
Krummliniges Element 44; 49;
Kurbelwelle 308

L

Lager 4; 22
Lagrange-Polynom 135
LaserJet 183
Lastverteilung 219
Lesstif 168
Linearitätsprinzip 37
Linienlast 44
LINUX 3; 250
Lokales Koordinatensystem 342
LR-Zerlegung 113
LU-Zerlegung 112

M

Make 168
Maßeinheit 159
Massen-Matrix 70
Maßsystem 159
Materialgesetz 44; 84
Materialmatrix 41; 49; 50; 123;
Matrix 90
Max. Randfaserabstand 212, 241
MAXGS 170; 177
MAXKOI 171; 177; 297
Methode der konjugierten Gradienten 108; 110
Methode von Ritz 4

Motif 167; 168
Motorkolben 296
Multitasking 158

N

Natürliche Koordinaten 133
Netzgenerator 130; 157; 177; 223; 231; 233; 236
Netzgeneratordatei 213
Netzgenerierung 131
Neumodus 175
Newton-Cotes Formel 64
NIFLAG 214; 217
NT/95/98 163
Numerische Integration 64; 123

O

Oberflächenkraft 71
Offsetvektor 85
OnLine-Hilfe 164
Ottomotor 296

P

Panning 186
PATH 164
Plattenbiegung 3; 26; 42
Plattenelement 235; 245; 247
Plattensegment 251; 278
Plotdatei 182
Plotprogramm 157
Plotter 182
Pointer 85; 90
Pointervektor 102
Poisson's ratio 36
Polarkoordinaten 284
Polynom 135

Polynomgrad 52
Positiv definite Matrix 96
Potentielle Energie 47
Pressverband 26
Pro/ENGINEER 157; 159; 160; 203; 241; 243; 245; 247; 296
Proportionalitätsgrenze 35

Q

QPARA 212; 215
Querdehnung 36
Querkontraktionszahl 37; 212; 215
Querpreßverband 251
Querschnittswert; 212; 215

R

Radialspannung 177; 221; 227; 231; 232; 234; 238; 240; 243; 245; 284
Randbedingung 4; 14; 108; 201; 218; 284
Räumlicher Spannungszustand 3; 44
Räumliches Problem 153
RCMK-Algorithmus 204
RINGSPANN-Scheibe 300
Rohr unter Innendruck 251; 284; 290
Rotationssymmetrische Struktur 284
Rückrechnen 13
Rückrechnung 22

S

Saint-Venant'sche Theorie 43
Schale 204
Scheibe 147; 149; 150; 161; 203
Scheibe Nr. 11 mit 12 Knoten 237
Scheibe Nr. 14 mit 6 Knoten 241

Scheibe Nr. 3 mit 6 Knoten   226
Scheibe Nr. 7 mit 8 Knoten   231
Scheibenproblem   26
Schiefe Biegung   224
Schlecht konditioniertes Gleichungssystem   96
Schlüsselwort   84; 91
Schraubenschlüssel   252; 253
Schubanteil   38
Schubmodul   36
Schubspannung   39; 227; 231; 232; 234; 238; 240; 243; 245
Schubverzerrung   32
Sektorelement   133
Serendipity Scheibe   62
Serendipity Scheibendreieck   57
Serendipity-Element   44; 135; 137
Serendipity-Hexaeder   58
Serendipity-Klasse   54
Serendipity-Tetraeder   54
Skalierungsverfahren   23; 116
Skyline-Verfahren   101; 102; 103
Solver   83; 108; 110
Spannung   22; 122; 156
Spannungsberechnung   23; 177
Spannungs-Dehnungs-Schaubild   35
Spannungsparameter-Datei   201; 221
Speichern der Nicht-Null-Elemente   95
Speicherverfahren   23
Stab   49; 148; 153; 161
Stab Nr. 4 im Raum   227
Stab Nr. 9 in der Ebene   234
Stabfachwerk   43
Statisch bestimmt   9
Statisch überbestimmt   9; 16
Statisch unterbestimmt   9
Streckenlast   71
Strukturdatei   182
Stützpunkt   135

Superelement   130; 172; 137; 178; 214; 223; 231; 233; 236
Superpositionsprinzip   37; 38; 82
Superstruktur   138; 178; 214; 256

T

Tangentialspannung   177; 221; 227; 231; 232; 234; 238; 240; 243; 245; 284
Taylor-Reihe   29
Tellerfelder   300
Testmodus   176
Tetraeder   155; 156; 161; 204
Tetraeder Nr. 16 mit 10 Knoten   245
Tetraeder Nr. 17 mit 4 Knoten   247
Tetraederkoordinaten   67
Torsionsbalken   43
Torsionsträgheitsmoment   212; 241
Torsionswiderstandsmoment   212; 241
Torus   150ff; 161
Torus Nr. 12 mit 12 Knoten   238
Torus Nr. 15 mit 6 Knoten   241
Torus Nr. 6 mit 3 Knoten   230
Torus Nr. 8 mit 8 Knoten   233

U

Umfahrungssinn   196
UNIX   3; 159; 166; 180; 210

V

Vektor   85
Vergleichsspannung   177; 187; 221
Verschiebung   14; 43; 45; 46; 49; 50; 108
Verschiebungsfeld   45; 52; 122

Verschiebungsgrößen-Verfahren 10; 22
Verzerrung 26; 44; 46; 37
Verzerrungs-Tensor 33
Verzerrungs-Verschiebungs-Beziehung 24; 22
Verzerrungs-Verschiebungs-Transformationsmatrix 50; 67; 123
Virtuelle Arbeit 47
Virtueller Fixpunkt 320
Vollautomatischer Netzgenerator 101
Volumenkraft 44; 47; 48; 71
Vorzeichenregel 18

W

Welle 152; 161
Welle Nr. 5 mit 2 Knoten 228
Wellenelement 127
Windows NT/95 3; 158; 180; 210; 250
WinWord 159

X

X11 3; 168
Xon/Xoff 182

Y

Young's Modulus 35

Z

Z88.DYN 158; 169; 170; 297
Z88.FCD 162; 180
Z88COM 158; 165; 167
Z88COM.CFG 162
Z88-Commander 158; 165; 168
Z88D 157; 177
Z88E 157; 177
Z88F 156; 174
Z88G 157; 203
Z88H 157; 204
Z88I1.TXT 160; 210
Z88I2.TXT 160; 218
Z88I3.TXT 160; 221
Z88N 157; 177
Z88NI.TXT 160; 213
Z88O0.TXT 207
Z88O1.TXT 207
Z88O2.TXT 207
Z88O3.TXT 207
Z88O4.TXT 207
Z88O6.TXT 207
Z88P 157, 180
Z88P.COL 162; 180
Z88V 158; 206
Z88X 157; 188
Zahlenfriedhof 208
Zahnrad 318
Zoomen 186
Zugspannung 40
Zugstab 28
Zylinderkoordinaten 292